战略性新兴领域“十四五”高等教育系列教材

图像处理与机器视觉

主　编　刘　坤　陈海永

副主编　陈　鹏　毛经坤

参　编　赵　悦　孔令轩　李美瑶

黄思源　李宇航　李凤熙

王悦竹　李　基　李文淅

白　勇　崔家琪　张陈晨

机械工业出版社

图像处理与机器视觉主要研究如何从图像中进行视觉感知、分析和理解。大数据时代的到来、人工智能算法的进步、硬件技术的发展以及前沿应用的牵引，正推动着图像处理与机器视觉技术的飞速发展。本书从底层视觉中的数字图像处理方法、中层视觉中的图像特征提取与匹配、高层视觉中的立体视觉与图像理解等角度出发，以二维图像分析和三维场景感知为主要目标，阐述了图像处理与机器视觉领域的经典方法与前沿应用。本书共12章，主要内容为：绪论，数字图像处理基础，空域图像处理及应用，频域图像处理及应用，形态学图像处理及应用，彩色图像处理及应用，图像特征检测，图像特征提取与描述，图像特征匹配，视觉系统构建，立体视觉与三维重建，图像分类、检测与分割。本书配有以下教学资源：电子课件、习题参考答案、教学大纲等。同时，为了增强图像处理方法理论与实践的黏合度，本书还引入关于经典算法与典型应用的程序案例。

本书可作为普通高等院校人工智能、智能科学与技术、电子信息、计算机、自动化、物联网、机电一体化、生物工程等专业的本科教材和研究生入门教材，也可供广大从事图像处理与机器视觉工作的工程技术人员参考。

本书配有电子课件等教学资源，欢迎选用本书作教材的教师登录 www.cmpedu.com 注册后下载，或发邮件至 jinacmp@163.com 索取。

图书在版编目（CIP）数据

图像处理与机器视觉 / 刘坤，陈海永主编 . -- 北京 ：机械工业出版社，2024. 11. --（战略性新兴领域“十四五”高等教育系列教材）. -- ISBN 978-7-111-76775-6

Ⅰ. TP302.7

中国国家版本馆 CIP 数据核字第 2024EN7402 号

机械工业出版社（北京市百万庄大街 22 号　邮政编码 100037）

策划编辑：吉　玲　　责任编辑：吉　玲

责任校对：李　杉　张亚楠　　封面设计：张　静

责任印制：常天培

固安县铭成印刷有限公司印刷

2024 年 12 月第 1 版第 1 次印刷

184mm × 260mm · 21.75 印张 · 525 千字

标准书号：ISBN 978-7-111-76775-6

定价：78.00 元

电话服务　　网络服务

客服电话：010-88361066　　机 工 官 网：www.cmpbook.com

010-88379833　　机 工 官 博：weibo.com/cmp1952

010-68326294　　金 书 网：www.golden-book.com

封底无防伪标均为盗版　　机工教育服务网：www.cmpedu.com

前 言

PREFACE

当今社会正逐渐向信息化、数字化与智能化转型，尤其是智能化发展已成为国家战略制高点。图像处理与机器视觉作为人工智能的核心技术取得了长足发展，广泛应用于工业、农业、军事、医疗等多个领域。而大数据时代的到来、人工智能算法的进步、硬件技术的发展以及前沿应用的牵引，正推动着图像处理与机器视觉技术逐渐走向巅峰。

首先，大数据时代的到来为图像处理与机器视觉技术的发展提供了必要的支撑，图像数据量呈指数级增长，数据来源涵盖网络社交媒体、医学影像、卫星遥感等不同环境和不同场景；同时，大规模开源图像数据集中包含了大量高质量的人工标签，从这些数据中可以学习到更准确的特征和模式，构建更高效、鲁棒的视觉大模型。大数据时代的数据分析与挖掘技术也可以帮助发现隐藏在海量图像数据中的规律、趋势和特征，从而进行高级的图像理解、目标检测、图像搜索等，为图像处理与机器视觉技术提供更加智能化的支持。

其次，随着以深度学习为代表的人工智能技术的快速发展，图像处理与机器视觉的应用范围得到了显著扩展。早期的图像处理技术主要应用于特定场景或进行简单的图像处理。例如，通过图像增强或复原技术改善图像的质量，或通过人工提取特征的方式完成某些特定应用领域中的任务。如今，在大数据支撑下的人工智能技术迎来了新篇章，例如，以深度学习为代表的人工智能算法已经在图像分类、目标检测等领域接近或超越了人类视觉。未来，通过构建通用视觉模型或者某一个垂直领域的大模型，有望打通不同应用场景间的技术壁垒，实现更准确、更高效的图像分析和处理，并能够有效结合图像、声音、视频、文本等多种跨模态数据。图像处理和机器视觉与其他领域技术的深度交叉，有望构建更全面和复杂的智能系统。

再次，图像处理与机器视觉还受益于硬件技术的快速发展。例如，GPU（图形处理器）和专用的神经网络加速器可以大幅提高视觉任务的计算效率。存储设备（如固态硬盘）的容量大幅增加，也将允许图像处理与机器视觉技术处理更大规模的图像和视频数据。分布式计算能力的提高，使得图像处理与机器视觉技术能够更快、更高效地处理海量的图像数据，并在多个计算节点上并行运算，进而实现更快速、更高效的算法。

最后，在智能交通、智能制造、智慧城市、智慧医疗等诸多前沿应用的牵引下，图像处理与机器视觉技术也取得了长足的进步。以自动驾驶系统为例，图像处理与机器视觉技术的重要性不言而喻，它可以通过分析车载摄像头等视觉传感器获取的图像与视频数据，实时地判断道路状况、路标标识、交通信号灯，以及车辆、行人、自行车等障碍物的位置、尺寸、速度等信息，实现对环境的精准感知与目标识别；同时，根据对周围环境的感知结果，预测其他车辆、行人等目标的运动轨迹与行为特征，帮助车辆实现准确的行为预测和决策功能。图像处理与机器视觉技术为安全、高效的自动驾驶提供了非常重要的基础支持。反过来，自动驾驶任务的高精度、实时性、高可靠性和安全性等要求也推动了图像处理与机器视觉等技术的快速发展。随着技术的不断进步，图像处理与机器视觉技术必将经历更大的革命性变化，将拥有更为广阔的应用前景。

本教材从 Marr 视觉理论和广义的数字图像处理视角出发，以二维图像分析和三维场景感知为主要目标，对底层视觉中的数字图像处理方法、中层视觉中的图像特征提取与匹配、高层视觉中的立体视觉与图像理解三个层次的内容进行了详细介绍，阐述了图像处理与机器视觉领域的经典方法与前沿应用案例。本教材的编写注重理论与实践相结合，通过丰富的案例和实验，使读者更好地理解和掌握所学知识。此外，本教材还提供了丰富的参考资料和在线资源，以帮助读者深入学习和探索图像处理与机器视觉领域。

本教材可帮助读者学习图像处理与机器视觉的相关知识和应用，适合相关专业的学生、教师、工程师和研究者使用。通过学习本教材，读者将能够更好地理解和应用图像处理与机器视觉技术。本教材在编写过程中得到了学校和出版社的大力支持，同时教材编写小组的各位研究生同学给予作者很大帮助，对此深表感谢。由于本人写作水平有限，书中难免会有诸多不足之处，敬请读者批评指正。

作　者
于河北工业大学

目录

CONTENTS

第 1 篇　底层视觉：数字图像处理方法

第 3 篇 高层视觉：立体视觉与图像理解

第 1 章 绪论

——图像处理与机器视觉的前世今生

引言

伴随着人工智能技术的不断迭代更新，图像处理与机器视觉技术也取得了长足进步，目前已广泛应用于工业、农业、军事、医疗等多个领域，并正在助力智能制造、智慧农业、智慧军事、智慧医疗等。而大数据时代的到来、人工智能算法的进步、硬件技术的发展以及前沿应用的牵引，正推动着图像处理与机器视觉技术逐渐走向巅峰。图像处理与机器视觉背后的理论也从最初的马尔视觉体系出发不断地演化繁衍。前沿应用中对图像处理与机器视觉技术的高精度、实时性、高可靠性和安全性等要求，也推动着图像处理与机器视觉等技术的快速发展。未来，随着社会的不断进步，图像处理和机器视觉技术必将经历更大的革命性变化，也必将拥有更为广阔的应用前景。本章将主要介绍图像处理与机器视觉技术的起源与发展、背后的理论体系、光谱家族及其应用领域、狭义的图像处理及广义的图像处理任务，以及相应的评价指标等。

1.1 技术的起源与发展

早期人们对外界的感觉是直观的，通过绘画表达对客观世界的视觉印象。摄影技术的发展使人们对观察的印象成为永恒的记录。1730 年，摄影技术面临的主要难题是“如何才能把图像长久保存下来”。1839 年，法国人达盖尔发明了达盖尔银版法（Daguerreo Type），又称银版照相法，公认为是照相的起源，在研磨过的银版表面形成碘化银的感光膜，于 30min 曝光之后，靠汞升华显影而呈阳图，大大地短于尼埃普斯日光硬化的摄影方法。用这种方法拍摄出的照片具有影纹细腻、色调均匀、不易褪色、不能复制、影像左右相反等特点。这种摄影方法是用达盖尔自己的名字命名的，所以称为达盖尔银版法。而达盖尔的银版摄影法是世界上第一个实用的照相技术，它迅速在世界范围普及开来，这一年也称为摄影技术的诞生之年。图 1-1 是达盖尔摄于 1837 年的保存下来的世界最早的清晰照片。图 1-2 是达盖尔摄于 1844 年的照片。

图 1-1　艺术家工作室

图 1-2　达盖尔

1921 年，人们首次通过电报打印机在编码纸带上打印出数字化图像，如图 1-3 所示。这种使用图像通信系统信源编码和信道编码传输数字化图像的方法，实现了图像数字化。数字图像的最早应用之一是在报纸业。1929 年，报纸业引入巴特兰（Bartlane）电缆图片传输系统。这时的“巴特兰”系统从早期的使用 5 个不同的灰度级来编码图像，扩展到 15 级。图像第一次通过海底电缆横跨大西洋从伦敦送往纽约。为了用电缆传输图片，首先对图像进行编码，然后在接收端用特殊的打印设备重现该图像。按照当时的技术水平，如果不压缩，需要一个多星期，压缩后传输时间减少到 3h。20 世纪 50 年代中期，在太空计划的推动下，人们开始了对数字图像处理技术的研究。随着晶体管、集成电路、微处理器（由中央处理单元、存储器和输入 / 输出控制组成的单一芯片）、个人计算机的发明，高级编程语言的开发，导致数字图像处理的两个基本需求即大容量存储和显示系统领域也随之快速发展，人们开始利用计算机来处理图形和图像信息。

而数字图像处理作为一门学科，形成于 20 世纪 60 年代初期。早期的数字图像处理主要以提高图像的质量、改善人的视觉效果为目的。1964 年，美国宇航局喷气推进实验室成功应用数字图像处理技术对“徘徊者 7 号”探测器发来的几千张月球照片进行了几何校正、灰度变换、去除噪声等处理，并考虑太阳位置和月球环境的影响，用计算机绘制了月球表面的照片，如图 1-4 所示。随后又对探测飞船发回的近十万张照片进行更为复杂的图像处理，获得了月球的地形图、彩色图及全景镶嵌图，为人类登月创举奠定了坚实的基础。在以后的宇航空间技术，如对火星、土星等星球的探测研究中，数字图像处理技术都发挥了巨大的作用。

图 1-3　由穿孔纸带得到的数字图像（1921 年）

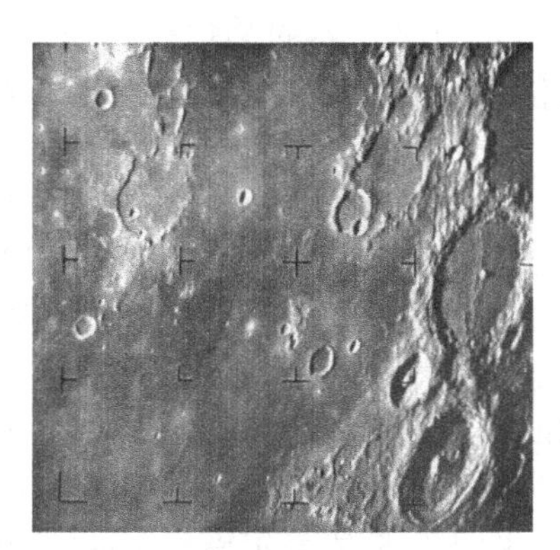

图 1-4　美国航天器传回的第一张月球照片

20 世纪 70 年代，以计算机断层摄影（Computer Tomograph，CT）扫描仪、超声技术、核磁共振成像技术等为代表的医学影像成像技术逐渐成熟，为人类的医学诊断提供了巨大的帮助。1971 年，英国 EMI 公司工程师 Hounsfield 发明了用于头颅诊断的 X 射线 CT 装置，并于 1972 年发布了他的研究成果。1977 年，西门子公司又成功研制出全身 CT 装置，获得了人体各个部位鲜明清晰的断层图像。这项技术也于 1979 年荣获了诺贝尔医学生理学奖。另外，更加高效、快速的计算方法推动着数字图像处理的发展，1965 年快速傅里叶变换的出现是一个具有代表性的成果，在此基础上，人们进一步开展了图像分析和图像理解的研究工作。同时，数字图像处理背后的理论体系也正在建立，具有代表性的成果是 20 世纪 70 年代末美国麻省理工学院的大卫·马尔（David C. Marr）教授提出的视觉计算理论，该理论成为计算机视觉领域其后几十年的主导思想。

20 世纪 80 年代，随着计算机技术和人工智能、思维科学研究的迅速发展，数字图像处理向更高、更深层次发展。人工智能专家系统在各个领域都得到了广泛的应用。地质勘探专家系统能根据岩石标本及地质勘探数据对矿产资源进行估计和预测，提供勘探方面的咨询，它可以集中多个领域专家的知识，具有勘探结果评价、区域资源评价和钻井井位选择功能；动物识别专家系统是一个比较流行的专家系统模型，用以识别金钱豹、虎、长颈鹿、斑马、企鹅、鸵鸟、信天翁等动物；农业专家系统应用人工智能的专家系统技术，在整理农业专家提供的特殊领域知识和技术经验的基础上，用计算机模拟专家的智能，通过推理和判断为农业生产中的复杂问题提供决策。到了 20 世纪 80 年代中期，农业专家系统在国际上得到迅速发展，功能上已从解决单项问题的病虫害诊断转向解决生产管理、经济分析、辅助决策、环境控制等综合问题的多个方向发展。

20 世纪 90 年代，随着小波技术的提出发展，研究人员开始利用小波变换技术进行图像的压缩和自适应图像网络编码，在通信工程中有广泛应用，并在信号的去噪和图像压缩、机械故障检测等方面取得了较大的进展。小波的概念是由法国地球物理学家 A. Grossmann 和 J. Morlet 在 1984 年首次提出的。小波变换是时间（空间）和频率的局部化分析，它通过伸缩平移运算对信号（函数）逐步进行多尺度细化，实现高频处时间细分、低频处频率细分，自动适应时频信号分析的要求，从而可聚焦到信号的任意细节。小波变换也称为“数学显微镜”，广泛地应用于图像处理、图像压缩、分类、人脸识别与医学诊断等领域。2000 年，Hartley、Faugeras、Zissermann 等提出多视几何和分层三维重建理论，用于从多个视图或图像中还原出三维物体的几何结构和外观信息。分层三维重建首先将图像映射到射影空间，然后将射影空间下重建的点提升到仿射空间，最后再提升到欧氏空间。该理论为精确的三维建模、场景理解和物体跟踪提供了基础。

进入 21 世纪后，以人脸检测、车牌检测、指纹识别、虹膜识别等为代表的依赖人工特征提取的图像识别技术逐渐成熟。2001 年，基于 Harr 小波与 Adaboost 算法的正面人脸检测技术取得突破性进展，成为人脸检测技术的里程碑。随着计算机算力的提高和机器学习等相关技术的发展，车牌识别技术逐渐成熟并实现商业化应用。同时，另一个与智能交通相关联的行人检测技术也广泛应用于智能监控、人体行为分析、车辆辅助驾驶等领域，日渐成为计算机视觉领域中的关键问题。目前的行人检测系统基本上都是基于 Dalal 在 2005 的国际计算机视觉与模式识别会议上发表的 HOG+SVM 的行人检测算法，该算法也已被集成到 OpenCV 库函数中。另外，指纹识别、虹膜识别技术出现并趋近于成熟，且逐渐得到广泛的应用。中国科学院自动化研究所谭铁牛院士团队从 1998 年起在国内开展虹膜识别的研究，在虹膜图像获取、虹膜区域分割、虹膜特征表达、虹膜图像分类等一系列关键问题上取得了重要进展，系统发展了虹膜识别的计算理论和技术方法，并研发了具有完整自主知识产权的虹膜设备和识别系统。最后，由 David Lowe 在 1999 年所发表，并于 2004 年完善总结的尺度不变特征转换（Scale-Invariant Feature Transform，SIFT）算法成为图像特征点检测技术的一个里程碑，其应用范围包含物体辨识、机器人地图感知与导航、影像缝合、3D 模型建立、手势辨识、影像追踪和动作比对等。

与此同时，随着大数据时代的到来，以及硬件算力性能的不断提升，迎来了基于深度学习（Deep Learning，DL）架构的数字图像处理技术的另一发展阶段。2006 年，神经网络专家 Hinton 提出神经网络深度学习算法，使神经网络的能力大大提高，同时开启了深度学习在学术界和工业界的浪潮。2011 年，ReLU 激活函数的提出，有效地抑制了梯度消失现象。同年，IBM 沃森人机大战挑战智力问答冠军，也引起了极大关注。2012 年，深度神经网络技术在图像识别领域取得惊人的效果，ImageNet 图像识别大赛，Hinton 教授的团队利用卷积神经网络设计的 AlexNet 获得冠军，应用效果远超传统方法，从而开启了深度学习的大爆发式发展，各种基于深度思想的多层神经网络结构层出不穷，引领了工业界人工智能应用研究的热潮。2017 年初，基于深度学习设计的“AlphaGo”与中、日、韩数十位围棋高手进行对决，连续 60 局无一败绩。从 Hinton 教授提出深度学习这一概念开始发展到现在，已经出现了一系列的深度学习算法，如卷积神经网络、深度置信网络、自编码器、循环和递归神经网络。这些深度学习算法也已经应用于图像分类、目标检测、图像分割等诸多领域。

近年来，在工业产业技术升级的迫切驱动下，数字图像处理技术应用于智能制造领域，如通过机器视觉系统对生产过程中的产品进行实时监测，检测产品是否存在缺陷、异物等问题。此外，机器视觉系统可以通过对工业环境中的各类目标进行检测与定位，实现机器人或自动化设备的自主导航与定位。另外，在遥感卫星成像方面，可借助雷达和光学成像设备实现对地面目标的精确感知与定位。2016 年我国天宫二号发射成功，它携带的全新对地观测设备三维成像微波高度计，可通过微波精确地测量出海平面的高度，测量精度可达到厘米级，还能对海面的一些风浪、风速等进行测量。2023 年，中国新一代人工智能发展战略研究院发布了《中国新一代人工智能科技产业发展》，全面阐述了人工智能新技术新领域研究的重要性。截至目前，以图像处理与机器视觉为代表的人工智能前沿技术与工业、农业、林业、医学、军事、公共安全等各行业联系日趋紧密。可以预见的是，未来图像处理与机器视觉技术必将发生更大的变革，也必将在更广泛的方面影响人类的生活。

1.2 背后的理论体系

计算机视觉是一门研究如何让计算机能够理解和处理图像的学科。它的目标是使计算机具备类似人类视觉系统的能力，能够组织输入图像信息、识别其中的物体和场景，以及为图像内容赋予意义和解释。计算机视觉经历了 4 个主要历程：马尔计算视觉、主动和目的视觉、多视图几何及分层三维重建和基于学习的视觉。

马尔计算视觉是在 20 世纪 70 年代末由美国麻省理工学院的大卫・马尔（1945 年 1 月 19 日—1980 年 11 月 17 日）教授提出的视觉计算理论，该理论成为计算机视觉领域其后几十年的主导思想。马尔把视觉看作一个信息处理系统，他（与 Tomaso Poggio 一起）认为信息处理系统应该被理解为三个独立而互为补充的层次：计算层、算法层与实现层。计算层挖掘成像物理场景的固有信息，明确视觉计算的目标；算法层利用转换算法将图像进行三维表达，执行视觉计算任务；实现层对算法进行物理实现，将算法嵌入到软件应用程序或硬件系统中，来解决特定问题。马尔认为计算机视觉的主要任务是处理二维（视网膜上的）视觉矩阵并输出对周围世界的三维描述。他认为视觉包括三个阶段：①原始基元图，基于对场景里的基本成分（包括边缘和区域等）的特征提取；② 2.5 维图，获取边缘、轮廓、形状、纹理等中间信息；③三维模型，场景被描述为一个连续的三维地图。本书后面的章节也基本按照这三个层次展开。马尔视觉理论的基本假设是“人类视觉的主要功能是复原三维场景的可见几何表面”。而后 30 多年的研究中，人们发现这一假设基本是不正确的，“物体识别中的三维表达”假设也与人类物体识别的神经生理机理不相符。尽管如此，马尔计算视觉理论在计算机视觉领域的影响是深远的，他所提出的层次化三维重建框架，至今是计算机视觉中的主流方法。为了纪念马尔的成就，国际计算机视觉大会上评选出的最佳论文奖，被命名为马尔奖（Marr Prize），是计算机视觉研究方面的最高荣誉之一。

主动视觉和目的视觉也是计算机视觉发展的一个重要阶段。20 世纪 80 年代初马尔计算视觉理论提出后，学术界兴起了“计算机视觉”的热潮。这种理论的直接潜在应用就是给工业机器人赋予视觉能力，典型的系统就是所谓的“基于部件的系统”。然而，十几年的研究使人们认识到，尽管马尔计算视觉理论非常优美，但鲁棒性不够，很难像人们预想的那样在工业界得到广泛应用。这样，人们开始质疑这种理论的合理性，甚至提出了尖锐的批评。对马尔计算视觉理论提出的批评主要集中在两方面：一是认为这种三维重建过程是“纯粹自底向上的过程”，缺乏高层反馈；二是“重建”缺乏“目的性和主动性”。由于用途的不同，要求重建的精度不同，而不考虑具体任务，仅仅“盲目地重建一个适合任何任务的三维模型”似乎不合理。针对这种情况，当时视觉领域的一个著名刊物（CVGIP：Image Understanding）于 1994 年组织了一期专刊对计算机视觉进行辩论。首先由耶鲁大学的 M. J. Tarr 和布朗大学的 M.J.Black 写了一篇非常有争议性的观点文章（TARR M J，BLACK M J. A computational and evolutionary perspective on the role of representation in vision[J]. CVGIP：Image Understanding，1994，60（1）：65-73.），认为马尔的计算视觉并不排斥主动性，但把马尔的视觉理论过分地强调应用视觉是“短见”之举。通用视觉尽管无法给出严格定义，但人类视觉是最好的样板。这篇观点文章发表后，国际上著名的 20 多位视觉专家也发表了他们的观点评论。大家普遍的观点是，“主动性”“目的性”是合理的，但问题是如何给出新的理论和方法。而当时提出的一些主动视觉方法，仅仅是算法层次上的改进，缺乏理论框架上的创新，这些内容也完全可以纳入到马尔计算视觉框架下。近年来，各种脑成像手段的发展，特别是连接组学（Connectomics）的进展，可望为计算机视觉人员研究大脑反馈机制和主动视觉理论提供一些借鉴。

多视图几何关注如何从多个视角的图像中还原三维信息，而分层三维重建更关注如何将三维信息组织成层次结构以便更好地理解和处理。这两种技术通常在实际应用中结合使用，以实现更准确和全面的三维场景重建和建模。多视图几何是用几何的方法，通过若干幅多视图几何二维图像，来恢复三维物体。它本质上是研究射影变换下图像对应点之间以及空间点与其投影的图像点之间的约束理论和计算方法。分层三维重建是指从多幅二维图像恢复欧氏空间的三维结构时，不是从图像一步到欧氏空间下的三维结构，而是分步分层地进行。即先从多幅图像的对应点重建射影空间下的对应空间点，然后把射影空间下重建的点提升到仿射空间下，最后把仿射空间下重建的点再提升到欧氏空间。20 世纪 90 年代初，计算机视觉瞄准的应用领域从精度和鲁棒性要求太高的“工业应用”转到要求不太高，特别是仅仅需要“视觉效果”的应用领域，如远程视频会议、考古、虚拟现实、视频监控等。同时人们发现，分层三维重建能有效提高三维重建的鲁棒性和精度，计算机视觉从“萧条”走向进一步“繁荣”。多视图几何的代表性人物首数法国 INRIA 的 O. Faugeras、美国 GE 研究院的 R.Hartely 和英国牛津大学的 A. Zisserman。2000 年，Hartley 和 Zisserman 合著的书（HARTLEY R，ZISSERMAN A. Multiple view geometry in computer vision[M]. Cambridge University Press，2003.）对多视图几何的内容给出了比较系统的总结，多视图几何的理论也基本完善。后面的工作主要集中在如何提高“大数据下鲁棒性重建的计算效率”。大数据需要全自动重建与反复优化，需要花费大量计算资源。所以，如何在保证鲁棒性的前提下快速进行大场景的三维重建是后期研究的重点。综上，Hartley、Faugeras、Zissermann 等将多视图几何理论引入到计算机视觉中，并提出了分层三维重建理论和摄像机自标定理论，进一步丰富了马尔三维重建理论，提高了三维重建的鲁棒性和对大数据的适应性。因此，计算机视觉中的多视图几何研究是计算机视觉发展历程中的一个重要阶段和事件。

基于学习的视觉是指以机器学习为主要技术手段的计算机视觉。基于学习的视觉研究，大体上分为两个阶段：21 世纪初的以流形学习（Manifold Learning）为代表的子空间法和目前以深度神经网络和深度学习为代表的视觉方法。流形学习始于 2000 年在 Science 上发表的两篇文章（TENENBAUM J B，SILVA V，LANGFORD J C. A global geometric framework for nonlinear dimensionality reduction[J]. Science，2000，290：2319–2323.”和“ROWEIS S T，SAUL L K. Nonlinear dimensionality reduction by locally linear embedding[J]. Science，2000，290：2323–2326.）。流形学习理论认为，一种图像物体存在其“内在流形”，这种内在流形是该物体的一种优质表达。所以，所谓流形学习就是从图像表达学习其内在流形表达的过程，这种内在流形的学习过程一般是一种非线性优化过程。流形学习一个困难的问题是没有严格的理论来确定内在流形的维度。深度神经网络的概念 20 世纪 80 年代就已提出来了，只是因为当时发现“深度网络”性能还不如“浅层网络”，所以没有得到大的发展。2006 年以后，Hinton 等研究者开始关注深度神经网络的研究，提出了一种深度信念网络（Deep Belief Network，DBN）的结构。深度学习在 2010 年之后经历了显著的发展，在图像和自然语言处理等任务中取得了重大突破，这主要源于数据积累的增加和计算能力的提升。深度学习是一种基于深层神经网络的计算机视觉方法，通过多层神经网络的层次化表示学习，可以高效地从图像和视频数据中自动提取特征，进行目标检测、图像分割、图像生成和模式识别等任务。目前深度学习在物体视觉方面较传统方法体现了巨大优势，但在空间视觉，如三维重建、物体定位方面，仍无法与基于几何的方法相媲美。这主要是因为深度学习很难处理图像特征之间的误匹配现象。

1.3　光谱家族及其应用领域

不同频率和波长的电磁波谱是最主要的图像能源来源，另外也包括声波、超声波和电子（以用于电子显微镜中的电子束形式）等。以医学检查手段为例，各种检测仪器与设备都需要依赖于电磁波，如骨骼扫描成像、胸透 X 光片、血管造影术、CT、核磁共振、B 超等检测手段。其所依赖的电磁波谱辐射能源决定了医学检查时人体接收辐射量的大小。电磁波是同相振荡且互相垂直的电场与磁场在空间中衍生发射的振荡粒子波，粒子波以波的形式传播并以光的速度运动。每个无质量的粒子包含一定的能量（或一束能量），每束能量称为一个光子。根据电磁波的频率或波长进行划分，电磁波谱包括 γ 射线、X 射线、紫外线、可见光、红外线、微波和无线电波，如图 1-5 所示。电磁波谱的各个波段之间并没有明确的界线，而是由一个波段平滑地过渡到另一个波段。总体上，辐射源几乎无处不在，但波长大于 100nm 的电磁波，由于其能量极低，不能引起水和机体组织电离，也成为非电离辐射。

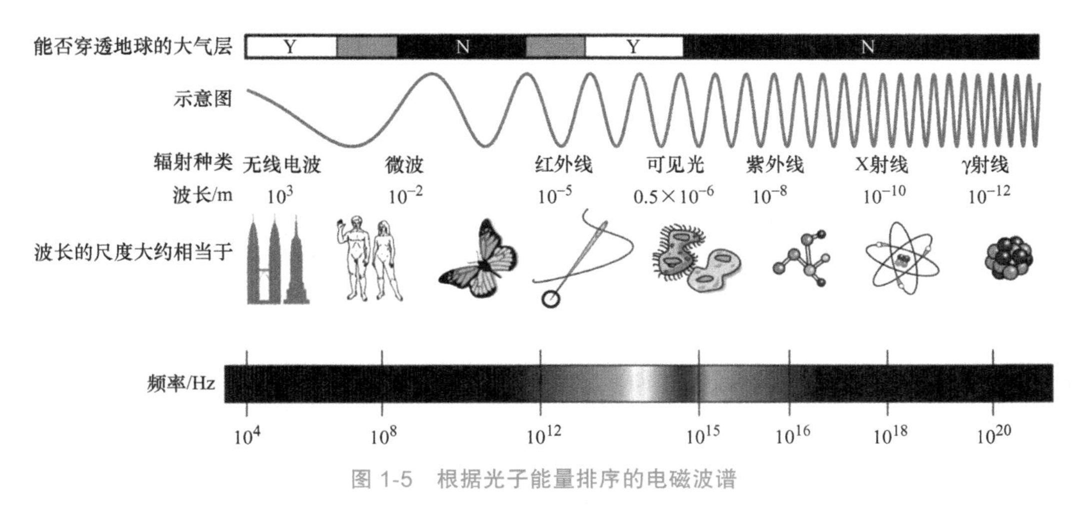

图 1-5　根据光子能量排序的电磁波谱

1.3.1　γ 射线成像

γ 射线（Gamma Ray），又称 γ 粒子流，是原子衰变裂解时放出的射线之一，是波长短于 0.1Å（$1Å=10^{-10}m$）的电磁波，能量高于 124keV，频率超过 30EHz（3×10^{19}Hz）。1900 年，法国科学家 P.V. 维拉德发现了 γ 射线，是继 α、β 射线后发现的第三种原子核射线。在光谱家族中，γ 射线具有最强的辐射能力。它在许多领域有重要应用，包括核医学、天文观测和工业探伤等。γ 射线具有强大的穿透能力和高能量，因此容易导致生物体细胞内的 DNA 断裂，从而引发细胞突变、造血功能缺失和癌症等疾病。同时，γ 射线也可以用于杀死癌细胞，在医学上广泛用于肿瘤治疗。例如，γ 刀是一种常用的治疗工具，它利用集束高能 γ 射线定向照射患者体内的肿瘤组织，以达到杀死癌细胞的目的。此外，人们还可以通过将放射性同位素注入人体内，在其衰变时释放出 γ 射线，并利用 γ 射线检测仪收集到的辐射来生成图像。图 1-6a 显示了一幅用 γ 射线成像得到的人体骨骼扫描图像；图 1-6b 是另一种形态的核成像，正电子放射断层摄影（Positron Emission Tomography，PET）图像，这幅图像中的白色小块表示肿瘤；图 1-6c 是 γ 刀。

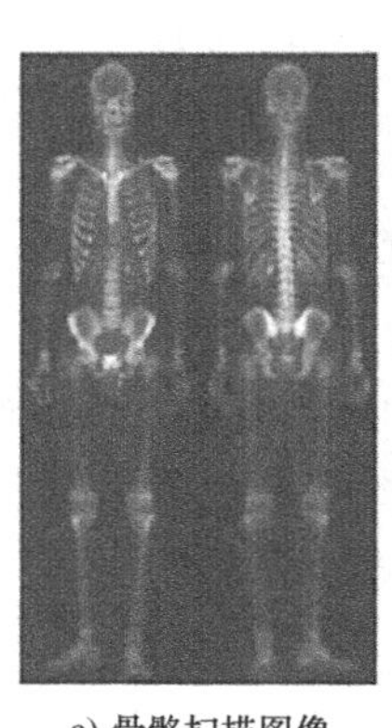
a) 骨骼扫描图像

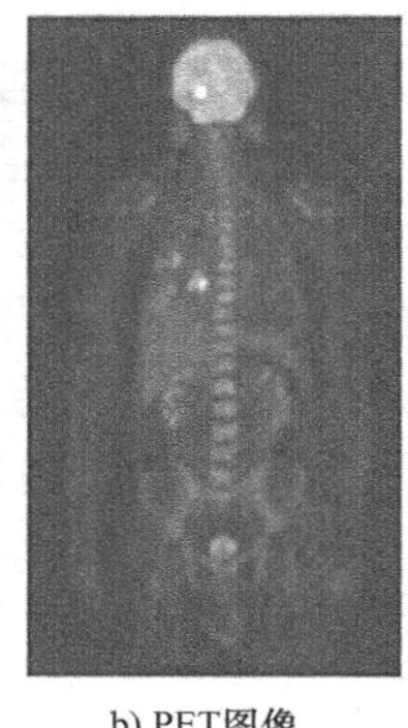
b) PET图像

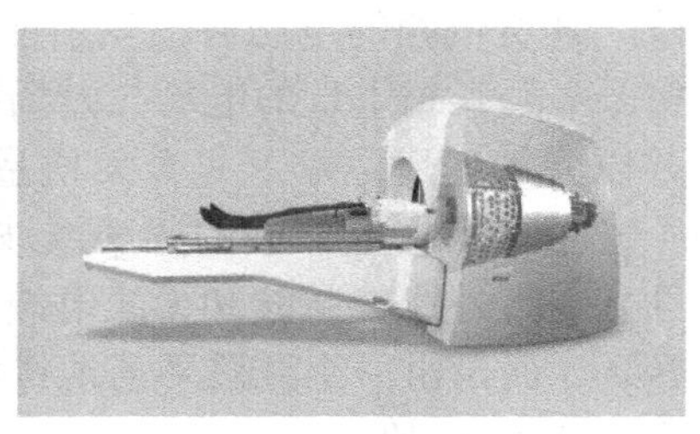
c) γ刀

图 1-6　γ 摄像实例与 γ 刀（别名立体定向 γ 射线放射治疗系统）

1.3.2　X 射线成像

X 射线是一种频率极高、波长极短且能量很大的电磁波，仅次于 γ 射线。其频率范围在 30PHz ～ 300EHz 之间，波长在 0.01 ～ 10nm 之间，能量为 100eV ～ 10MeV。1895 年，伦琴发现了 X 射线，并因此荣获了 1901 年的诺贝尔物理学奖。X 射线是最早用于成像的电磁辐射源之一，在医学诊断、工业和天文学等领域得到了广泛应用。X 射线具有穿透性，但在不同人体组织之间存在密度和厚度的差异，导致通过人体时被吸收的程度不同，经过显像处理后可以得到不同的影像。图 1-7a 展示了一幅病人胸部的 X 射线照片，X 射线经过病人后被敏感于 X 射线能量的胶片所吸收。这个过程与光线使胶片感光的原理相似。血管照相术是辐射成像领域中的另一个主要应用。在血管造影过程中，一个柔软且中空的小管即导管，插入动脉或静脉，然后导管穿过血管并被引导到目标区域。当导管到达目标区域时，X 射线造影剂被注入导管，这样可以增强血管的对比度，使放射学专家能够观察到任何病变或阻塞情况。图 1-7b 展示了主动脉血管造影照片的一个例子。

X 射线在医学成像中的另一个应用是 X 射线计算机断层成像（X–Ray Computed Tomography，X–CT）。1975 年，Godfrey N. Hounsfield 和 Allan M. Cormack 发明了计算机断层成像技术，并因此获得了 1979 年的诺贝尔医学奖。由于 CT 扫描成像技术具有高分辨率和三维成像能力，在 20 世纪 70 年代首次使用时就引起了医疗手段的革命。每一幅 CT 图像都是垂直穿过患者的一个“切片”，当患者在纵向移动时，可以产生大量的“切片”，这些图像可以组合在一起，构成人体内部的三维扫描图像，其纵向分辨率与切片数量成正比。图 1-7c 呈现了一幅典型的头部 CT 切片图像。

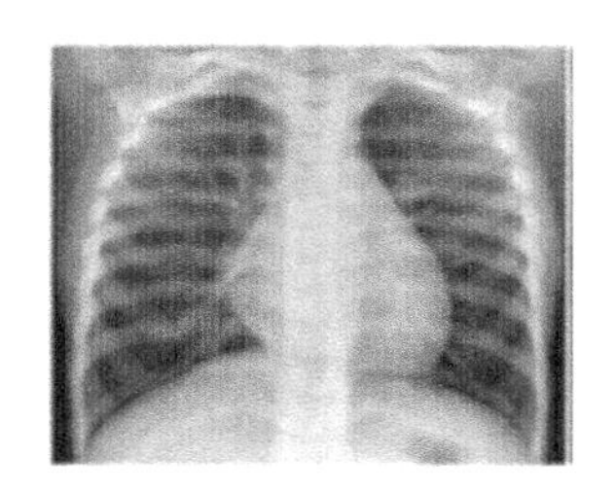
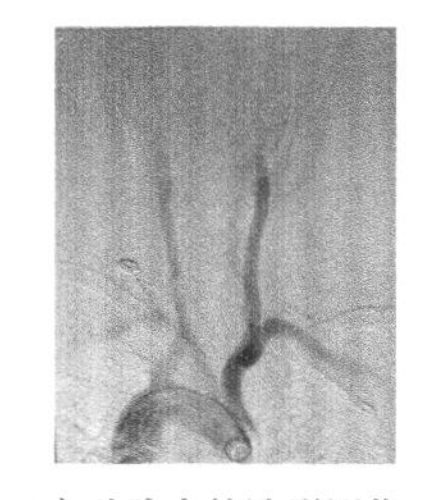
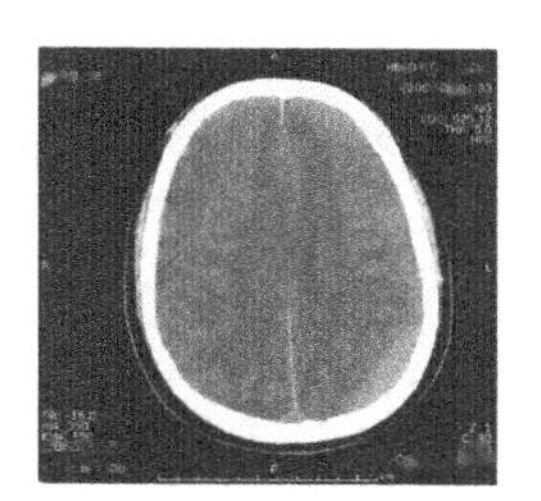
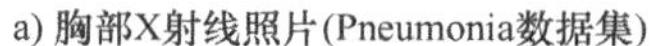

a) 胸部X射线照片(Pneumonia数据集)　　b) 主动脉血管造影图像　　c) 头部CT切片图像

图 1-7　X 射线成像示例

1.3.3　紫外线成像

紫外光在电磁波谱中波长范围为 10 ～ 400nm。这个范围开始于可见光的高频极限，终止于 X 射线的低频频率。不少生物能看见的光波范围跟人类不一样，如包括蜜蜂在内的一些昆虫能看见紫外线波段，对于寻找花蜜有很大帮助。紫外光的应用也很广泛，如紫外光广泛应用于荧光显微镜技术，这是显微镜方法中发展最快的领域之一。荧光显微镜是以紫外线为光源，用以照射被检物体，使之发出荧光，然后在显微镜下观察物体的形状及其所在位置。荧光现象是在 19 世纪中叶被发现的，当紫外光直接照射到矿物质上时，人们首次发现荧石能够发出荧光。虽然紫外光本身是不可见的，但当紫外辐射光子与荧光材料内原子中的电子发生碰撞时，电子会被激发到较高的能级，之后再以可见光范围内的低能光子的形式发光，返回较低的能级。图 1-8a 和图 1-8b 展示了使用绿色（单色）荧光显微镜拍摄的典型结果。这些图像来自于 2019 奥兰多实验生物学年会上展示的一个包含多电极阵列（Microelectrode Array，MEA）系统的 Etaluma LS560 显微镜系统。图 1-8a 显示了使用 LS560 拍摄的牛肺动脉内皮细胞的 Alpha 微管蛋白图像，图 1-8b 显示了使用 LS560 拍摄的小鼠肾脏切片中的曲小管和肾小球图像。

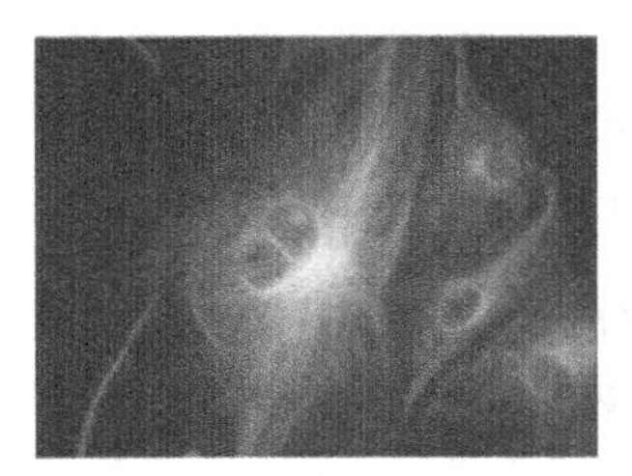
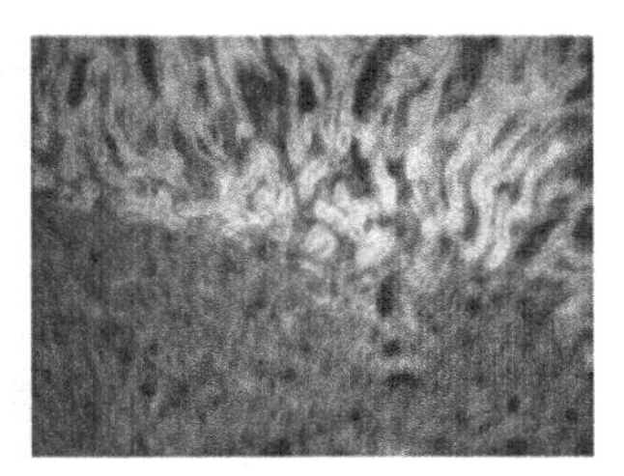

a) 牛肺动脉内皮细胞的Alpha微管蛋白　　b) 小鼠肾脏切片

图 1-8　紫外光成像示例

UV 是紫外线（Ultraviolet）的英文缩写，紫外光分为 A 射线、B 射线和 C 射线 3 种（分别简称为 UV-A、UV-B 和 UV-C），波长范围分别为 315 ～ 400nm、280 ～ 315nm 和 190 ～ 280nm。工业常用紫外光源波长在 340 ～ 400nm。UV-A 和 UV-B 都属于穿透力比较强的光波，能够直达地球表面。UV-A 可以穿透到人们皮肤深层，平时外出要涂防晒霜就是为了防止 UV-A 损害人们的皮肤。UV-A 主要用于打印行业或检测假币的感测工业印刷及胶粘剂的固化。UV-B 比 UV-A 的伤害要小些，适当吸收能促进人体合成维生素 D，主要用于光疗或园艺。UV-C 又叫深紫外，穿透能力最弱，但是它的能量最强。

紫外线消毒灯多使用UV–C光波，它的辐射能对细菌、病菌和真菌进行有效的无害化处理，广泛用于空气、水和物体表面的消毒净化，能杀死细菌、病毒、霉菌孢子等99%微生物。

1.3.4　可见光成像

可见光是电磁波谱中人眼可以感知的部分，由红、橙、黄、绿、蓝、靛、紫七色光组成，是植物进行光合作用时必需的太阳辐射能量。一般的人眼可以感知的电磁波的频率在380～750THz，波长在780～400nm之间，但还有一些人能够感知到频率在340～790THz、波长在880～380nm之间的电磁波。基于可见光的机器视觉系统与人类视觉系统感知的内容具有高度的一致性，目前已经在很多领域都具有十分广泛的应用。可见光处理的一个主要应用领域是工业，基于机器视觉的产品缺陷自动识别可以有效提高生产效率；还可以赋能智慧农业构建未来农场，农民拍图上传病虫害一两秒识别，通过图像识别土壤中潜在的缺陷和营养缺乏症，实现农产品自动分级、筛选等功能；另外，在林业可见光处理用于防病虫害与火灾识别。相关的视觉目标识别技术，也应用于人脸识别、指纹识别、车牌号码的识别。视觉目标识别作为一项面向探测预警、情报侦察、态势感知、精确制导等多个军事应用领域的关键使能技术，能够解决战场自动目标识别的关键问题，是打赢未来智能化战争的重要手段之一。图1-9展示了基于可见光视觉成像系统的典型应用案例。

a) 基于机器视觉技术的工业产品智能识别

b) 林场火灾识别

图1-9　可见光成像系统示例

在当前的自动驾驶系统中基于可见光的视觉摄像头扮演着重要的角色，用于识别道路标志、交通信号、其他车辆和行人等。摄像头传感器技术成熟，价格便宜，尤其是相较于目前市场上动辄上万的激光雷达来说，以摄像头为主的视觉方案是自动驾驶汽车量产的必选条件。而且，相机所采集的图像信息包含丰富的色彩、纹理、轮廓、亮度信息，这些是激光雷达、毫米波雷达等传感器无法比拟的，如红绿灯监测、交通标志识别等任务只能通过摄像头实现。在特斯拉自动驾驶的多款车型中采用了纯视觉方案，采用包括前视、侧视、后视、内置、环视摄像头在内的8个摄像头实现了对环境的感知与识别，其强大的视觉处理能力可实现360°视野范围，对周围环境的监测距离最远可达250m，达到了自动驾驶L4级（自动驾驶有6个级别，从L0（全手动）到L5（全自动））。当然，可见光传感器也有它的缺点，对光照变化十分敏感，在雨雾、黑夜等的天气影响下，摄像头传感器的成像质量就会大幅度下降，其感知算法很难实现物体的检测识别。此外，利用双目视觉进行测距时需要较大的计算量，其测量精度和测速性能上表现不如激光雷达和毫米波雷达。

1.3.5　红外线成像

红外线（Infrared，IR）是频率介于微波与可见光之间的电磁波。红外线可分为三部分，即近红外线（高频红外线，能量较高），波长为（3 ～ 2.5）～（1 ～ 0.75）μm 之间；中红外线（中频红外线，能量适中），波长为（40 ～ 25）～（3 ～ 2.5）μm 之间；远红外线（低频红外线，能量较低），波长为 1500 ～（40 ～ 25）μm 之间。在视觉光源中常用 IR 波段在 700 ～ 1350μm，常用于检测屏幕内屏尺寸，以及用于包装行业消除表面干扰。

温度高于绝对零度（-273℃）以上的任何物体都会产生红外辐射，人作为天然的红外能量载体，需要持续不断地朝周围散发红外辐射能量以维持自身体温的恒定。红外热成像技术通过仪器采集人体体表向外辐射出的红外波，借助计算机转化处理，最终将人体体表的红外辐射信息转化成能够通过肉眼可直接观察到的红外热图，并且人体体表的温度变化都能快速地显示并加以分析。另外，在夜间，基于可见光的视觉传感器对黑色的车辆和行人等目标难以进行准确检测，这时可以配合红外光传感器进行夜间的行人目标检测。图 1-10 展示了红外线成像的部分应用示例。

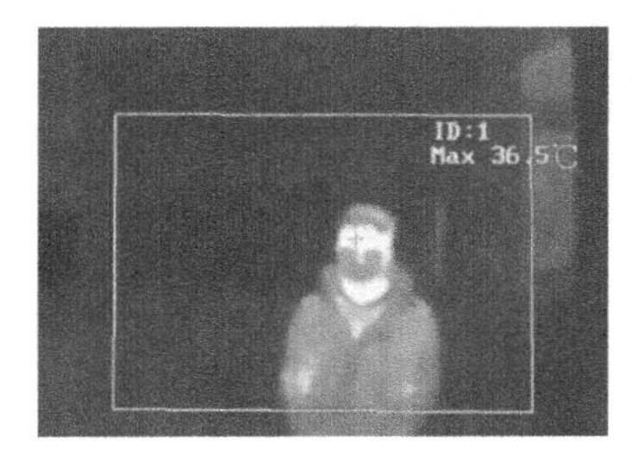

a) 基于红外线的人体测温

b)时空对齐的可见光和红外图像数据对，用于夜间行人检测(来自LLVIP数据集)

图 1-10　红外线成像示例

1.3.6　微波成像

微波是频率在 300MHz ～ 300GHz，相应波长为 1m ～ 1mm 的电磁波。微波成像是指以微波作为信息载体的一种成像手段，微波成像是一种不可或缺的遥感技术，它在农林监测、海洋监测、测绘制图、军事侦察等领域有着广泛的应用。微波波段成像的典型应用是雷达。成像雷达的工作原理就像一台闪光照相机，它自己提供照明（微波脉冲）去照亮地面上的一个区域，并得到一幅快照图像。与照相机镜头不同，雷达使用天线和数字计算机记录图像。在雷达图像中，能看到的只是反射到雷达天线的微波能量。某些雷达波可以穿透云层，在一定条件下还可以穿透植被、冰层和极干燥的沙漠。在许多情况下，雷达是探测地球表面不可接近地区的唯一方法。

空间微波成像雷达有真实孔径成像雷达与合成孔径成像雷达之分。真实孔径成像雷达的空间分辨力较低（为 1 ～ 2km 量级），但是比较简单和经济，对于一些大规模自然现象的观测（如冰山定位、海冰分布和海面风场测量、热带气旋和水下地震引起的海啸探测等）有效。合成孔径成像雷达（Synthetic Aperture Radar，SAR）是自 20 世纪 50 年代后期发展起来的一种微波成像雷达，具有较高的空间分辨力（可达数米以下），具备全天时、全天候对地观测的能力，它不受光照、云雾和气候等自然条件影响，已成为遥感领域重要的信息获取平台。基于 SAR 图像的飞机检测识别能获取飞机目标的型号、种类、位置、状态等信息，可有效辅助于重点区域动态监视、态势分析、紧急救援等应用。图 1-11a 展示了 AIR–SARShip2.0 数据集中的 SAR 图像，用于舰船目标检测；图 1-11b 展示了一幅星载雷达图像。星载雷达是安装在人造卫星上的雷达系统。星载雷达能有效地提高空中监视能力，一部星载雷达覆盖面积相当于几十部相同规模地面雷达的覆盖面积，并且载体生存能力很强，不易被摧毁。我国天宫二号卫星携带的全新对地观测设备三维成像微波高度计，通过微波精确地测量出海平面的高度。其通过两副天线向海面发射微波，并接收回波和信号处理，实现海面高度的厘米级细微变化检测。

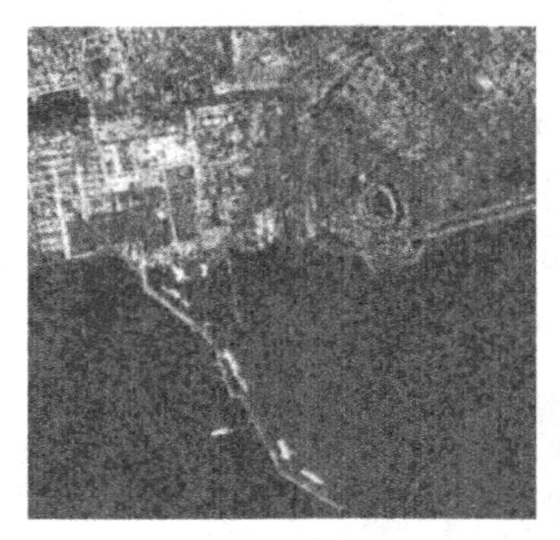

a) AIR–SARShip2.0数据集中的SAR舰船图像

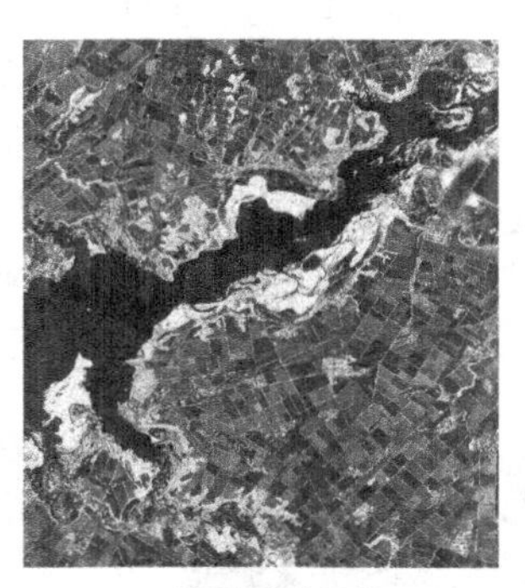

b) 星载雷达图像

图 1-11　微波成像示例

1.3.7　无线电波成像

无线电波是一种频率为 300GHz 以下，波长大于 1m 的电磁波，可以分为短波（波长为 1 ～ 102m）、中波（波长为 102 ～ 103m）和长波（波长为 103 ～ 105m）。无线电波段成像主要应用于医学和天文学。在医学中，无线电波用于核磁共振成像（Magnetic Resonance Imaging，MRI）。该技术是把病人放在强磁场中，并让无线电波短脉冲通过病人的身体，每个脉冲将导致由病人的组织发射无线电响应脉冲，这些信号发生的位置和强度由计算机确定，从而产生病人的一幅二维剖面图像。MRI 可以在任何平面产生图像。图 1-12 显示了人的膝盖和脊椎的图像。

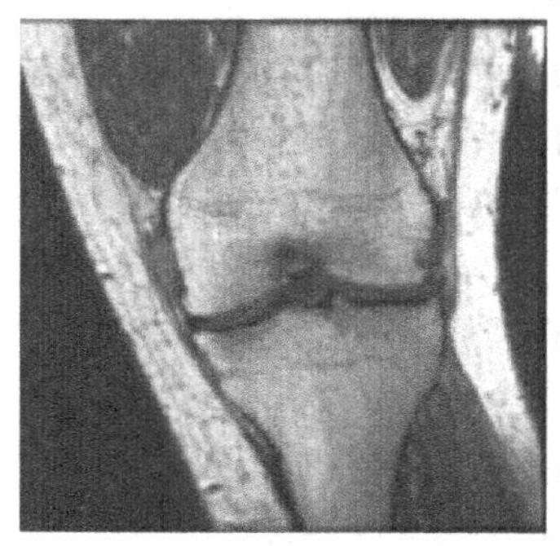

a) 膝盖MRI图像(MRNet数据集)

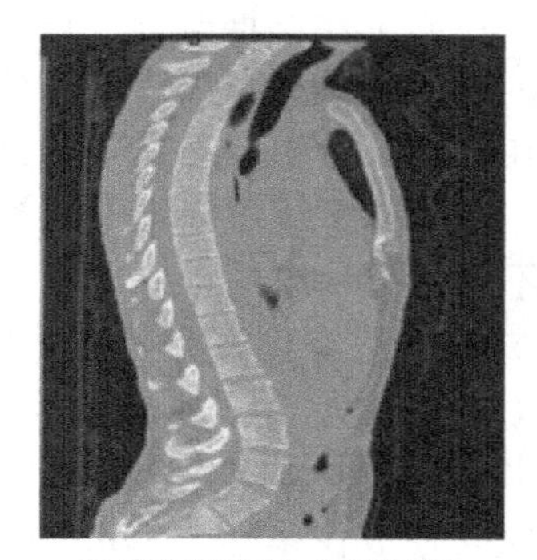

b) 脊椎图像(VerSe数据集)

图 1-12　无线电成像示例

1.3.8 其他成像方式

虽然电磁波谱成像一直占主导地位，但包括声波成像在内的其他成像方式也很重要。声波是声音的传播形式，发出声音的物体称为声源。声波是一种机械波，由声源振动产生，声波传播的空间就称为声场。人耳可以听到的声波的频率一般在20Hz～20kHz之间。超声波是一种波长极短的机械波，在空气中波长一般短于2cm。它必须依靠介质进行传播，无法存在于真空（如太空）中。

声波成像在地质勘探、工业和医学领域中得到了应用。地质应用采用的是声谱中的低端声波（几百赫兹），其他应用领域的成像使用超声波（百万赫兹）。图像处理在地质领域的最重要商业应用是矿产和石油勘探。为了透过地表获取图像，主要方法之一是利用一辆大型卡车和一个大的钢制平板，平板由卡车压在地面上，同时卡车以 100 Hz 的频率振动，地表下面的成分决定了返回声波的强度和速度，通过对这些声波进行图像分析，可探测地下是否具有矿产和石油。超声波成像常用于制造业和医学领域。在妇产科，医生对未出生的胎儿成像，以确定其发育的健康状况。图 1-13 显示了超声波成像示例。

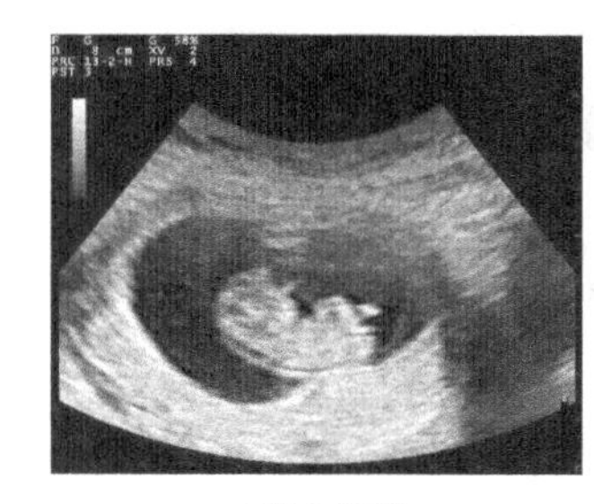

a) 胎儿图像

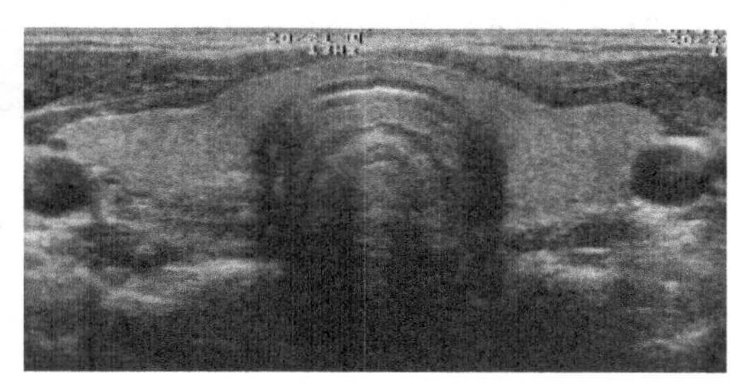

b) 甲状腺超声图像

图 1-13 超声波成像示例

1.4 狭义的数字图像处理——从图像到图像

狭义的数字图像处理可以界定为算法的输入和输出都是图像，主要是实现针对输入图像的质量提升，具体任务包括图像增强、图像复原和图像去噪等。而广义的数字图像处理可以涵盖图像特征的提取、简单的图像分析、图像内容的理解等范畴。狭义图像处理的概念其实很容易延伸到后续的广义图像处理领域。例如，在进行图像增强时突出感兴趣的区域，而弱化不相关的背景，其实就与目标检测这一任务高度关联。本书为了更好地对上述内容进行梳理，将这两个内容分开阐述。

1.4.1 图像增强

图像增强即增强图像中的有用信息，其目的是改善图像的视觉效果。利用图像增强技术有目的地强调图像的整体或局部特性，改善图像的颜色、亮度和对比度等，将图像变得更清晰；或者通过有选择地突出图像中感兴趣的区域或特征，抑制不感兴趣的背景区域或图像特征，扩大图像中不同物体之间的差别，达到改善图像质量、丰富信息量、增强图像判读和识别的效果，或满足后续图像分析的需要。如何评价图像增强的结果好坏没有统一的标准。

图像增强技术的应用领域很多。例如，在医学影像领域，图像增强可用于改善医学扫描图像的清晰度和细节，帮助医生更准确地进行诊断；在遥感成像领域，图像增强可用于提高图像分辨率、减少噪声、增强细节，以便更好地分析地表特征、气候变化；在交通安全领域，利用图像增强技术可以增加监控摄像头图像的清晰度、对比度和细节，以便更好地识别人脸、车牌等关键信息。图 1-14 给出了图像增强的示例。

a) 原始图像

b) 增强后的图像

图 1-14　图像增强示例

1.4.2　图像复原

图像复原即利用退化过程的先验知识，将降质图像重建成接近于或完全无退化的原始图像。图像复原技术主要是针对成像过程中的“退化”而提出来的，而成像过程中的“退化”现象主要指成像系统受到各种因素的影响，诸如成像系统的散焦、设备与物体间存在相对运动或者是器材的固有缺陷等，导致图像的质量不能够达到理想要求。图像的复原和图像的增强存在类似的地方，它也是为了提高图像的整体质量。但是，图像增强技术重在结合具体的视觉任务需求强化图像中感兴趣的区域或者特征，而图像复原技术主要是对图像退化的整个过程进行估计，在此基础上建立退化数学模型，以使复原之后的图像尽可能趋近于原始图像，更强调客观性。

图像复原在遥感成像、文化遗产保护、数字图书馆、法医学、天文学、地质学、航空航天中都具有广泛的应用。例如，在遥感成像领域，图像复原可对遥感图像资料进行大气影响的校正、几何校正，以及对由于设备原因造成的扫描线漏失、错位等的改正；在文化遗产保护方面，图像复原技术通过修复老照片、古代绘画或文档的图像，以实现保护和恢复它们的原貌，让观众更好地了解历史和文化；在数字图书馆和档案馆中，图像复原可用于修复老旧的扫描图像或受损的文档图像，确保其可用性和可读性；在法医学和刑事调查中，图像复原技术可以帮助提高证据图像的质量和清晰度，以支持调查和判决过程。图 1-15 给出了图像复原的示例。

a) 模糊图像

b) 复原后的图像

图 1-15　图像复原示例

1.4.3　图像去噪

图像噪声通常是由于成像设备、传输过程或外部环境等因素引起的，它会影响图像的细节、清晰度和对比度等方面，从而影响图像的使用价值和效果。通过图像去噪技术，可以有效地减少图像中的噪声，提高图像的信噪比，使图像更加清晰、真实、准确，这样可以在图像处理、分析和应用等方面获得更好的效果。图像去噪的目的既可以是客观的，也可以是主观的。客观目的是指通过图像去噪技术来提高图像的信噪比、清晰度和准确性等客观指标，从而提高图像的使用价值和效果。这些客观指标可以通过量化的方法进行评估和比较，如通过计算图像的峰值信噪比、均方误差等指标来评估图像去噪的效果。主观目的是指通过图像去噪技术来提高图像的视觉效果和观感，从而满足人类的主观需求和感受。这些主观需求和感受通常是因人而异的，如在数字图像处理中，有些人可能更喜欢图像的柔和效果，而有些人可能更喜欢图像的锐利效果。

图像去噪技术可以应用于农业、工业、环境监测等诸多领域。例如，在航天和遥感领域，图像去噪可以帮助提高卫星图像的清晰度和准确性，从而提高遥感数据的质量；在医学图像处理问题中，图像去噪可以帮助医生更准确地诊断病变，如在 X 射线图像中去除噪声可以更清晰地显示骨折或肿瘤等病变；在自动驾驶领域，图像去噪可以帮助自动驾驶车辆更准确地识别道路、行人、障碍物等，从而提高行车安全性；在安防监控领域，图像去噪可以帮助提高安防监控系统的图像质量，从而更准确地识别嫌疑人或异常情况。图 1-16 给出了图像去噪的示例。

a) 噪声图像

b) 去噪后的图像

图 1-16　图像去噪示例

1.5 广义的数字图像处理——从图像到理解

广义的数字图像处理的范畴主要是针对图像内容的分析与理解。本节以图像分类、目标检测和图像分割三个方面为例，对广义的数字图像处理任务和相应的评价指标进行介绍。

1.5.1 图像分类

图像分类的目的是将图像分类到预定义的类别中，以实现自动的图像识别和分析。常见的图像分类过程是将图像转换为计算机可以理解的特征向量，然后使用机器学习算法将这些特征向量与预定义的类别进行比较，最终确定图像所属的类别。图像分类的应用非常广泛，如在自动驾驶、安防监控、医学图像、农业、工业等领域中都有广泛的应用。图像分类可以帮助自动驾驶车辆识别道路、行人、障碍物等，可以帮助安防监控系统识别嫌疑人或异常情况，可以帮助医生识别病变或肿瘤等，可以帮助农业人员识别作物病害或品种等。

作为计算机视觉的基础性任务，图像分类是后续目标检测、图像分割的重要基础，几乎所有的工作都建立在图像分类之上。近年来，随着深度学习的发展，图像分类取得了显著进步，有了实际应用，如指纹识别、人脸识别。越来越多的人也开始重视对图像分类和深度学习的研究，出现了很多图像分类相关的大规模数据集，如手写数字识别数据集 MINIST、自然场景下的图像数据集 CIFAR-100 和 ImageNet 等。在这些数据集上也开展了很多竞赛，如 PASCAL VOC（The PASCAL Visual Object Classes，从 2005 年到 2012 年）等计算机视觉挑战赛。图 1-17 给出了图像类别的示例。

图 1-17 图像类别示例（PACS 数据集）

二分类问题中图像的类别只有两个，如 0、1 分类，阴性、阳性分类等；图像的真实类别包含正类和负类两种，预测结果也分为正类和负类两种。将模型的预测结论与真实情况进行比对，结果可以分为四种情况：TP、TN、FN、FP。其中，第一个字母代表预测结果是否符合事实，模型猜得对即为 T，猜得不对为 F；第二个字母代表预测的结果为正类还是负类，正类为 P，负类为 N。真实标签与预测标签的关系如表 1-1 所示。

表 1-1　真实标签与预测标签的关系

真实标签＼预测标签	正类	负类
正类	TP（真正类）	FN（假负类）
负类	FP（假正类）	TN（真负类）

根据真实标签与预测情况的不同，可以分为以下几种情况：

1）若一个实例是正类，并且被预测为正类，即为真正类 TP（True Positive）；

2）若一个实例是正类，但是被预测为负类，即为假负类 FN（False Negative）；

3）若一个实例是负类，但是被预测为正类，即为假正类 FP（False Positive）；

4）若一个实例是负类，并且被预测为负类，即为真负类 TN（True Negative）。

基于上述几种情况可以得到图像分类的几个常见评价指标：

1. 精确率 / 查准率

精确率 P 是衡量模型准确性的指标。它是在模型预测为正样本的结果中，真正的正样本所占的百分比。换句话说，精确率衡量了模型预测为正类别的样本中的准确性。精确率越高，说明模型将负类预测为正类的情况越少，即误检情况越少。相应地，$1-P$ 即为误检率。P 可以表示为

$$P=\frac{\mathrm{TP}}{\mathrm{TP}+\mathrm{FP}} \tag{1-1}$$

式中，TP 表示真正的正类样本数；TP+FP 表示预测为正类的样本数。

2. 召回率 / 查全率

召回率 R 是衡量模型覆盖面的指标。它是指模型针对所有正类别样本能够正确预测为正类别的比例。召回率越高，说明模型将正类预测为负类的情况越少，即漏检情况越少。相应地，$1-R$ 即为漏检率。R 可以表示为

$$R=\frac{\mathrm{TP}}{\mathrm{TP}+\mathrm{FN}} \tag{1-2}$$

式中，TP 表示真正的正类样本数；TP+FN 表示实际所有的正样本数。

3. *F*–Measure

精确率反映了模型的误检情况，召回率反映了模型的漏检情况。但这两个指标其实是相互矛盾的。如果模型过于激进地预测正类（即把负类预测成正类），如模型某些参数阈值过低，把没有癌症的人也预测为有癌症，此时模型的漏检率会降低，但误检率就会升高；如果模型过于保守地预测正类（即把正类预测成负类），如模型某些参数阈值过高，把有癌症的人预测为没有癌症，此时模型的误检率会降低，但漏检率就会升高。因此，*F*–Measure 是综合考虑两者的一种度量方法，它是 P 和 R 加权调和平均：

$$F=\frac{(a^2+1)PR}{a^2P+R} \tag{1-3}$$

当参数 a=1 时，就是最常见的 F_1：P 和 R 调和均值的 2 倍，即

$$F_1 = \frac{2PR}{P+R} \tag{1-4}$$

4. 准确率

准确率 A_{cc} 是最常用的指标，指的是分类正确的样本数占样本总数的比例，通俗的解释就是在所有样本中，预测正确的概率，即

$$A_{cc} = \frac{\text{TP}+\text{TN}}{\text{TP}+\text{FN}+\text{FP}+\text{TN}} \tag{1-5}$$

式中，TP+TN 表示所有预测正确的样本数；TP+FN+FP+TN 表示总样本数。

准确率这一指标无法衡量不平衡数据集上的模型表现。例如，假设正负样本数目差别很大，比如负样本 10 个，正样本 9990 个，若模型把所有的样本都预测为正，准确率为 99.9 %，但并不能说明模型分类的准确性。

5. *P*–*R* 曲线

精确率和召回率的关系可以用一个 *P*–*R* 联合评估图来展示，以精确率（查准率）*P* 为纵轴、召回率（查全率）*R* 为横轴作图，就得到了查准率 - 查全率曲线，简称 *P*–*R* 曲线，如图 1-18 所示。从图中可以看出，对于每个模型而言，查全率的提升必然会伴随着查准率的下降。在衡量哪个模型性能更佳时，如果一条曲线完全“包住”另一条曲线，则前者性能优于另一条曲线（*P* 和 *R* 越高，代表算法分类能力越强）。

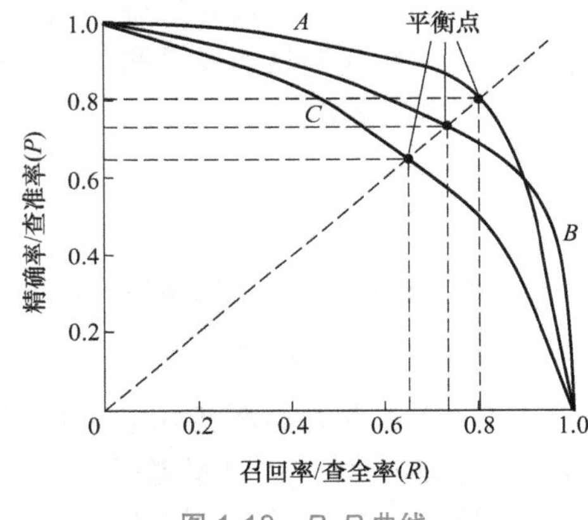

图 1-18 *P*–*R* 曲线

学术界也常用 AP（Average Precision）值衡量模型的性能好坏。AP 值是对不同召回率点上的精度进行平均，即计算 *P*–*R* 曲线下的面积：

$$\text{AP}=\int_0^1 P(R)\mathrm{d}R = \sum_{k=0}^{n} P(k)R(k) \tag{1-6}$$

通常来说，AP 值越高，模型分类性能越好。如果有多个类别，计算各个类别的 AP 值的平均值，即为 mAP 值。

1.5.2 目标检测

目标检测（Object Detection）的任务是找出图像中所有感兴趣的目标（物体），确定它们的类别和位置，它是计算机视觉领域的核心问题之一。由于各类物体有不同的外观、形状和姿态，加上成像时光照、遮挡等因素的干扰，目标检测一直是计算机视觉领域最具有挑战性的问题。目标检测问题可以看成是图像分类、回归问题的叠加。

作为计算机视觉的基本问题之一，目标检测构成了许多其他视觉任务的基础，如实

例分割、图像标注和目标跟踪等。从检测应用的角度看，行人检测、面部检测、文本检测、交通标注与红绿灯检测、遥感目标检测统称为目标检测的五大应用。PASCAL VOC、ILSVRC、MS-COCO 和 OID 数据集是目标检测使用最多的四大公共数据集。PASCAL VOC 数据集是面向多任务的，包括图像分类、目标检测、语义分割和行为检测等，其中的部分目标检测结果示例如图 1-19 所示。

图 1-19　目标检测示例（PASCAL VOC2012 数据集）

目标检测的评价指标主要有交并比（Intersection over Union，IoU）、精确率 / 查准率（P）、召回率 / 查全率（R）、AP 值、mAP 值和 P–R 曲线。目标检测模型通常会输出很多个检测框，通过统计并计算每个检测框是否能检测到目标的各种占比来衡量模型的检测效果，与在分类问题中类似，预测与实际情况进行比对后，结果同样可以分为四种：TP、TN、FN、FP，如图 1-20 所示。

图 1-20　目标检测模型的预测结果与真实结果

1. 交并比

交并比（IoU）可以表示为

$$\text{IoU} = \frac{\text{TP}}{\text{FN} + \text{FP} + \text{TP}} \tag{1-7}$$

2. 精确率

精确率 P 其实就是在识别出来的图像中，TP 所占的比率：

$$P = \frac{\text{TP}}{\text{TP} + \text{FP}} \tag{1-8}$$

3. 召回率

召回率 R 是覆盖面的度量，可以看作是被正确识别出来的样本个数与测试集中所有要识别样本个数的比值：

$$R = \frac{\mathrm{TP}}{\mathrm{TP} + \mathrm{FN}} \tag{1-9}$$

1.5.3 图像分割

图像分割就是把图像分成若干个特定的、具有独特性质的区域，并提出感兴趣目标的技术和过程。它是由图像处理到图像分析的关键步骤。根据使用的方法，图像分割可以分为传统分割方法和基于深度学习的分割方法。传统的图像分割方法主要分为基于阈值的分割方法、基于区域的分割方法、基于边缘的分割方法等。近年来，由于技术的进步和算力的不断增加，许多传统方法已经无法与深度学习相比较，但许多思想仍然具有价值。基于深度学习的图像分割分为三类，即语义分割、实例分割和全景分割，针对给定图像的三类分割结果如图 1-21 所示。

a) 原图　b) 语义分割　c)实例分割　d) 全景分割

图 1-21 图像分割示例（Cityspace 数据集）

图 1-21 彩图

1. 语义分割

语义分割对图像中所有像素点进行分类，将相同类别的像素归为同类标签。例如，图 1-21b 对街道进行了语义级别的分割，将图中的街道、车辆、树木和行人等分别采用不同的颜色进行了标注。经典的卷积神经网络语义分割模型有 FCN、U-Net、DeepLab 等网络模型。

2. 实例分割

实例分割可以看作目标检测和语义分割的结合，在图像中将目标检测出来（目标检测），然后对每个像素打上标签（语义分割）。例如，以图 1-21c 中的人为目标，语义分割不区分属于相同类别的不同实例（所有人都标记为红色），而实例分割区分同类中的不同实例（使用不同颜色区分不同的人）。随着深度学习的发展，实例分割相继出现了 SDS、DeepMask、MultiPath Network 等方法，分割精度和效率逐渐得到提升。

3. 全景分割

全景分割是语义分割和实例分割的结合，把原来的语义分割（为每个像素分配语义标签）和实例分割（检测物体实例并分割出来）统一起来，要求为图片里的每一个像素，既分配语义标签，又分配实例 ID。例如，图 1-21d 中，对所有物体（人、车、树木等）包括街道背景都进行检测和分割，并且区分相同目标中的不同实例（不同颜色）。

常用的图像分割指标有像素准确率（Pixel Accuracy，PA）、类别平均像素准确率（Mean Pixel Accuracy，MPA）、交并比（Intersection over Union，IoU）、平均交并比（Mean Intersection over Union，MIoU）。

像素准确率（PA）是预测类别正确的像素数占总像素数的比例，计算公式为

$$\mathrm{PA}=\frac{\sum_{i=0}^{k}p_{ii}}{\sum_{i=0}^{k}\sum_{j=0}^{k}p_{ij}} \tag{1-10}$$

式中，k 是类别总数，包括背景的话就是 $k+1$；p_{ii} 是真实像素类别为 i 的像素被预测为类别 i 的总数量，就是对于真实类别为 i 的像素来说，分类正确的像素总数有多少。其中，p_{ij} 将 i 预测为 j，为假负（FN）；p_{ji} 将 j 预测为 i，为假正（FP）；p_{jj} 将 j 预测为 j，为真正（TP）。

类别平均像素准确率（MPA）是分别计算每个类被正确分类像素数的比例，然后累加求平均，计算公式为

$$\mathrm{MPA}=\frac{1}{k+1}\sum_{i=0}^{k}\frac{p_{ii}}{\sum_{j=0}^{k}p_{ij}} \tag{1-11}$$

平均交并比（MIoU）是对每一类预测的结果和真实值的交集与并集的比值，之后求和再计算平均，计算公式为

$$\mathrm{MIoU}=\frac{1}{k+1}\sum_{i=0}^{k}\frac{p_{ii}}{\sum_{j=0}^{k}p_{ij}+\sum_{j=0}^{k}p_{ij}-p_{ii}} \tag{1-12}$$

本章小结

本章的主要目的是对数字图像处理的基本概念、发展历程、当前的应用领域提供概括性的介绍，重点介绍了数字图像处理的目的、任务和应用前景。由于篇幅有限，本章内容可能未能详尽覆盖所有方面，但仍为读者展现了数字图像处理知识的广泛性和应用领域的多样性，以期给读者留下深刻的印象。在后面的章节中，将进行图像处理理论和应用方面的阐述，并提供大量的实例，以进一步理解这些技术的应用。

参考文献

[1] LOWE D G. Object recognition from local scale-invariant features[C]//Proceedings of the seventh IEEE International Conference on Computer Vision，[S. l]：IEEE，1999，2：1150–1157.

[2] GLOROT X，BORDES A，BENGIO Y. Deep sparse rectifier neural networks[J]. Journal of Machine Learning Research，2011，15：315-323.

[3] KRIZHEVSKY A，SUTSKEVER I，HINTON G. ImageNet classification with deep convolutional neural networks[J]. Communications of the ACM，2012，60:84–90.

[4] BABBAR S .Review – mastering the game of go with deep neural networks and tree search[J]. Nature，2016，529：484–489.

第 1 篇

底层视觉：数字图像处理方法

第 2 章　数字图像处理基础

——人工智能的敲门砖

引言

数字图像处理是一种以计算机为基础的处理图像的技术。数字图像处理的基础知识包括图像的获取、表示和基本的像素级分析等内容，核心在于如何理解数字化的二维信号在计算机中的表达方式。只有掌握图像处理的基本知识，才能进行更高级的数字图像处理算法设计和应用，包括图像增强、目标检测、识别以及图像的理解等任务。本章将着重介绍图像及数字图像的定义、图像的获取过程、图像的数字化过程、数字图像的表示与属性，以及数字图像中像素的表示与基本分析方法等基本概念，旨在为读者铺垫坚实的理论基础。

2.1　图像的定义

图像是人类视觉的基础，是自然景物的客观反映，是人类认识世界和人类本身的重要源泉。“图”是物体反射或透射光的分布，“像”是人的视觉系统所接受的图在人脑中所形成的印象或认识，照片、绘画、剪贴画、地图、书法作品、手写汉字、传真、卫星云图、影视画面、X 光片、脑电图、心电图等都是图像。

图像分为连续图像和离散图像两种。连续图像，又称为模拟图像，是指二维坐标系中像素和灰度值都呈连续变化的图像。这类图像可以视为由无数个像素组成，每个像素点的灰度值有无限多个可能的取值。连续图像是由物体或场景反射或发射光线而形成的，如胶片、电影和自然景观等。由于连续图像具有无限多的像素，因此在计算机中无法完全存储和处理，需要通过采样和量化处理将其转换为离散图像。

离散图像，又称为数字图像，是指通过数值矩阵来表征的图像。离散图像是由有限数量的像素组成的，且每个像素都有特定的位置和灰度值，可以被计算机直接处理、存储、传输和显示。数字图像以其精确、易于处理的特性，在图像处理和计算机视觉的研究领域内占据了重要地位。

2.2　图像的获取

图像的获取设备是多种多样的，常见的有胶片式相机、扫描仪、核磁共振仪以及数字式相机等。胶片式相机通过利用光学镜片组聚集光线到光敏材料上，并使光敏材料感光的方式获取连续图像，其原理是利用了镜片组聚光的物理特性和光敏材料的化学特性成像。扫描仪通过光电传感器逐行扫描文档或图片的方式来获取数字图像，其原理是利用了传感器的光电转换特性成像。核磁共振仪通过使用射频脉冲激发被强磁场排列的氢原子，并收集其弛豫能量的方式来获取数字图像，其原理是利用了不同组织中氢原子的核磁共振特性成像。而数字式相机获取图像的原理是利用了镜片组的聚光特性和感光元件的光电转换特性成像，其获取数字图像的过程如图 2-1 所示。

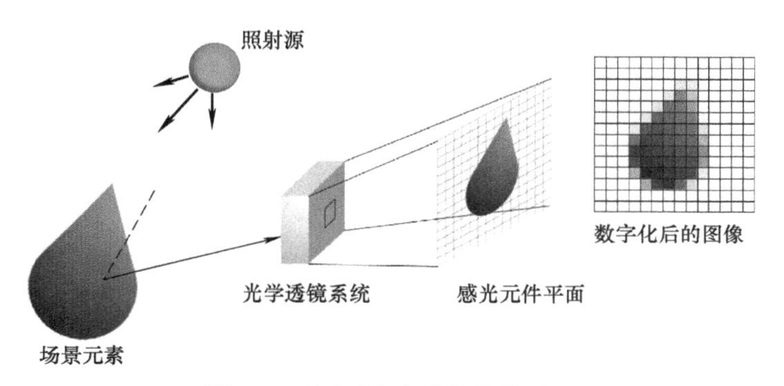

图 2-1　数字式相机获取图像过程

数字式相机的获取图像过程由照射源、场景元素、光学透镜系统、感光元件平面和模 / 数转换器五个基本要素组成。首先，照射源的光线照射到场景元素中产生了被摄对象的反射光线；然后，反射光线通过光学透镜系统聚焦到感光元件平面上；接着，感光元件（通常为光电二极管或光电晶体管）将光线转换为模拟信号；最后，模拟信号会经过模 / 数转换器转换为数字信号，并经过一系列的信号处理和编码，最终获得数字图像。

总体而言，数字图像获取的过程主要涉及将自然界中的光学信息转换成数字信号。这一过程包括了从模拟信号到数字信号的转换，以及随后的一系列处理步骤。

图像成像模型是对如何从物理世界中捕获图像的过程的一种数学描述，它涵盖了整个图像获取过程。图像成像模型的数学表达式为

$$I = f(x, y, z, \lambda, t) \tag{2-1}$$

式中，x、y、z 是真实图像坐标系空间坐标；λ 是波长；t 是时间；I 是图像强度。式（2-1）可以代表一幅活动的、彩色的、立体图像。当研究的是静止的、单色的平面图像时，t、λ 和 z 与公式无关，因此其数学表达式可简化为

$$I = f(x, y) \tag{2-2}$$

图像模型函数 $f(x, y)$ 可由两个分量来表示：①入射到观察场景的光源总量，即入射分量；②场景中物体反射光的总量，即反射分量。图像模型函数 $f(x, y)$ 可以描述为

$$I = f(x,y) = i(x,y)r(x,y) \tag{2-3}$$

式中，$i(x,y)$ 是入射分量，$0 < i(x,y) < \infty$；$r(x,y)$ 是反射分量，$0 < r(x,y) < 1$。

$i(x,y)$ 的值取决于照射源的照度。例如，在晴朗的白天，太阳在地球表面产生的照度超过 90000lm/m^2；在有云的情况下，这个数值下降到 1000lm/m^2；在晴朗的夜晚，满月情况下大约为 0.1lm/m^2。而 $r(x,y)$ 的值取决于成像物体的特性，其值域在 0（全吸收）和 1（全反射）之间。例如，黑天鹅绒为 0.01，不锈钢为 0.65，白色墙为 0.80。

2.3 图像的数字化

由于连续图像无法被数字计算机存储、处理和显示，因此需要利用图像的数字化技术将连续图像转换为数字图像。图像的数字化是将一幅连续图像转换成一组数字矩阵的过程。其目的是利用二进制编码的方式来表示、存储、传输和分析图像信息。图像的数字化过程包括两种操作：采样和量化。

2.3.1 图像的采样

图像的采样，又称为图像的取样、抽样，是将空间上或时域上连续的图像（模拟图像）变换成离散采样点（像素）集合的过程。通过在图像上选择固定的采样间隔，可以将连续图像的无限像素点转变为有限的像素点，为图像的数字化创造了先决条件。

为了更好地说明采样的过程，以从 A 到 B 为直线的路径（见图 2-2a）对一幅连续图像进行像素值提取，其像素值提取结果如图 2-2b 所示。之后对图 2-2b 的像素值提取结果在横轴方向上进行等间隔取样，得到了图像沿 A 到 B 直线取样结果，如图 2-2c 所示。

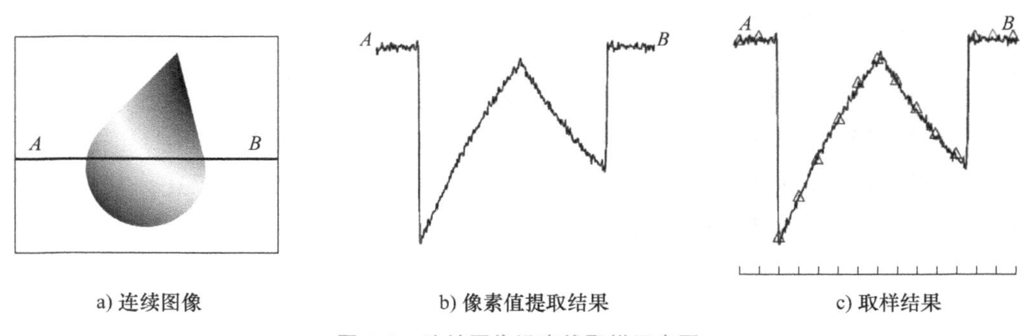

图 2-2 连续图像沿直线取样示意图

图 2-2b 沿水平方向观察到的是从 A 到 B 采样线的刻度值，沿竖直方向观察到的是相应刻度值下的图像像素值，图像中该刻度位置的亮度越大，像素值越高，反之亦然。图 2-2c 底侧的垂直刻度指出了每个采样点的空间位置，采样值在图 2-2c 中的提取结果体现用小三角形来表示。上述的采样过程中连续图像的像素位置被转化为与采样线刻度相对应的离散像素位置。

由于图像是二维分布的信息，所以取样是在水平和竖直两个方向上进行的。对于二维静止图像的采样过程描述：对一幅原始图像的图像函数 $f(x,y)$ 沿水平方向以等间隔 Δx 采样，得到 N 个采集点，沿竖直方向以等间隔 Δy 采样，得到 M 个采集点，这样就从一幅原始图像中采集到 $M \times N$ 个像素点，构成了一个离散像素阵列。这个过程就是采样的过程，如图 2-3 所示。

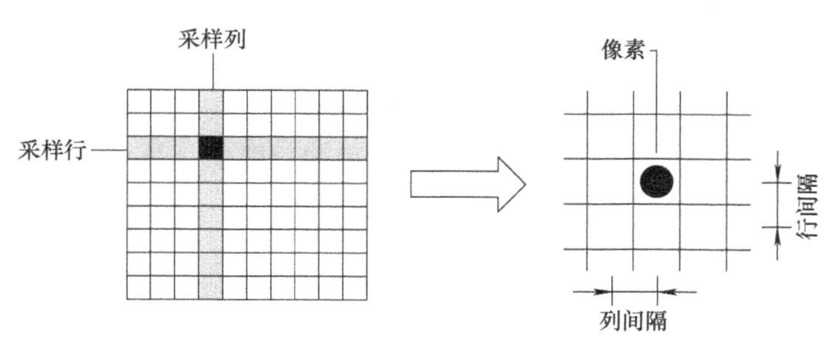

图 2-3　图像的采样示例

均匀采样是现在常用的采样方式。若均匀采样根据所需分辨率为 $M \times N$，则将被采样连续图像均匀地分为 $M \times N$ 个块，然后对每个图像块 Δij，使用采样函数 S，求得其采样结果值 $S(\Delta ij)$。

图像采样中不同采样间隔会直接影响到数字图像的分辨率，即图像中包含多少像素。空间分辨率是指影像能够识别或显示出空间中两个相隔较近对象之间的最小距离或差异的能力。对于同一尺寸的图像采样，较高的空间分辨率意味着更小的采样间隔，图像能够显示更小的物体，细节更清晰。图 2-4 所示为不同采样间隔（空间分辨率）下的图像对比示例。

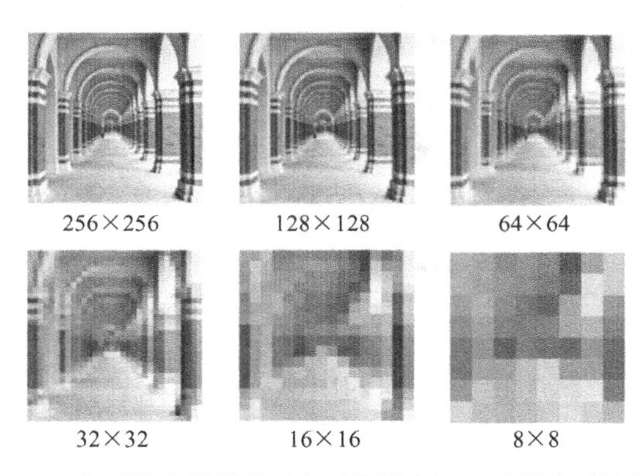

图 2-4　在不同采样间隔（空间分辨率）下的图像对比示例

从对比示例图中可以看到随着图像空间分辨率的减小，图像也随之越来越模糊直至无法分辨对象。在对连续图像进行数字化的过程中想保留更多的细节就要减小采样的间隔，而随着采样间隔的减小，数字化后的图像存储大小也会变大。因此，选择合适的采样间隔（空间分辨率）在图像的数字化过程中是十分重要的。

2.3.2 图像的量化

图像的量化是图像数字化处理的另一个关键步骤，通常紧随采样之后。图像的量化是对已采样样本点的颜色或灰度进行等级划分，然后用某一固定的像素值表示出来的过程。图像的量化用数学的方法表示为图像的像素值（响应值）$I(x,y)$ 从 $I_{\min}$ 到 $I_{\max}$ 的实数域映射为有限级别的离散数值的过程。

为了更好地展示图像量化的过程，下面以图 2-2c 的采样结果为例进行量化。图 2-5a 是对连续图像图 2-2a 沿从 A 到 B 扫描线部分的灰度值进行采样的结果示意图。图 2-5a 右侧是灰度级为 8 的灰度标尺，其垂直刻度标记赋予了 8 个灰度的每一个特定值。根据每个采样样本与灰度标尺刻度的接近程度对其赋予固定的灰度值，从而达到量化的目的，量化结果如图 2-5b 所示。

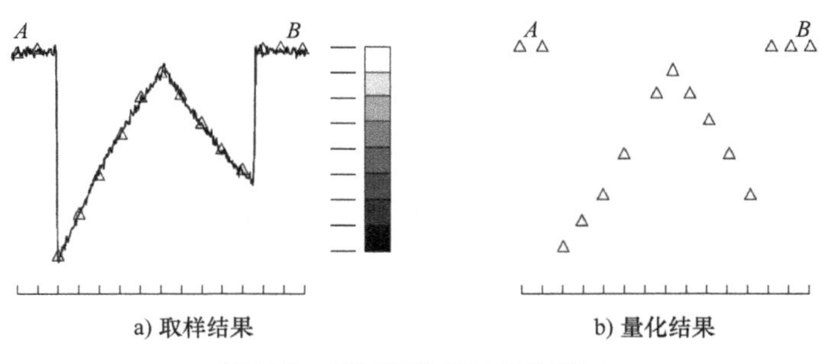

图 2-5 采样和量化过程示意图

在量化过程中所使用的灰度级是用于表示数字灰度图像中每个像素的亮度强度或灰度强度的数字值。如图 2-6 所示，灰度级越多灰度信息越丰富，能呈现更多细节。

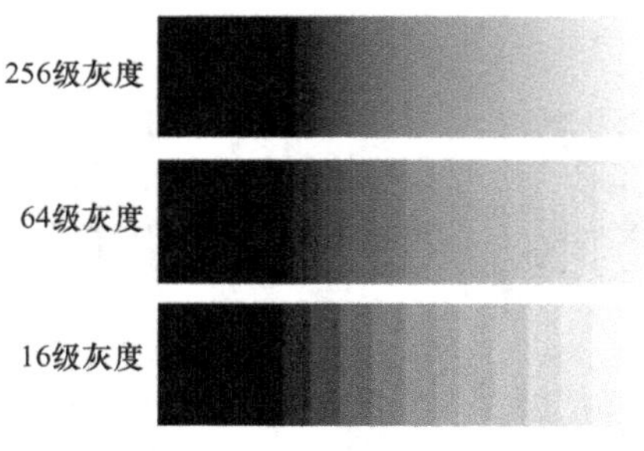

图 2-6 图像灰度层次与视觉效果示例

目前图像量化的做法是从图像响应最大值到响应最小值进行均匀量化，划分为若干量化层级。这个等级的划分称为样本的量化等级。量化等级是图像数字化过程中非常重要的一个参数。它描述的是每幅图像样本量化后，每个样本点可以用多少位二进制数表示，反映图像采样的质量。目前常见的量化级数一般为 2^n。图 2-7 所示为不同灰度级的图像对比示例。

从对比示例图中可以看到，图像灰度级越大，所得图像层次越丰富，灰度分辨率高，但数据量较大；图像灰度级越小，图像层次欠丰富，灰度分辨率低，可能会出现假轮廓现象，但数据量较小。因此，选择合适的灰度级和选择合适的采样间隔一样，在图像的数字化过程中是十分重要的。一般地，为了得到质量较好的图像可采用如下原则：

1）对缓变的图像，应该细量化，粗采样，以避免图像假轮廓现象。

2）对细节丰富的图像，应细采样，粗量化，以避免图像模糊（混叠）。

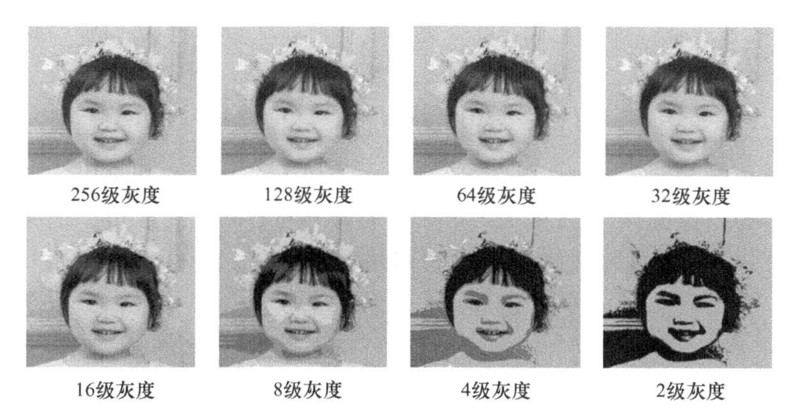

图 2-7　不同灰度级的图像示例

2.4　数字图像的表示与属性

2.4.1　图像的表示

连续图像经过采样与量化操作后，得到的数字图像在计算机中可以被定义为一个二维离散函数 $f(x,y)$，其中 (x,y) 是空间（平面）坐标，在任何坐标 (x,y) 处的幅值被定义为图像在这一位置的亮度。在计算机中，对于离散图像 $f(x,y)$ 有两种表示方法：原点定义为 $(x,y)=(0,0)$ 的方法和原点定义为 $(x,y)=(1,1)$ 的方法。

原点定义为 $(x,y)=(0,0)$ 的图像表示方法示例如图 2-8a 所示，原点定义为 $(x,y)=(1,1)$ 的方法示例如图 2-8b 所示。可以观察到，两种表示方法仅在 x 轴方向和 y 轴方向上的像素序列表达不同，图像 $f(x,y)$ 的像素个数和相应的幅值是一致的。

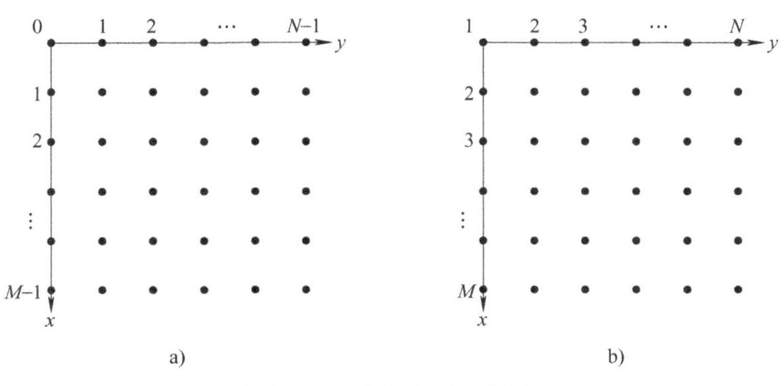

图 2-8　图像表示方法示意图

一般地，原点定义为 $(x,y)=(0,0)$ 的图像表示方法最为常见，一幅连续的图像 $I=f(x,y)$ 转换为一个具有 M 行 N 列矩阵的过程可用以下数学公式来表示：

$$\boldsymbol{I}=f(x,y)=\begin{bmatrix} f(0,0) & f(0,1) & \cdots & f(0,N-1) \\ f(1,0) & f(1,1) & \cdots & f(1,N-1) \\ \vdots & \vdots & & \vdots \\ f(M-1,0) & f(M-1,1) & \cdots & f(M-1,N-1) \end{bmatrix} \tag{2-4}$$

二维矩阵是表示数字图像的重要数学形式。一幅 $M\times N$ 的图像可以表示为矩阵，矩阵中的每个元素称为图像的像素。每个像素都有它自己的空间位置和值，值是这一位置像素的颜色或者强度。图 2-9 所示为数字图像的描述示例。

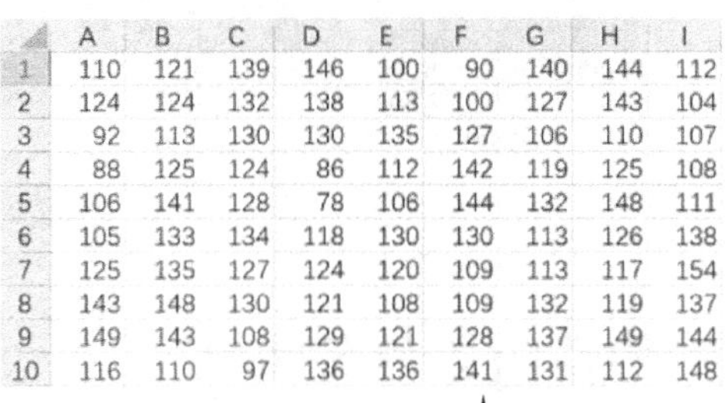

	A	B	C	D	E	F	G	H	I
1	110	121	139	146	100	90	140	144	112
2	124	124	132	138	113	100	127	143	104
3	92	113	130	130	135	127	106	110	107
4	88	125	124	86	112	142	119	125	108
5	106	141	128	78	106	144	132	148	111
6	105	133	134	118	130	130	113	126	138
7	125	135	127	124	120	109	113	117	154
8	143	148	130	121	108	109	132	119	137
9	149	143	108	129	121	128	137	149	144
10	116	110	97	136	136	141	131	112	148

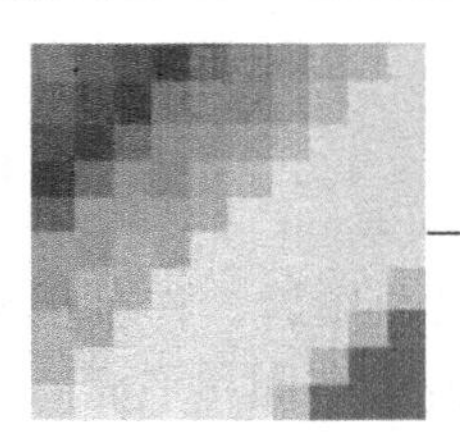

图 2-9　数字图像的描述示例

通常按照图像矩阵包含元素的不同，数字图像大致可以分为二值图像、灰度图像和彩色图像三类。二值图像简而言之就是其灰度级只有 0 和 1 两个值，通常是灰度图通过阈值分割等灰度变换得到的，得到二值图像的过程往往是区分图像中目标与背景的过程，数据量比 0 ～ 255 这 256 个等级小得多，仅仅需要 1bit 即可存储，十分方便。二值图像也称单色图像或 1 位图像，即颜色深度为 1 的图像。颜色深度为 1 表示每个像素点仅占 1 位，一般用 0 表示黑，1 表示白。灰度图像是包含灰度级（亮度）的图像，每个像素由 8 位组成，其值的范围为 0 ～ 255，表示 256 种不同的灰度级。彩色图像与灰度图像类似，每个像素也会呈现 0 ～ 255 共 256 个灰度级。与灰度图像不同的是，彩色图像每个像素由 3 个 8 位灰度值组成，分别对应红、绿、蓝 3 个颜色通道。

图像在计算机内以文件的形式进行存储，图像文件内除图像数据本身外，一般还有对图像的描述信息，以方便读取、显示图像。文件内图像表示一般分为矢量表示和栅格表示两类。矢量表示中，图像用一系列线段或线段的组合体表示。矢量文件类似程序文件，里面有一系列命令和数据，执行这些命令可根据数据画出图案。栅格图像又称为位图图像或像素图像，使用矩阵或离散的像素点表示图像，栅格图像进行放大后会出现方块效应。

2.4.2　图像的数据类型

在对数字图像进行处理的时候会用到不同类型的编程语言，如 MATLAB 及 Python 等。不同编程语言在对数字图像进行处理时所采用的数据类型是各种各样的，如 uint8、uint16 以及归一化 double 等类型。以下是数字图像处理时常使用的数据类型。

1. 无符号整数

8 位整数（uint8）：通常用于存储灰度图像或彩色图像的颜色通道数据，取值范围为 0 ～ 255。uint8 类型可以达到节省存储空间的作用，对于灰度图像来说，MATLAB 在读取该图像时，会存储为 uint8 类型。

16 位整数（uint16）：用于存储具有更广动态范围的图像数据，取值范围为 0 ～ 65535，每个像素 2 字节。

2. 有符号整数

8 位整数（int8）：可用于存储灰度图像，但它允许表示负值，取值范围为 –128 ～ 127。

16 位整数（int16）：类似于 uint16，但可以表示负数，取值范围为 –32768 ～ 32767。

3. 浮点数

32 位浮点数（float32）：常用于存储灰度图像或彩色图像的浮点表示，适合具有高动态范围的数据，取值范围为 -2^{128}～2^{128}。

64 位浮点数（double64）：double 是双精度浮点数，范围为 -2^{1024}～2^{1024}，精度高于 float32，常应用于傅里叶变换。

特别需要说明的是，在 MATLAB 环境下数字图像的默认类型为 double 类型，但是在不同的情况下，double 类型存在两种数值范围，分别称为普通的 double 类型和归一化 double 类型，在一些情况下如果忽略该区别将会造成灰度图像显示失败。

2.4.3　图像的类型

在计算机中描述和表示数字图像有两种常用的方法：矢量图法和位图法。矢量图法使用几何学和数学公式来精确描述图像，这种方法的核心优势在于其高度的可伸缩性和清晰度。而位图法则通过图像的众多像素点来表示一幅图像，每个像素点都拥有自己的颜色和位置属性。基于位图法表示的图像可细分为黑白图像、灰度图像和彩色图像。

1. 黑白图像（二值图像）

一幅二值图像的二维矩阵仅由 0、1 两个值构成，“0”代表黑色，“1”代白色。由于每一像素（矩阵中每一元素）取值仅有 0、1 两种可能，所以计算机中二值图像的数据类型通常为 1 个二进制位。二值图像通常用于文字、线条图的扫描识别和掩膜图像的存储。二值图像示例如图 2-10 所示。

2. 灰度图像

灰度图像矩阵元素的取值范围通常为 [0,255]，因此其数据类型一般为 8 位无符号整数（uint8），这就是人们经常提到的 256 灰度图像。其中，“0”表示纯黑色，“255”表示纯白色，中间的数字从小到大表示由黑到白的过渡色。在某些软件中，灰度图像也可以用双精度数据类型（double）表示，像素值的取值范围为 [0,1]，“0”代表黑色，“1”代表白色，0 ～ 1 之间的小数表示不同的灰度等级。二值图像可以看成是灰度图像的一个特例。灰度图像示例如图 2-11 所示。

图 2-10　二值图像示例

图 2-11　灰度图像示例

3. 彩色图像

彩色图像一般可以用 RGB 图像与索引图像来表示。RGB 图像一般用红（R）、绿（G）、蓝（B）三原色的组合来表示每个像素的颜色。但与索引图像不同的是，RGB 图像每个像素的颜色值（由 RGB 三原色表示）直接存放在图像矩阵中，由于每一像素的颜色需由 R、G、B 三个分量来表示，用 M、N 分别表示图像的行列数，则三个 $M \times N$ 的二维矩阵分别表示各个像素的 R、G、B 三个颜色分量。基于 RGB 彩色模型的图像数据类型一般为 8 位无符号整型。RGB 彩色图像示例如图 2-12 所示。

图 2-12　RGB 彩色图像示例

图 2-12 彩图

索引图像的文件结构比较复杂，除了存放图像的二维矩阵外，还包括一个称为颜色索引矩阵 MAP 的二维数组。MAP 的大小由存放图像的矩阵元素值域决定，如矩阵元素值域为 $[0,255]$，则 MAP 矩阵的大小为 256×3，用 $MAP=[RGB]$ 表示。MAP 中每一行的三个元素分别指定该行对应颜色的红、绿、蓝单色值，MAP 中每一行对应图像矩阵像素的一个灰度值，如某一像素的灰度值为 64，则该像素就与 MAP 中的第 64 行建立了映射关系，该像素在屏幕上的实际颜色由第 64 行的 [RGB] 组合决定。也就是说，图像在屏幕上显示时，每一像素的颜色由存放在矩阵中该像素的灰度值作为索引通过检索颜色索引矩阵 MAP 得到。

索引图像的数据类型一般为 8 位无符号整型（uint8），相应索引矩阵 MAP 的大小为 256×3，因此一般索引图像只能同时显示 256 种颜色，但通过改变索引矩阵，颜色的类型可以调整（通常每一个索引对应的 RGB 值相同，如果不同则为伪彩色图像）。索引图像的数据类型也可采用双精度浮点型（double）。索引图像相比于 RGB 图像来说数据文件更小、处理复杂性更低。因此，该图像一般用于传输一些遥感图像数据。索引图像示例如图 2-13 所示。

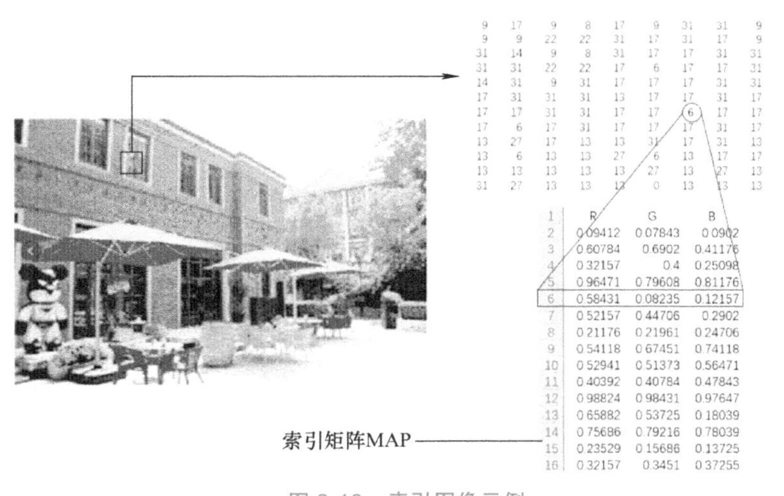

图 2-13 彩图

图 2-13　索引图像示例

2.5　数字图像中像素的表示与分析

2.5.1　相邻像素

相邻像素是指数字图像中在空间上彼此接近的像素点。在典型的二维图像中，相邻像素可以位于目标像素的周围，通常是在水平、垂直或对角线方向上。当用函数 $f(x,y)$ 表示一幅图像时，假设坐标 (x,y) 处的像素 p 有 4 个与其水平和垂直的相邻像素，坐标分别为 $(x+1,y)$、$(x-1,y)$、$(x,y+1)$、$(x,y-1)$，则这组像素称为 p 的 4 邻域（自然是

不包括 p 的)，用 $N_4(p)$ 表示。每个像素距 (x,y) 一个单位距离，如果 (x,y) 位于图像的边界上，则 p 的某些相邻像素位于数字图像的外部。p 的 4 个对角相邻像素的坐标分别为 $(x+1,y+1)$、$(x+1,y-1)$、$(x-1,y+1)$、$(x-1,y-1)$，则这组像素称为 p 的对角邻域，用 $N_D(p)$ 表示。$N_4(p)$ 和 $N_D(p)$ 合起来称为 p 的 8 邻域，用 $N_8(p)$ 表示。同样，这些相邻像素点是可能落在图像外边的。图 2-14 所示为上述内容的图解。

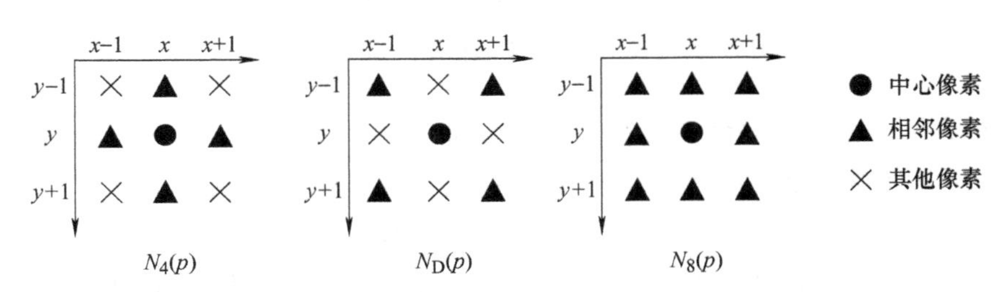

图 2-14　4 邻域、对角邻域、8 邻域示意图

2.5.2　邻接性、连通性、区域和边界

令集合 V 是用于定义邻接性的灰度值集合（邻接性不光取决于是否位于其邻接域，还取决于是否符合这个灰度值集合）。在二值图像中，如果把具有 1 值的像素归诸于邻接像素，则 $V=\{1\}$，此时有：

4 邻接：像素 p 和 q 的灰度值属于集合 V，像素 q 在 $N_4(p)$ 中，示意图如图 2-15a 所示；

8 邻接：像素 p 和 q 的灰度值属于集合 V，像素 q 在 $N_8(p)$ 中，示意图如图 2-15b 所示；

m 邻接：像素 p 和 q 的灰度值属于集合 V，像素 q 在 $N_4(p)$ 中或者像素 q 在 $N_D(p)$ 中，且集合 $N_4(p)\cap N_4(q)$ 没有来自 V 中数值的像素（注意是集合部分，非集合部分不算），示意图如图 2-15c 所示。

图 2-15　邻接性示意图

连通性是反映两个像素的空间关系的。从具有坐标 (x,y) 的像素 p 到具有坐标 (s,t) 的像素 q 的通路（或曲线）是特定的像素序列，其坐标为 (x_0,y_0)，(x_1,y_1)，…，(x_n,y_n)，其中 $(x_0,y_0)=(x,y)$，$(x_n,y_n)=(s,t)$，且像素 (x_i,y_i) 和 (x_{i-1},y_{i-1}) 对于 $1\leqslant i\leqslant n$ 是邻接的。在

这种情况下，n 是通路的长度。如果 $(x_0, y_0) = (x_n, y_n)$，则通路是闭合通路，可以依据特定的邻接类型定义 4 邻接、8 邻接或 m 邻接。例如，图 2-15b 中的右上点和右下点之间的通路为 8 通路，而图 2-15c 的通路为 m 通路。

令 S 是图像中的一个像素子集。如果 S 的全部像素之间存在一个通路，则可以说两个像素 p 和 q 在 S 中是连通的。对于 S 中的任何像素 p，S 中连通到该像素的像素称为 S 的连通分量。如果 S 仅有一个连通分量，则集合 S 称为连通集。

令 R 为图像的一个像素子集。如果 R 是连通集，则称 R 为一个区域。两个区域如果联合形成一个连通集，则区域 R_i 和 R_j 称为邻接区域。不邻接的区域称为不连接区域。在谈到区域时候，考虑的是 4 邻接或 8 邻接。为使定义有意义，必须制定邻接的类型。

假设一幅图像包含 K 个不连接的区域，即 R_k，$k = 1,2,3,\cdots,K$，且它们都不接触图像的边界。令 R_u 代表所有 K 个区域的并集，并且 $(R_\mathrm{u})^\mathrm{C}$ 代表其补集，则称 R_u 中的所有点为图像的前景，而称 $(R_\mathrm{u})^\mathrm{C}$ 中的所有点为图像的背景。区域 R 的边界（也称为边缘或轮廓）是这样的点集，这些点与 R 的补集中的点邻近。换一种方式说，一个区域的边界是该区域中至少有一个背景邻点的像素集。

本章小结

本章探讨了图像的定义、获取、数字化、表示与属性等基本概念，给出了进行图像像素分析的基本手段与内容。图像的数字化过程则涉及采样与量化，将连续的模拟信号转换为离散的数字形式，便于计算机处理。数字图像以矩阵形式表示，每个像素点包含亮度或颜色信息，其属性如亮度、对比度等决定了图像的视觉效果。像素分析作为图像处理的基本任务，通过研究和处理像素点的属性与关系，提取图像特征、检测边缘等，为后续高级处理提供基础。本章构建了对数字图像处理的整体认知，这些内容构成了数字图像处理学科的核心基石。

思考题与习题

2-1　模拟图像和数字图像有什么区别？分别简述其获取方式。

2-2　数字数据传输的速率通常以波特率来度量，这一度量标准指的是每秒传输的波特数。通常，传输是以一个开始比特、一个字节（8bit）的信息和一个停止比特组成的包完成的。假如使用波特率为 33600 的调制解调器传输一幅大小为 2048×2048 的 256 灰度级的图像，需要几分钟？

2-3　考虑两个图像子集 S_1 和 S_2，如图 2-16 所示。对于 $V = \{1\}$，确定这两个子集是 4 邻接的、8 邻接的，还是 m 邻接的？

2-4　如图 2-17 所示，令 $V = \{0,1\}$，计算 p 和 q 间 4、8 和 m 通路的最短长度。如果在这两点间不存在一个特殊通路，试解释原因。

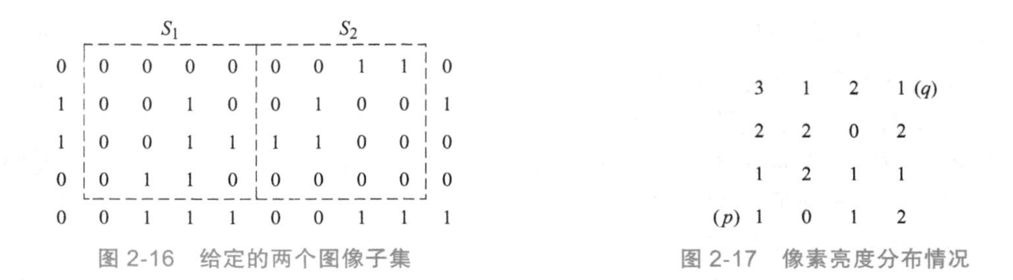

图 2-16　给定的两个图像子集

图 2-17　像素亮度分布情况

参考文献

[1]　冈萨雷斯 . 数字图像处理 [M].4 版 . 北京：电子工业出版社，2020.

[2]　张德丰 . 数字图像处理：MATLAB 版 [M].2 版 . 北京：人民邮电出版社，2015.

[3]　王慧琴，王燕妮 . 数字图像处理及应用：MALTAB 版 [M]. 北京：人民邮电出版社，2019.

第 3 章　空域图像处理及应用
——图像质量的提升

引言

图像质量提升是一个至关重要的任务，旨在通过一系列图像处理技术和算法改善图像的视觉品质和信息，包括提高图像的清晰度、增强图像的细节等。为了实现这些目标，可以采用多种手段，其中最重要的两种是图像增强和图像去噪。图像增强技术主要用于改善图像的视觉效果，提高其质量和细节可见性。这种技术广泛应用于医学影像、卫星图像、电影后期处理等领域。而图像去噪则致力于降低图像中的噪声水平，使其更加清晰和可用。这一技术在数字摄影、计算机视觉和图像分析等领域都有广泛应用。为了实现图像增强和去噪，有多种具体的技术方法可供选择，其中点变换和模板变换是最常用的两种方法。点变换直接对图像的每个像素进行操作，如调整亮度、对比度或应用非线性变换，从而改善整体质量和可视化效果。模板变换则使用滤波器或卷积核对图像的局部区域进行操作，包括空域平滑滤波、空域锐化滤波等技术。本章主要围绕基于点变换与模板变换的图像增强与图像去噪技术展开介绍。

3.1　基于灰度变换的图像增强

灰度变换是图像增强中的关键技术之一，它可以通过调整图像的灰度级别，扩大图像的动态范围、增强对比度，从而使图像更清晰、特征更明显。在灰度变换中，常用的方法包括线性变换、分段线性变换和非线性变换，本节将详细介绍这三种变换的相关知识。

3.1.1　线性变换

当图像的灰度范围局限在一个较窄的范围内时，通常会观察到图像缺乏灰度层次感。为了改善图像的视觉效果，可以采用灰度线性变换。灰度线性变换是一种点变换的方法，其原理是通过指定的线性函数对图像某一点的像素值进行变换，以增强或减弱图像的灰度信息。这种变换可以通过定义一条灰度变换曲线表示。灰度线性变换的公式如下：

$$y = kx + b \quad (0 \leqslant y \leqslant L-1) \tag{3-1}$$

式中，k 是直线的斜率；b 是在 y 轴的截距；x 是原始图像某一像素点对应的灰度值；y 是变换后的灰度值；L 是灰度级数。k、b 的取值不同，图像经过线性变换后的效果也不同。k、b 取值及其对应线性变换的作用和适用范围如表 3-1 所示。

表 3-1　k、b 取值及其对应线性变换的作用和适用范围

k、b 取值	线性变换作用	适用范围	效果
$k>1$，$b=0$	增加图像的对比度	低对比度图像	突出图像中的细节和特征
$0<k<1$，$b=0$	减少图像的对比度	高对比度图像	使图像对比度更均衡
$k=1$ 且 $b>0$	通过调整 b，使图像整体变亮或者变暗，不会改变图像的对比度	过暗或过亮的图像	过暗的图像变得明亮，突出细节；过亮的图像变得更柔和，恢复高亮区域细节
$k=-1$ 且 $b=L-1$	图像反转	暗色图像	突出暗色背景下的细节

根据表 3-1 中的参数可得，图像反转的变换函数为

$$s = L - 1 - r \tag{3-2}$$

式中，r 是原始图像某像素点对应的灰度值；L 是灰度级数；s 是反转后图像某点的灰度值。图像反转可以将原始图像中的黑色区域变为白色，将白色区域变为黑色，实现颜色的反转。图像经过反转会产生视觉上的反差效果，使图像中的物体更加清晰和易于观察。下面根据表 3-1，改变 k、b 的取值，观察图像的变化情况，灰度变换前后的图像如图 3-1 所示。

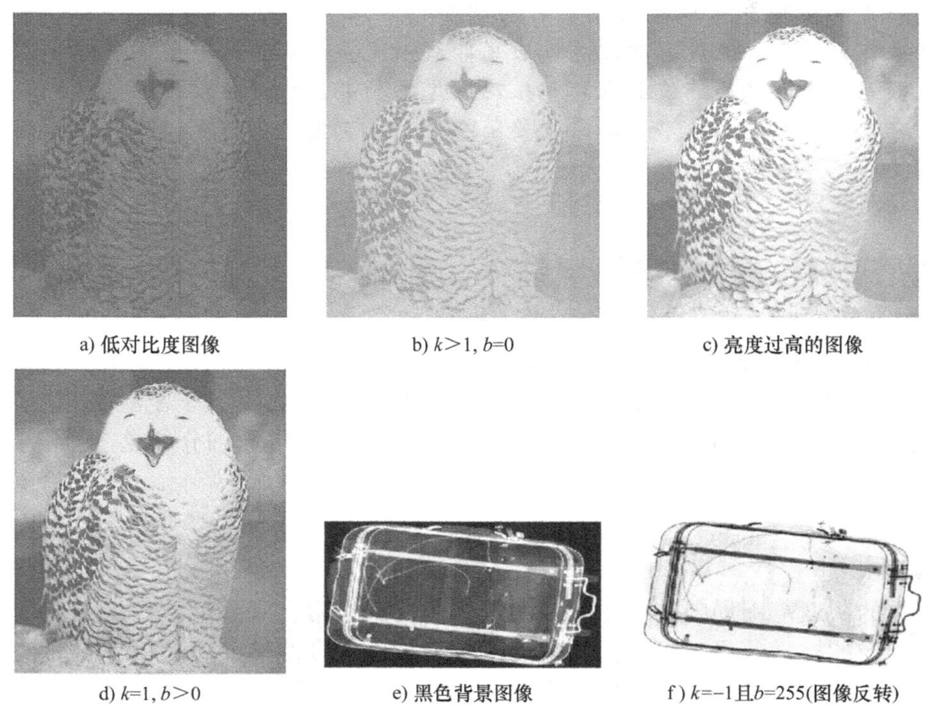

a) 低对比度图像　b) $k>1, b=0$　c) 亮度过高的图像　d) $k=1, b>0$　e) 黑色背景图像　f) $k=-1$ 且 $b=255$(图像反转)

图 3-1　不同 k、b 线性变换图像

3.1.2　分段线性变换

线性变换能处理一些基本的亮度、对比度和灰度级别调整任务，但是无法灵活处理图像中的非均匀亮度和对比度分布。相对于线性变换，分段线性函数的优点在于它可以根据需要拉伸目标的灰度细节，将图像灰度区间分为两段或多段，分别进行线性变换，其目的是突出图像中感兴趣的灰度区域，以增强图像的对比度。典型的分段线性变换有对比度拉伸和灰度级分层两种，下面将详细介绍这两种变换。

1. 对比度拉伸

对比度拉伸通过扩展图像的灰度级范围增强图像的对比度，从而提升图像中细节的可视性和清晰度。对比度拉伸适用于低对比度、灰度级分布有限或细节不够明显的图像，以突出特定区域的细节或整体图像的对比度。对比度拉伸变换的一个典型变换函数公式如下：

$$s=\begin{cases} k_1 r & 0\leqslant r<r_1 \\ k_2(r-r_1)+s_1 & r_1\leqslant r<r_2 \\ k_3(r-r_2)+s_2 & r_2\leqslant r\leqslant L-1 \end{cases} \tag{3-3}$$

式中，r 是输入图像的灰度级；(r_1,s_1) 和 (r_2,s_2) 是函数上两点；k_1、k_2、k_3 分别是 $[0,r_1)$、$[r_1,r_2)$ 和 $[r_2,L-1]$ 的斜率；s 是输出图像的灰度级。

变换函数曲线如图 3-2a 所示，一般情况下，设置 $r_1\leqslant r_2$ 且 $s_1\leqslant s_2$，确保函数单值且单调递增。当 $r_1=s_1$ 且 $r_2=s_2$ 时，变换函数为线性函数，灰度级不发生变化；当 $r_1=r_2$、$s_1=0$ 且 $s_2=L-1$ 时，变换函数为阈值函数，输出结果为一幅二值图像。

图 3-2b 是一幅风景图，可以观察到图像对比度低，细节不清晰，在进行对比度拉伸后，将图像的灰度级线性拉伸至整个灰度范围 $[0,L-1]$，L=256，经过灰度拉伸后所得结果如图 3-2c 所示，可以看出经过灰度级拉伸后的图像更清晰。

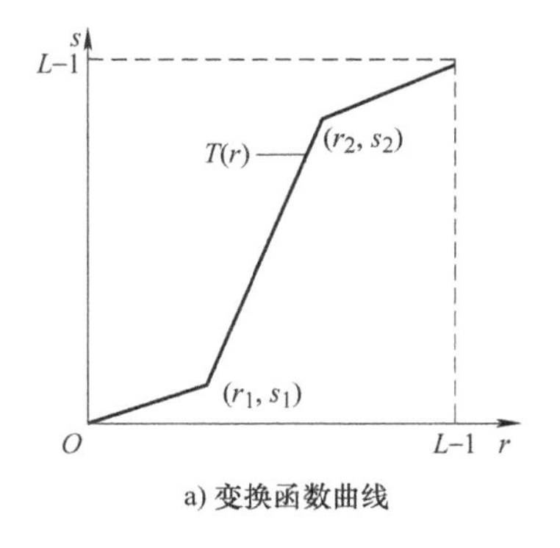

a) 变换函数曲线

b) 原图像

c) 对比度拉伸图像

图 3-2　对比度拉伸前后的图像

2. 灰度级分层

前面提到对比度拉伸可以提高整体图像的对比度，从而提升图像中细节的可视性和清晰度。灰度级分层与对比度拉伸的目的相似，不同的是灰度级分层可以为不同区域或对象分配不同的灰度级范围，从而突出图像中的特定区域或对象。一般而言，灰度级分层可以通过两种处理方式实现，函数曲线如图 3-3 所示。

1）图像二值化，即将感兴趣范围内的所有灰度值设置为一个较大的灰度值，同时将其他灰度值设置为另一个较小的灰度值，这种处理方式可以使得感兴趣范围内的细节更加突出。

2）局部灰度调整，即将感兴趣范围的灰度值变暗或变亮，同时保持其他灰度级不变。当将感兴趣范围的灰度值变暗时，该范围内的细节会被压缩，减少了其对整体图像的影响。如果将感兴趣范围的灰度值变亮，则可以突出这些细节。

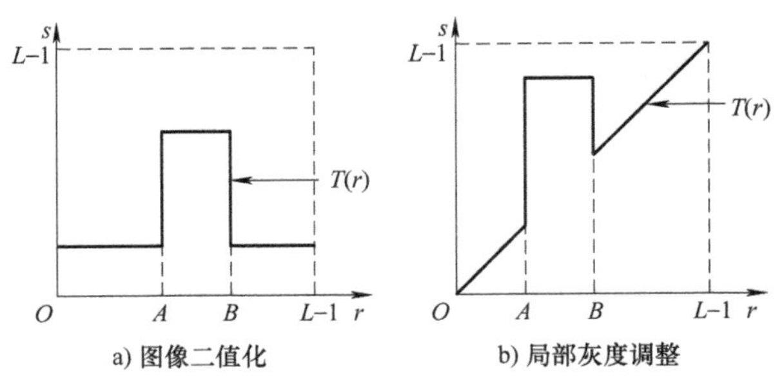

a) 图像二值化　　b) 局部灰度调整

图 3-3　灰度级分层两种方法

下面是灰度级分层的两种处理方式示例，原始图像为灰度图像，目的是突出图像中间的猫石膏像，处理前图像如图 3-4a 所示。

图像二值化处理方式，根据猫石膏像相对较亮的特点，经过灰度级分层处理后，猫石膏像将变为白色，背景将变为黑色，处理后的图像如图 3-4b 所示，它会生成一幅二值图像，其中猫石膏像的轮廓将非常突出。

局部灰度调整处理方式：将感兴趣范围内的灰度值变暗或变亮，保持其他灰度级不变，处理后的图像如图 3-4c 所示，可以看到猫石膏像的灰度级发生变化，但背景的灰度级保持基本不变。

a) 原始图像　　b) 图像二值化处理后图像　　c) 局部灰度调整处理后图像

图 3-4　灰度级分层两种方法处理后的图像

由图 3-4 所示结果可以看出，通过灰度级分层能够根据图像特定区域的灰度范围，突出显示感兴趣的部分，可以根据具体需求选择合适的灰度级处理方法。

3.1.3　非线性变换

前面介绍的分段线性变换虽然能在不同灰度范围内使用不同的线性变换函数，但仍然不能适应某些具有非线性、局部或复杂映射需求的图像增强任务。非线性变换技术通过应用非线性灰度映射函数调整图像的灰度级，它具有更高的灵活性和局部适应性，在很多情况下能够更好地保留图像中的细节。典型的非线性灰度变换主要有对数变换和幂律变换等，下面将进行详细介绍。

1. 对数变换与反对数变换

对数变换是一种常用的图像增强技术，利用对数函数调整图像中每个像素的亮度，进而调整图像的对比度，通常的对数变换公式如下：

$$s = c\log(1+r) \tag{3-4}$$

式中，c 是一个常数；$r \geqslant 0$。如图 3-5 所示，根据对数函数的曲线可以看出，对数变换可以将原始图像中范围较窄的低灰度区间映射到范围较宽的灰度区间，同时将范围较宽的高灰度区间映射为较窄的灰度区间，从而扩展了低灰度级的亮度范围，压缩了高灰度级的亮度范围，增强了低灰度级的图像细节，达到图像增强的效果。反对数变换则具有相反的作用。

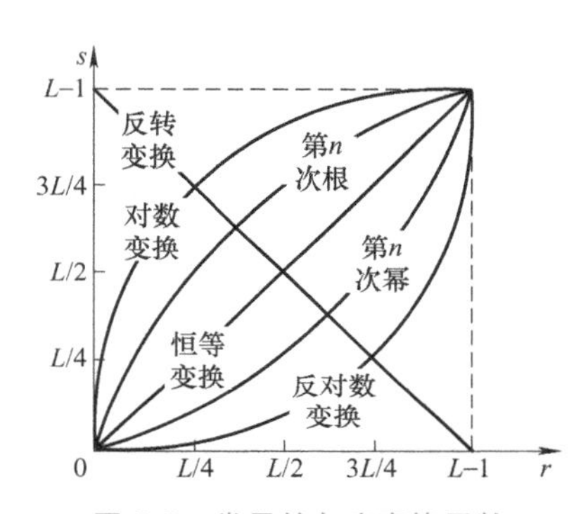

图 3-5 常见的灰度变换函数

图 3-6a 是一幅河北工业大学图书馆风景图，图像较暗且对比度低，细节不清晰；图 3-6b 为进行对数变换后的结果，可以观察到对数变换扩展了图像低灰度级的亮度范围，增强了低灰度级的图像细节，达到了图像增强的效果。

a) 原图像

b) 对数变换后的结果

图 3-6 对数变换处理前后的图像

2. 幂律变换

与对数变换类似，幂律变换是一种常用的图像灰度级扩展（或压缩）方法。幂律变换又称为伽马校正，幂律方程中的指数称为伽马，其基本形式为

$$s = cr^{\gamma} \tag{3-5}$$

式中，c 和 γ 是正常数，通过调整 γ 的值可以获得不同的变换曲线。不同 γ 值对应的变换曲线如图 3-7 所示。从图中可以看出，$\gamma > 1$ 的值所生成的曲线和 $\gamma < 1$ 的值生成的曲线具有相反的效果；在 $c = \gamma = 1$ 时，函数为恒等变换，即不对灰度进行任何调整。

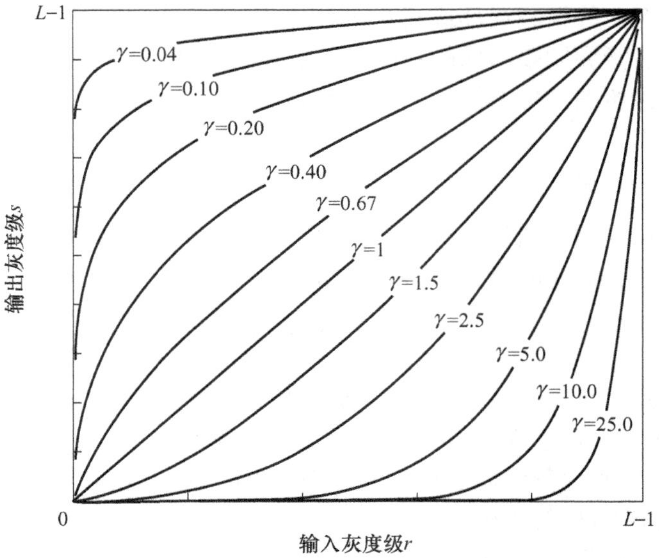

图 3-7　不同 γ 值的 $s=cr^{\gamma}$ 曲线（c=1）

幂律变换主要用于图像的校正，根据参数 γ 的选择不同，对灰度值过高（图像过亮）或者过低（图像过暗）的图像进行修正，增加图像的对比度，从而改善图像的显示效果。图 3-8a 为一幅亮度过低的图像，通过幂律变换，取式（3-5）中 c=1，当 $\gamma=0.5$ 时，所得结果如图 3-8b 所示，图像整体变亮，对比度增加；图 3-8c 为一幅亮度过高的图像，通过幂律变换，取式（3-5）中 c=1，当 $\gamma=2$ 时，所得结果如图 3-8d 所示，图像整体变暗，受光线和云雾干扰造成的泛白现象减弱，整体视觉效果有所提升。

a) 亮度过低的图像　　b) 当 γ=0.5时幂律变换后的图像

c) 亮度过高的图像　　d) 当 γ=2时幂律变换后的图像

图 3-8　亮度过低和过高的图像幂律变换前后

根据结果，可以得出以下结论：幂律变换可以校正不同类型的图像，通过选择合适的γ值，实现对图像灰度级的扩展或压缩，从而使图像细节更加清晰可见。

1）当$\gamma<1$时，幂律变换可以将原始图像中范围较宽的高灰度区间映射到范围较窄的灰度区间，同时将范围较窄的低灰度区间映射为较宽的灰度区间，γ的值越小，对图像低灰度值部分的扩展越明显。

2）当$\gamma>1$时，幂律变换可以将原始图像中范围较窄的低灰度区间映射到范围较宽的灰度区间，同时将范围较宽的高灰度区间映射为较窄的灰度区间，γ的值越大，对图像高灰度值部分的扩展越明显。

3.2　基于直方图处理的图像增强

基于灰度变换的图像增强方法通过人为地选择合适的变换函数，调整图像的亮度、对比度或特定的灰度级别，从而达到图像增强的目的。而基于直方图处理的图像增强技术可以根据给定图像的灰度分布情况，并结合设定的目标图像灰度分布情况，计算相应的变换函数，进而调整图像的灰度分布情况。常用的直方图处理方法主要包括直方图均衡化和直方图规定化，本节将主要介绍这两种方法。

3.2.1　直方图基本概念

一幅图像由不同灰度值的像素组成，图像中灰度的分布情况是该图像的一个重要特征。在统计学中，直方图是一种体现数据分布情况的二维统计图表，它的两个坐标分别是统计样本（图像）和样本的某种属性（像素值、亮度等特征）。图像的灰度直方图是灰度级的函数，描述的是图像中不同灰度级的像素个数或概率，能够很直观地展示出图像中的灰度分布情况。下面从连续和数字图像两种情况进行详细介绍。

连续图像是指在空间位置和灰度级上都连续的图像，连续灰度图像的直方图用概率密度函数表示。数字图像是指在空间位置和灰度级上都离散的图像，数字图像的直方图定义为

$$h(r_k)=n_k \tag{3-6}$$

式中，r_k是第k级灰度值，灰度级范围为$[0,L-1]$；n_k是图像中灰度级为r_k的像素个数；$h(r_k)$是灰度级r_k在图像中出现的频数。直方图的横轴表示灰度级r_k，纵轴表示频数$h(r_k)$。

通常用各个灰度级出现的次数除以图像像素的总数来归一化直方图，归一化后的直方图定义为

$$p(r_k)=n_k/(MN),k=0,1,\cdots,L-1 \tag{3-7}$$

式中，MN是图像像素的总数；$p(r_k)$是灰度级r_k在图像中出现的频率。直方图的横轴表示

灰度级 r_k，纵轴表示频率 $p(r_k)$。

表 3-2 为一幅数字图像中像素点对应的灰度值。对表 3-2 中每个灰度值进行统计，图像中具有相同灰度级的像素点数量汇总如表 3-3 所示。如图 3-9 所示，根据表 3-3 中统计的数据，以灰度级为横轴，分别以每个灰度级的像素频数和频率为纵轴绘制直方图。

表 3-2　一幅数字图像中像素点对应的灰度值

1	2	3	4	5	6
6	4	3	2	2	1
1	6	6	4	6	6
3	4	5	6	6	6
1	4	6	6	2	3
1	3	6	4	6	6

注：截取一幅数字图像中某一区域的像素灰度值。

表 3-3　每个灰度级对应的像素点数量及频率

灰度级	1	2	3	4	5	6
像素点数量	5	4	5	6	2	14
频率	14%	11%	14%	17%	5%	39%

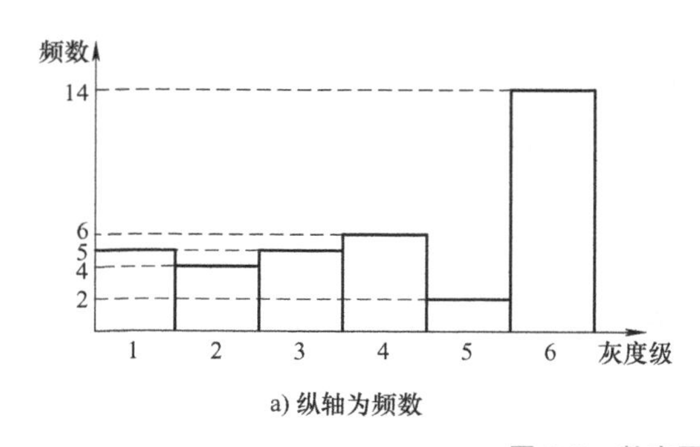

a) 纵轴为频数

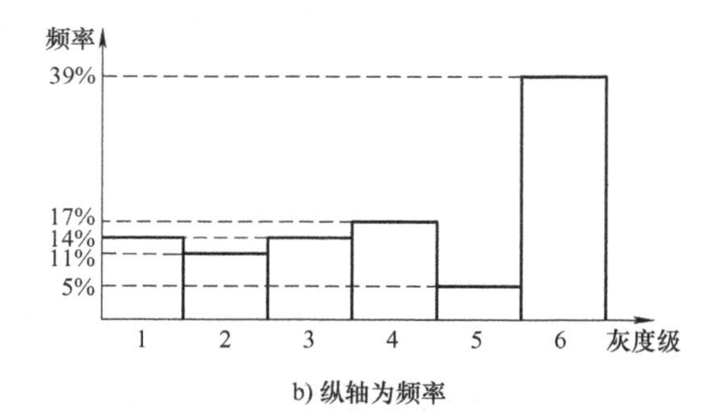

b) 纵轴为频率

图 3-9　数字图像对应的直方图

如图 3-10a 所示，由上到下为 4 幅猫头鹰图像，图 3-10b 为对应直方图。从图中可以看出，第一幅图像偏暗，大部分像素分布在直方图的低灰度级部分；第二幅图像偏亮，大部分像素分布在直方图的高灰度级部分；第三幅图像对比度低，像素灰度级分布较窄且大部分像素分布在灰度级的中部；第四幅图像对比度高，像素灰度级分布较均匀且覆盖的灰度级范围较宽。由此可以看出，当一幅图像的像素占据灰度级范围较宽并且分布均匀时，该图像的对比度较高，图像也更清晰。

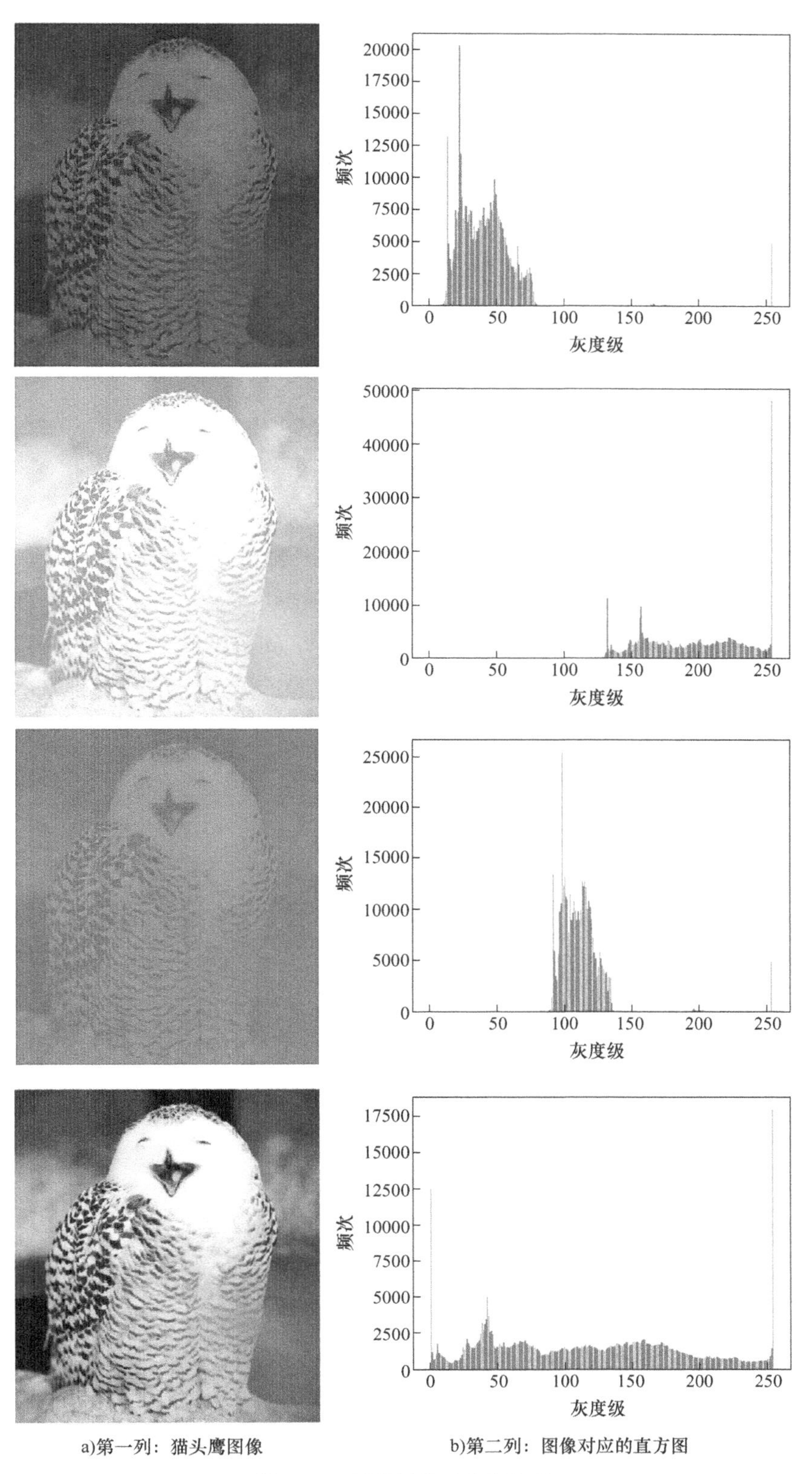

a)第一列：猫头鹰图像　　b)第二列：图像对应的直方图

图 3-10　图像及其对应直方图

3.2.2 直方图均衡化

直方图均衡化是一种点变换的方法，它将一非均匀灰度概率密度分布图像，通过寻求某种灰度变换，变成一幅服从均匀概率密度分布的图像，使直方图中的像素亮度分布更加均匀，从而调整图像的亮度和对比度。下面从连续和数字图像两种情况进行详细介绍。

针对连续图像，假设从 r 到 s 的变换定义如下：

$$s = T(r), 0 \leqslant r \leqslant L-1 \tag{3-8}$$

从 s 到 r 的反变换定义如下：

$$r = T^{-1}(s), 0 \leqslant s \leqslant L-1 \tag{3-9}$$

式中，r 是原始图像的灰度级；s 是输出图像的灰度级。原始图像中每个像素的灰度值 r 都对应一个变换后的灰度值 s。变换函数 $T(r)$ 应满足下列条件：

1）$T(r)$ 在区间 $0 \leqslant r \leqslant L-1$ 上为单值单调递增函数。

2）当 $0 \leqslant r \leqslant L-1$ 时，$0 \leqslant T(r) \leqslant L-1$。

如图 3-11a 所示，变换函数满足单调递增且 r 到 s 的映射为唯一值的条件，但是不满足 s 到 r 的映射为唯一值的条件。例如，图 3-11a 中 r 到 s_k 的映射是一一映射，而 r 到 s_q 的映射是多对一的映射。图 3-11b 所示的变换函数在整个灰度上的映射都是一一映射，满足上述两个条件。

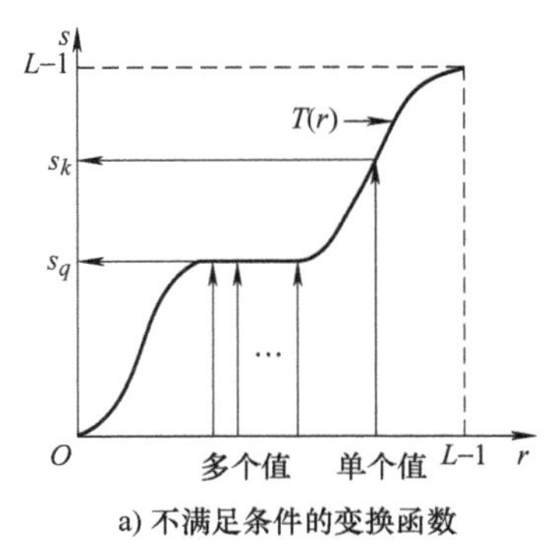

a) 不满足条件的变换函数

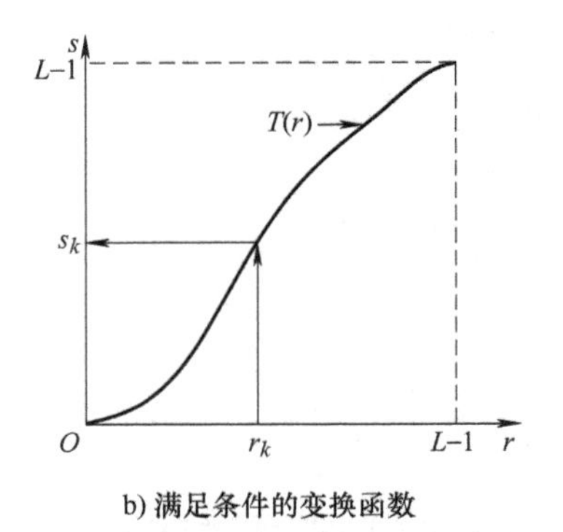

b) 满足条件的变换函数

图 3-11 灰度变换函数

一幅图像的灰度级可看成是区间 $[0, L-1]$ 内的随机变量，随机变量的一个最重要的基本描述是其概率密度函数。变换后的变量 s 的概率密度函数定义为

$$p_s(s) = p_r(r)\left|\frac{\mathrm{d}r}{\mathrm{d}s}\right| \tag{3-10}$$

式中，$p_r(r)$ 和 $p_s(s)$ 分别是随机变量 r 和 s 的概率密度函数。$p_r(r)$ 已知且 $T(r)$ 在值域上是连续可微的。根据公式可以看出输出灰度变量 s 的概率密度函数由输入灰度变量 r 的概率密度函数和所用的变换函数决定。

直方图均衡化的变换函数是累积分布函数，假设变换函数定义式为

$$s = T(r) = (L-1)\int_0^r p_r(\omega)\mathrm{d}\omega \tag{3-11}$$

式中，ω是积分假变量；等号右边是随机变量 r 的累积分布函数。

式（3-11）对 r 进行求导得

$$\frac{\mathrm{d}s}{\mathrm{d}r} = \frac{\mathrm{d}T(r)}{\mathrm{d}r} = (L-1)\frac{\mathrm{d}}{\mathrm{d}r}\left[\int_0^r p_r(\omega)\mathrm{d}\omega\right] = (L-1)p_r(r) \tag{3-12}$$

用式（3-12）的结果代替 dr/ds，取概率密度为正，得到

$$p_s(s) = \left[p_r(r)\frac{\mathrm{d}r}{\mathrm{d}s}\right]_{r=T^{-1}(s)} = \left[p_r(r)\frac{1}{(L-1)p_r(r)}\right] = \frac{1}{L-1}, 0 \leqslant s \leqslant L-1 \tag{3-13}$$

由上面的推导可知，变换后的变量 s 的定义域内的概率密度是均匀分布的，因此用 r 的累积分布函数作为变换函数，可以得到灰度级分布具有均匀概率密度的图像。

例 3.1 如图 3-12 所示，给定一幅图像的灰度分布概率密度函数为

$$p_r(r) = \begin{cases} -2r+2 & 0 \leqslant r \leqslant 1 \\ 0 & 其他 \end{cases}$$

试对该概率密度函数进行均衡化处理。

解： 用累积分布函数原理求变换函数，即

$$s = T(r) = \int_0^r p_r(\omega)\mathrm{d}\omega = \int_0^r (-2\omega+2)\mathrm{d}\omega = -r^2 + 2r \tag{3-14}$$

变换后的 s 值与 r 值的关系为

$$s = -r^2 + 2r = T(r) \tag{3-15}$$

累积分布函数曲线如图 3-13 所示。

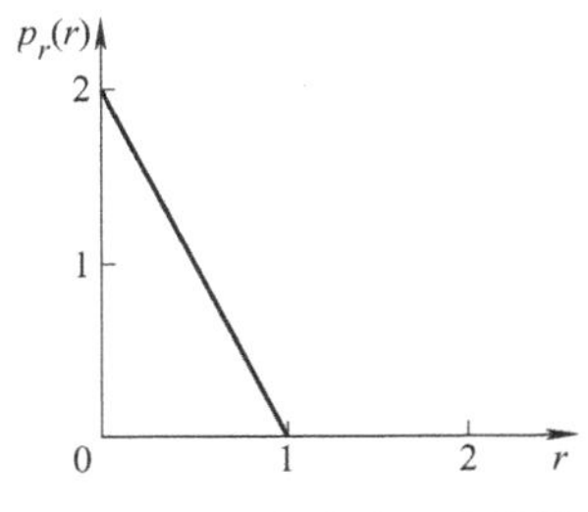

图 3-12 概率密度函数曲线

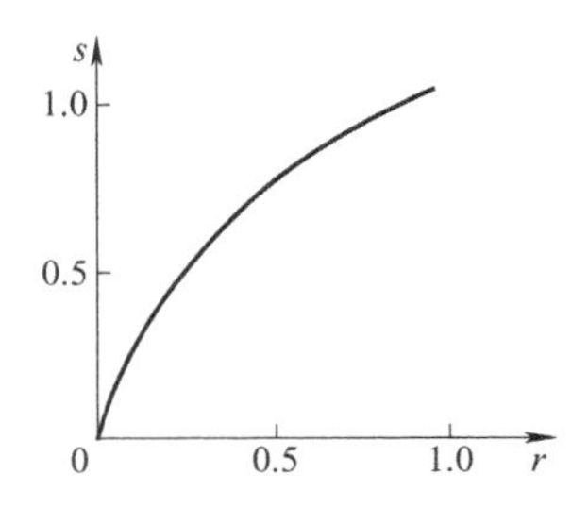

图 3-13 累积分布函数曲线

下面证明变换后的灰度级概率密度是均匀分布的。

因为 $s = T(r) = -r^2 + 2r$，所以 $r = T^{-1}(r) = 1 \pm \sqrt{1-s}$。

因为 r 的取值在 [0，1] 区间内，所以

$$r=1-\sqrt{1-s}$$

$$\frac{\mathrm{d}r}{\mathrm{d}s}=\frac{\mathrm{d}}{\mathrm{d}s}\left[1-\sqrt{1-s}\right]=\frac{1}{2\sqrt{1-s}} \tag{3-16}$$

又因为

$$p_r(r)=-2r+2=-2(1-\sqrt{1-s})+2=2\sqrt{1-s} \tag{3-17}$$

所以

$$p_s(s)=\left[p_r(r)\frac{\mathrm{d}r}{\mathrm{d}s}\right]_{r=T^{-1}(s)}=\left[2\sqrt{1-s}\frac{1}{2\sqrt{1-s}}\right]=1 \tag{3-18}$$

由以上证明可知，变换后的灰度级概率密度是均匀分布的。

针对数字图像，用灰度级出现的概率与求和来代替概率密度函数与积分。一幅数字图像中灰度级 r_k 出现的概率近似为

$$p_r(r_k)=\frac{n_k}{MN},k=0,1,2,\cdots,L-1 \tag{3-19}$$

式中，n_k 是灰度级为 r_k 的像素个数；MN 是图像中像素的总数；L 是图像中灰度级的数量。

离散图像的变换函数定义如下：

$$s_k=T(r_k)=(L-1)\sum_{j=0}^{k}p_r(r_j)=\frac{(L-1)}{MN}\sum_{j=0}^{k}n_j,k=0,1,2,\cdots,L-1 \tag{3-20}$$

变换 $T(r_k)$ 称为直方图均衡。

例 3.2 假设一幅总像素为 64×64（$MN=4096$）的图像，灰度级 L=8，各灰度级分布如表 3-4 所示。试对其进行直方图均衡化。

表 3-4 大小为 64×64 像素的数字图像的灰度分布和直方图值

r_k	n_k	$p_r(r_k)=n_k/(MN)$
r_0=0	700	0.17
r_1=1	1025	0.25
r_2=2	895	0.22
r_3=3	656	0.16
r_4=4	332	0.08
r_5=5	285	0.07
r_6=6	125	0.03
r_7=7	78	0.02

由表 3-4 可以得到图像的直方图，如图 3-14 所示。

根据式（3-20）可以计算出：

$$s_0 = T(r_0) = 7\sum_{j=0}^{0} p_r(r_j) = 7p_r(r_0) = 1.19$$

$$s_1 = T(r_1) = 7\sum_{j=0}^{1} p_r(r_j) = 7p_r(r_0) + 7p_r(r_1) = 2.94$$

同理，$s_2 = 4.48$，$s_3 = 5.60$，$s_4 = 6.16$，$s_5 = 6.65$，$s_6 = 6.86$，$s_7 = 7.00$。

变换函数 $T(r)$ 如图 3-15 所示。

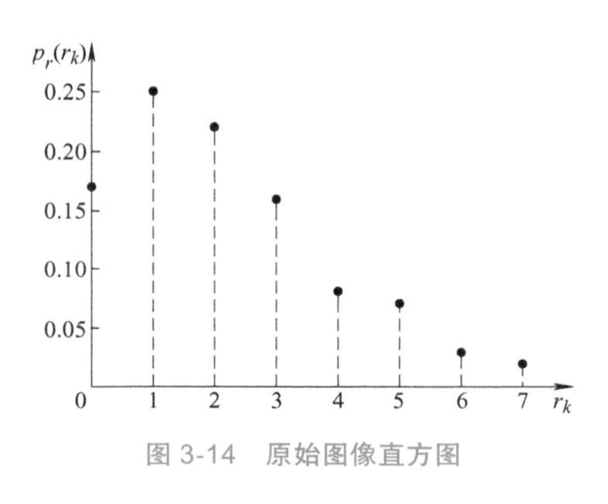

图 3-14　原始图像直方图

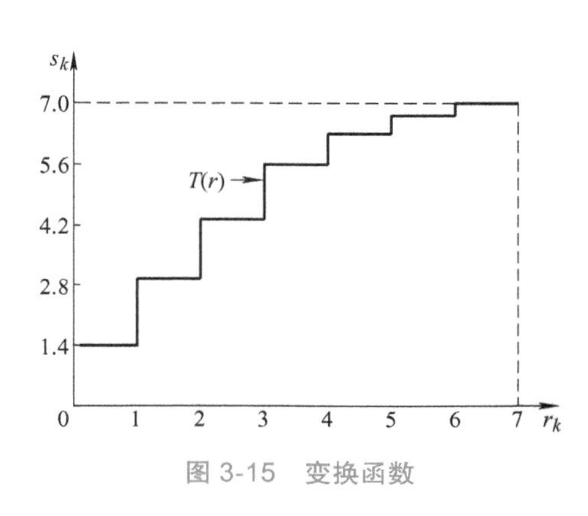

图 3-15　变换函数

这里只对图像取 8 个等间隔的灰度级，变换后的值选择最靠近的一个灰度级的值。因此，将以上 s 值近似为整数可得

$$\begin{aligned} s_0 &= 1.19 \approx 1, & s_4 &= 6.16 \approx 6 \\ s_1 &= 2.94 \approx 3, & s_5 &= 6.65 \approx 7 \\ s_2 &= 4.48 \approx 4, & s_6 &= 6.86 \approx 7 \\ s_3 &= 5.60 \approx 6, & s_7 &= 7.00 = 7 \end{aligned}$$

由上述数值可见，新图像将只有 5 个不同的灰度级别，可以重新定义一个符号：

$$\begin{aligned} s'_0 &= 1 & s'_3 &= 6 \\ s'_1 &= 3 & s'_4 &= 7 \\ s'_2 &= 4 \end{aligned}$$

图 3-16 所示为进行直方图均衡化处理之后的直方图。

由上面的例子可见，利用累积分布函数作为灰度变换函数，经变换后得到的新灰度的直方图比原始图像的直方图更平坦，而且其动态范围也大大地扩展了。然而，直方图是近似的概率密度函数，用离散灰度级做变换一般得不到完全平坦的结果。从上例也可以看出，变换后的灰度级减少了，这种现象叫作“简并”现象。由于简并现象的存在，处理后的灰度级总是要减少的，这是像素灰度级有限的必然结果，所以数字图像的直方图均衡只是近似的。

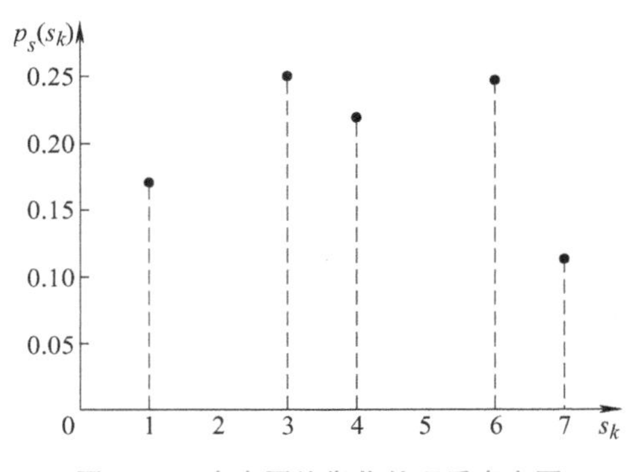

图 3-16　直方图均衡化处理后直方图

图 3-17a 所示为 4 幅不同的猫头鹰图像（同图 3-10a），图像经直方图均衡化处理后的结果如图 3-17b 所示，图 3-17c 是直方图均衡化处理后的图像的直方图。虽然处理后图像的直方图不同，但 4 幅图像在直方图均衡化处理后对比度都有所增强，细节也更清晰。

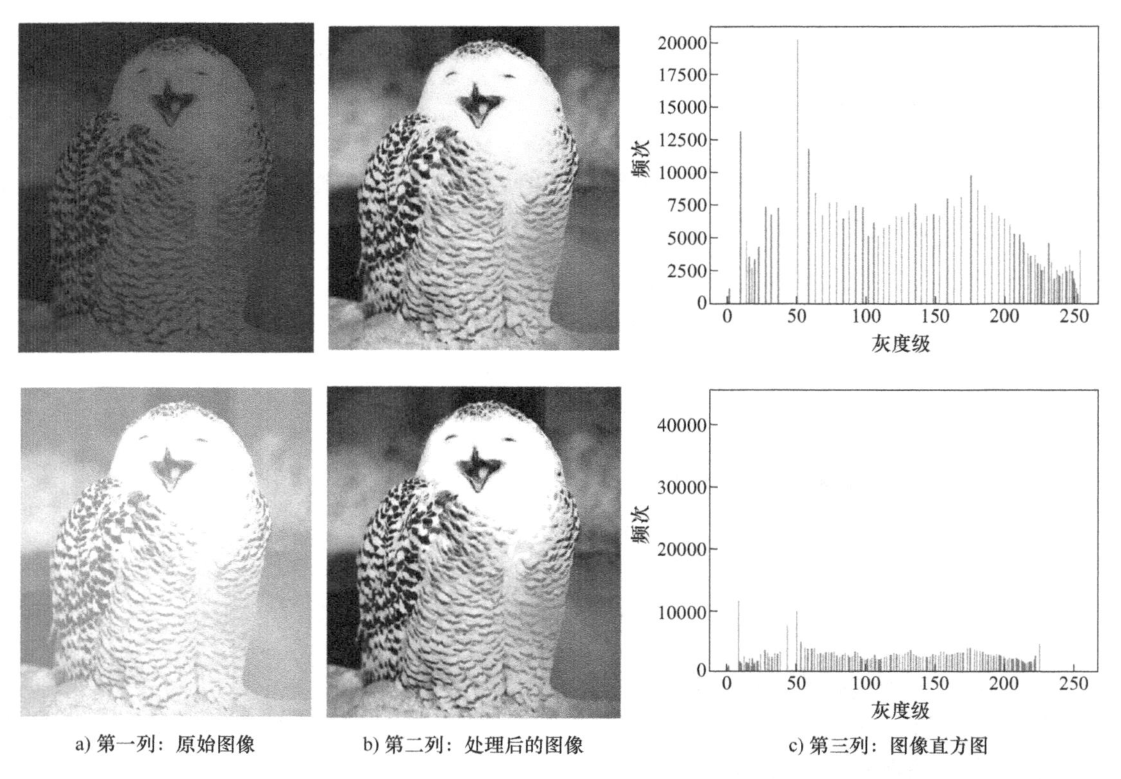

图 3-17　直方图均衡化后的图像及对应直方图

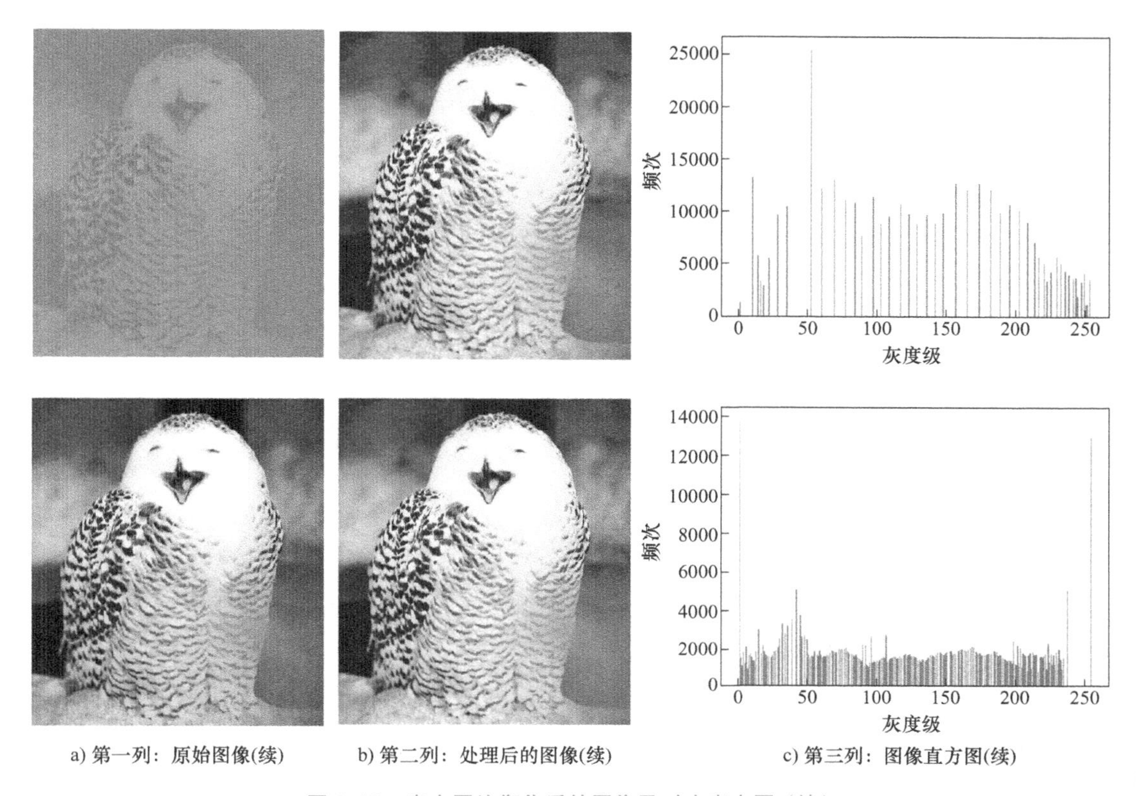

a) 第一列：原始图像(续)　　b) 第二列：处理后的图像(续)　　c) 第三列：图像直方图(续)

图 3-17　直方图均衡化后的图像及对应直方图（续）

3.2.3　直方图规定化

当图像的灰度级分布不均匀时，直方图均衡化可以增强图像整体的对比度。然而，当需要将一幅图像的灰度级分布调整到与另一幅图像相似或与某种期望分布匹配时，用直方图规定化对图像进行处理更合适。直方图规定化也叫作直方图匹配，它的目的是使图像的灰度级分布与给定的目标直方图尽可能接近，从而使图像具有特定的亮度和对比度。直方图规定化处理的思路如图 3-18 所示，通过建立一个变换函数，将输入图像的灰度级映射到目标或参考图像的灰度级以匹配目标图像的分布。

$$r \xrightarrow{T(r)} s \underset{G(z)}{\overset{G^{-1}(s)}{\rightleftarrows}} z$$

图 3-18　直方图规定化处理的思路

针对连续图像，令 r 和 z 分别表示输入图像和输出图像的灰度级，$p_r(r)$ 和 $p_z(z)$ 分别表示 r 和 z 对应的连续概率密度函数，$p_r(r)$ 可以根据输入图像求出，而 $p_z(z)$ 是输出图像的指定概率密度函数。

令 s 表示输入图像进行直方图均衡化处理后的灰度级，s 的定义为

$$s = T(r) = (L-1)\int_0^r p_r(\omega)\mathrm{d}\omega \tag{3-21}$$

式中，ω是积分假变量。

随机变量 z 的定义为

$$G(z) = (L-1)\int_0^z p_z(t)\mathrm{d}t = s \tag{3-22}$$

式中，t 是积分假变量。

由式（3-21）和式（3-22）可得 $G(z) = T(r)$，因此 z 必须满足下列条件：

$$z = G^{-1}[T(r)] = G^{-1}(s) \tag{3-23}$$

由上述公式可知，直方图规定化的步骤是：

1）由输入图像得到$p_r(r)$，并由式（3-21）求得 s 的值。

2）使用式（3-22）中指定的概率密度函数求得变换函数 $G(z)$。

3）求得反变换函数 $z = G^{-1}(s)$。

例 3.3 假设一幅连续图像的灰度概率密度函数为 $p_r(r) = 2r/(L-1)^2$，$0 \leqslant r \leqslant (L-1)$，对于其他范围的 r 值有 $p_r(r) = 0$，求一个变换函数，使得输出图像的灰度概率密度函数是 $p_z(z) = 3z^2/(L-1)^3$，$0 \leqslant z \leqslant (L-1)$，而对于其他范围的 z 值有 $p_z(z) = 0$。

第一步，在区间 [0，L–1] 求输入图像的直方图均衡变换函数：

$$s = T(r) = (L-1)\int_0^1 p_r(\omega)\mathrm{d}\omega = \frac{2}{(L-1)}\int_0^r \omega\mathrm{d}\omega = \frac{r^2}{(L-1)} \tag{3-24}$$

由定义可知，对于范围 [0，L–1] 外的值，该变换函数为 0，输入灰度值的二次方除以（L–1）将产生一幅灰度为 s 并具有均匀概率密度函数的图像。

第二步，在 [0，L–1] 区间求规定图像的直方图均衡变换函数：

$$G(z) = (L-1)\int_0^z p_z(t)\mathrm{d}t = \frac{3}{(L-1)^2}\int_0^z t^2\mathrm{d}t = \frac{z^3}{(L-1)^2} \tag{3-25}$$

由定义可知，对于范围 [0，L–1] 外的值，该变换函数为 0。

第三步，令 $G(z) = s$，由式（3-25）可得 $z^3/(L-1)^2 = s$，同时可以计算出：

$$z = \left[(L-1)^2 s\right]^{1/3} \tag{3-26}$$

因为输出图像在区间 [0，L–1] 内 z 的灰度概率密度函数为 $p_z(z) = 3z^2/(L-1)^3$，且 $s = r^2/(L-1)$，输入图像的灰度 r 与 z 的关系为

$$z=[(L-1)^2 s]^{1/3}=[(L-1)^2\frac{r^2}{(L-1)}]^{1/3}=[(L-1)r^2]^{1/3} \tag{3-27}$$

通过以上步骤可以得到灰度级 z 具有规定概率密度函数的图像。

针对数字图像，离散随机变量定义如下：

$$s_k=T(r_k)=(L-1)\sum_{j=0}^{k}p_r(r_j)=\frac{(L-1)}{MN}\sum_{j=0}^{k}n_j, k=0,1,2,\cdots,L-1 \tag{3-28}$$

式中，n_k 是灰度级为 r_k 的像素个数；L 是图像中的灰度级数量；MN 是图像像素总数。

离散形式的变换函数定义如下：

$$G(z_q)=(L-1)\sum_{i=1}^{q}p_z(z_i) \tag{3-29}$$

对一个 q 值，有

$$G(z_q)=s_k \tag{3-30}$$

式中，$p_z(z_i)$ 是规定的直方图的第 i 个值。用反变换找到期望的值 z_q：

$$z_q=G^{-1}(s_k) \tag{3-31}$$

形成了从 s 到 z 的一个映射。

如图 3-19 所示，图 a 为原始图像，图 c 为参考图像，图 e 为直方图规定化处理后的图像，图像直方图如图 b、d、f 所示。针对图 3-19a 给定的图像，利用直方图规定化处理后，得到结果如图 3-19e 所示。从图中结果可以看出，直方图规定化将原始图像的灰度级别分布调整为与参考图像的灰度级别分布相匹配，实现了将原始图像的亮度和对比度特性调整为与参考图像一致的效果。

a) 原始图像

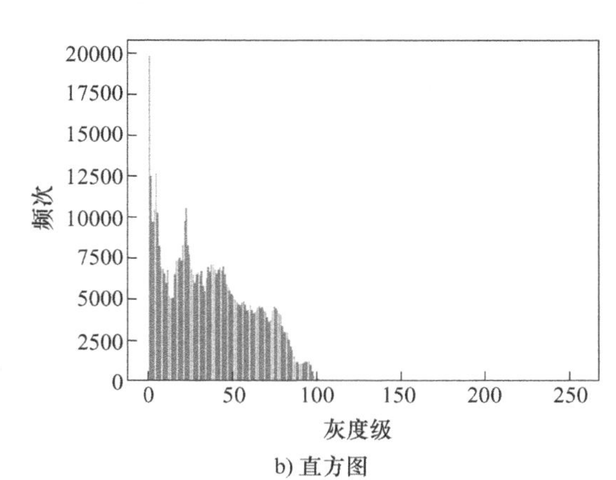

b) 直方图

图 3-19　直方图规定化前后图像及对应直方图

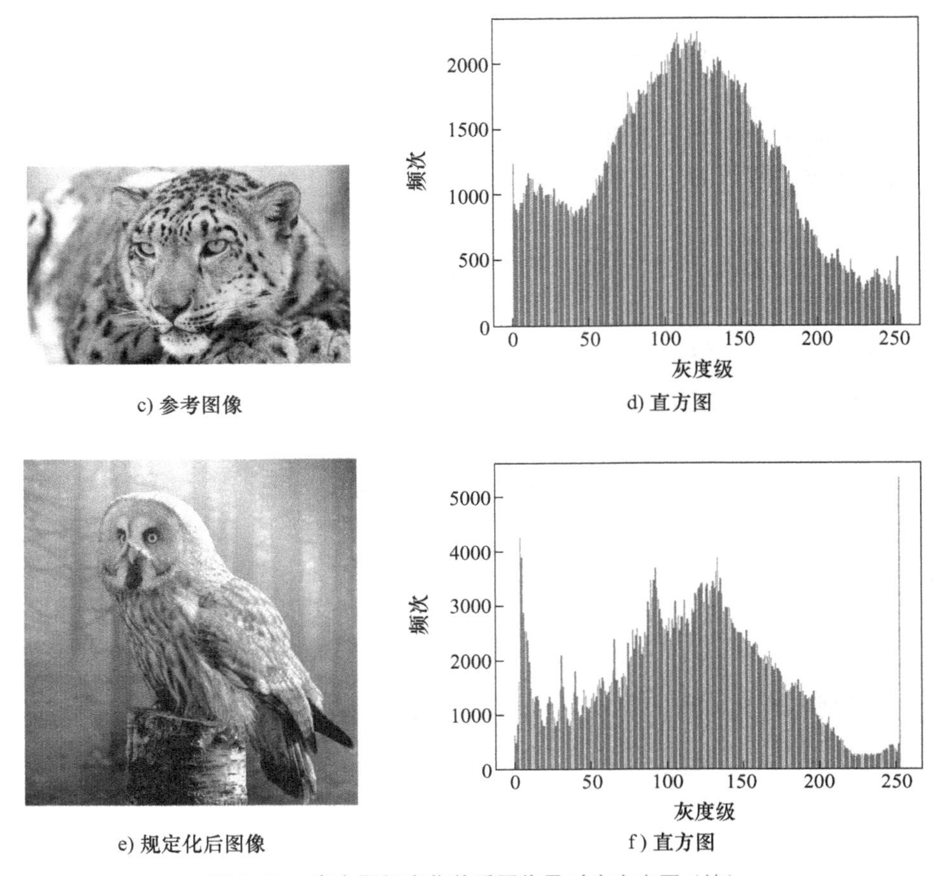

c) 参考图像　　d) 直方图

e) 规定化后图像　　f) 直方图

图 3-19　直方图规定化前后图像及对应直方图（续）

3.3　基于空域滤波的图像增强与图像去噪

通过前文介绍可以知道，基于灰度变换和基于直方图的图像增强方法通过点变换改变像素点灰度级的值，点变换是一种逐像素操作，即对图像中的每个像素应用相同的变换函数。而空域滤波是一种基于图像的局部空间信息进行操作的方法，能够考虑像素与其邻域像素之间的关系，这使得空域滤波能够有效地处理图像中的结构性特征和噪声。

3.3.1　噪声模型

噪声可以从理论角度定义为“不可预测的、只能通过概率统计方法来描述的随机误差”。图像中的噪声通常是由于图像采集、传输、处理或存储过程中的各种因素引起的。以图像获取过程为例，由于周围环境条件和成像传感器本身的质量等因素导致成像传感器的性能受到影响，从而产生不同类型的噪声。由于图像噪声具有统计学特性，因此可以使用统计学中的概率密度函数描述噪声。为了更好地处理和分析噪声，通常假设噪声与空间坐标无关，同时噪声与图像本身也是独立无关的，空间周期噪声除外。

1. 典型的噪声概率密度函数

由于图像噪声具有随机性，因此通常通过概率特性来进行描述。以下列举了一些常见的噪声类型及其对应的概率密度函数。

（1）高斯噪声

高斯噪声是一种概率密度函数服从高斯分布（也称正态分布）的噪声类型，因此也称为正态噪声。高斯噪声因其在空域和频域中的数学处理便捷性而在实际应用中被广泛采用。其概率密度函数可表示为

$$p(z)=\frac{1}{\sqrt{2\pi}\sigma}\mathrm{e}^{-(z-\bar{z})^2/(2\sigma^2)} \tag{3-32}$$

式中，z 是灰度值；$\bar{z}$ 是 z 的平均值；σ 是 z 的标准差；标准差的二次方 σ^2 称为 z 的方差。高斯噪声的概率密度函数曲线如图 3-20 所示。当 z 服从式（3-32）的分布时，其值有 70% 左右落在范围 $[(\bar{z}-\sigma),(\bar{z}+\sigma)]$ 内，有 95% 左右落在范围 $[(\bar{z}-2\sigma),(\bar{z}+2\sigma)]$ 内。

（2）瑞利噪声

瑞利噪声的概率密度函数表达式为

$$p(z)=\begin{cases}\dfrac{2}{b}(z-a)\mathrm{e}^{-(z-a)^2/b} & z\geqslant a\\ 0 & z<a\end{cases} \tag{3-33}$$

式中，a 是位置参数，表示噪声的平均值或中心值；b 是尺度参数，控制噪声的幅度或标准差。该概率密度函数的均值和方差分别为

$$\bar{z}=a+\sqrt{\pi b/4} \tag{3-34}$$

和

$$\sigma^2=\frac{b(4-\pi)}{4} \tag{3-35}$$

瑞利噪声的概率密度函数曲线如图 3-21 所示。相对于高斯噪声，瑞利噪声的分布形状更向右偏斜，这种特性在拟合某些具有偏斜直方图的噪声数据时非常有用。

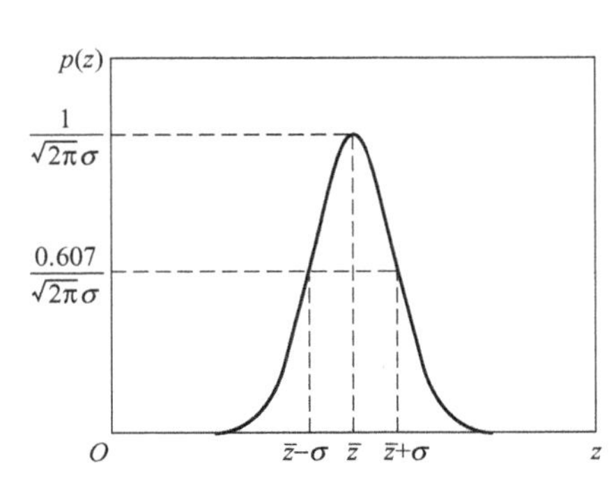

图 3-20　高斯噪声的概率密度函数曲线

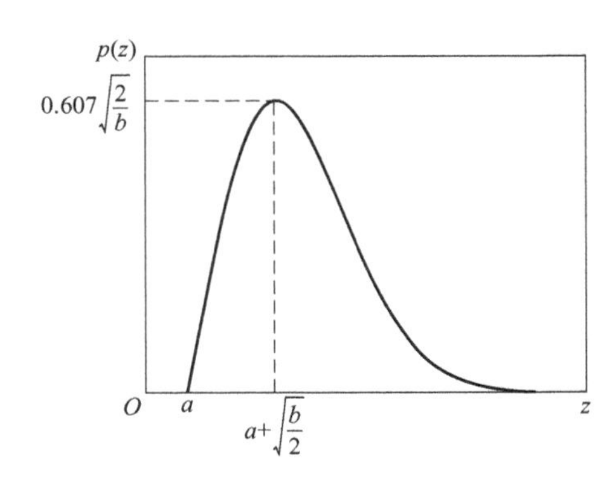

图 3-21　瑞利噪声的概率密度函数曲线

（3）伽马噪声

伽马噪声的概率密度函数表达式为

$$p(z)=\begin{cases}\dfrac{a^b z^{b-1}}{(b-1)!}\mathrm{e}^{-az} & z \geqslant a \\ 0 & z<a\end{cases} \tag{3-36}$$

式中，参数 $a>0$ ；b 是正整数；! 表示阶乘。该概率密度函数的均值和方差分别为

$$\bar{z}=\frac{b}{a} \tag{3-37}$$

和

$$\sigma^2=\frac{b}{a^2} \tag{3-38}$$

伽马噪声的概率密度函数曲线如图 3-22 所示。

（4）指数噪声

指数噪声的概率密度函数表达式为

$$p(z)=\begin{cases}a\mathrm{e}^{-az} & z \geqslant 0 \\ 0 & z<0\end{cases} \tag{3-39}$$

式中，$a>0$ 。该概率密度函数的均值和方差分别为

$$\bar{z}=\frac{1}{a} \tag{3-40}$$

和

$$\sigma^2=\frac{1}{a^2} \tag{3-41}$$

指数噪声的概率密度函数曲线如图 3-23 所示。同时，注意到这个概率密度函数是当 $b=1$ 时伽马噪声的概率密度函数的特殊情况。

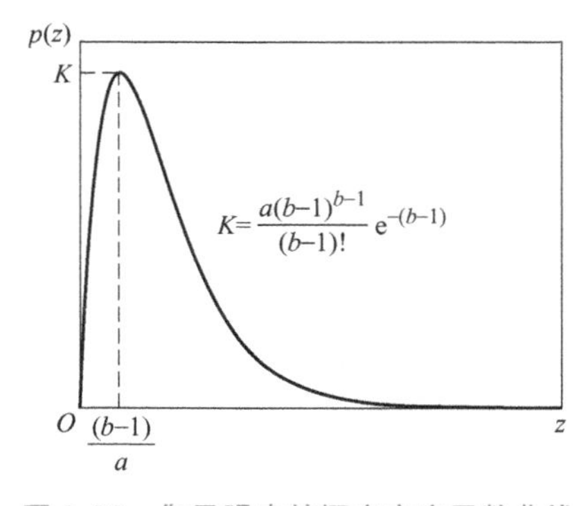

图 3-22　伽马噪声的概率密度函数曲线

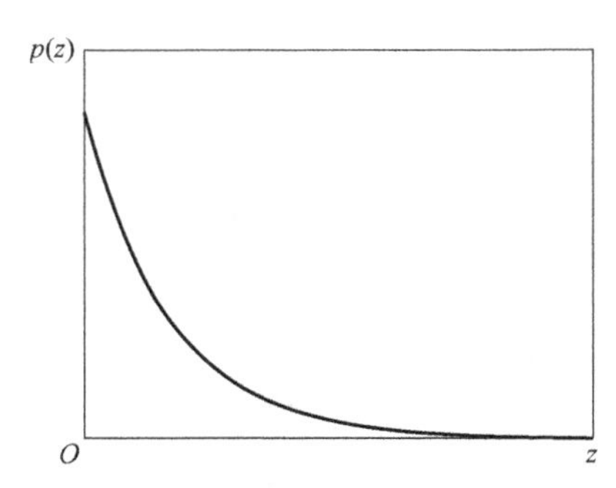

图 3-23　指数噪声的概率密度函数曲线

（5）均匀噪声

均匀噪声的概率密度函数表达式为

$$p(z)=\begin{cases}\dfrac{1}{b-a} & a\leqslant z\leqslant b\\ 0 & \text{其他}\end{cases} \tag{3-42}$$

该概率密度函数的均值和方差分别为

$$\bar{z}=\frac{a+b}{2} \tag{3-43}$$

和

$$\sigma^2=\frac{(b-a)^2}{12} \tag{3-44}$$

均匀噪声的概率密度函数曲线如图 3-24 所示。

（6）脉冲（椒盐）噪声

（双极）脉冲噪声的概率密度函数表达式为

$$p(z)=\begin{cases}P_a & z=a\\ P_b & z=b\\ 1-P_a-P_b & \text{其他}\end{cases} \tag{3-45}$$

式中，如果灰度值 $b>a$，那么 b 在图像中将显示为一个亮点，a 在图像中将显示为一个暗点。如果 P_a 或 P_b 为零，则该脉冲噪声称为单极脉冲噪声；如果 P_a 和 P_b 两者均不为零，那么该脉冲噪声称为双极脉冲噪声。特别是当它们近似相等时，该脉冲噪声会类似于胡椒和盐粒在图像上以随机分布的形式呈现，因此也称为椒盐噪声、散粒噪声或尖峰噪声。

脉冲噪声的概率密度函数曲线如图 3-25 所示。在数字图像中，噪声脉冲有正有负，与图像信号的强度相比，噪声强度通常更大，所以在图像中脉冲噪声通常被数字化为灰度极值（纯黑或纯白），正脉冲显示为纯白点（盐粒点），负脉冲显示为纯黑点（胡椒点）。

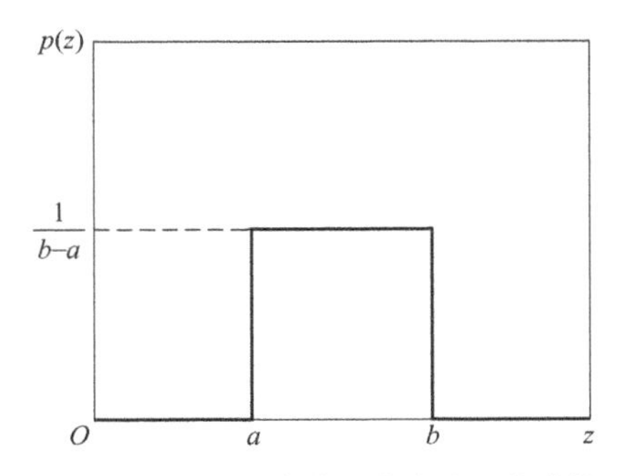

图 3-24　均匀噪声的概率密度函数曲线

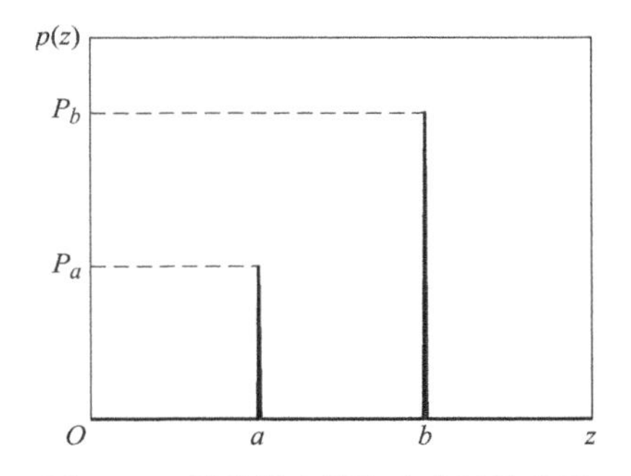

图 3-25　脉冲噪声概率密度函数曲线

上述一系列概率密度函数为在实际应用中建立噪声的模型提供了极为有用的工具。这些分布函数能够更准确地描述不同类型的噪声，在图像处理领域，由于高斯密度在数学上的易处理性，其广泛用于高斯噪声建模；瑞利密度通常用于描述信号传播中随机性的噪声；指数密度和伽马密度在激光成像等领域得到了广泛应用；脉冲密度通常用来描述信号过渡过程产生的噪声，如在图像采集过程中可能发生的误开关操作；均匀密度通常在通信系统中用于描述强度稳定的噪声，如平坦信道的加性白噪声。总的来说，这些概率密度函数不仅在理论上帮助人们更好地理解不同类型的噪声，而且在实际应用中也为人们选择合适的建模和处理方法提供了有利的指导。

例 3.4 噪声图像及其直方图。

为了观察不同噪声在图像中的效果，这里以一幅简单的由三个灰度级构成的图像为例，在图像中加入了不同类型的噪声，加入噪声后的图像及其灰度直方图如图 3-26 所示。

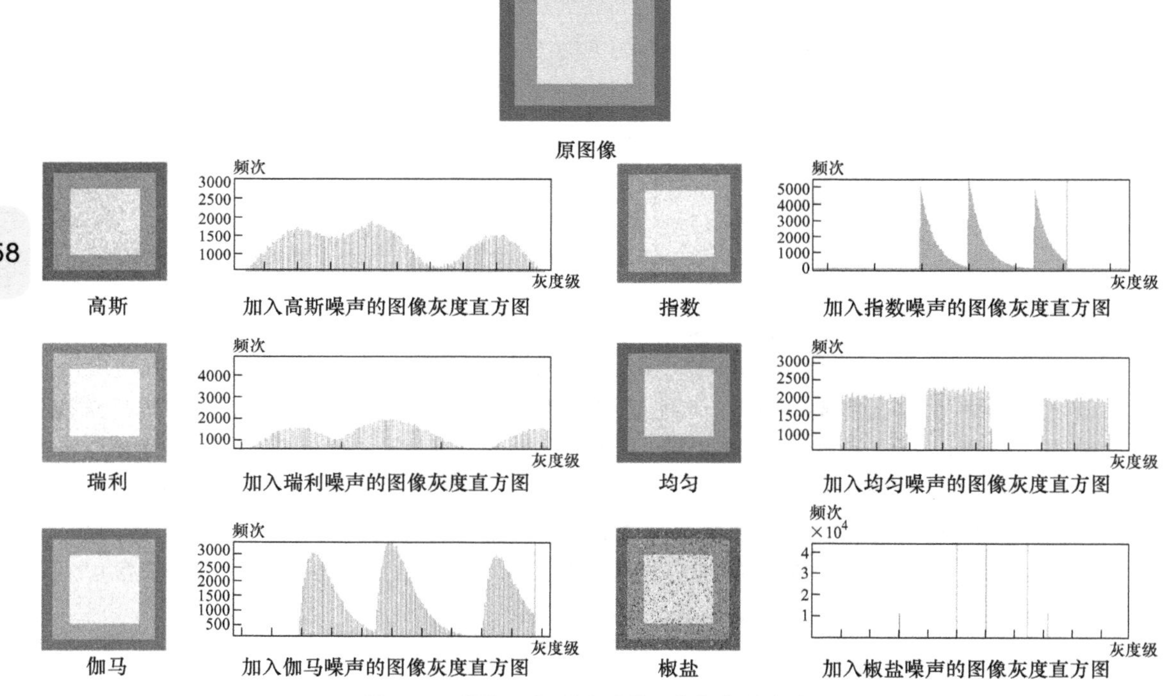

图 3-26 添加不同噪声后的图像与灰度直方图

从图 3-26 中可以看出，由于椒盐噪声是纯黑和纯白灰度值，通过人眼很容易分辨，且加入不同噪声的图像灰度直方图差异较大，通过对比灰度直方图和噪声概率密度函数可以很容易地分辨出图像中有哪种噪声，从而进行有针对性的增强和去噪操作。

2. 周期噪声

在图像处理中，周期噪声的产生与图像获取过程中的电力或机电干扰有关。周期噪声被认为是一种空间相关的噪声，可能是由于外部电力源或机械振动等干扰引起的。对于周期噪声，可以采用第 4 章中介绍的频率域滤波的方法进行有针对性的处理。如图 3-27a 所示，在这幅图像中，存在不同频率的空间正弦波噪声干扰。一个正弦波在傅里叶变换域中表现为正弦波共轭频率处的一对共轭脉冲，如果空间域中正弦波的振幅足够强，那么在该图像的频谱图像中将看到每个正弦波的脉冲对，如图 3-27b 所示。周期性的脉冲噪声呈现出近似圆形的模式，这意味着在频率域中，这种噪声可能涉及多个频率成分，从而在空间域中呈现出周期性的干扰。

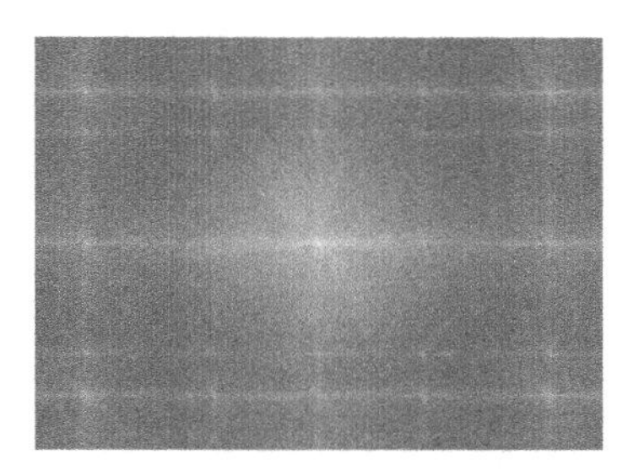

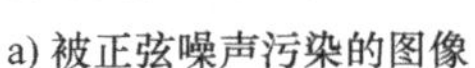

a) 被正弦噪声污染的图像　　b) 周期噪声频谱图像

图 3-27　周期噪声及其频谱图像

3.3.2　相关和卷积

在介绍空间滤波之前，理解相关和卷积操作非常重要。相关是滤波模板在图像中移动并计算模板与图像像素乘积并求和的操作。卷积的原理类似，但首先要将滤波器旋转 180°。下面通过两个例子理解相关和卷积的概念，先从一维示例开始。

图 3-28a 中给出了一个一维函数 f 和一个滤波器 w，执行相关操作的起始位置如图 3-28b 所示，当前位置下函数 f 缺少部分与滤波器 w 相对应的值，可在函数 f 的任意一侧补上足够的 0，以便于滤波器的每一个像素都可以访问到函数 f 中的每一个像素。在初始位置，若滤波器 w 的尺寸为 l，则需要给函数 f 补充 $l-1$ 个 0。经过 0 填充后的函数如图 3-28c 所示，相关操作的第一个值为函数 f 和滤波器 w 每对像素的乘积之和（乘积之和为 0），此时滤波器 w 的移动距离 $x=0$。当 $x=1$ 时，滤波器 w 向右移动一个单位，同时计算乘积和也为 0。依次类推，当 $x=11$ 时，滤波器 w 滑动操作完成，滤波器 w 中的每一个像素访问完成函数 f 中的每一个像素。通常保留大小与 f 相同的相关阵列，在这种情况下，将全部相关结果裁剪到原函数大小，如图 3-28h 所示。

通过相关操作过程可知，首先，相关操作的结果是滤波器位移 x 的函数。也就是说，相关的第一个值对应于滤波器的零位移（$x=0$），第二个值对应于一个单位位移（$x=1$），依次类推。其次，滤波器 w 与包含单个 1 而其余都是 0 的函数进行相关操作得到的结果是旋转了 180° 的滤波器 w，将包含单个 1 而其余都是 0 的函数称为离散单位冲激函数。

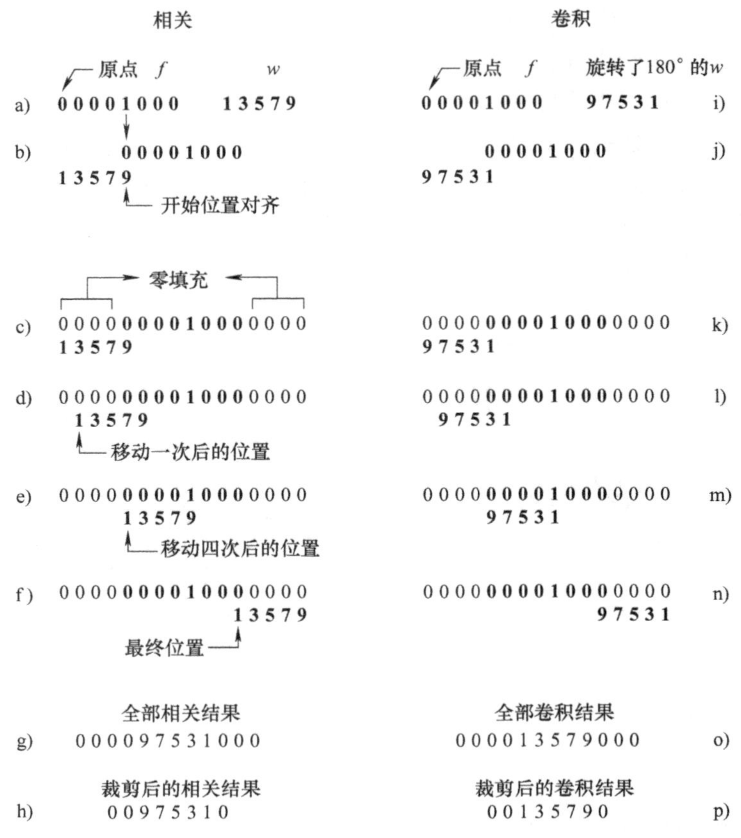

图 3-28 具有离散单位冲激的滤波器的一维相关与卷积的说明

卷积的基本特性是某个滤波函数与某个单位冲激卷积，得到的结果与该函数相同。在相关操作中看到，相关操作得到的结果和旋转 180° 的滤波函数相同，因此，如果预先旋转滤波器，并执行与相关操作相同的滑动乘积求和过程，就应该能得到与该函数相同的结果。卷积操作如图 3-28i ～ p 所示，首先将滤波器 w 旋转 180°，再进行滑动乘积求和操作，最终得到的结果和滤波器 w 相同。

将前面的概念扩展到二维图像中，如图 3-29 所示。对于大小为 $m \times n$ 的滤波器，在图像 f 的顶部和底部填充 $m-1$ 行 0，在左侧和右侧填充 $n-1$ 列 0。例如，当 m 和 n 等于 3 时，用两行 0 填充图像的四周，如图 3-29b 所示。执行相关操作的滤波器模板的初始位置如图 3-29c 所示，相关操作的结果如图 3-29e 所示，裁剪后的相关结果如图 3-29g 所示。可以看出，执行相关操作后，结果和旋转了 180° 的滤波器相同。对于卷积操作，与前面一维类似，预先旋转模板，然后使用刚才描述的方法进行滑动乘积求和操作。卷积操作的结果如图 3-29h 所示。可以发现，一个函数与一个冲激卷积，即在该冲激的位置复制了这个函数，如果滤波器模板是对称的，那么进行相关和卷积操作将得到相同的结果。

如果图 3-29 中的图像 f 包含一个与滤波器 w 完全相等的区域，当 w 滑动至该区域的中心时，相关操作（归一化后）的值将是最大的，借此相关操作还可以用于寻找图像中的匹配。

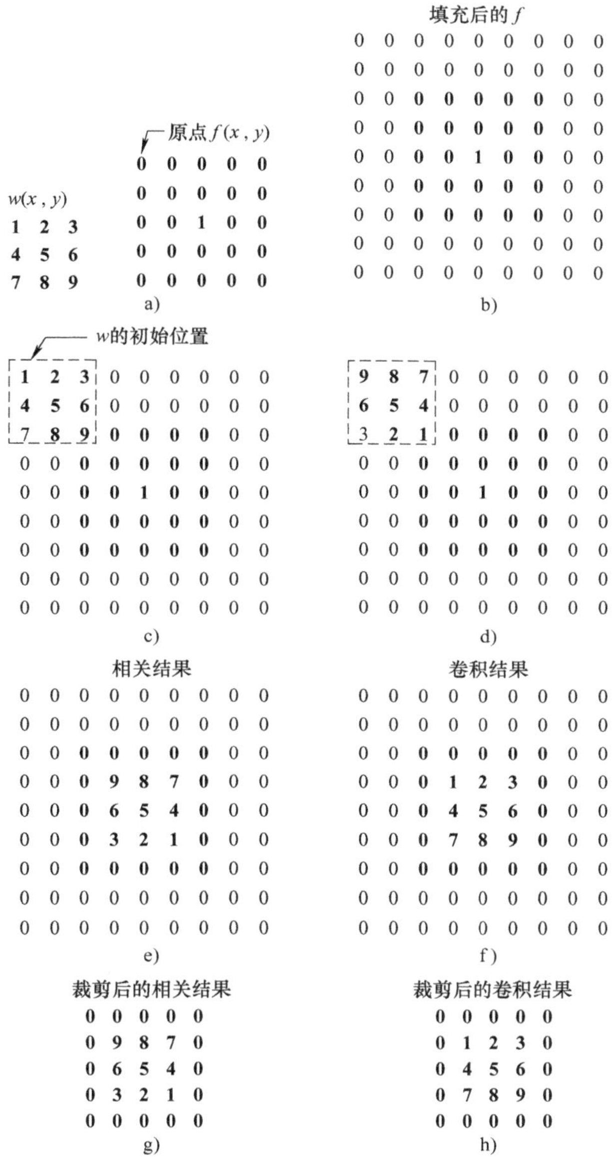

原点 $f(x, y)$

$w(x, y)$

1 2 3
4 5 6
7 8 9

0 0 0 0 0
0 0 0 0 0
0 0 1 0 0
0 0 0 0 0
0 0 0 0 0

a)

填充后的 f

0 0 0 0 0 0 0 0 0
0 0 0 0 0 0 0 0 0
0 0 0 0 0 0 0 0 0
0 0 0 0 0 0 0 0 0
0 0 0 0 1 0 0 0 0
0 0 0 0 0 0 0 0 0
0 0 0 0 0 0 0 0 0
0 0 0 0 0 0 0 0 0
0 0 0 0 0 0 0 0 0

b)

w的初始位置

1 2 3 0 0 0 0 0 0
4 5 6 0 0 0 0 0 0
7 8 9 0 0 0 0 0 0
0 0 0 0 0 0 0 0 0
0 0 0 0 1 0 0 0 0
0 0 0 0 0 0 0 0 0
0 0 0 0 0 0 0 0 0
0 0 0 0 0 0 0 0 0
0 0 0 0 0 0 0 0 0

c)

9 8 7 0 0 0 0 0 0
6 5 4 0 0 0 0 0 0
3 2 1 0 0 0 0 0 0
0 0 0 0 0 0 0 0 0
0 0 0 0 1 0 0 0 0
0 0 0 0 0 0 0 0 0
0 0 0 0 0 0 0 0 0
0 0 0 0 0 0 0 0 0
0 0 0 0 0 0 0 0 0

d)

相关结果

0 0 0 0 0 0 0 0 0
0 0 0 0 0 0 0 0 0
0 0 0 0 0 0 0 0 0
0 0 0 9 8 7 0 0 0
0 0 0 6 5 4 0 0 0
0 0 0 3 2 1 0 0 0
0 0 0 0 0 0 0 0 0
0 0 0 0 0 0 0 0 0
0 0 0 0 0 0 0 0 0

e)

卷积结果

0 0 0 0 0 0 0 0 0
0 0 0 0 0 0 0 0 0
0 0 0 0 0 0 0 0 0
0 0 0 1 2 3 0 0 0
0 0 0 4 5 6 0 0 0
0 0 0 7 8 9 0 0 0
0 0 0 0 0 0 0 0 0
0 0 0 0 0 0 0 0 0
0 0 0 0 0 0 0 0 0

f)

裁剪后的相关结果

0 0 0 0 0
0 9 8 7 0
0 6 5 4 0
0 3 2 1 0
0 0 0 0 0

g)

裁剪后的卷积结果

0 0 0 0 0
0 1 2 3 0
0 4 5 6 0
0 7 8 9 0
0 0 0 0 0

h)

图 3-29　二维滤波器与二维离散单位冲激的相关和卷积

下面以数学公式形式总结相关和卷积操作。一个大小为 $m \times n$ 的滤波器 $w(x, y)$ 与一幅图像 $f(x, y)$ 做相关操作，可表示为 $w(x, y) \star f(x, y)$，由如下公式给出：

$$w(x, y) \star f(x, y) = \sum_{s=-a}^{a} \sum_{t=-b}^{b} w(s, t) f(x+s, y+t) \tag{3-46}$$

式中，$a = (m-1)/2$；$b = (n-1)/2$。同时，为表示方便，假设 m 和 n 是奇整数。公式对所有位移变量 x 和 y 求值，使得滤波器 w 能够访问图像 f 的每一个像素，其中假设图像 f 已被适当的填充。

与相关类似，$w(x,y)$和$f(x,y)$的卷积表示为$w(x,y)*f(x,y)$，由如下公式给出：

$$w(x,y)*f(x,y)=\sum_{s=-a}^{a}\sum_{t=-b}^{b}w(s,t)f(x-s,y-t) \tag{3-47}$$

式中，等式右侧的减号表示翻转函数f（即旋转 180°）。为简化符号表示，选择翻转和移位滤波器w。与相关操作一样，该式也对所有位移变量x和y求值，滤波器w访问图像f中的每一个像素，同样也假设图像f已被适当的填充。

在实际应用中，通常用一个算法实现相关或卷积操作。如果想要执行相关操作，可将滤波器w直接输入到算法中；如果要执行卷积操作，可将滤波器w旋转 180° 后输入到算法中。卷积是线性系统理论的基础，一个函数与单位冲激的卷积，相当于在单位冲激的位置处复制该函数，这一特性经常出现在大量的推导过程中。事实上，相关和卷积操作，重要的是在给定的滤波任务中按期望的操作来指定滤波器模板。

3.3.3 线性空间滤波

空间滤波是在图像的原始像素级上进行操作，通过在图像的每个像素周围应用滤波器来修改像素值。这种方法直接影响图像的外观，用于增强、去噪等任务，常见的滤波器包括均值、高斯、中值滤波器等。与空间滤波相对的是频域滤波，其在图像的频谱域进行操作，通过傅里叶变换来实现，频域滤波通常用于增强特定频率的细节或去除特定频率的噪声。本节介绍空间滤波。

空间滤波器通常由一个矩形邻域和在这个邻域内所需执行的预定义操作组成。通过应用空间滤波器，可以在图像中邻域中心点的坐标位置生成一个新的像素值。在滤波的过程中，滤波模板在图像上滑动，访问图像每个位置的像素点，通过预定义的计算方式生成经过滤波处理后的新图像。如果在执行上述操作时使用的是线性运算，这种滤波器称为线性空间滤波器。反之，如果操作是非线性的，那么这种滤波器称为非线性空间滤波器。

线性空间滤波的原理就是在图像f中逐点移动滤波模板w（也称为核、掩模或窗口）并进行乘积求和操作，如图 3-30 所示。在每个点处，滤波器在该点的响应是由滤波模板限定的相应邻域像素与滤波器系数乘积结果的累加和，此刻对于模板的响应R为

$$R=w(-1,-1)f(x-1,y-1)+\cdots+w(0,0)f(x,y)+\cdots+w(1,1)f(x+1,y+1) \tag{3-48}$$

偶数尺寸的模板由于不具有对称性因而很少被使用，所有的假设都基于模板的大小为奇数尺寸的原则，尽管这并不是一个必然要求，但处理奇数尺寸的模板会更加直观，因为它们都有一个明确的中心点，最小的模板尺寸为 3×3，1×1 大小的模板的操作不考虑邻域信息，退化为图像点运算。

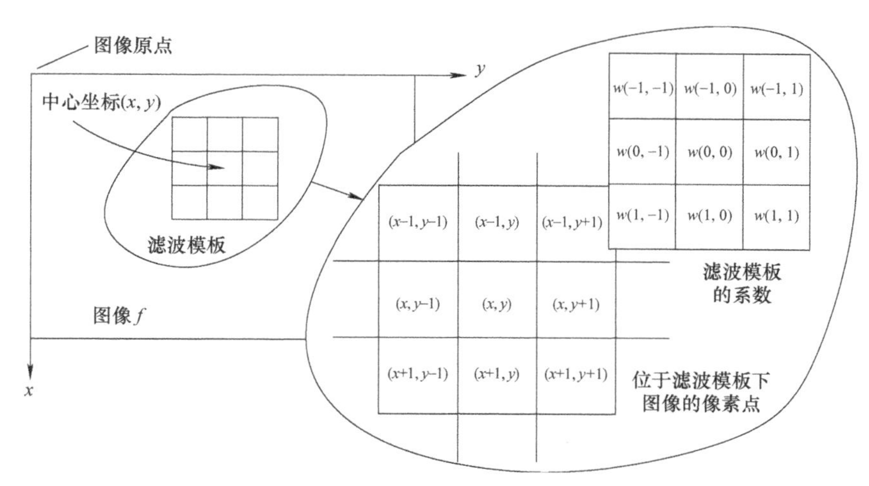

图 3-30　空间滤波示意图

更一般的情况，对于一个大小为 $m \times n$ 的模板，$m = 2a + 1$，$n = 2b + 1$，a、b 均为正整数，m、n 均为奇数，可以将滤波操作形式化地表示为

$$g(x, y) = \sum_{s=-a}^{a} \sum_{t=-b}^{b} w(s, t) f(x + s, y + t) \tag{3-49}$$

对于大小为 $M \times N$ 的图像 $f(0 \cdots M - 1, 0 \cdots N - 1)$，对 $x = 0, 1, 2, \cdots, M - 1$ 和 $y = 0, 1, 2, \cdots, N - 1$ 依次应用公式，从而完成对图像 f 所有像素的处理，得到新的图像 $g(x, y)$。

常用的滤波模板如图 3-31 所示。由于一幅图像使用不同的滤波模板处理所得到的结果各异，因此通常需要根据实际情况来选择合适的模板。

1/10	1/10	1/10
1/10	1/5	1/10
1/10	1/10	1/10

a) 模板1

1/16	1/8	1/16
1/8	1/4	1/8
1/16	1/8	1/16

b) 模板2

1/8	1/8	1/8
1/8	0	1/8
1/8	1/8	1/8

c) 模板3

0	1/8	0
1/8	1/2	1/8
0	1/8	0

d) 模板4

图 3-31　滤波模板

针对一幅带有噪声的图像，采用上述四个模板分别进行处理的结果如图 3-32 所示。

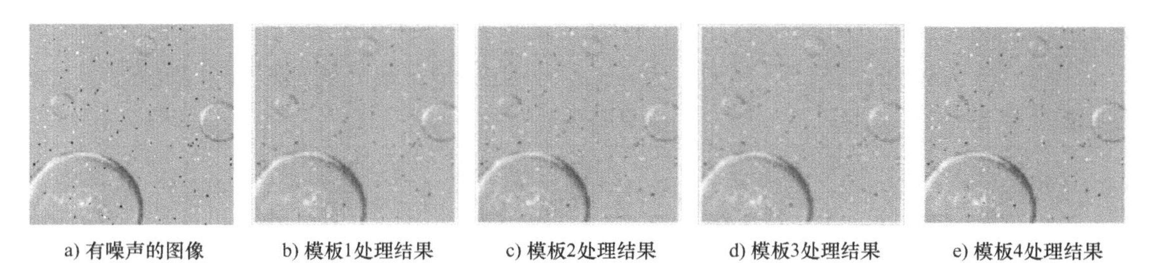

a) 有噪声的图像　b) 模板1处理结果　c) 模板2处理结果　d) 模板3处理结果　e) 模板4处理结果

图 3-32　噪声图像及经过不同滤波模板处理的结果

从结果可以看出，模板 1 处理使得图像变得模糊，位于模板中心点的像素点亮度高于周边像素点；模板 2 处理同样使得图像变模糊，位于模板中间的像素点亮度高于原来中心的像素点；模板 3 由于模板中心值为 0，使得图像中椒盐噪声点变成“口”字形；模板 4 处理使得图像中的椒盐噪声点变成“+”字形，中心像素点亮度高于原来中心的像素点。总的来说，不同的滤波模板应用对图像产生不同的影响，从模糊化到改变噪声点形态，这体现了空间滤波的多样性和特异性。

1. 空域平滑滤波

平滑滤波器使用滤波器模板确定的邻域内像素的（加权）平均灰度值代替图像中像素原有的值，通过平滑处理使得图像中局部灰度差异大的部分变得平缓。由于典型的随机噪声使得图像噪声点附近灰度差异大，所以通常采用平滑滤波器降低图像噪声。但是，由于图像中边缘信息也具有灰度差大的特性，所以平滑滤波处理在去噪的同时会导致图像中边缘特征变模糊，这是人们不希望的。

两个 3×3 尺寸的平滑滤波器如图 3-33 所示，每个模板前面的乘数（归一化常数）等于 1 除以模板所有系数之和。模板的归一化乘数由下式给出：

$$R=\frac{1}{9}\sum_{i=1}^{9}z_i \tag{3-50}$$

式中，R 是由模板定义的 3×3 邻域内像素灰度的（加权）平均值；z_i 是模板的系数。一个 $m\times n$ 模板中，有 $m\times n$ 个系数，应确保归一化后的系数总和等于 1，从而避免改变图像的亮度范围。

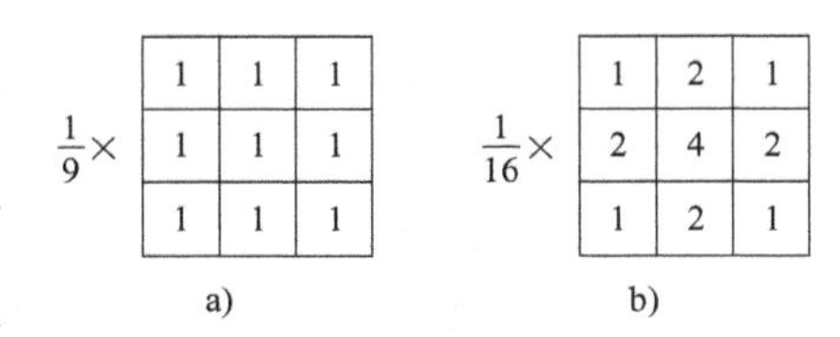

图 3-33　两个 3×3 平滑（均值）滤波器模板

图 3-33a 所示滤波器模板中的系数相同，滤波结果是邻域像素的平均值，这种所有系数都相等的空间平滑滤波器通常也称为均值滤波器或盒状滤波器。图 3-33b 所示滤波器模板中系数是不同的，该滤波器对邻域像素进行加权平均，位于模板中心位置的系数比其他位置的值都要大，可以理解为权重更大的位置的重要性更大，故在计算中，中间位置的重要性更大，对角位置的像素离中心位置更远，所以其所赋予的权重更小，重要性也更低。这种模板即赋予中心点最大权重，然后随着距中心点距离的增加而减小系数值的加权策略的目的是在平滑处理中试图降低模糊程度。同时，模板（图 3-33b）中所有系数的和等于 16，它是 2 的整数次幂，对于计算机计算来说是一个有吸引力的特性。

一幅 $M\times N$ 的图像经过一个大小为 $m\times n$（m 和 n 是奇数）的加权均值滤波器滤波的过程由下式给出：

$$f(x,y)=\frac{\sum_{s=-a}^{a}\sum_{t=-b}^{b}w(s,t)f(x+s,y+t)}{\sum_{s=-a}^{a}\sum_{t=-b}^{b}w(s,t)} \tag{3-51}$$

式中，$a=(m-1)/2$；$b=(n-1)/2$；分母部分表示模板的系数之和，它是一个常数。可以这样理解，即一幅完全滤波的图像是通过对 $x=0,1,2,\cdots,M-1$ 和 $y=0,1,2,\cdots,N-1$ 遍历执行式（3-51）后得到的。

例 3.5　不同尺寸均值滤波器用于图像平滑。

采用不同尺寸的均值滤波器对同一幅图像进行图像平滑的结果如图 3-34 所示，图中垂直线段条宽为 5 像素，高为 200 像素，线条间距为 20 像素，噪声矩形区域大小为 50×100 像素，分别用尺寸为 3×3、5×5、9×9、15×15 和 35×35 像素的方形均值滤波器对图像进行平滑处理。

从图 3-34 中可以看出，当模板尺寸为 3×3 时，平滑后造成了图像轻微模糊，图像中与模板尺寸接近的细节受到较大影响，如图像中较小的圆和方块，并且可以看到图像中的细小噪声也有一定程度的减少；增大模板尺寸为 5×5 时，图像模糊程度增加；当模板尺寸为 9×9 时，图像整体更加模糊，与之前相比图像细节更加模糊，图中较小的圆和方块随着模板尺寸的增加逐渐融入背景；当模板尺寸来到 15×15 和 35×35 时，对于图像中元素的尺寸来说属于较大尺寸，使用这种较大尺寸的模板进行模糊处理通常用于去除图像中的一些小物体，在最后一幅图中已经很难看到图像中的较小元素和噪声，同时注意到在这幅图中还有明显的黑边界，这是在滤波处理之前由于用 0（黑色）填充原图像的边界，其中一些填充的黑色像素混入了滤波后的图像，这对于较大尺寸的模板滤波来说是一个需要解决的问题。

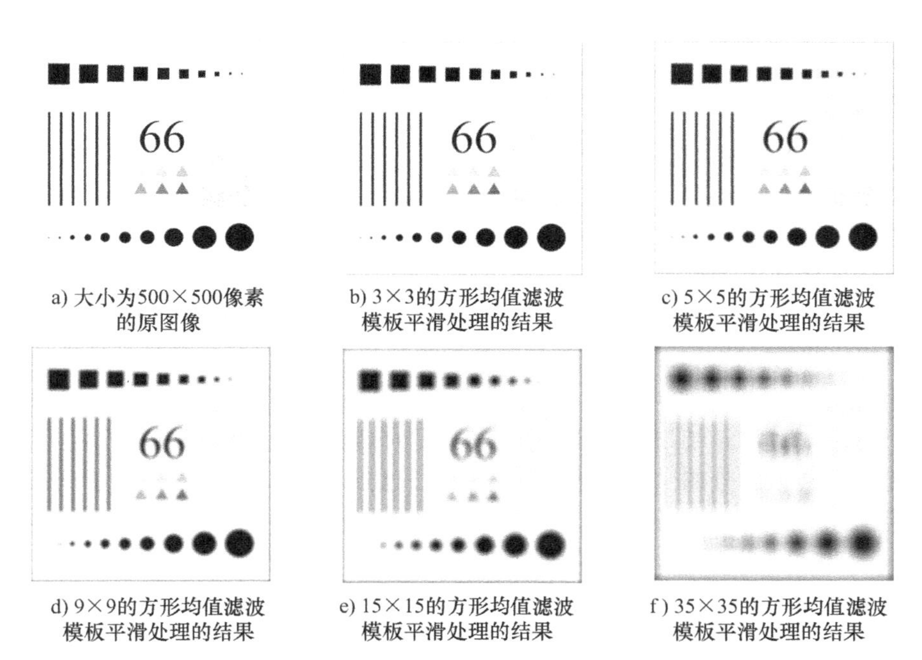

a) 大小为500×500像素的原图像　b) 3×3的方形均值滤波模板平滑处理的结果　c) 5×5的方形均值滤波模板平滑处理的结果

d) 9×9的方形均值滤波模板平滑处理的结果　e) 15×15的方形均值滤波模板平滑处理的结果　f) 35×35的方形均值滤波模板平滑处理的结果

图 3-34　不同尺寸的均值滤波器处理的结果

空间平滑处理的一个重要应用是去除图像中的不感兴趣的微小目标，保留较大尺寸的目标信息，通过适当尺寸模板的平滑处理，那些较小的目标就与背景混合在一起了，较大目标被保留了下来。模板的大小由那些希望融入背景中的微小目标尺寸来决定。

一幅星球的图像如图 3-35a 所示，想要去除周围的星星，保留图中的月亮。首先，经 9×9 均值滤波处理后的结果如图 3-35b 所示，可以看到，图像中的部分微小目标融入到了背景中，同时图像的亮度明显降低了。其次，对图 3-35b 进行阈值处理，结果如图 3-35c 所示，可以看到图中微小的星星目标已经消失，图像中的月亮得到了完整的保留。可以通过这种方式去除图像中的某些不感兴趣的目标。

a) 星球图像，大小为800×600像素

b) 由9×9均值模板滤波过的图像

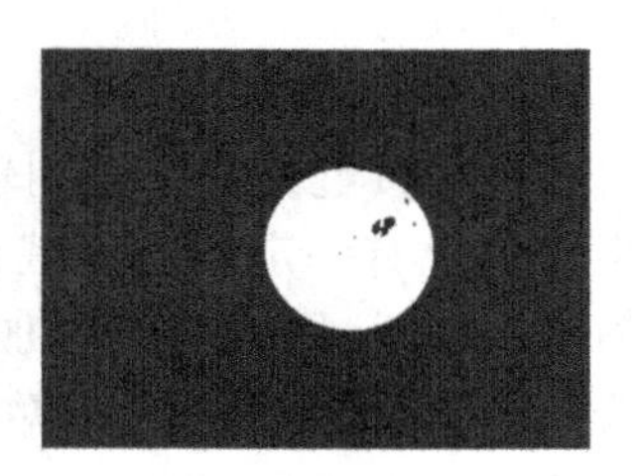

c) 进行阈值处理后的结果

图 3-35 图像平滑去除不感兴趣目标

2. 空域锐化滤波

与空域平滑滤波相对，图像锐化处理的主要目的是突出图像中的边缘信息，从而使图像更加清晰。在空间域中，图像平滑可以通过计算像素邻域的（加权）平均值来实现，类似于积分。图像锐化可以通过执行空间微分来实现。下面讨论使用微分来定义和实现锐化算子的各种方法。

微分算子的响应强度与图像像素位置上的突变程度成正比。因此，图像微分操作可以增强边缘和其他突变特征（如噪声），同时削弱灰度变化缓慢的区域特征。通过应用微分算子，可以在图像中寻找灰度变化剧烈的地方，这些地方通常对应于图像中的边缘。通过增强边缘，图像锐化处理可以使边界更加清晰，有助于提高图像的视觉效果。然而，需要注意的是，微分算子对噪声也很敏感，因此在实际应用中需要谨慎应用图像锐化处理，以避免噪声被过度增强。

（1）空域锐化滤波基础

在以下讨论中，将详细讨论基于一阶和二阶微分操作的锐化滤波器。在深入讨论具体滤波器之前，先回顾微分的一些基本性质。为了简化说明，主要关注一阶微分的性质，特别关注恒定灰度区域内、突变开始点与结束点（如台阶和斜坡突变），以及沿着灰度斜坡区域的微分性质。这些不同类型的突变可以用来对图像中的噪声点、线条和边缘进行建模。此外，也需关注亮度过渡区域的微分性质。

微分可以根据不同的术语进行定义，也存在各种不同的方法来定义这些微分差异。然而，对于一阶微分的任何定义，都必须满足以下几个基本条件：

1）在恒定灰度区域内，微分值应为零。

2）在灰度台阶或斜坡区域，微分值应为非零。

3）沿着灰度斜坡区域，微分值应为非零。

类似地，任何基于二阶微分的滤波器设计原则也必须满足以下几个基本条件：

1）在图像灰度恒定区域内，二阶微分操作结果应为零。

2）在灰度台阶或斜坡起始点，二阶微分值应为非零。

3）沿着灰度斜坡区域，二阶微分值应为零。

由于处理的是数字图像，最大灰度级的变化是有限的，并且灰度变化在图像中最近的距离是两个相邻像素之间。这些微分基本性质为人们理解图像中的微分操作提供了指导。通过研究这些性质，可以更好地选择和设计图像处理任务的微分算子。

对于一维函数$f(x)$，其一阶微分的基本定义如下：

$$\frac{\partial f}{\partial x}=f(x+1)-f(x) \tag{3-52}$$

式中，为了与二维图像函数$f(x,y)$的微分保持一致，使用了偏导数符号。对于二维函数，将沿着两个空间坐标轴进行偏微分。当函数中只有一个变量时，$\partial f/\partial x=\mathrm{d}f/\mathrm{d}x$；对于二阶微分，这同样也成立。

将二阶微分定义如下：

$$\frac{\partial^2 f}{\partial x^2}=f(x+1)+f(x-1)-2f(x) \tag{3-53}$$

很容易验证这两个微分定义满足前面所说的基本条件。下面通过图 3-36 中的例子了解并分析一阶微分和二阶微分间的异同点。

在图 3-36 的示例中，展示了某图像一段扫描线上的像素点的灰度值、一阶微分和二阶微分情况。图中的灰度值以黑点形式绘制在上方的折线图中，该图包含一个灰度斜坡、三个恒定灰度段以及一个灰度台阶，被圆圈标记的点表示灰度过渡点，即灰度发生变化的地方。利用前述两个定义，计算了扫描线上各点的一阶微分和二阶微分值，并将其绘制在下方的折线图中。在计算某点x处的一阶微分时，使用了下一个点的函数值减去当前点的函数值。同样地，在计算某点x处的二阶微分时，使用了前一个点和下一个点的一阶微分函数值。

现在沿着从左到右的横贯剖面图，来分析一阶微分和二阶微分的性质。首先是恒定灰度区域，此时一阶微分和二阶微分均为零，因此满足了条件 1)；接着考虑灰度台阶和灰度斜坡，并且注意到台阶和斜坡一阶微分不为零，同时在台阶和斜坡起点处二阶微分也不为零，因此，这两种微分特性满足了条件 2)；最后观察到对于灰度斜坡，一阶微分不为零而二阶微分为零，因此也满足了条件 3)。同时注意到，在斜坡或台阶的起点和终点，二阶微分的符号发生了变化。实际上，在台阶过渡中，连接这两个值的线段与水平轴在两个端点之间相交于零交叉点，这种零交叉点在边缘识别领域具有很大的用途。

在数字图像中，边缘在灰度上通常呈现出类似于斜坡过渡的特性，从而使得一阶微分产生较宽的边缘响应，因为沿斜坡的微分非零。另一方面，二阶微分则产生一个像素宽度的双边缘，这两个边缘由零分隔开。从边缘增强的角度来看，在图像锐化时二阶微分比一阶微分更加有优势。同时，从操作的角度来看，二阶微分比一阶微分更容易执行，因此将主要关注于二阶微分。

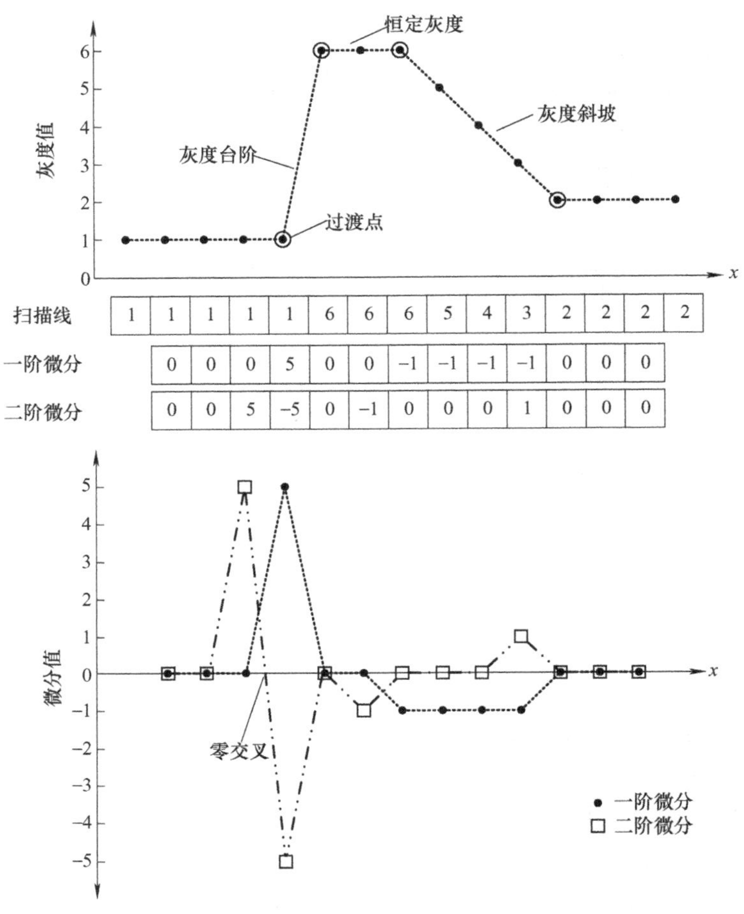

图 3-36 图像中一段水平灰度剖面的一维函数的一阶微分和二阶微分

（2）使用二阶微分进行图像锐化——拉普拉斯算子

下面深入讨论二维函数的二阶微分实现以及其在图像锐化处理中的应用。这种方法包含定义离散二阶微分公式和构建基于此公式的滤波器模板两部分。尤其关注各向同性滤波器，它的响应与滤波器应用于图像的突变方向无关。换句话说，各向同性滤波器具备旋转不变性，这意味着将原始图像进行旋转并进行滤波处理，所得结果与先对图像进行滤波再旋转的结果相同。这在图像处理中非常有用，因为图像中的边缘可能呈现多种不同的方向。

最简单的各向同性微分算子是拉普拉斯算子，一个二维图像函数 $f(x,y)$ 的拉普拉斯算子定义为

$$\nabla^2 f = \frac{\partial^2 f}{\partial x^2} + \frac{\partial^2 f}{\partial y^2} \tag{3-54}$$

因为任意阶微分都是线性操作，所以拉普拉斯算子也是一个线性算子。以离散形式描述这一公式，在 x 方向上有

$$\frac{\partial^2 f}{\partial x^2}=f(x+1,y)+f(x-1,y)-2f(x,y) \tag{3-55}$$

类似地，在y方向上有

$$\frac{\partial^2 f}{\partial y^2}=f(x,y+1)+f(x,y-1)-2f(x,y) \tag{3-56}$$

所以，根据式（3-54）～式（3-56），得出离散拉普拉斯算子是

$$\nabla^2 f(x,y)=f(x+1,y)+f(x-1,y)+f(x,y+1)+f(x,y-1)-4f(x,y) \tag{3-57}$$

这个公式可以用图 3-37a 所示的滤波模板来实现，其实现机理与线性平滑滤波器一样。

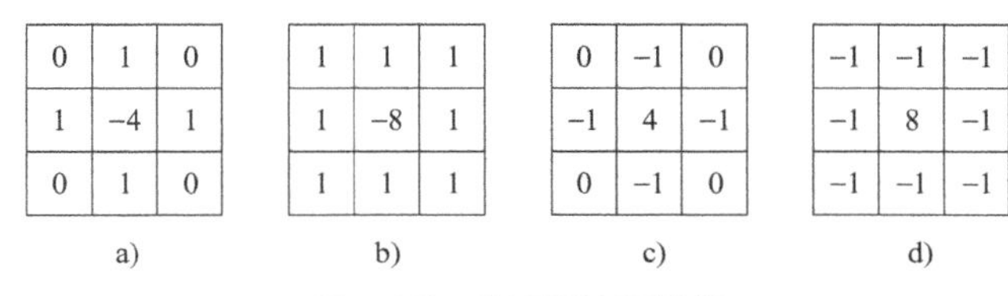

图 3-37　常用滤波器模板

对角线方向也可以这样定义：在数字拉普拉斯变换的定义中，在式（3-57）中添入两项，即两个对角线方向各加一项。新添加项的形式与式（3-55）或式（3-56）类似，只是其坐标轴的方向沿着对角线方向。由于每个对角线方向上的项还包含一个$-2f(x,y)$，所以现在从不同方向的项中总共$-8f(x,y)$。执行这一新定义的模板如图 3-37b 所示。这种模板对 45° 灰度变化的结果是各向同性的。在实际应用中可能经常见到图 3-37c 和 d 所示的拉普拉斯模板。它们是由在式（3-55）和式（3-56）中用过的二阶微分的定义得到的，只是其中的 1 是负的。正因为如此，它们产生了相同的结果，但是，当将拉普拉斯滤波后的图像与其他图像合并（相加或相减）时，必须考虑符号上的差别。

作为一种微分算子，拉普拉斯算子在图像处理中作用是突出图像中的灰度突变的位置，而不会突出灰度变化缓慢的区域。这导致在图像处理中，拉普拉斯算子处理会生成将浅灰色边缘线和突变点叠加到在暗色背景中的图像。通过将原始图像与经过拉普拉斯算子处理后的图像叠加，可以恢复背景并保留拉普拉斯锐化处理的效果。但是，在叠加的过程中需要注意，如果所采用的算子中心系数为负值，那么在叠加的时候应该是将原始图像减去经过拉普拉斯锐化处理后的图像，而不是将其相加，这样可以获得期望的锐化结果。这个过程可以视为对图像中的高频成分进行增强，从而突出了图像中的细节和边缘。

使用拉普拉斯算子对图像增强的基本方法可表示为

$$g(x,y)=f(x,y)+c[\nabla^2 f(x,y)] \tag{3-58}$$

式中，$f(x,y)$和$g(x,y)$分别是输入图像和锐化后的图像；c是常数。如果使用图 3-37a 或图 3-37b 所示的拉普拉斯滤波器，则常数$c=-1$；如果使用另外两个滤波器，则常数$c=1$。

例 3.6 使用拉普拉斯算子进行图像锐化。

一幅在宇宙中拍摄的地球图像如图 3-38a 所示，使用图 3-37a 所示的拉普拉斯模板（以下简称模板 1）对该图像滤波后的结果如图 3-38b ～ d 所示，使用图 3-37b 所示的拉普拉斯模板（以下简称模板 2）对该图像滤波后的结果如图 3-38e ～ g 所示。

由于拉普拉斯（未标定）图像中既有正值又有负值，并且所有负值在显示时灰度为 0，所以锐化后图像的大部分是黑色的，需要进行标定。一个典型的标定拉普拉斯图像的方法是对它的最小值加一个新的代替 0 的最小值，然后将结果标定到整个灰度范围 $[0, L-1)$ 内，如图 3-38c 和 f 所示。黑色背景由于标定现在已变成灰色。这一呈现浅灰色的外观是被标定的典型拉普拉斯图像。使用模板 1 锐化后的结果如图 3-38d 所示，图中的细节比原图像更清晰。将原图像加到拉普拉斯的处理结果中，可以使图像中的各灰度值得到复原，而且通过拉普拉斯增强了图像中灰度突变处的对比度。最终结果是使图像中的细节部分得到了增强，并良好地保留了图像的背景色调。使用模板 2 锐化后的结果如图 3-38g 所示，注意到其锐化效果比图 3-38d 更好，因为使用模板 2 导致在对角方向上产生了锐化。

a) 原图像

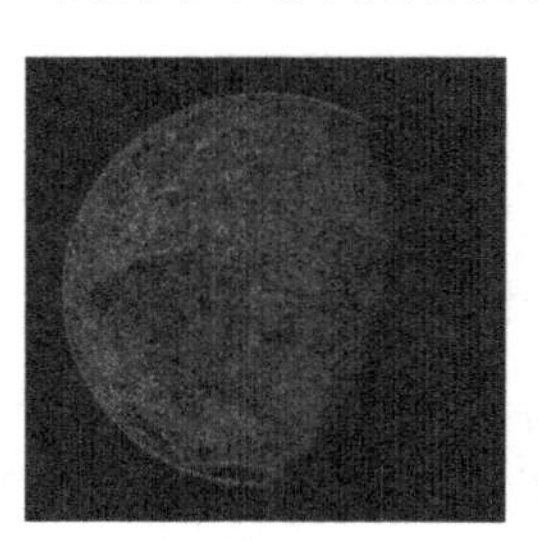

b) 图3-37a模板锐化后未标定图像

c) 图3-37a模板锐化后标定图像

d) 图3-37a模板锐化后图像

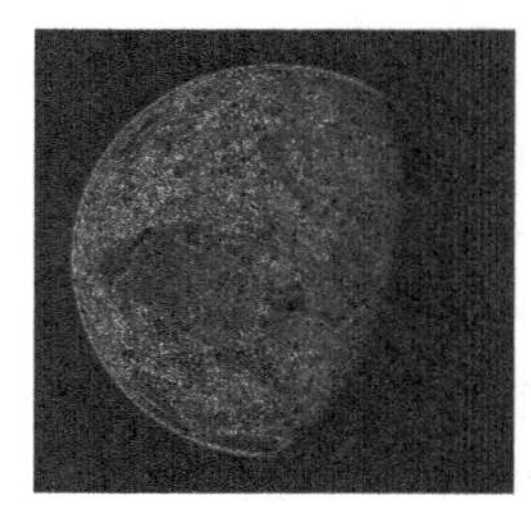

e) 图3-37b模板锐化后未标定图像

f) 图3-37b模板锐化后标定图像

g) 图3-37b模板锐化后图像

图 3-38 拉普拉斯算子进行图像锐化

（3）使用一阶微分进行图像锐化——梯度算子

图像处理中的一阶微分是用梯度幅值来实现的。对于函数 f，f 在坐标 (x, y) 处的梯度定义为二维列向量：

$$\nabla f \equiv \text{grad}(f) \equiv \begin{bmatrix} g_x \\ g_y \end{bmatrix} = \begin{bmatrix} \dfrac{\partial f}{\partial x} \\ \dfrac{\partial f}{\partial y} \end{bmatrix} \tag{3-59}$$

该向量具有重要的几何特性，即它指出了在位置 (x, y) 处 f 的最大变化率的方向。

向量 ∇f 的幅值（长度）表示为 $M(x,y)$，即

$$M(x,y) = \text{mag}(\nabla f) = \sqrt{g_x^2 + g_y^2} \tag{3-60}$$

它是梯度向量方向变化率在 (x,y) 处的值。在实际应用中，该图像通常称为梯度图像。

因为梯度向量的分量是一阶微分，所以它们是线性算子。然而，该向量的幅值不是线性算子，因为求幅值是做平方和平方根操作。另一方面，式（3-59）中的偏微分不是旋转不变的（各向同性），而梯度向量的幅度是旋转不变的。在实际应用中，用绝对值来近似平方和平方根操作更容易计算：

$$M(x,y) \approx |g_x| + |g_y| \tag{3-61}$$

该表达式仍保留了灰度的相对变化，但是各向同性特性丢失了。然而，像拉普拉斯的情况那样，在下面章节定义的离散梯度的各向同性仅仅在有限旋转增量的情况下被保留了，它依赖于所用的近似微分的滤波器模板。用于近似梯度的最常用模板在 90° 的倍数时是各向同性的。这些结果与使用式（3-60）还是使用式（3-61）无关，因此，使用后一公式对结果并无影响。

为了寻找合适的滤波模板，对前面的公式定义一个离散的近似。为简化下面的讨论，使用图 3-39a 中的符号来表示一个 3×3 区域内图像点的灰度。例如，令中心点 z_5 表示任意位置 (x,y) 处的 $f(x,y)$，z_1 表示为 $f(x-1,y-1)$，依此类推。满足基本条件的对一阶微分的最简近似是 $g_x = (z_8 - z_5)$ 和 $g_y = (z_6 - z_5)$。在早期数字图像处理的研究中，由 Roberts 提出的其他两个定义使用交叉差分：

$$\begin{cases} g_x = (z_9 - z_5) \\ g_y = (z_8 - z_6) \end{cases} \tag{3-62}$$

如果使用式（3-60）和式（3-62），计算梯度图像为

$$M(x,y) = [(z_9 - z_5)^2 + (z_8 - z_6)^2]^{1/2} \tag{3-63}$$

如果用式（3-61）和式（3-62），则为

$$M(x,y) \approx |z_9 - z_5| + |z_8 - z_6| \tag{3-64}$$

按之前的描述方式，很容易理解 x 和 y 会随图像的维数变化。式（3-62）中的偏微分项可以用图 3-39b 和 c 所示的两个线性滤波器模板来实现。这些模板称为 Roberts 交叉梯度算子。

偶数尺寸的模板很难实现，因为它们没有对称中心。人们感兴趣的最小模板是 3×3 模板。使用以 z_5 为中心的一个 3×3 邻域对 g_x 和 g_y 的近似分别为

$$g_x = \frac{\partial f}{\partial x} = (z_7 + 2z_8 + z_9) - (z_1 + 2z_2 + z_3) \tag{3-65}$$

和

$$g_y = \frac{\partial f}{\partial y} = (z_3 + 2z_6 + z_9) - (z_1 + 2z_4 + z_7) \tag{3-66}$$

这两个公式可以使用图 3-39d 和图 3-39e 所示的模板来实现。使用图 3-39d 所示的模板实现的 3×3 图像区域的第三行和第一行的差近似 x 方向的偏微分，用图 3-39e 所示模板中的第三列和第一列的差近似 y 方向的偏微分。用这些模板计算偏微分之后，就得到了之前所说的梯度幅值。将 g_x 和 g_y 代入式（3-61）得到

$$M(x,y) \approx |(z_7 + 2z_8 + z_9) - (z_1 + 2z_2 + z_3)| + |(z_3 + 2z_6 + z_9) - (z_1 + 2z_4 + z_7)| \tag{3-67}$$

图 3-39d 和 e 所示模板称为 Sobel 算子。注意到，图 3-39 所示的所有模板中的系数总和为 0，符合微分算子的基本特性，这表明算子在灰度恒定区域的响应为 0。

z_1	z_2	z_3
z_4	z_5	z_6
z_7	z_8	z_9

a) 图像像素区域

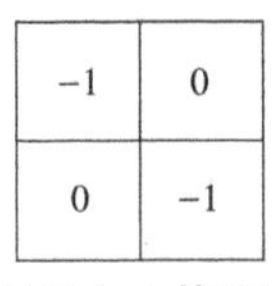

−1	0
0	−1

b) Roberts算子1

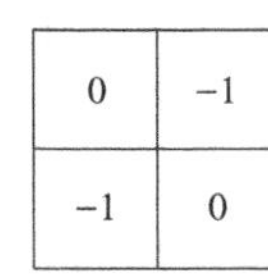

0	−1
−1	0

c) Roberts算子2

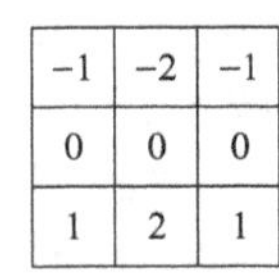

−1	−2	−1
0	0	0
1	2	1

d) Sobel算子1

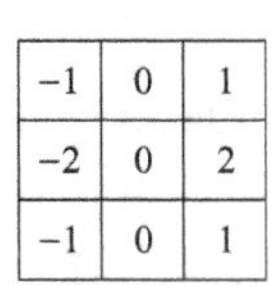

−1	0	1
−2	0	2
−1	0	1

e) Sobel算子2

图 3-39　不同微分算子

因为 g_x 和 g_y 的计算是微分操作，所以是线性操作，可以使用图 3-39 中的空间模板类似线性平滑滤波来实现。使用梯度进行非线性锐化是包括平方和平方根的 $M(x,y)$ 的计算，或者使用绝对值代替，所有这些计算都是非线性操作。该操作是在得到 g_x 和 g_y 的线性操作后执行的。

图像梯度锐化处理经常用于工业检测，通常应用在辅助人工检测产品缺陷和自动检测的预处理。下面通过一个简单的例子来展示梯度法如何用于增强缺陷并消除缓慢变化的背景。

例 3.7　使用梯度进行边缘增强。

紫禁城建筑图像如图 3-40a 所示，使用图 3-39 中展示的 Sobel 算子进行处理后的图像如图 3-40b 所示。从图中可以看出，图像中的物体边缘经处理后保存了下来，并且去除了灰度变化缓慢的背景和阴影，从而简化了自动检测所要求的计算任务。梯度处理还可以用于突出灰度图像中看不见的小斑点，这种在灰度平坦区域中增强小突变的能力是梯度处理的另一个重要特性。

a) 紫禁城建筑图像

b) Sobel梯度处理后的图像

图 3-40　Sobel 算子用于图像锐化

3.3.4　非线性统计排序滤波器

与之前讨论的线性空间滤波器有所不同，统计排序滤波器属于一类非线性空间滤波器。这种滤波器的操作基于一定的统计学原理，通过对信号进行排序并从中选择特定数值作为输出，以实现去噪的目的。统计排序滤波器涵盖了多种类型，常见的包括中值滤波器、最大值滤波器、最小值滤波器、中点滤波器以及修正的阿尔法均值滤波器等。这些滤波器在信号处理过程中，根据不同的原理和选择规则，从排序后的数据中提取出特定的值作为输出。例如，中值滤波器选取排序后的中间值作为输出，能够有效减少图像中的椒盐噪声；最大值滤波器和最小值滤波器分别选择排序后的最大和最小值作为输出，用于去除异常值或突出图像中的亮点和暗点。

1. 中值滤波器

统计排序滤波器中被人们所熟知的是中值滤波器，它将每个像素周围的像素值按大小顺序排列，选取像素邻域内灰度的中值代替原像素的值，即

$$\hat{f}(x,y)=\underset{(s,t)\in S_{xy}}{\text{median}}\{g(s,t)\} \tag{3-68}$$

式中，S_{xy} 是 (x,y) 像素点的邻域。

在实际应用中，中值滤波器对于特定类型的随机噪声有很好的去噪能力，并且比同等级的线性平滑滤波器对于图像的模糊程度更低。中值滤波器对于椒盐噪声的去噪非常有效，由于椒盐噪声处于灰度值的极端，与图像灰度值差异较大，在取中值后噪声点消失，例如，在一个 3×3 邻域内有一系列像素值（10，20，20，20，255，20，20，25，15），其中有一像素点为胡椒噪声点，排序取中值 20 并赋予中心像素点，消除了噪声点，过程如图 3-41 所示。

图 3-41　中值滤波器的去噪过程

2. 最大值、最小值滤波器

最大值、最小值滤波器与中值滤波器的原理类似，即

$$\hat{f}(x,y)=\max_{(s,t)\in S_{xy}}\{g(s,t)\} \tag{3-69}$$

$$\hat{f}(x,y)=\min_{(s,t)\in S_{xy}}\{g(s,t)\} \tag{3-70}$$

最大值和最小值滤波器是一种基于像素灰度值比较的滤波方法，其操作原理是将每个像素周围的邻近像素与该像素自身的值进行比较，然后选择其中最大或最小的像素值作为

输出。这两种滤波器的实现过程相对简单，只需要遍历整个图像，在给定的邻域范围内查找最大或最小像素值。通常情况下，最大值和最小值滤波器的邻域大小可以根据需求进行调整。使用较小的窗口可以有效去除图像中的小噪点，而采用较大的窗口则可以用于平滑图像，消除较大区域的噪声。然而，需要注意的是，最大值和最小值滤波器仅关注像素灰度值的极端情况，因此在某些情况下可能会丢失一些细节信息，导致图像出现模糊或其他不良效果。

3. 中点滤波器

中点滤波器简单地计算每个像素周围的像素灰度最大值与最小值的中点，即

$$\hat{f}(x,y)=\frac{1}{2}[\max_{(s,t)\in S_{xy}}\{g(s,t)\}+\min_{(s,t)\in S_{xy}}\{g(s,t)\}] \tag{3-71}$$

将结果作为输出像素值。它最适用于处理随机分布的噪声，如高斯噪声和均匀噪声。

4. 修正的阿尔法均值滤波器

假设在邻域 S_{xy} 内去掉 $g(s,t)$ 最低灰度值的 $d/2$ 和最高灰度值的 $d/2$，令 $g_r(s,t)$ 代表剩下的 $mn-d$ 个像素，由这些剩余像素的平均值形成的滤波器称为修正的阿尔法均值滤波器：

$$\hat{f}(x,y)=\frac{1}{mn-d}\sum_{(s,t)\in S_{xy}}g_r(s,t) \tag{3-72}$$

式中，d 的取值范围可为 $0\sim mn-1$。当 $d=0$ 时，修正的阿尔法均值滤波器退化为算术均值滤波器。如果选择 $d=mn-1$，则修正的阿尔法均值滤波器将退化为均值滤波器。当 d 取其他值时，修正的阿尔法均值滤波器在包括多种噪声的情况下很有用，如混有高斯噪声和椒盐噪声的情况。

例 3.8 利用非线性统计排序滤波器去噪。

中值滤波器去噪

一幅被椒盐噪声污染的图像如图 3-42a 所示。为了说明这种情况下的中值滤波器处理效果比均值滤波器更好，用 5×5 邻域均值模板处理噪声图像的结果如图 3-42b 所示，同时用 5×5 中值滤波器处理噪声图像的结果如图 3-42c 所示。通过对比两幅图像，可以看到均值滤波造成了图像的整体模糊，同时去除椒盐噪声的效果也不尽如人意，而中值滤波有效地去除了椒盐噪声，同时得到了较为清晰的图像。通常，中值滤波比均值滤波更适合去除椒盐噪声。

a) 被椒盐噪声污染的图像

b) 5×5均值滤波后的图像

c) 5×5中值滤波后的图像

图 3-42　中值滤波器去噪

最大值、最小值滤波器去噪

一幅图像如图 3-43a 所示，被胡椒噪声污染后如图 3-43b 所示，经过最大值滤波器处理后的结果如图 3-43c 所示，最大值滤波器处理有效去除了胡椒噪声，同时图像中的部分黑色像素也被去除了；被盐粒噪声污染后如图 3-43d 所示，经过最小值滤波器处理后的结果如图 3-43e 所示，最小值滤波器处理有效清除了图像中的盐粒噪声，同时图像中的部分白色像素也被去除了，使得图像在视觉上变暗。

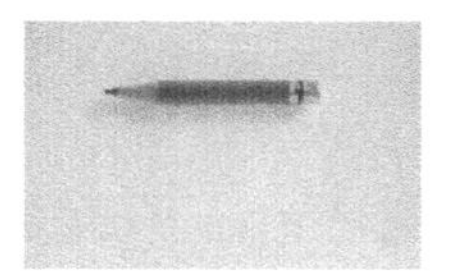

a) 原图像

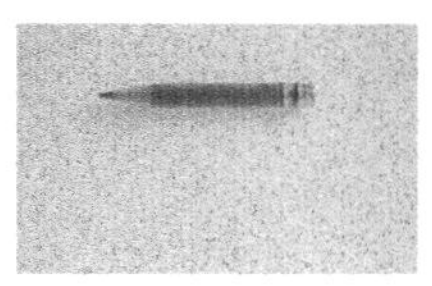

b) 加入胡椒噪声后的图像

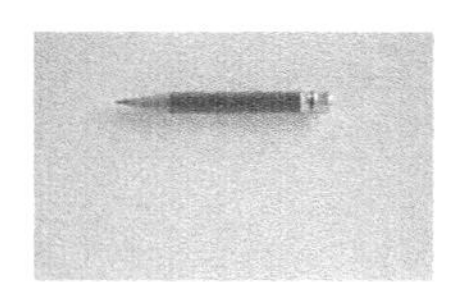

c) 用最大值滤波器处理后的结果

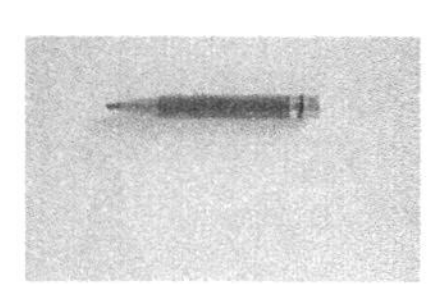

d) 加入盐粒噪声后的图像

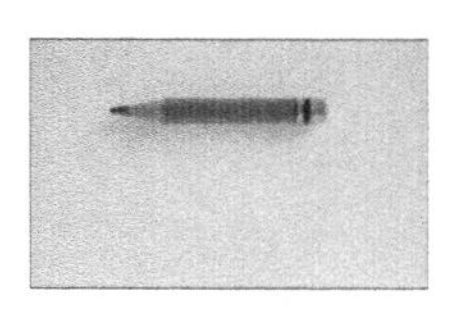

e) 用最小值滤波器处理后的结果

图 3-43　基于最大值、最小值滤波器的去噪效果

3.4　空域图像处理的典型应用

3.4.1　基于直方图处理的图像增强

以从图像灰度直方图中提取的信息为基础的灰度变换函数在诸如增强、压缩、分割、描述等方面的图像处理中起着重要作用。本节主要介绍获取、绘图和基于直方图处理的图像增强。

Matplotlib 库是 Python 第三方库，可以完成绘制各种图形以及数据可视化的任务。在绘制直方图时，使用 pyplot 子模块中的 hist 函数，下面简要介绍该函数的使用方法。

```
hist(a,num_bins)
```

对于图像而言，第一个参数 a 就是所有像素点的取值情况，格式为 numpy 数组类型，第二个参数 num_bins 就是打算把这些像素值分为几组。这个函数也可用于一般的直方图绘制。需要注意的是，不能直接将一张图片读取后直接作为 hist 函数的第一个参数，要先将其转化为一个一维的数组，详细代码如下：

```
1.  def histogram(img):
2.      img = img.reshape(-1)  # 将图像展开成一个一维的 numpy 数组
3.      plt.hist(img, 128)  # 创建直方图
4.      plt.show()  # 显示生成的直方图
```

例如，图 3-44a 所示为一幅猫头鹰图像，可以观察到图像偏暗且大部分像素分布在直方图的低灰度级部分（见图 3-44b）。令 img 表示输入图像，实现直方图均衡化的程序如下：

```
1.  def hist_equal(img, z_max=255):
2.      H, W = img.shape  # 获取输入图像的高度 H 和宽度 W
3.      S = H * W  * 1.  # 计算图像中像素的总数
4.          out = img.copy()  # 输出图像
5.      sum_h = 0.
6.      for i in range(1, 255):
7.          ind = np.where(img == i)
8.          sum_h += len(img[ind])
9.          z_prime = z_max / S * sum_h  # 计算累积分布函数
10.         out[ind] = z_prime
11.     out = out.astype(np.uint8)
12.     return out
```

图 3-44c 是图像经直方图均衡化处理后的结果，图 3-44d 是直方图均衡化处理后的图像的直方图。在直方图均衡化处理后，图像的对比度和亮度都有所增强，细节也更清晰。

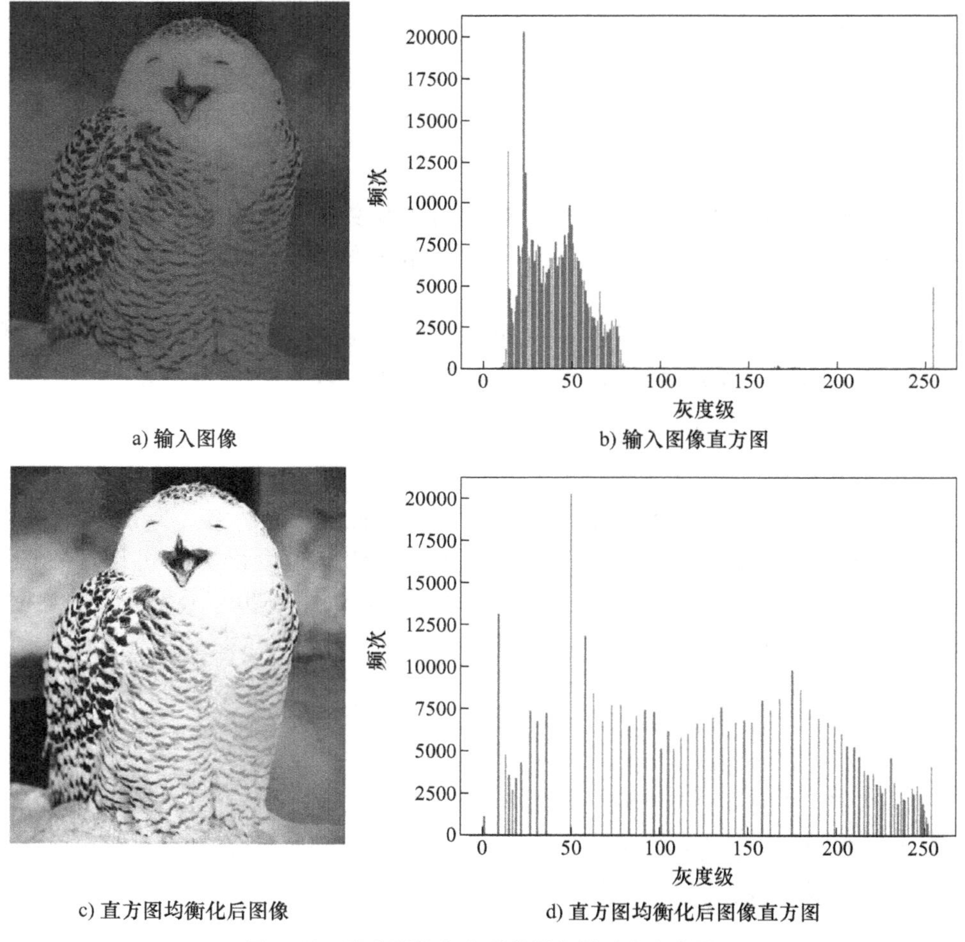

图 3-44　直方图均衡化后的图像及对应直方图

3.4.2　基于空域滤波处理的图像平滑与去噪

1. 线性空间滤波

线性空间滤波是数字图像处理中的一种常见技术，用于平滑、增强或改变图像的特性。它通过卷积操作将图像与一个卷积核（或滤波器）相乘来实现。以下是一些 Python 中用于线性空间滤波的库和函数。

OpenCV 是一个广泛使用的计算机视觉库，提供了丰富的线性空间滤波功能。可以使用 cv2.filter2D() 函数来应用自定义卷积核：

```
result = cv2.filter2D(image, -1, kernel)
```

式中，image 为待处理的图像；-1 表示输出图像与输入图像具有相同的深度；kernel 为自定义的卷积核，可根据需求定义为不同类型的卷积核。

使用 Python 实现空域线性平滑滤波，代码如下：

```
1.  import cv2
2.  import numpy as np
3.  from matplotlib import pyplot as plt
4.  originalImage = cv2.imread('input.png')  # 读取原始图像
5.  # 定义平滑滤波器的核（卷积核）
6.  filterSize = (9, 9)  # 滤波器大小
7.  h = np.ones(filterSize, np.float32) / (filterSize[0] * filterSize[1])
    # 创建均值滤波器
8.  # 使用 cv2.filter2D 函数进行线性空间滤波
9.  filteredImage = cv2.filter2D(originalImage, -1, h)
10. # 显示原始图像和滤波后的图像
11. cv2.imshow('Original Image',originalImage)
12. cv2.imshow('Filtered Image',filteredImage)
13. cv2.waitKey(0)
14. cv2.destroyAllWindows()
```


原始图像如图 3-45a 所示，使用 OpenCV 进行空间滤波后的结果如图 3-45b 所示，可以看出经过滤波后建筑边缘的锯齿被平滑了。

a) 原始图像

b) 平滑结果

图 3-45　空域线性平滑滤波

2. 非线性空间滤波

OpenCV 库中没有特定的通用函数来执行非线性空间滤波，因为非线性滤波方法通常取决于具体的图像处理任务和目标。不同的非线性滤波方法具有不同的原理和实现方式。因此，在 OpenCV 中，通常需要根据自身需求实现或选择适当的非线性滤波方法，在此以中值滤波为例。

中值滤波是一种基于排序统计的非线性滤波方法。它通过计算像素领域内像素值的中值来替代中心像素值，从而有效降低图像中的椒盐噪声或脉冲噪声。在 Python 中，可以使用 OpenCV 的 cv2.medianBlur() 函数来执行中值滤波：

```
result = cv2.medianBlur(image, ksize)
```

式中，image 为待处理图像；ksize 为滤波窗口的大小，通常是一个奇数，如 3、5、7 等，表示窗口的大小为（ksize*ksize）。

使用 Python 实现中值滤波，代码如下：

```
1.  import cv2
2.  image = cv2.imread('image_with_noise.jpg')  # 读取图像
3.  ksize = 5  # 定义中值滤波窗口的大小
4.  filtered_image = cv2.medianBlur(image, ksize)  # 执行中值滤波
5.  # 显示原始图像和滤波后的图像
6.  cv2.imshow('Original Image', image)
7.  cv2.imshow('Filtered Image', filtered_image)
8.  cv2.waitKey(0)
9.  cv2.destroyAllWindows()
```


原始图像如图 3-46a 所示，使用 OpenCV 进行中值滤波后的结果如图 3-46b 所示，可以看出中值滤波能够有效降低图像中的椒盐噪声。

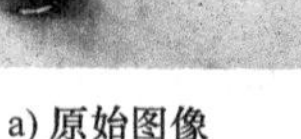
a) 原始图像

b) 中值滤波结果

图 3-46　中值滤波去除椒盐噪声

3.4.3　图像去雾

暗通道图像去雾方法是何凯明在 2009 年提出的一种图像去雾算法，是一种基于图像暗通道先验信息的去雾算法。这个算法的基本思想是，在大多数自然场景中，雾或大气散射使得图像中的物体变得模糊，同时导致远处物体的颜色趋于一致，因此，通过观察图像的暗通道，可以估计出图像的透射率，然后利用透射率来去除雾。结合这个先验条件与雾天图像模型，可以直接估计雾的厚度并且还原一幅高质量的无雾图像，同时得到图像的深度图。

雾图的形成模型为

$$I(x) = J(x)t(x) + A(1-t(x)) \tag{3-73}$$

式中，$I(x)$ 是有雾图像；$J(x)$ 是无雾图像；A 是全球大气光值；$t(x)$ 是透射率。

在绝大多数非天空的局部区域中，某些像素总会至少有一个颜色通道的值很低。对于一幅图像 $J(x)$，其暗通道的数学定义如下：

$$J^{\text{dark}}(x)=\min_{y\in\Omega(x)}(\min_{c\in\{r,g,b\}}J^c(y)) \tag{3-74}$$

式中，$\Omega(x)$ 是以 x 为中心的局部区域；上标 c 表示 RGB 三个通道（r、g、b）。该式的意义用代码表达也很简单，首先求出每个像素 RGB 分量中的最小值，存入一幅和原始图像大小相同的灰度图中，然后再对这幅灰度图进行最小值滤波，滤波的半径由窗口大小决定。

暗通道先验理论指出：对于非天空区域的无雾图像 $J(x)$ 的暗通道趋于 0，即

$$J^{\text{dark}}\to 0 \tag{3-75}$$

透射率计算公式为

$$t(x)=1-\omega\min_{y\in\Omega(x)}\left(\min_c\frac{I^c(y)}{A^c}\right) \tag{3-76}$$

式中，ω 是一个常数，通常取一个较小的值，如 0.1。

这里直接给出 $J(x)$ 的推导结果：

$$J(x)=\frac{I(x)-A}{\max(t(x),t_0)} \tag{3-77}$$

式中，t_0 是一个小正数，通常取 0.1，以防止分母为零。Python 实现如下：

1. 获得图像暗通道

```
1.  def get_min_channel(img):
2.      return np.min(img,axis=2)
```

2. 定义最小值滤波器

```
1.  def min_filter(img,r):
2.      kernel = np.ones((2*r-1,2*r-1))
3.      return cv2.erode(img,kernel)# 最小值滤波器
```

3. 计算大气光值 A

```
1.  def get_A(img_haze,dark_channel,bins_l):
2.      hist,bins = np.histogram(dark_channel,bins=bins_l)# 得到直方图
3.      d = np.cumsum(hist)/float(dark_channel.size)# 累加
4.      threshold=0
5.      for i in range(bins_l-1,0,-1):
6.          if d[i]<=0.999:
7.              threshold=i
```

```
8.                 break
9.         A = img_haze[dark_channel>=bins[threshold]].max()
10.        return A
```

4. 计算透射率 $t(x)$

```
1.  def get_t(img_haze,A,t0=0.1,w=0.95):
2.      out = get_min_channel(img_haze)
3.      out = min_filter(out,r=7)
4.      t = 1-w*out/A # 需要乘上一系数 w，为远处的物体保留少量的雾
5.      t = np.clip(t,t0,1)# t(x) 趋于 0 容易产生噪声，所以设置最小值 0.1
6.      return t
```

5. 导向滤波

```
1.  def guided_filter(I,p,win_size,eps):
2.      mean_I = cv2.blur(I,(win_size,win_size))
3.      mean_p = cv2.blur(p,(win_size,win_size))
4.      corr_I = cv2.blur(I*I,(win_size,win_size))
5.      corr_Ip = cv2.blur(I*p,(win_size,win_size))
6.      var_I = corr_I-mean_I*mean_I
7.      cov_Ip = corr_Ip - mean_I*mean_p
8.      a = cov_Ip/(var_I+eps)
9.      b = mean_p-a*mean_I
10.     mean_a = cv2.blur(a,(win_size,win_size))
11.     mean_b = cv2.blur(b,(win_size,win_size))
12.     q = mean_a*I + mean_b
13.     return q
```


雾图如图 3-47a 所示，使用暗通道去雾方法进行图像去雾后的结果如图 3-47b 所示，可以看出该方法能够有效对图像实现去雾处理。

a) 雾图

b) 暗通道去雾后

图 3-47　暗通道图像去雾

3.4.4　图像超分辨率重建

传统的超分辨率重建算法主要依靠基本的数字图像处理技术进行重建，常见的有基于插值的超分辨率重建、基于退化模型的超分辨率重建和基于学习的超分辨率重建。基于插值的方法将图像上每个像素都看作图像平面上的一个点，那么对超分辨率图像的估计可以视为利用已知的像素信息为平面上未知的像素信息进行拟合的过程，这通常由一个预定义的变换函数或者插值核来完成。这里以双线性插值法为例进行图像超分辨率重建：

```
1.  def BiLinear_interpolation(img,dstH,dstW):
2.      scrH,scrW,_=img.shape
```

```
3.      img=np.pad(img,((0,1),(0,1),(0,0)),'constant')
4.      retimg=np.zeros((dstH,dstW,3),dtype=np.uint8)
5.      for i in range(dstH):
6.          for j in range(dstW):
7.              scrx=(i+1)*(scrH/dstH)-1
8.              scry=(j+1)*(scrW/dstW)-1
9.              x=math.floor(scrx)
10.             y=math.floor(scry)
11.             u=scrx-x
12.             v=scry-y
13.             retimg[i,j]=(1-u)*(1-v)*img[x,y]+u*(1-v)*img[x+1,y]+(1-
                u)*v*img[x,y+1]+u*v*img[x+1,y+1]
14.     return retimg
```

使用双线性插值法对某一低分辨率图像（见图 3-48a）进行两次插值后的结果如图 3-48b 所示，可以看出该方法能够提高图像分辨率，可在一定程度上提高图像清晰度。同时，注意到处理后的图像出现黑边，左边和上边有黑边是因为填充零值处理导致的，而右边和下边没有黑边是因为计算的目标像素位置仍然在原始图像的有效范围内，不需要使用填充值。

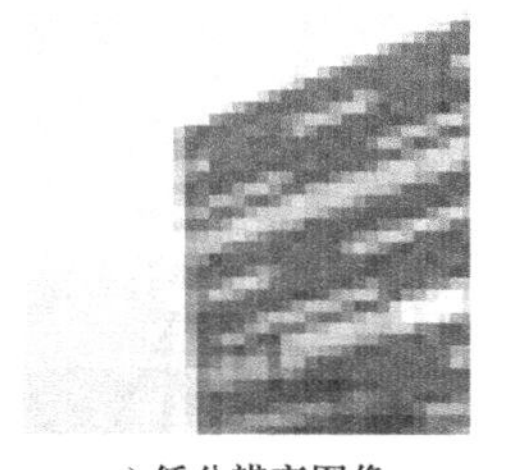
a) 低分辨率图像

b) 重建后图像

图 3-48　图像超分辨率重建

本章小结

本章介绍了图像质量提升的关键技术，包括图像增强和图像去噪。通过点变换和模板变换这两种主要方法，可以有效改善图像的视觉品质和信息，提高图像的清晰度和细节可见性。基于灰度变换和直方图处理的图像增强技术，通过调整图像的灰度级别和灰度分布，实现图像的亮度、对比度和特定灰度级别的调整，从而提升图像质量。空域滤波技术则能够在考虑像素与其邻域像素关系的基础上，有效处理图像中的结构性特征和噪声，进一步优化图像。此外，本章还探讨了图像质量提升的典型应用，如图像去雾和图像超分辨率重建，这些应用在实际场景中具有广泛的应用前景。通过本章的学习，读者可以深入了解图像处理技术的原理和方法，为实际应用提供了重要的参考。

思考题与习题

3-1　试解释为什么离散直方图均衡技术一般不能得到平坦的直方图?

3-2　假设对一幅数字图像进行直方图均衡化处理，试证明对直方图均衡化后的图像进行第二次直方图均衡化处理的结果与第一次直方图均衡化处理的结果相同。

3-3　假设一幅图像具有如表 3-5 所示的概率分布，对其分别进行直方图均衡化和规定化。要求规定化后的图像具有如表 3-6 所示的灰度级概率分布。

表 3-5　不同灰度级的概率分布

灰度级	0	1	2	3	4	5	6	7
各灰度级概率分布	0.14	0.22	0.25	0.17	0.10	0.06	0.03	0.03

表 3-6　图像直方图均衡化和规定化后的概率分布

灰度级	0	1	2	3	4	5	6	7
各灰度级概率分布	0	0	0	0.19	0.25	0.21	0.24	0.11

3-4　一幅灰度范围在 [0，1] 内的图像的概率密度函数 $p_r(r)$ 如图 3-49a 所示。现对此图像进行灰度变换，使其灰度分布为 $p_z(z)$，如图 3-49b 所示。假设灰度值连续，求实现这一要求的变换函数（表示为 r 和 z 的函数）。

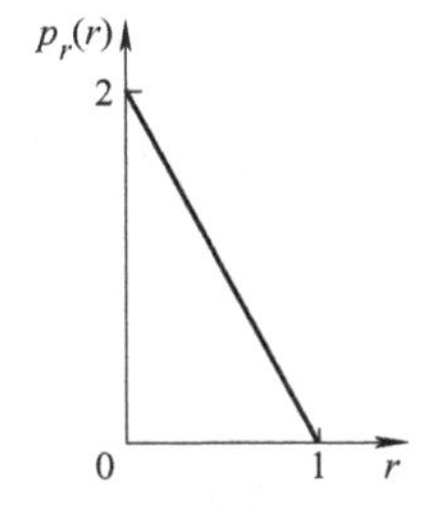

a) 原始图像的概率密度函数

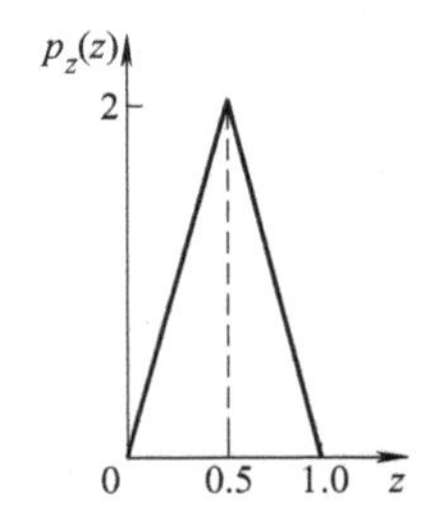

b) 图像的目标灰度分布函数

图 3-49　图像概率密度和灰度分布函数

3-5　3.3 节讨论的局部直方图处理方法要求在每个邻域位置计算一个直方图，请提出从一个邻域到下一个邻域更新直方图的方法。

3-6　图 3-50 所示的两幅图像差别很大，但它们的直方图相同。假设每幅图像都使用一个 3×3 的盒式核来模糊。

（1）模糊后的图像的直方图仍然相同吗？说明原因。

（2）如果你的答案是“否”，那么请画出这两个直方图，或给出详细列明直方图分量的两个表。

图 3-50　直方图相同的两幅图像

3-7　使用系数之和为 1 的一个核对图像进行滤波，证明原图像中的像素值之和与滤波后的图像中的像素值之和相等。

3-8　在用于生成如图 3-51 所示三幅模糊图像的原图像中，竖线宽度为 5 像素，高度为 100 像素，竖线的间距为 20 像素。图像分别用大小为 23 × 23、25 × 25 和 45 × 45 的方形平滑滤波器进行模糊处理。图 3-51a 和图 3-51c 中左方的竖线与竖线间存在清晰的间隙，但图 3-51b 中左方竖线却融合在一起，请分析并解释原因。

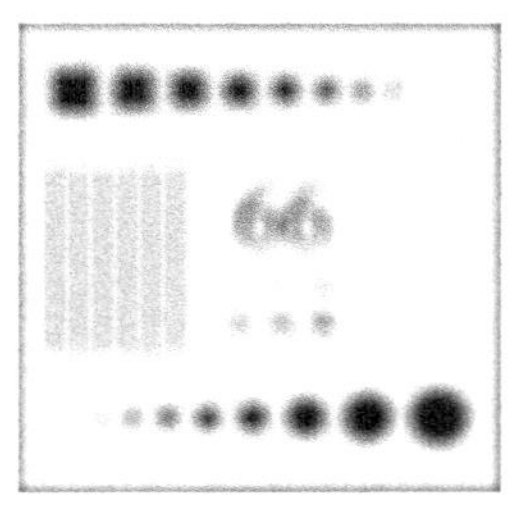
a) 23×23方形盒式核模糊

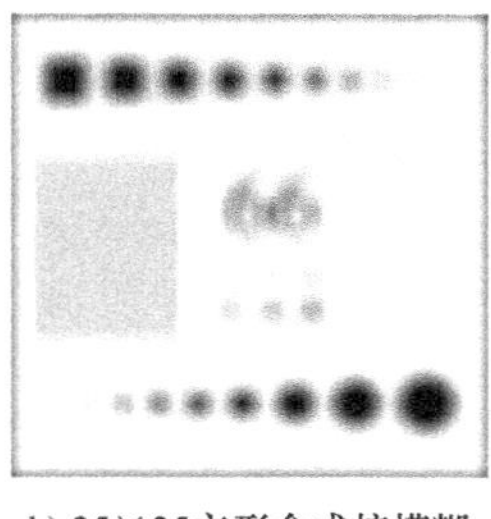
b) 25×25方形盒式核模糊

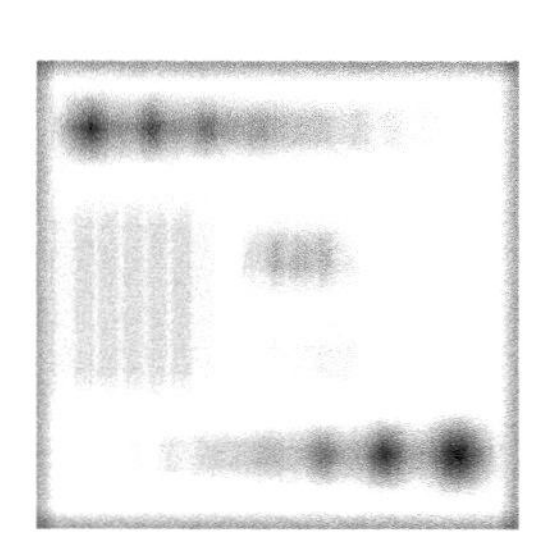
c) 45×45方形盒式核模糊

图 3-51　三幅不同的模糊图像

参考文献

[1] 冈萨雷斯 . 数字图像处理 [M].4 版 . 北京：电子工业出版社，2020.

[2] 冈萨雷斯 . 数字图像处理：MATLAB 版 [M].2 版 . 北京：电子工业出版社，2014.

[3] 胡学龙 . 数字图像处理 [M].4 版 . 北京：电子工业出版社，2020.

[4] DOROTHY R，JOANY R M，RATHISH R J，et al. Image enhancement by histogram equalization[J]. International Journal of Nano Corrosion Science and Engineering，2015，2（4）：21–30.

[5] THOMAS G，FLORES T D，PISTORIUS S. Histogram specification：a fast and flexible method to process digital images[J]. IEEE Transactions on Instrumentation and Measurement，2011，60（5）：1565–1578.

[6] HE K M，SUN J，TANG X O. Single image haze removal using dark channel prior[C]//IEEE Conference on Computer Vision and Pattern Recognition，Miami FL：IEEE，2009：1956–1963.

第 4 章 频域图像处理及应用

——图像增强与图像复原

引言

图像变换是为了适应不同的需求而对图像进行转换和处理的一种技术手段。它是将原始图像以某种方式变换到另外一个空间，并利用图像在变换空间中的特有性质对图像信息进行加工，然后再转换回图像空间达到预期的图像处理效果。图像变换多以正交变换为主，正交变换可以获取图像的整体特点，减少图像数据的相关性，用较少的数据量表示原始图像，这对图像的分析、存储以及图像的传输都是非常有意义的。常见的正交变换主要有离散傅里叶变换、离散余弦变换、K–L 变换，沃尔什 – 哈达玛变换及小波变换，其中以基于傅里叶变换的频域图像处理最为常见。

频域图像变换将图像表示为频谱，其中包含了图像在不同频率上的分量信息。频谱的幅度和相位表示了图像的频率内容和空间布局。通过在频谱上选择性地增强或削弱某些频率分量，可以实现图像的滤波操作。相较于图像空间域处理，频域图像处理可以通过频域成分的特殊性质完成一些空间域图像处理难以完成的任务，如全局特性的提取、图像信息的压缩等。频域图像处理可以对滤波过程中产生的某些效果做出比较直观的解释，它还可以作为空间滤波器设计的指导，通过傅里叶反变换可以将频域滤波器转换为空间域变换的操作。频域图像处理具有线性特性、可逆变换、快速性等特点，在图像增强、图像修复、图像压缩与图像特征提取等多个领域都具有广泛的应用。本章将介绍频域图像处理方法，重点探讨频域滤波基础知识、频域图像处理基本流程、几种典型的滤波器，以及如何利用这些滤波器实现对图像的增强与分析。

4.1 基础知识

4.1.1 傅里叶级数与傅里叶变换

傅里叶，全名吉恩 • 巴普提斯特 • 约瑟夫 • 傅里叶（Jean Baptiste Joseph Fourier），

是一位著名的法国数学家。他于 1822 年出版的《热分析理论》一书中提出了傅里叶级数的概念：任何周期函数都可以表示为不同频率的正弦和 / 或余弦的组合形式。这一概念可以将函数从时域转换到频域，对后来的信号处理和图像处理领域有着重要的影响，奠定了信号处理和图像处理中频域分析的基础。傅里叶级数的展开形式如下：

$$\begin{cases} f(t)=a_0+\sum_{n=1}^{\infty}\left[a_n\cos(\frac{2\pi n}{T}t)+b_n\sin(\frac{2\pi n}{T}t)\right] \\ a_0=\frac{1}{T}\int_0^T f(t)\mathrm{d}t \\ a_n=\frac{2}{T}\int_0^T f(t)\cos\left(\frac{2\pi nt}{T}\right)\mathrm{d}t \\ b_n=\frac{2}{T}\int_0^T f(t)\sin\left(\frac{2\pi nt}{T}\right)\mathrm{d}t \end{cases} \tag{4-1}$$

式中，$f(t)$ 是周期为 T 的函数；a_0 是直流分量；a_n 和 b_n 是傅里叶系数，表示正余弦分量的振幅。傅里叶级数也可以用另一种形式来表示：

$$\begin{cases} f(t)=\sum_{n=-\infty}^{\infty}c_n\mathrm{e}^{\mathrm{j}\frac{2\pi n}{T}t} \\ c_n=\frac{1}{T}\int_{-\frac{T}{2}}^{\frac{T}{2}}f(t)\mathrm{e}^{-\mathrm{j}\frac{2\pi n}{T}t}\mathrm{d}t, n=0,\pm1,\pm2,\cdots \end{cases} \tag{4-2}$$

用周期函数逼近方波是一种有趣的数学方法，同样也是对傅里叶级数的印证。如图 4-1 所示，可以通过叠加多个周期性的余弦函数模拟方波信号。这些叠加的余弦函数具有不同的频率，通常是奇数次谐波。这种逼近方法在信号处理、傅里叶分析等领域具有广泛的应用，能够帮助人们理解信号的频域特性和信号分解的原理。

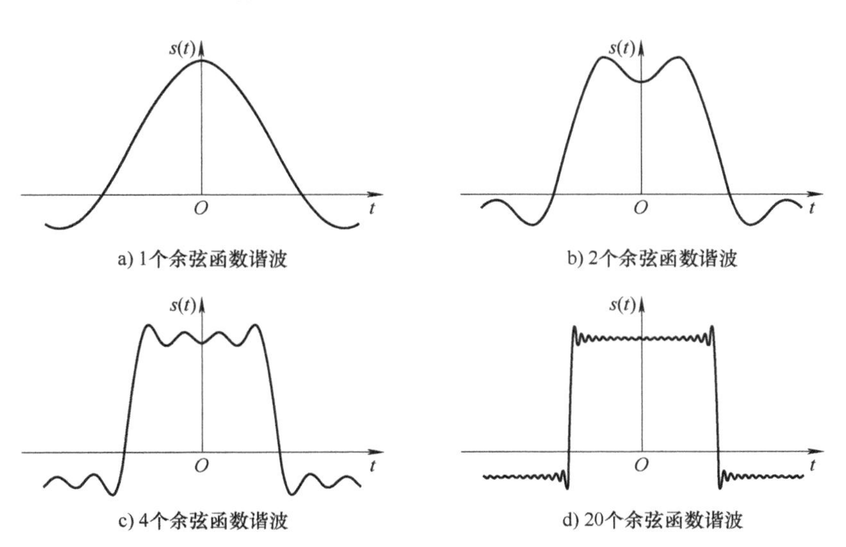

图 4-1　周期函数逼近方波

傅里叶级数可以看作是傅里叶变换在周期性函数上的特例。当一个周期性函数的周期趋向于无穷大时，傅里叶级数的频谱就变成了傅里叶变换的频谱。傅里叶变换更广泛地用于非周期函数和信号的分析。傅里叶变换的核心思想是将一个函数从时域转换为频域，然后分析信号中包含的不同频率成分。傅里叶变换的公式如下：

$$F(\mu)=\int_{-\infty}^{\infty} f(t)\mathrm{e}^{-\mathrm{j}2\pi\mu t}\mathrm{d}t \tag{4-3}$$

式中，μ 是一个连续变量。

例 4.1 给定的方波函数如图 4-2a 所示，试计算该函数的傅里叶变换结果。

解：

$$\begin{aligned}F(\mu)&=\int_{-\infty}^{\infty} f(t)\mathrm{e}^{-\mathrm{j}2\pi\mu t}\mathrm{d}t=\int_{-W/2}^{W/2} A\mathrm{e}^{-\mathrm{j}2\pi\mu t}\mathrm{d}t\\&=\frac{-A}{\mathrm{j}2\pi\mu}\left[\mathrm{e}^{-\mathrm{j}2\pi\mu t}\right]_{-W/2}^{W/2}=\frac{-A}{\mathrm{j}2\pi\mu}\left[\mathrm{e}^{-\mathrm{j}\pi\mu W}-\mathrm{e}^{\mathrm{j}\pi\mu W}\right]\\&=\frac{A}{\mathrm{j}2\pi\mu}\left[\mathrm{e}^{\mathrm{j}\pi\mu W}-\mathrm{e}^{-\mathrm{j}\pi\mu W}\right]=AW\frac{\sin(\pi\mu W)}{\pi\mu W}\end{aligned} \tag{4-4}$$

利用了三角学恒等式 $\sin\theta=(\mathrm{e}^{\mathrm{j}\theta}-\mathrm{e}^{\mathrm{j}\theta})/2\mathrm{j}$，傅里叶变换的复数项精细地合并为一个实正弦函数。式（4-4）的最后一步是熟知的 sinc 函数：

$$\operatorname{sinc}(m)=\frac{\sin(\pi m)}{\pi m} \tag{4-5}$$

式中，$\operatorname{sinc}(0)=1$；对于 m 的所有其他整数值，$\operatorname{sinc}(m)=0$。

傅里叶变换包含复数项，为了更直观的展示，通常利用变换的幅值，即傅里叶谱或频谱：

$$|F(\mu)|=AW\left|\frac{\sin(\pi\mu W)}{\pi\mu W}\right| \tag{4-6}$$

图 4-2b、c 显示了关于频率的函数 $F(\mu)$ 和 $|F(\mu)|$ 的曲线。观察到，$F(\mu)$ 和 $|F(\mu)|$ 的零值位置与方波函数的宽度成反比，即波瓣的高度随函数距原点的距离降低，并且函数在从值的正方向和负方向上无限扩展，这些性质对于解释二维傅里叶变换谱十分有用。

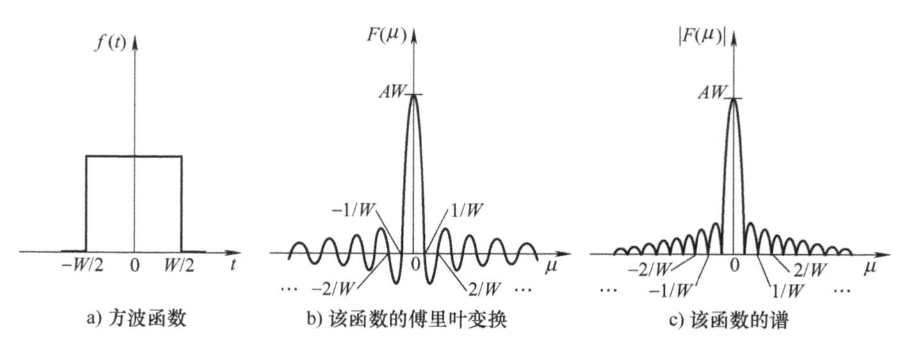

a) 方波函数　b) 该函数的傅里叶变换　c) 该函数的谱

图 4-2　方波函数及其傅里叶变换

4.1.2　卷积与卷积定理

卷积和卷积定理在傅里叶变换中起着重要的作用，它们使得在频域中进行傅里叶变换更加简捷高效。卷积是一种数学运算，用于描述两个函数之间的关系。具有连续变量 t 的两个连续函数 $f(t)$ 和 $h(t)$ 的卷积定义如下：

$$f(t)*h(t)=\int_{-\infty}^{\infty}f(\tau)h(t-\tau)\mathrm{d}\tau \tag{4-7}$$

式中，负号表示函数的翻转操作；t 是一个函数滑过另一个函数的位移；τ 是积分变量。卷积运算可以理解为将两个函数进行加权求和的操作。具体而言，对于每个 t 的取值，卷积运算将函数 $f(t)$ 与函数 $h(t)$ 的翻转版本在重叠的区域上相乘，并对乘积进行积分。积分的结果在 t 上给出了卷积函数在该点的取值。

上述两个函数卷积的傅里叶变换结果如下：

$$\begin{aligned}\Im\{f(t)*h(t)\}&=\int_{-\infty}^{\infty}\left[\int_{-\infty}^{\infty}f(\tau)h(t-\tau)\mathrm{d}\tau\right]\mathrm{e}^{-\mathrm{j}2\pi\mu t}\mathrm{d}t\\&=\int_{-\infty}^{\infty}f(\tau)\left[\int_{-\infty}^{\infty}h(t-\tau)\mathrm{e}^{-\mathrm{j}2\pi\mu t}\mathrm{d}t\right]\mathrm{d}\tau\end{aligned} \tag{4-8}$$

式中，方括号中的项是 $h(t-\tau)$ 的傅里叶变换。令 $H(\mu)$ 表示 $h(t)$ 的傅里叶变换。这里将 t 所在的域称为时间域，而将 μ 所在的域称为频率域，则上式可继续推导为

$$\begin{aligned}\Im\{f(t)*h(t)\}&=\int_{-\infty}^{\infty}f(\tau)\left[H(\mu)\mathrm{e}^{-\mathrm{j}2\pi\mu\tau}\right]\mathrm{d}\tau=H(\mu)\int_{-\infty}^{\infty}f(\tau)\mathrm{e}^{-\mathrm{j}2\pi\mu\tau}\mathrm{d}\tau\\&=H(\mu)F(\mu)\end{aligned} \tag{4-9}$$

由此可得卷积定理，即时间域中两个函数的卷积的傅里叶变换等于两个函数的傅里叶变换在频率域中的乘积；反过来，给出两个函数傅里叶变换的乘积，那么可以通过计算傅里叶反变换得到时间域两个函数的卷积。可以将卷积定理表示为

$$f(t)*h(t)\Leftrightarrow H(\mu)F(\mu) \tag{4-10}$$

遵循类似的推导可得到卷积定理的另一部分：

$$f(t)h(t)\Leftrightarrow H(\mu)*F(\mu) \tag{4-11}$$

它说明频率域的卷积类似于时间域的乘积，两者分别与傅里叶正、反变换相联系。卷积定理的应用使得在频域中进行卷积运算更加高效，因为乘法在频域中比卷积在时域中的计算更容易实现。

4.1.3　单位离散冲激信号与冲激序列

在信号处理中，取样是将连续时间信号转换为离散时间信号的过程。为了进行取样，可以使用单位离散冲激（单位脉冲）信号获取每个取样时间点的信号值。

连续变量在 $t=0$ 处的单位离散冲激信号表示为 $\delta(t)$，其定义是

$$\delta(t)=\begin{cases}1 & t=0\\ 0 & t\neq 0\end{cases} \tag{4-12}$$

它还被限制为满足等式：

$$\sum_{t=-\infty}^{\infty}\delta(t)=1 \tag{4-13}$$

离散信号的取样特性：

$$\sum_{t=-\infty}^{\infty}f(t)\delta(t)=f(0) \tag{4-14}$$

位置位于 $t=t_0$ 的单位离散冲激可表示为

$$\int_{-\infty}^{\infty}f(t)\delta(t-t_0)\mathrm{d}t=f(t_0) \tag{4-15}$$

它在冲激位置 t_0 处得到一个函数值。例如，假设 $f(t)=\cos(t)$，使用冲激得到结果 $f(\pi)=\cos(\pi)=-1$。

与连续变量冲激连续形式不同的是，单位离散冲激是一个普通函数。图 4-3 以图解的方式显示了单位离散冲激。

多个单位离散冲激在不同时间点上的叠加就形成了冲激序列 $s_{\Delta T}(t)$，如式（4-16）所示。连续函数进行取样时主要用到的是冲激序列 $s_{\Delta T}(t)$，冲激序列可用于表示离散时间系统的冲激响应或脉冲响应，如图 4-4 所示。

$$s_{\Delta T}(t)=\sum_{n=-\infty}^{\infty}\delta(t-n\Delta T) \tag{4-16}$$

δ(t)
1
δ(t−t0)
0
t0
t

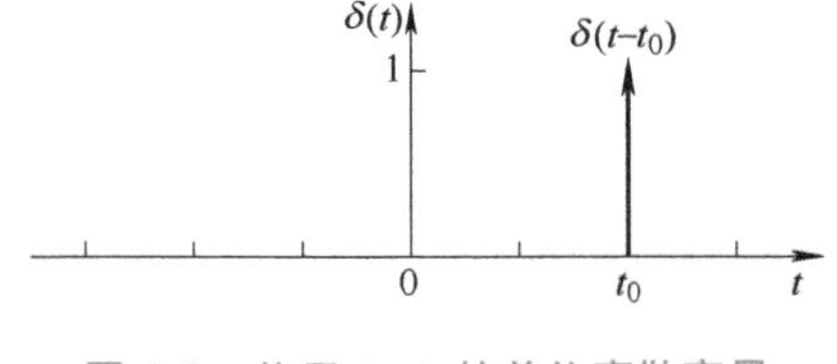

图 4-3　位于 $t=t_0$ 的单位离散变量

sΔT(t)
1
…
…
…−3ΔT
−2ΔT
−ΔT
0
ΔT
2ΔT
3ΔT …
t

图 4-4　冲激序列

4.1.4　取样及取样函数的傅里叶变换

1. 取样 / 采样 / 抽样

在信号处理过程中，取样是将连续时间信号转换为离散时间信号的过程，可以用冲激

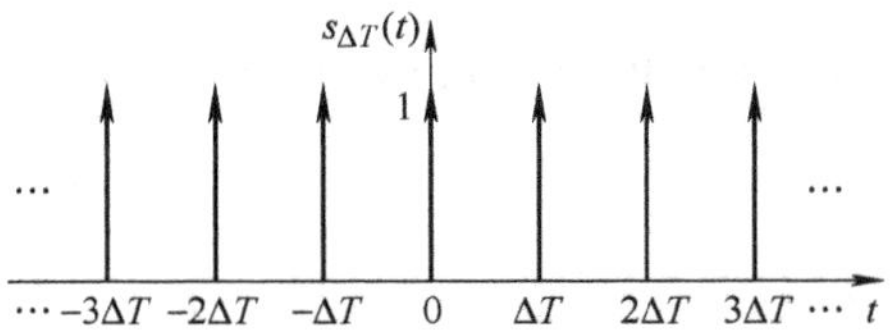

函数（或单位冲激）来实现。取样通常经过确定采样率、以一定频率测量连续信号的值、生成离散信号三个过程。

考虑一个连续函数$f(t)$，函数对于t从$-\infty$到∞扩展，如图 4-5a 所示；以t的均匀间隔ΔT取样，取样的冲激序列如图 4-5b 所示。用一个ΔT单位间隔的冲激序列作为取样函数去乘以$f(t)$：

$$\tilde{f}(t)=f(t)s_{\Delta T}(t)=\sum_{n=-\infty}^{\infty}f(t)\delta(t-n\Delta T) \tag{4-17}$$

$\tilde{f}(t)$表示取样后的函数。式 (4–17) 的每一个分量都是由在该冲激位置处$f(t)$的值加权后的冲激，如图 4-5c 所示。取样结果如图 4-5d 所示，序列中的任意取样值f_k由下式给出，对于任何整数k=…，–2，–1，0，1，2，…都成立：

$$f_k=\int_{-\infty}^{\infty}f(t)\delta(t-k\Delta T)\mathrm{d}t=f(k\Delta T) \tag{4-18}$$

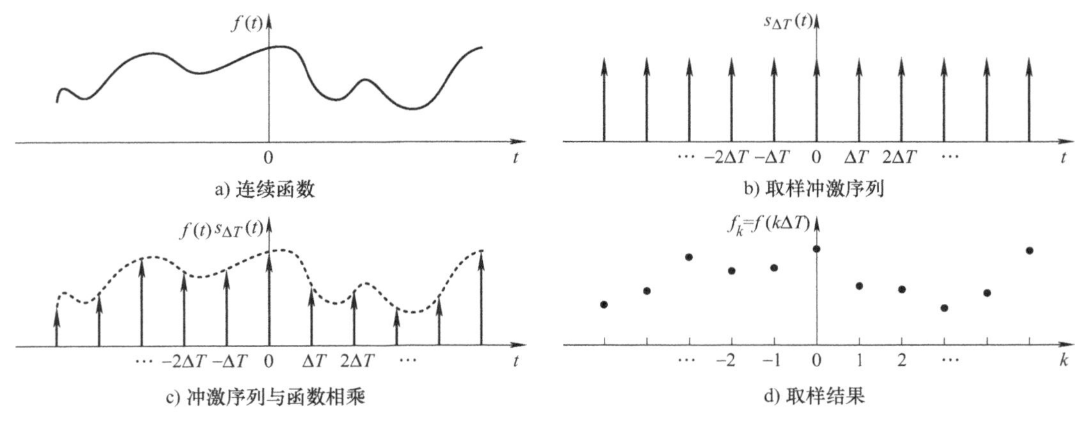

图 4-5　连续函数的取样

2. 取样函数的傅里叶变换

假设$F(\mu)$为连续函数$f(t)$的傅里叶变换，取样后的函数$\tilde{f}(t)$是$f(t)$与一个冲激序列的乘积。由卷积定理可知，时间域两个函数乘积的傅里叶变换是两个函数傅里叶变换在频率域的卷积。也就可得取样后的函数$\tilde{f}(t)$的傅里叶变换$\tilde{F}(\mu)$：

$$\begin{cases}\tilde{F}(\mu)=\Im\left\{\tilde{f}(t)\right\}=\Im\left\{f(t)s_{\Delta T}(t)\right\}=F(\mu)*S(\mu)\\ S(\mu)=\dfrac{1}{\Delta T}\displaystyle\sum_{n=-\infty}^{\infty}\delta\left(\mu-\dfrac{n}{\Delta T}\right)\end{cases} \tag{4-19}$$

式中，$S(\mu)$是冲激串$s_{\Delta T}(t)$的傅里叶变换。由卷积定义可直接得到$F(\mu)$和$S(\mu)$的卷积：

$$\begin{aligned}\tilde{F}(\mu)&=F(\mu)*S(\mu)=\int_{-\infty}^{\infty}F(\tau)S(\mu-\tau)\mathrm{d}\tau\\&=\frac{1}{\Delta T}\int_{-\infty}^{\infty}F(\tau)\sum_{n=-\infty}^{\infty}\delta\left(\mu-\tau-\frac{n}{\Delta T}\right)\\&=\frac{1}{\Delta T}\int_{-\infty}^{\infty}F(\tau)\sum_{n=-\infty}^{\infty}\delta\left(\mu-\tau-\frac{n}{\Delta T}\right)\mathrm{d}\tau\\&=\frac{1}{\Delta T}\sum_{n=-\infty}^{\infty}F\left(\mu-\frac{n}{\Delta T}\right)\end{aligned} \tag{4-20}$$

式（4-20）中最后一行的求和表明，取样后的函数$\tilde{f}(t)$的傅里叶变换$\tilde{F}(\mu)$是$F(\mu)$的一个拷贝的无限、周期序列，拷贝间的间隔由$1/\Delta T$的值决定。虽然$\tilde{f}(t)$是取样后的函数，但其傅里叶变换$\tilde{F}(\mu)$是连续的，它由$F(\mu)$的几个拷贝组成，所以$F(\mu)$也是一个连续函数。

下面展示一个带限函数的傅里叶变换以及其分别在过取样、临界取样、欠取样条件下取样后的函数的傅里叶变换。考虑一个函数$f(t)$的傅里叶变换为$F(\mu)$，如图 4-6a 所示；取样后的函数的傅里叶变换为$\tilde{F}(\mu)$，取样率为$1/\Delta T$，取样率足够高的情况下，每个周期的间隔足够大，能够保持$F(\mu)$的完整性，不会出现信息损失，如图 4-6b 所示；临界取样的条件下，取样率刚好足以保持$F(\mu)$，如图 4-6c 所示；欠取样条件下，取样率低于保持不同$F(\mu)$拷贝的最小取样率要求，不能保持原始变换，如图 4-6d 所示。

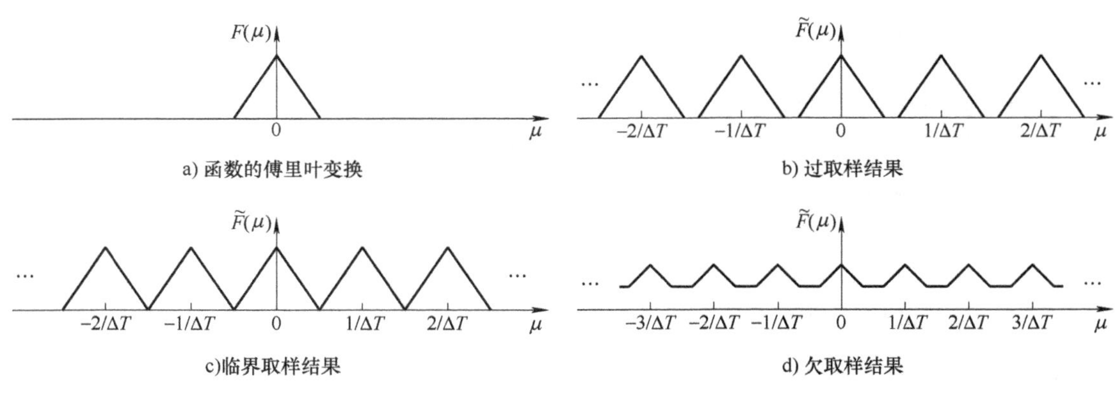

图 4-6 带限函数的取样结果

在前面简单介绍了取样的概念后，现在需要考虑如何进行取样，以确保取样集合足以完全还原一个连续的函数。为此，需要遵循取样定理，又称为奈奎斯特定理或香农定理，是指在进行离散化处理的过程中，要使其能够完全还原出原信号，则取样频率应不小于信号带宽的 2 倍：

$$\frac{1}{\Delta T}\geqslant 2\mu_{\max} \tag{4-21}$$

也就是说，如果一个信号在频域中的最高频率为 μ_{max}，那么它的取样频率（通常用 f_s 表示）应至少是 $2\mu_{max}$。如果取样频率低于这个值，就会发生混淆现象，也就是高于信号带宽的部分频率信息会混合到低于信号带宽的部分中，导致信号失真和信息丢失。以低于取样定理的取样频率取样的最终效果是周期混叠，并且无法分离出一个理想的单周期，如图 4-7 所示。邻近周期的干扰显示为虚线，使用一个理想低通滤波器（见图 4-7b）对图 4-7a 进行变换，得到乘积结果如图 4-7c 所示，邻近周期的干扰导致了混淆，妨碍了 $F(\mu)$ 的复原。

一个经典的取样混淆示例如图 4-8 所示，黑点表示以取样频率小于信号带宽 2 倍的方式取样，所得到的取样点表示一个正弦波，但其频率是原始信号的十分之一。这种情况导致原信号的传输严重混淆，无法准确还原信号的真实特征。

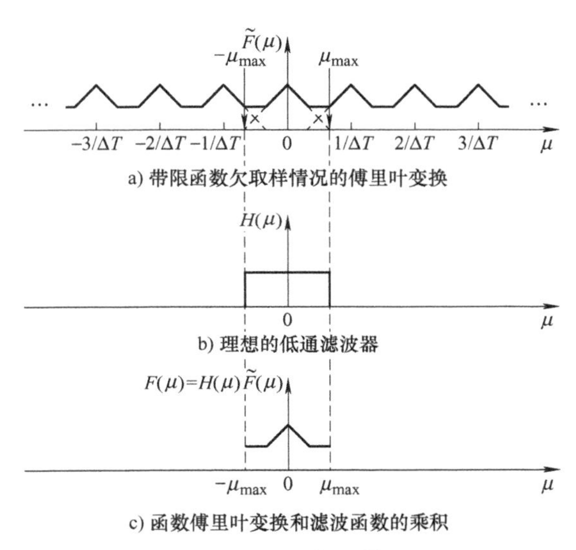

图 4-7　周期混叠

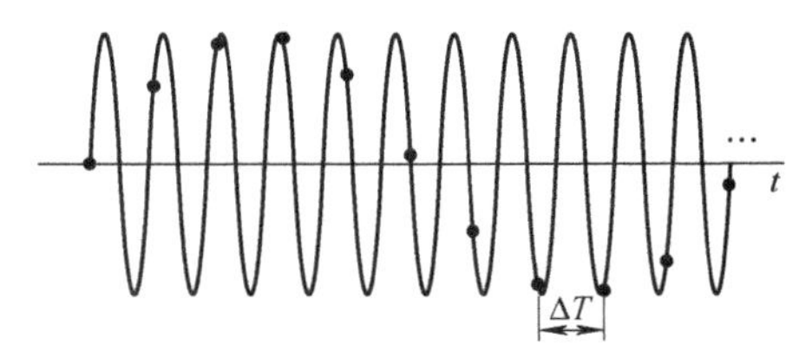

图 4-8　取样混淆

4.1.5　一维变量的离散傅里叶变换

一维离散傅里叶变换（Discrete Fourier Transform，DFT）是一种在信号处理、图像处理和数学等领域广泛使用的工具。DFT 可以将信号从时域转换到频域，之后分析信号中包含的不同频率成分，在频域中对信号进行滤波操作，以去除噪声或选择特定频率范围内的信号成分。这在通信和图像处理中常用于信号增强和降噪。

直接由傅里叶变换的定义表示取样后函数 $\tilde{f}(t)$ 的傅里叶变换 $\tilde{F}(\mu)$ 的表达式：

$$\tilde{F}(\mu)=\int_{-\infty}^{\infty}\tilde{f}(t)\mathrm{e}^{-\mathrm{j}2\pi\mu t}\mathrm{d}t \tag{4-22}$$

由式（4-17）替换 $\tilde{f}(t)$ 得到

$$\begin{aligned}\tilde{F}(\mu)&=\int_{-\infty}^{\infty}\tilde{f}(t)\mathrm{e}^{-\mathrm{j}2\pi\mu t}\mathrm{d}t=\int_{-\infty}^{\infty}\sum_{n=-\infty}^{\infty}f(t)\delta(t-n\Delta T)\mathrm{e}^{-\mathrm{j}2\pi\mu t}\mathrm{d}t\\&=\sum_{n=-\infty}^{\infty}\int_{-\infty}^{\infty}f(t)\delta(t-n\Delta T)\mathrm{e}^{-\mathrm{j}2\pi\mu t}\mathrm{d}t=\sum_{n=-\infty}^{\infty}f_n\mathrm{e}^{-\mathrm{j}2\pi\mu n\Delta T}\end{aligned} \tag{4-23}$$

对一个周期取样是 DFT 的基础，由于傅里叶变换 $\tilde{F}(\mu)$ 是周期为 $1/\Delta T$ 的无限周期连续函数，只需对 $\tilde{F}(\mu)$ 的一个周期进行取样。假设想要在周期 $\mu=0$ 到 $\mu=1/\Delta T$ 之间得到 $\tilde{F}(\mu)$ 的 M 个等间距的样本，则可以在如下频率处取样：

$$\mu=\frac{m}{M\Delta T},m=0,1,2,\cdots,M-1 \tag{4-24}$$

令 F_m 表示得到的结果，则有

$$F_m=\sum_{n=0}^{M-1}f_n\mathrm{e}^{-\frac{\mathrm{j}2\pi mn}{M}},m=0,1,2,\cdots,M-1 \tag{4-25}$$

这个表达式就是离散傅里叶变换。给定一个由 $f(t)$ 的 M 个样本组成的集合 $\{f_n\}$，可以得出一个与输入样本集合的离散傅里叶变换相对应的 M 个复数离散值的样本集合 $\{F_m\}$。反之，给定 $\{F_m\}$，可以用离散傅里叶反变换（Inverse Discrete Fourier Transform，IDFT）复原样本集 $\{f_n\}$：

$$f_n=\frac{1}{M}\sum_{m=0}^{M-1}F_m\mathrm{e}^{\frac{\mathrm{j}2\pi mn}{M}},n=0,1,2,\cdots,M-1 \tag{4-26}$$

F_m 和 f_n 组成了一个离散傅里叶变换对。对于任何其值有限的样本集合，傅里叶正、反变换都是存在的，且不依赖于取样间隔 ΔT 和频率间隔。因此，离散傅里叶变换对适用于任何均匀取样的有限离散样本集。

在一维情况下，习惯使用 m 和 n 来表示离散变量。然而在二维情况下，使用 x 和 y 表示图像坐标变量并使用 u 和 v 表示频率变量更为直观。傅里叶变换对就可写为

$$F(u)=\sum_{x=0}^{M-1}f(x)\mathrm{e}^{-\frac{\mathrm{j}2\pi ux}{M}},u=0,1,2,\cdots,M-1 \tag{4-27}$$

和

$$f(x)=\frac{1}{M}\sum_{u=0}^{M-1}F(u)\mathrm{e}^{\frac{\mathrm{j}2\pi ux}{M}},x=0,1,2,\cdots,M-1 \tag{4-28}$$

为方便理解，令 $F(\mu)\equiv F_m$ 且 $f(x)\equiv f_n$。可以证明傅里叶正变换和反变换都是无限周期的，其周期为 M，即

$$F(u)=F(u+kM) \tag{4-29}$$

和

$$f(x)=f(x+kM) \tag{4-30}$$

式中，k 是整数。则能得到卷积的离散等价表示是

$$f(x)*h(x)=\sum_{m=0}^{M-1} f(m)h(x-m) \tag{4-31}$$

因为函数具有周期性，所以函数的卷积也具有周期性。式（4-31）中的内在处理通常称为循环卷积。在循环卷积中，卷积核（滤波器）与信号进行卷积运算，但卷积操作是循环的，即当滤波器到达信号的末尾时，它会从信号的开头继续卷积。这种循环的方式使得卷积操作可以应用于周期性信号而不会导致边缘效应。

傅里叶变换有连续性和离散性两种形式，它们分别用于处理连续信号和离散信号。傅里叶变换的周期性与信号的周期性也有密切关系。如果信号是周期性的，那么傅里叶变换中的频域表示将是离散的，只包含离散的频率分量。对于连续周期信号，可以使用连续傅里叶变换进行频域分析。对于离散周期信号，可以使用离散傅里叶变换。表 4-1 给出了连续傅里叶变换和离散傅里叶变换的时间域和频率域的周期和连续性质。

表 4-1　傅里叶变换的连续性和离散性

变换	时间域	频率域
连续傅里叶变换	连续，非周期性	连续，非周期性
傅里叶级数	连续，周期性	离散，非周期性
离散时间傅里叶变换	离散，非周期性	连续，周期性
离散傅里叶变换	离散，非周期性	离散，周期性

总的来说，函数在时（频）域的离散对应于在频（时）域的周期性，反之连续则意味着在对应域的信号的非周期性。

4.1.6　二维变量的离散傅里叶变换

1. 二维冲激及其取样特性

二维冲激可用于标记二维空间中的一个特定位置，它的坐标表示了该冲激所在的位置。图像处理中，二维冲激可以用于图像重建和取样。通过将冲激信号与图像卷积，可以实现图像的取样和还原，这在医学成像和无损压缩中应用广泛。

两个连续变量 t 和 z 的冲激 $\delta(t,z)$ 定义为如下形式：

$$\delta(t,z)=\begin{cases}\infty & t=z=0 \\ 0 & \text{其他}\end{cases} \tag{4-32}$$

和

$$\int_{-\infty}^{\infty}\int_{-\infty}^{\infty}\delta(t,z)\mathrm{d}t\mathrm{d}z=1 \tag{4-33}$$

如一维情况那样，二维冲激的取样特性为

$$\int_{-\infty}^{\infty}\int_{-\infty}^{\infty}f(t,z)\delta(t,z)\mathrm{d}t\mathrm{d}z=f(0,0) \tag{4-34}$$

或者，对位于坐标(t_0,z_0)处的冲激，有

$$\int_{-\infty}^{\infty}\int_{-\infty}^{\infty}f(t,z)\delta(t-t_0,z-z_0)\mathrm{d}t\mathrm{d}z=f(t_0,z_0) \tag{4-35}$$

对于离散变量x和y，二维离散冲激定义为

$$\delta(x,y)=\begin{cases}\infty & x=y=0\\ 0 & 其他\end{cases} \tag{4-36}$$

其取样特性为

$$\sum_{x=-\infty}^{\infty}\sum_{y=-\infty}^{\infty}f(x,y)\delta(x,y)=f(0,0) \tag{4-37}$$

式中，$f(x,y)$是离散变量x和y的函数。对于一个位于坐标(x_0,y_0)处的冲激，其取样特性为

$$\sum_{x=-\infty}^{\infty}\sum_{y=-\infty}^{\infty}f(x,y)\delta(x-x_0,y-y_0)=f(x_0,y_0) \tag{4-38}$$

如一维那样，离散冲激的取样特性在该冲激所在的位置给出离散函数$f(x,y)$的值。

2. 二维连续傅里叶变换对

令$f(t,z)$是两个连续变量t和z的连续函数，则其二维连续傅里叶变换对由以下两个表达式给出：

$$F(u,v)=\int_{-\infty}^{\infty}\int_{-\infty}^{\infty}f(t,z)\mathrm{e}^{-\mathrm{j}2\pi(ut+vz)}\mathrm{d}t\mathrm{d}z \tag{4-39}$$

和

$$f(t,z)=\int_{-\infty}^{\infty}\int_{-\infty}^{\infty}F(u,v)\mathrm{e}^{\mathrm{j}2\pi(ut+vz)}\mathrm{d}u\mathrm{d}v \tag{4-40}$$

式中，u和v是频率变量；t和z是连续空间变量。如一维情况那样，变量u和v的域定义了连续频率域。

3. 二维取样和二维取样定理

类似于一维情况中的方式，二维取样可用取样函数（二维冲激序列）建模：

$$s_{\Delta T\Delta Z}(t,z)=\sum_{m=-\infty}^{\infty}\sum_{n=-\infty}^{\infty}\delta(t-m\Delta T,z-n\Delta Z) \tag{4-41}$$

式中，ΔT 和 ΔZ 是连续函数 $f(t,z)$ 沿 t 轴和 z 轴的样本间的间隔。沿着两个轴无限扩展的周期冲激的集合如图 4-9 所示。

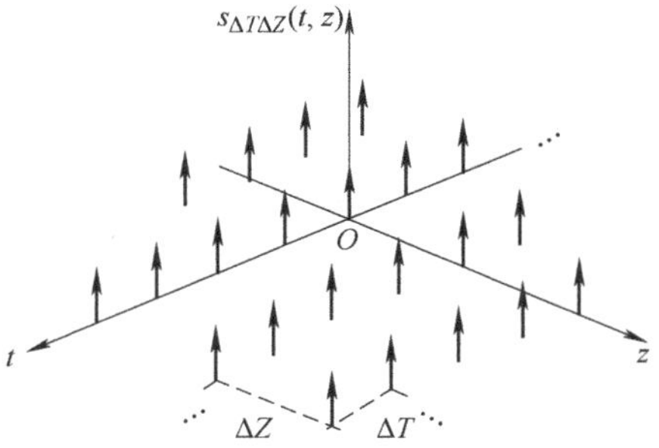

函数 $f(t,z)$ 是带限函数的条件：区间 $[-u_{\max},u_{\max}]$ 和区间 $[-v_{\max},v_{\max}]$ 建立的矩形之外的傅里叶变换是零，即

$$F(u,v)=0,\quad |u|>u_{\max}\text{且}|v|>v_{\max} \tag{4-42}$$

图 4-9　二维冲激序列

对于一维信号，要在进行离散化取样后能够完美地重构信号，取样频率必须不小于信号带宽的 2 倍。类似地，对于二维信号，为了将其进行离散化取样和完美重构，需要确保在每个轴上的取样频率都不小于该轴上信号带宽的 2 倍。

为了避免混淆，二维取样定理要求取样间隔满足以下条件：

$$\Delta T\leqslant\frac{1}{2u_{\max}} \tag{4-43}$$

$$\Delta Z\leqslant\frac{1}{2v_{\max}} \tag{4-44}$$

或者取样频率满足：

$$\frac{1}{\Delta T}\geqslant 2u_{\max} \tag{4-45}$$

$$\frac{1}{\Delta Z}\geqslant 2v_{\max} \tag{4-46}$$

就能够将一组二维连续函数恢复，且没有信息丢失。

4.1.7　二维 DFT 的性质

1. 空间和频率间隔的关系

对连续函数 $f(t,z)$ 取样生成一幅数字图像 $f(x,y)$，这幅数字图像由分别在 t 和 z 方向所取的 $M\times N$ 个样点组成，令 ΔT 和 ΔZ 表示样本间的间隔，那么相应离散频率域变量间的间隔分别由：

$$\Delta u=\frac{1}{M\Delta T} \tag{4-47}$$

$$\Delta v = \frac{1}{N\Delta Z} \tag{4-48}$$

给出。注意，频率域样本间的间隔与空间域样本间的间距和样本数成反比。

2. 平移和旋转

通过二维傅里叶变换对的反变换可以证明傅里叶变换对满足下列平移特性：

$$f(x,y)\mathrm{e}^{\mathrm{j}2\pi\left(\frac{u_0x}{M}+\frac{v_0y}{N}\right)} \Leftrightarrow F(u-u_0,v-v_0) \tag{4-49}$$

和

$$f(x-x_0,y-y_0) \Leftrightarrow F(u,v)\mathrm{e}^{-\mathrm{j}2\pi\left(\frac{x_0u}{M}+\frac{y_0v}{N}\right)} \tag{4-50}$$

也就是说，用正指数项乘以$f(x,y)$将使 DFT 的原点移到点(u_0,v_0)；反之，用负指数乘以$F(u,v)$将使$f(x,y)$的原点移到点(x_0,y_0)。平移不影响$F(u,v)$的幅度（谱）。

使用极坐标：

$$\begin{cases} x = r\cos\theta \\ y = r\sin\theta \\ u = \omega\cos\varphi \\ v = \omega\sin\varphi \end{cases} \tag{4-51}$$

可得到下列变换对：

$$f(r,\theta+\theta_0) \Leftrightarrow F(\omega,\varphi+\varphi_0) \tag{4-52}$$

若$f(x,y)$旋转θ_0角度，则$F(u,v)$也旋转相同的角度。反之，若$F(u,v)$旋转一个角度，$f(x,y)$也旋转相同的角度。

3. 周期

如一维情况那样，二维离散傅里叶变换及其反变换在u方向和v方向是无限周期的，即

$$F(u,v) = F(u+k_1M,v) = F(u,v+k_2N) = F(u+k_1M,v+k_2N) \tag{4-53}$$

和

$$f(x,y) = f(x+k_1M,y) = f(x,y+k_2N) = f(x+k_1M,y+k_2N) \tag{4-54}$$

考虑一个一维谱，在区间$[0,M-1]$中，变换数据由两个在点$M/2$处碰面的背靠背的半个周期组成，如图 4-10a 所示。根据完整周期中数据是连续的这一特性，考虑到滤波的实现，在该区间中有一个变换的完整周期会更好，如图 4-10b 所示。由平移特性可得

$$f(x)\mathrm{e}^{\mathrm{j}2\pi\left(\frac{u_0x}{M}\right)} \Leftrightarrow F(u-u_0) \tag{4-55}$$

也就是说，用一个指数项乘以 $f(x)$ 就可以将位于原点的数据 $F(0)$ 移动到位置 u_0。如果令 $u_0 = M/2$，则指数项变为 $\mathrm{e}^{\mathrm{j}\pi x}$，$x$ 是整数，故它等于 $(-1)^x$，有

$$f(x)(-1)^x \Leftrightarrow F\left(u-\frac{M}{2}\right) \tag{4-56}$$

即用 $(-1)^x$ 乘以 $f(x)$ 将位于原点的数据 $F(0)$ 移动到区间 $[0, M-1]$ 的中心位置，如图 4-10b 所示。

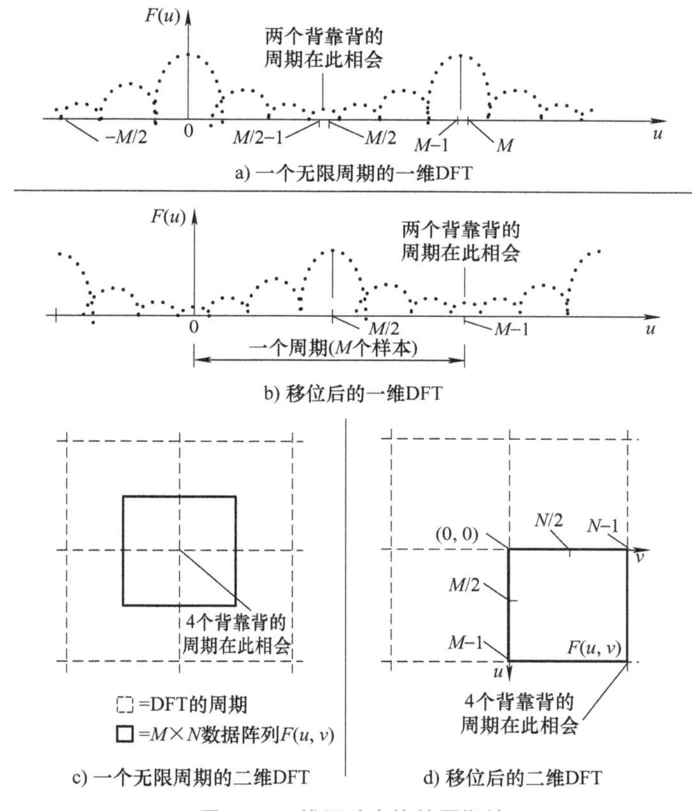

图 4-10　傅里叶变换的周期性

与一维情况相似，二维情况下傅里叶变换的原理仍然适用。然而，在二维情况下，以图形的方式来可视化可以更加复杂。与一维情况不同，二维情况中存在多个周期。在频域中，点（$M/2, N/2$）是关键，因为它表示频域中的直流分量。为了更清晰地显示频率成分和周期性，通过将数据移动，以便频域中的直流分量位于点 $(M/2, N/2$）处，可以简化二维 DFT 的可视化。令 $(u_0, v_0) = (M/2, N/2)$，可得到

$$f(x,y)(-1)^{x+y} \Leftrightarrow F\left(u-\frac{M}{2}, v-\frac{N}{2}\right) \tag{4-57}$$

利用式（4-57）移动数据，使 $F(0,0)$ 处在由区间 $[0, M-1]$ 和 $[0, N-1]$ 定义的频率矩形

的中心处，如图 4-10d 所示。

4. 对称性

二维 DFT 具有共轭对称性质，即频域中的对应点关于中心对称。这意味着变换结果的左上和右下角包含相同的信息，左下和右上角也相同，因此只需计算一半的频域数据，另一半可以通过镜像对称获得，以节省计算资源和存储空间。

5. 傅里叶谱和相位

通常二维 DFT 一般是复函数，可使用极坐标形式来表示：

$$F(u,v)=|F(u,v)|\mathrm{e}^{\mathrm{j}\phi(u,v)} \tag{4-58}$$

式中，幅度：

$$|F(u,v)|=\left[R^2(u,v)+I^2(u,v)\right]^{\frac{1}{2}} \tag{4-59}$$

称为傅里叶谱（或频谱），而

$$\phi(u,v)=\arctan\left[\frac{I(u,v)}{R(u,v)}\right] \tag{4-60}$$

称为相位。

最后，功率谱定义为

$$P(u,v)=|F(u,v)|^2=R^2(u,v)+I^2(u,v) \tag{4-61}$$

式中，R 和 I 分别是 $F(u,v)$ 的实部和虚部，所有的计算直接对离散变量 $u=0,1,2,\cdots,M-1$ 和 $v=0,1,2,\cdots,N-1$ 进行。$|F(u,v)|$、$|\phi(u,v)|$ 和 $P(u,v)$ 是大小为 $M\times N$ 的阵列。

实函数的傅里叶变换是共扼对称的，这表明谱是关于原点偶对称的：

$$|F(u,v)|=|F(-u,-v)| \tag{4-62}$$

相位关于原点奇对称：

$$\phi(u,v)=-\phi(-u,-v) \tag{4-63}$$

由二维离散傅里叶变换可得

$$F(0,0)=\sum_{x=0}^{M-1}\sum_{y=0}^{N-1}f(x,y) \tag{4-64}$$

它指出零频率项与 $f(x,y)$ 的平均值成正比，即

$$F(0,0)=MN\frac{1}{MN}\sum_{x=0}^{M-1}\sum_{y=0}^{N-1}f(x,y)=MN\bar{f}(x,y) \tag{4-65}$$

式中，$\bar{f}$ 是 f 的平均值。从而有

$$|F(0,0)| = MN\left|\bar{f}(x,y)\right| \tag{4-66}$$

$|F(0,0)|$ 是谱的最大分量，因为比例常数 MN 通常很大，所以它可能比其他项大几个数量级。

相位是描述图像形状特点的重要参数，谱是描述图像灰度信息的重要参数。如图 4-11 所示，对傅里叶本人的图像画出其频率谱、相位谱，再利用其信息重建得到重构图。

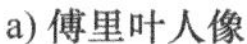

a) 傅里叶人像　b) 图像频率谱图　c) 图像相位谱图　d) 图像双谱重构图

图 4-11　傅里叶变换下的图像重构

6. 二维卷积定理

将一维循环卷积扩展至两个变量可得到二维循环卷积的表达式：

$$f(x,y)*h(x,y) = \sum_{m=0}^{M-1}\sum_{n=0}^{N-1} f(m,n)h(x-m,y-n) \tag{4-67}$$

二维卷积定理可以视为一维卷积定理的推广，它们都是傅里叶变换的性质，用于分析卷积操作在频域中的效果。二维卷积定理可表示为

$$f(x,y)*h(x,y) \Leftrightarrow F(u,v)H(u,v) \tag{4-68}$$

反之，有

$$f(x,y)h(x,y) \Leftrightarrow F(u,v)*H(u,v) \tag{4-69}$$

F 和 H 是使用二维傅里叶变换得到的，同样箭头的两边组成一对傅里叶变换对。

4.2　基于频域滤波的数字图像处理基本框架

在空间域中，图像的纹理、结构和某些重要特征不能很好的表达，可以通过二维离散傅里叶变换，将图像转换到频率域中，然后使用适当的频域处理方法进行处理，最后将处理后的图像逆变换回空间域，从而解决在空间域中难以处理的问题。这种频域图像处理的方法能够更有效地应对一些复杂的图像处理任务，它能够以一种更直观的方式分析和处理图像中的频率信息。频域滤波的图像处理基本框架如图 4-12 所示。

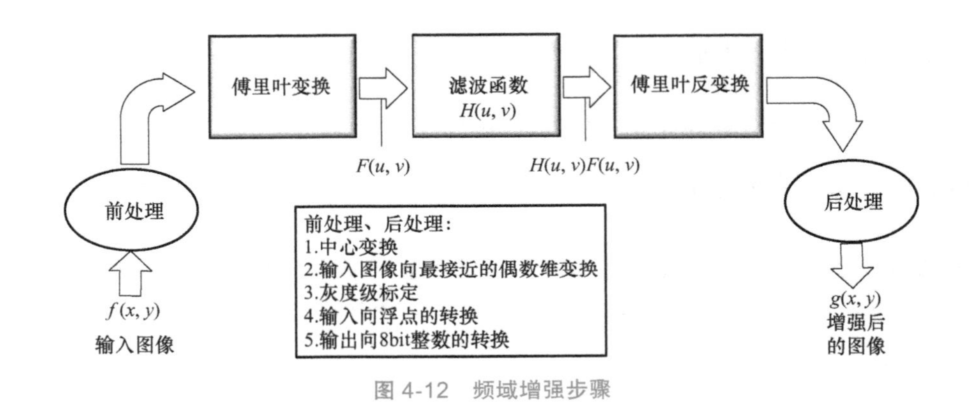

图 4-12　频域增强步骤

4.2.1　频域滤波基础

频率域滤波由修改一幅图像的傅里叶变换然后计算其反变换得到处理后的结果组成。给定一幅大小为 $M \times N$ 的数字图像 $f(x\ y)$，基本滤波公式按如下形式给出：

$$g(x,y)=\mathfrak{I}^{-1}\left[H(u,v)F(u,v)\right] \tag{4-70}$$

式中，$\mathfrak{I}^{-1}$ 是 IDFT；$F(u,v)$ 是输入图像 $f(x,y)$ 的 DFT；$H(u,v)$ 是滤波函数（也称为滤波器，或者传递函数）；$g(x,y)$ 是滤波后的（输出）图像。函数 F、H 和 g 是与输入图像大小相同的 $M \times N$ 阵列。

图像中的低频成分与图像中的缓慢变化的灰度分量相关，而高频成分则与图像中的突变、边缘和噪声等细节相关。为了实现不同的图像处理目标，可以使用不同类型的滤波器。使用衰减高频而通过低频的滤波器 $H(u,v)$（低通滤波器）将模糊一幅图像，具有相反特性的滤波器（高通滤波器）将锐化一幅图像，如图 4-13 所示，分别描述了两种滤波器及滤波结果。

式（4-70）涉及频率域中两个函数的乘积，也就是空间域的卷积。如果函数未被填充，可能会产生混淆误差。一幅黑白图像如图 4-14a 所示，使用高斯低通滤波器对图像进行处理，处理后的图像如图 4-14b 所示。观察到图像顶部的白边被模糊，而两侧的白边则没有被模糊，产生了不均匀的模糊效果。为了解决这个问题，对输入图像进行填充，之后重新滤波，得到了图 4-14c 所示的图像，可以看到图像的边缘都被模糊了。通过对图像填充，确保了滤波效果的均匀性，能获得更准确的模糊效果。

下面说明产生不均匀模糊的原因。图 4-15a 中的虚线区域对应图 4-14a 中的图像。当应用滤波器到图像的虚线框选定的区域时，该滤波器会覆盖部分该区域以及右上方的周期性图像底部部分。如果在滤波器下方存在一个暗区域和一个亮区域，这将导致生成一个中等灰度的模糊图像。然而，当滤波器通过图像的右上方时，它只会覆盖图像中的亮区域以及其右侧相邻的区域。在这种情况下，滤波操作将变得无效，如图 4-14b 所示。为了解决这个问题，可以采用零填充的方法，将图像扩展到一个具有平坦边界的周期序列周围，如图 4-15b 所示。然后，将滤波器应用于这个填充过的“马赛克”图像，得到了正确的结果，如图 4-14c 所示。从这个示例中可以看出，不合理的填充会导致错误的滤波结果。

a) 原图像

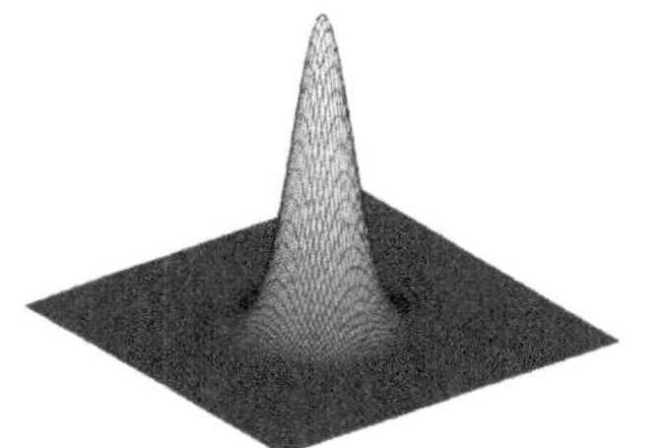

b) 低通滤波器示意图

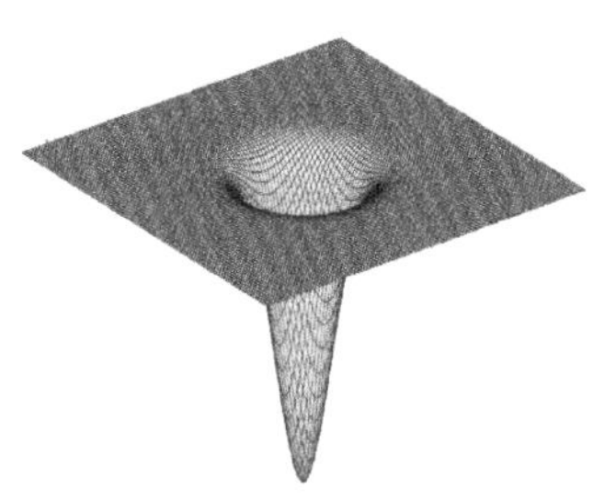

c) 高通滤波器示意图

d) 使用低通滤波器滤波结果

e) 使用高通滤波器滤波结果

图 4-13　使用低通和高通滤波器分别滤波一幅图像

a) 一幅黑白图像

b) 无填充滤波结果

c) 填充后滤波结果

图 4-14　针对黑白图像使用高斯低通滤波器结果

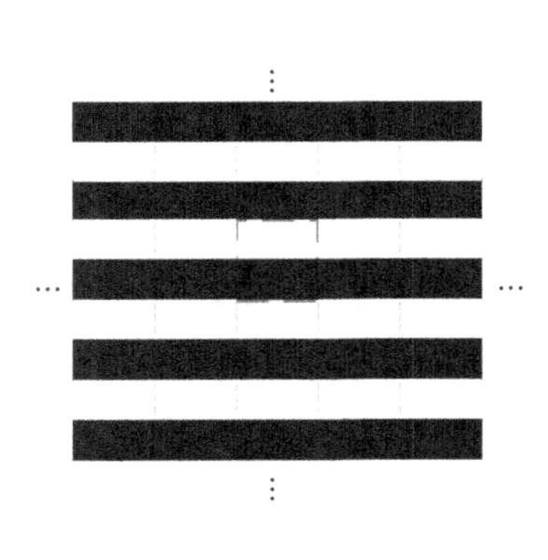

a) 原图像

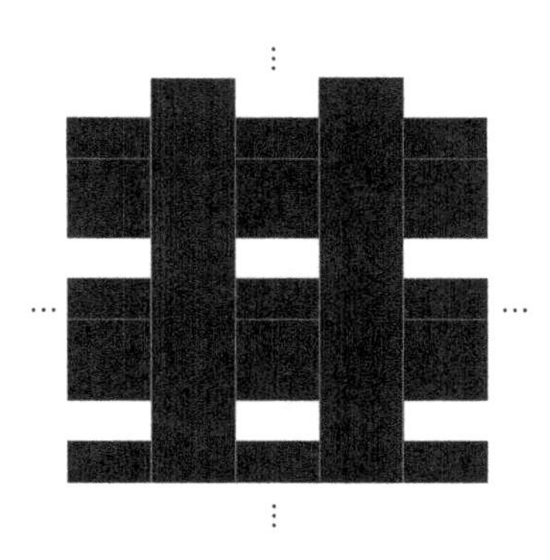

b) 零填充后图像

图 4-15　DFT 的周期性

图像的频域滤波处理不仅需要适当填充输入图像，还需要定义一个滤波器，这个滤波器可以在空间域或频率域中规定。然而，值得注意的是，填充是在图像的空间域中执行的，这引发了一个重要的问题，即空间填充与在频率域中指定滤波器之间的关系。

处理频率域滤波器填充的一种方法是构建一个与图像尺寸相同的滤波器，计算该滤波器的IDFT得到相应的空间滤波器，在空间域填充这个空间滤波器，然后计算其DFT返回到频率域。图4-16所示的一维例子说明了这种方法的缺陷。图4-16a显示了频率域中的一个一维理想低通滤波器。该滤波器是实对称和偶对称的，因此可知其IDFT也是实对称和偶对称的。图4-16b显示了用$(-1)^u$乘以频率域滤波器的元素的结果，并计算其IDFT以得到相应的空间滤波器。该空间函数的两端不是0，对该函数进行0填充创建了两个不连续的函数（在函数的两端填充与在一端填充效果相同，只要所用的0的总数相同即可），如图4-16c所示。

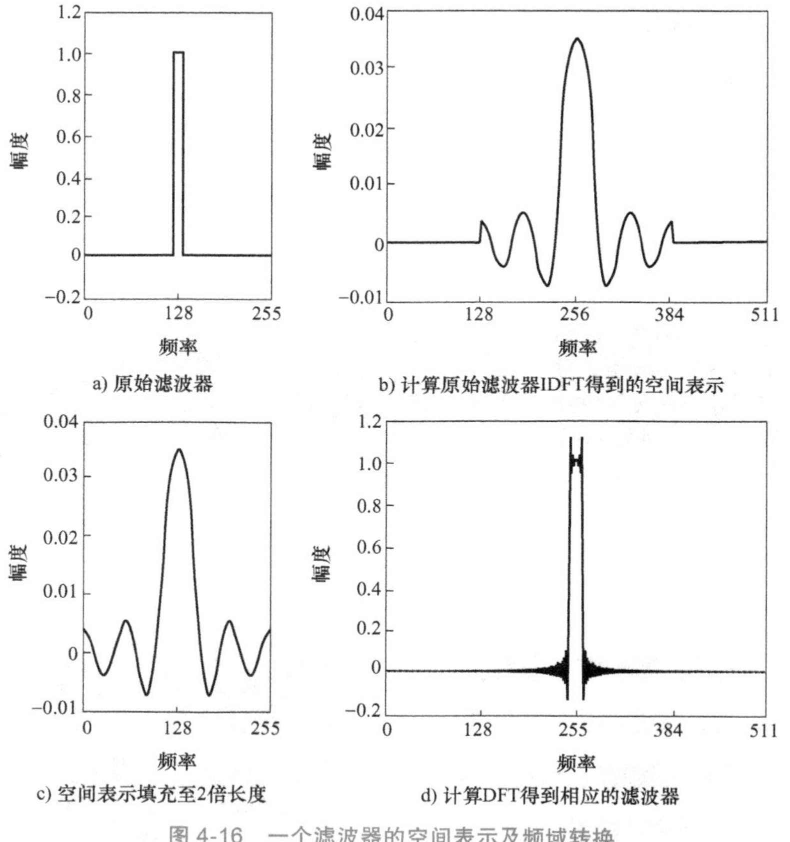

图4-16　一个滤波器的空间表示及频域转换

要返回到频率域，需要计算填充后的空间滤波器的DFT。在图4-16d中显示了这个结果，空间滤波器中的不连续性在其频率域中引起了振铃效应。这意味着通过零填充引入的空间域截断将在频率域中产生振铃现象，因为频率域的傅里叶变换表示了滤波器的频率成分。一个示例可以帮助理解这一点，即盒函数（矩形函数）的傅里叶变换是 sinc 函数，它的频域表示具有无限扩展的成分。盒函数的傅里叶反变换也有相同的属性。因此，理想的（盒状）频率域滤波器的空间表示将包含无限扩展的成分。对于任何采用零填充的滤波器，对其空间表示的截断通常会引入不连续性，这会在频率域中导致振铃现象。虽然在某些情况下，通过在零交叉点处进行填充可以避免截断效应，但并非所有滤波器都具有零交叉点。这个例子强调了滤波器设计和填充策略的重要性，以减少振铃和信息丢失。

因为不能处理无限数量的分量，所以不可能使用理想的频率域滤波器（见图 4-16a），并且，同时使用零填充来避免缠绕错误。因此，需要有一个可以接受的限制性决策。目标是在频率域使用一个特定形状的滤波器（包括理想滤波器）而不必涉及截断问题。一种方法是对图像 0 填充，然后在频率域创建滤波器，其尺寸与填充过的图像一样（使用 DFT 时，图像和滤波器的大小必须相同）。因为未对该滤波器使用填充，将导致缠绕错误。但在实践中，该错误可通过图像填充提供的间隔有效地减轻，它对振铃也更好。为了直接在频率域使用特定形状的滤波器做处理，本章采用的方法是把图像填充为 $P\times Q$ 大小，并构造相同维数的滤波器。

4.2.2　频域滤波步骤

频域滤波步骤如下：

1）给定一幅大小为 $M\times N$ 的输入图像 $f(x,y)$，填充参数 P 和 Q。通常情况下，选择 $P=2M$ 和 $Q=2N$。

2）对 $f(x,y)$ 添加必要数量的 0，形成大小为 $P\times Q$ 的填充后的图像 $f_P(x,y)$。

3）用 $(-1)^{x+y}$ 乘以 $f_P(x,y)$ 移到其变换的中心。

4）计算来自步骤 3）的图像的 DFT，得到 $F(u,v)$。

5）生成一个实的、对称的滤波函数 $H(u,v)$，其大小为 $P\times Q$，中心在 $(P/2,Q/2)$ 处。用阵列相乘形成乘积 $G(u,v)=H(u,v)F(u,v)$，即 $G(i,k)=H(i,k)F(i,k)$。

6）得到处理后的图像：

$$g_p(x,y)=\{\mathrm{Re}[\hat{u}^{-1}[G(u,v)]]\}$$

7）通过从 $g_p(x,y)$ 的左上象限提取 $M\times N$ 区域，得到最终处理结果 $g(x,y)$。

4.2.3　空域与频域滤波间的对应关系

空间域滤波和频率域滤波之间可以通过卷积定理等价。把频率域中的滤波定义为滤波函数 $H(u,v)$ 与输入图像的傅里叶变换 $F(u,v)$ 的乘积。空间域中的卷积核 $h(x,y)$ 通过傅里叶变换就得到了频率域中对应等价的滤波器传递函数 $H(u,v)$。相应地，已知 $F(u,v)$ 时，也可以通过傅里叶反变换得到空间域中等效卷积核 $f(x,y)$。因此，两个滤波器形成了傅里叶变换对：

$$h(x,y)\Leftrightarrow H(u,v) \tag{4-71}$$

式中，$h(x,y)$ 是一个空间滤波器。因为该滤波器可以由频率域滤波器对一个冲激的响应得到，所以 $h(x,y)$ 有时称为 $H(u,v)$ 的脉冲响应。

在实践中，倾向于使用较小的滤波器模板来实现卷积滤波，因为这种模板在硬件和（或）固件实现时速度相对快而且容易。滤波的概念在频域的表现更为直观，设计滤波器时会首先在频率域上规定一个滤波器，计算它的 IDFT，然后如同构建较小的空间滤波模板那样，再经过傅里叶反变换后得到一个完整的空间滤波器。但本节使用相反的过程在频率域分析较小的空间滤波的特性，首先给定一个小的空间滤波器，再得到其完整的频率域表示。

接下来分析如何运用频率域滤波器指定第 3 章中讨论的一些小模板的系数。令 $H(u)$ 表示一维频率域高斯滤波器：

$$H(u)=A\mathrm{e}^{-u^2/(2\sigma^2)} \tag{4-72}$$

式中，A 是高斯曲线的系数；σ 是高斯曲线的标准差。空间域中的相应滤波器由 $H(u)$ 的傅里叶反变换得到：

$$h(x)=\sqrt{2\pi}\sigma A\mathrm{e}^{-2\pi^2\sigma^2x^2} \tag{4-73}$$

频率域高斯低通滤波器和空间域对应的低通滤波器的曲线如图 4-17a 和图 4-17c 所示。这两个滤波器的所有值都是正的。假定想要使用图 4-17c 中 $h(x)$ 的曲线形状作为标准规定一个小空间模板的系数，就不难发现，使用一个全部带正系数的模板就可在空间域中实现低通滤波。频率域滤波器越窄，其衰减的低频越多，引起的模糊越大。在空间域，这意味着必须使用较大的模板来增加模糊。

更复杂的滤波器可以使用基本高斯函数来构建。例如，可以用高斯函数的差来构造一个高通滤波器：

$$H(u)=A\mathrm{e}^{-u^2/(2\sigma_1^2)}-B\mathrm{e}^{-u^2/(2\sigma_2^2)} \tag{4-74}$$

式中，$A\geqslant B$；$\sigma_1>\sigma_2$。空间域中的相应滤波器是

$$h(x)=\sqrt{2\pi}\sigma_1A\mathrm{e}^{-2\pi^2\sigma_1^2x^2}-\sqrt{2\pi}\sigma_2B\mathrm{e}^{-2\pi^2\sigma_2^2x^2} \tag{4-75}$$

频率域高斯高通滤波器和空间域对应的高通滤波器的曲线如图 4-17b 和图 4-17d 所示。最关键的特点是 $h(x)$ 具有一个正的中央成分，以及在其两侧具有负成分。小型模板如图 4-17d 中所示，能够捕捉到这一特性。这两个模板在第 3 章中通常用作锐化滤波器，也就是高通滤波器的一种形式。

考虑一幅具有中国元素的茶杯造型的图像，如图 4-18a 所示。向这个图像中添加椒盐噪声，生成如图 4-18b 所示的结果。接下来，采用两种不同的方法进行去噪处理：一种是使用低通滤波器，其频域表示如图 4-18c 所示；另一种是使用空间模板，如图 4-18d 所示。去噪后的结果：使用低通滤波器的结果如图 4-18e 所示；使用空间模板的结果如图 4-18f 所示。这些处理都可以帮助恢复原始图像，减少椒盐噪声的影响，并提供更清晰的图像。

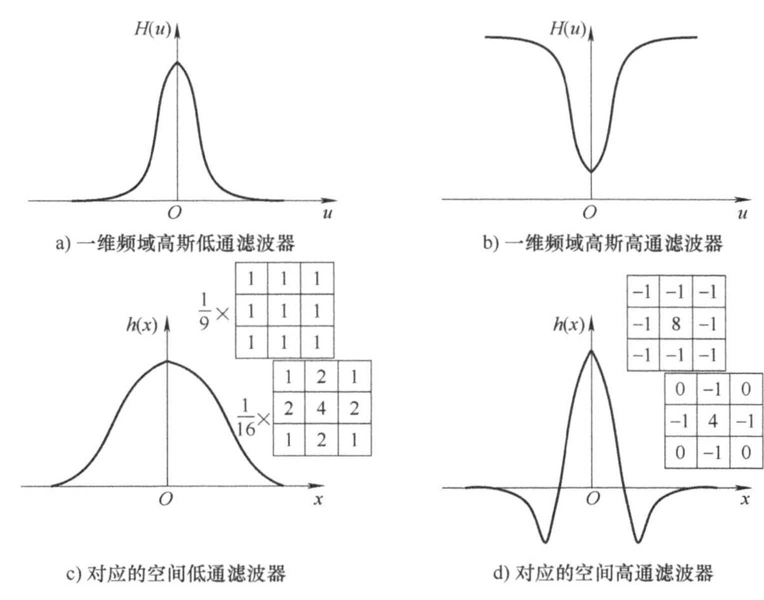

图 4-17　频率域与空间域滤波器的对应

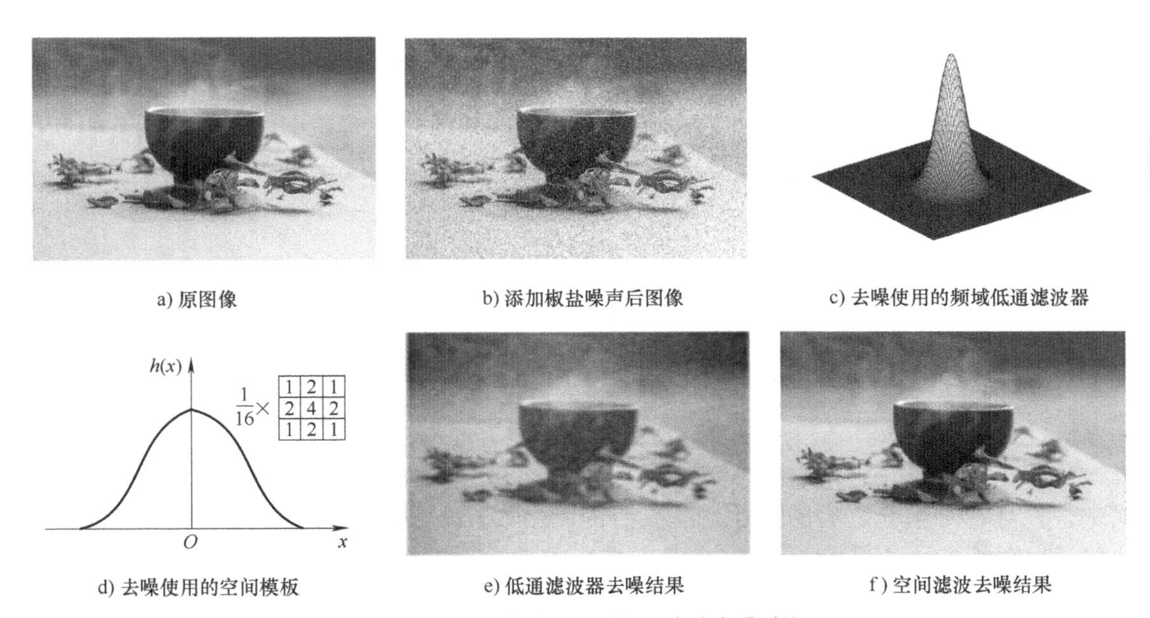

图 4-18　空间滤波和频域低通滤波去噪对比

4.3　低通滤波器

图像的噪声和边缘对应傅里叶频谱的高频部分（见图 4-19），选择能使低频信号通过、高频信号衰减的滤波方式，就能达到去除噪声的目的（假定噪声是高频信号的情况下）。低通滤波作为一种滤波方式，规则为低频信号能正常通过，而超过设定截止频率的高频信号则被阻隔、减弱。本节主要介绍三种类型的低通滤波器：理想低通滤波器、巴特沃思低通滤波器和高斯低通滤波器。

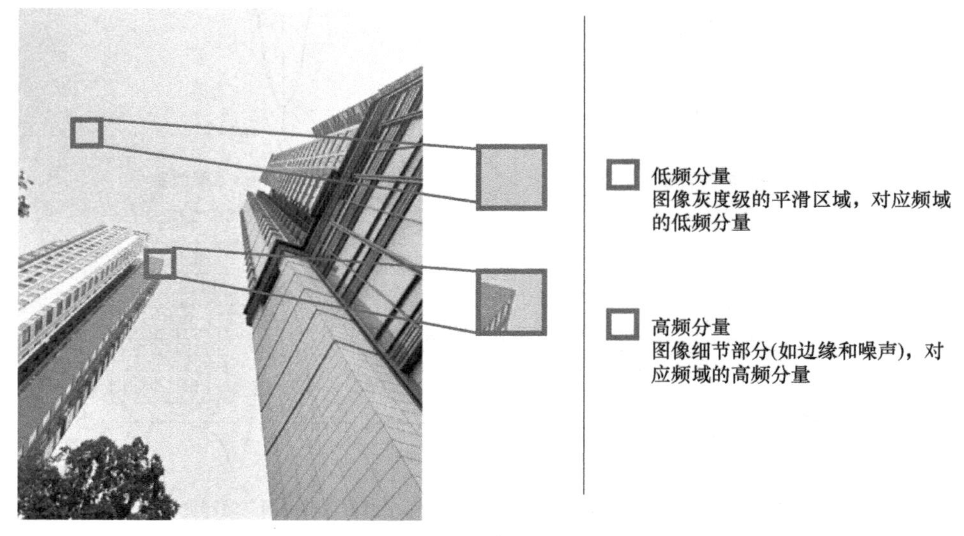

图 4-19　图像特性表示

4.3.1　理想低通滤波器

在以原点为圆心、以 D_0 为半径的圆内，无衰减地通过所有频率，而在该圆外阻断所有频率通过的二维低通滤波器，称为理想低通滤波器（Ideal Low Pass Filter，ILPF）。它的传递函数定义为

$$H(u,v)=\begin{cases}1 & D(u,v)\leqslant D_0\\0 & D(u,v)>D_0\end{cases} \tag{4-76}$$

式中，D_0 是一个非负整数；$D(u,v)$ 是频率中点 (u,v) 到频率矩形中点的距离，如下表示：

$$D(u,v)=\left[(u-P/2)^2+(v-Q/2)^2\right]^{1/2} \tag{4-77}$$

式中，P 与 Q 是填充之后的尺寸。滤波器传递函数 $H(u,v)$ 的透视图，以及图像显示的滤波器，如图 4-20a、b 所示。

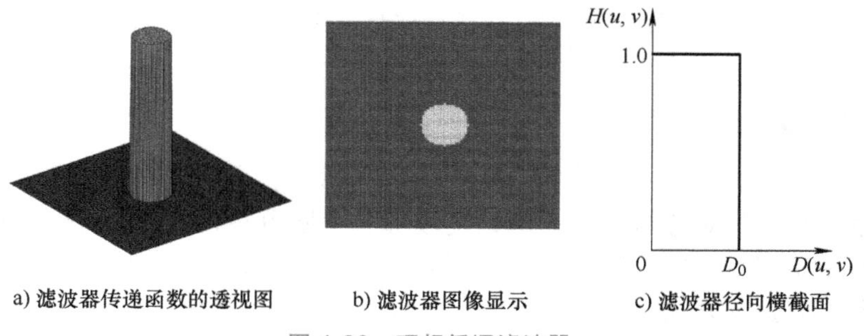

a) 滤波器传递函数的透视图　b) 滤波器图像显示　c) 滤波器径向横截面

图 4-20　理想低通滤波器

理想这一名称表明在半径为 D_0 的圆内，所有频率无衰减地通过，而在此圆之外的所有频率则完全被衰减（滤除）。圆的半径 D_0 为截止频率。对于一个 ILPF 横截面，在 $H(u,v)=1$ 和 $H(u,v)=0$ 之间的过渡点表示为截止频率。

理想滤波器在频域上具有关于原点的径向对称性。这种特殊的对称性使得人们可以仅考虑一个径向截面来描述该滤波器的性质，然后通过旋转这个截面 360° 来获得整个二维滤波器的频域表示。一个理想滤波器的径向横截面如图 4-20c 所示。

本节介绍的低通滤波器可用具有相同截止频率的函数研究其特性而加以比较。建立一组标准截止频率轨迹的一种方法是计算包含规定的总图像功率值 P_T 的圆。该值是通过求每个点 (u,v) 处填充后图像的功率谱分量的和得到的，即

$$P_{\mathrm{T}}=\sum_{u=0}^{P-1}\sum_{v=0}^{Q-1}P(u,v) \tag{4-78}$$

式中，$P(u,v)$ 已在式（4-61）中给出。如果 DFT 已被中心化，那么原点位于频率矩形中心处，半径为 D_0 的圆将包含 $\alpha\%$ 的功率，其中：

$$\alpha=100\sum_{u}\sum_{v}P(u,v)/P_{\mathrm{T}} \tag{4-79}$$

且这个和是 (u,v) 在圆内或圆边界线上的值。

给出一幅图像及其傅里叶谱，如图 4-21 所示。谱上重叠的圆的半径分别为 10、30、50、100 和 300 像素。

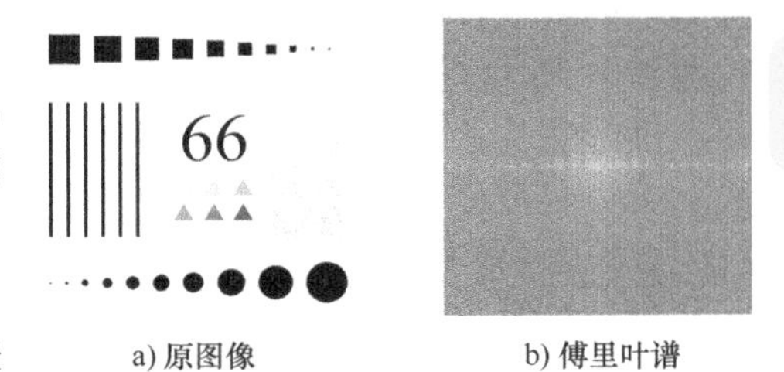

a) 原图像　　b) 傅里叶谱

图 4-21　图像及其傅里叶谱

例 4.2　使用一个 ILPF 平滑图像。

使用不同的截止频率对图 4-22a 所示图像进行平滑处理。图 4-22b 所示结果表明，除了一些代表最大物体的“斑点”之外，整个图像在滤波后变得模糊了。这种模糊表明，图像中的大部分尖锐细节信息都包含在滤波器的截止频率内。随着滤波器半径的增加，滤除的高频内容也逐渐减少，模糊效应逐渐减弱。图 4-22b ～图 4-22f 所示的图像都出现了“振铃”现象，即使在截止频率很高的图 4-22f 中，仍然能观察到振铃现象。这种振铃现象是理想滤波器的一种特性，它导致图像中出现了附加的环形结构。随着滤除的高频内容数量的减少，图像的纹理逐渐变得更加明显，这说明高频成分在呈现图像的细节和轮廓方面起着关键作用。这也强调了在实际图像处理中，通常需要选择适当的滤波器来平衡去除噪声和保留重要细节的需求。理想滤波器虽然在理论上有用，但在实际应用中，通常需要考虑更复杂的滤波器以处理图像的不同特性和需求。

虽然理想低通滤波器在实际应用中并不是非常实用，但通过研究这种滤波器的特性，可以更好地理解滤波概念的发展。下面尝试解释理想低通滤波器在空间域中的振铃现象。

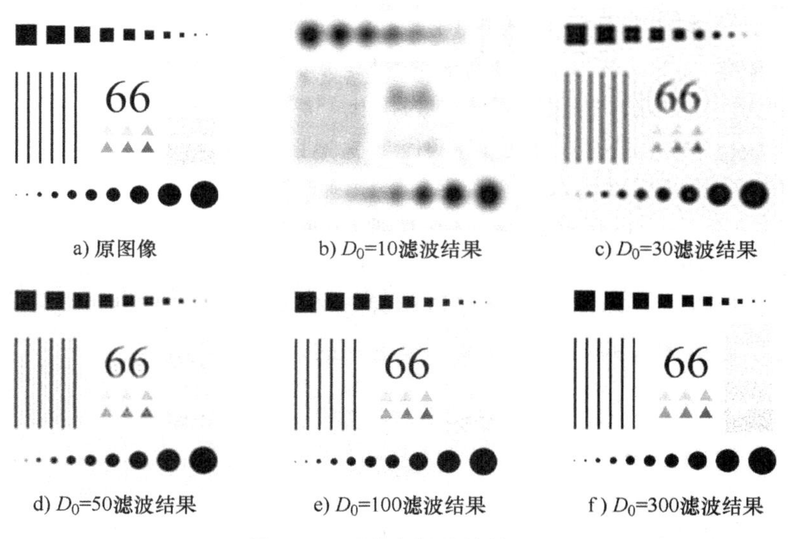

a) 原图像　b) D_0=10滤波结果　c) D_0=30滤波结果
d) D_0=50滤波结果　e) D_0=100滤波结果　f) D_0=300滤波结果

图 4-22　理想低通滤波结果

使用卷积定理可以解释低通滤波器的模糊和振铃特性。假设有一个半径为 10 的理想低通滤波器的空间表示 $h(x,y)$，如图 4-23a 所示，一个穿过图像中心的水平线的灰度剖面如图 4-23b 所示。由于理想低通滤波器在频率域的剖面图类似于盒状滤波器，可以预期相应的空间滤波器具有 sinc 函数的形状。在空间域中，可以通过将 $h(x,y)$ 与图像进行卷积实现滤波效果。这里，将图像中的每个像素视为一个离散冲激，其中冲激的强度与其位置的灰度成正比。将 sinc 函数与一个冲激进行卷积相当于在冲激位置产生一个复制的 sinc 函数。sinc 函数的中心波瓣是导致图像模糊的主要原因，而较小的外侧波瓣是造成振铃效应的主要原因。因此，将 sinc 函数与图像中的每个像素卷积提供了一个很好的模型来解释低通滤波器的特性。由于 sinc 函数的“展开度”与频域滤波器 $H(u,v)$ 的半径成反比，当 D_0 值较大时，空间域中的 sinc 函数与卷积时的冲激更相似。而低通滤波的一个重要目标是减少图像的高频成分，同时尽量减小或消除振铃效应。

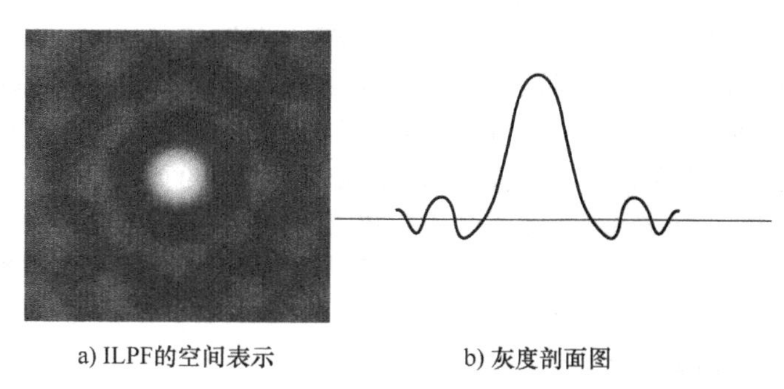
a) ILPF的空间表示　b) 灰度剖面图

图 4-23　ILPF 的空间表示和水平线的灰度剖面图

4.3.2　巴特沃思低通滤波器

巴特沃思滤波器是一种常见的滤波器，它有两个主要参数：截止频率和阶数。巴特沃思滤波器可看成是两种滤波器的过渡：阶数较高时，巴特沃思滤波器接近于理想滤波器，阶数较低时，巴特沃思滤波器接近于高斯滤波器。

截止频率位于距原点 D_0 处的 n 阶巴特沃思低通滤波器（Butterworth Low Pass Filter，BLPF）的传递函数定义为

$$H(u,v)=\frac{1}{1+[D(u,v)/D_0]^{2n}} \tag{4-80}$$

式中，D_0 是一个非负整数；$D(u,v)$ 是频率平面从原点到 (u,v) 的距离。

BLPF 传递函数的透视图、图像显示，以及阶数 1、2、3、4 的函数径向横截面，如图 4-24 所示。

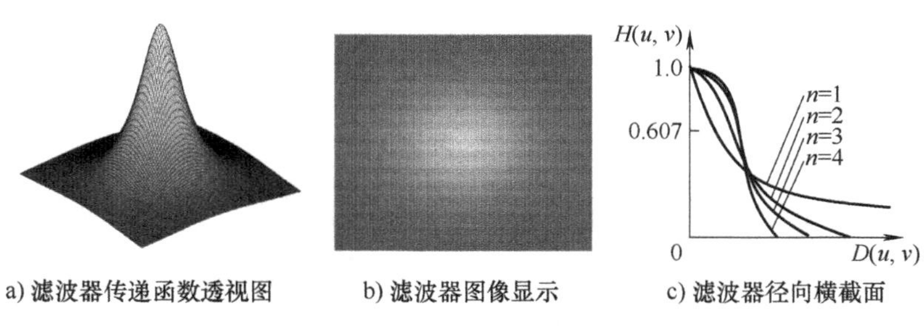

a) 滤波器传递函数透视图　b) 滤波器图像显示　c) 滤波器径向横截面

图 4-24 巴特沃思低通滤波器

BLPF 和 ILPF 之间的关键区别在于其传递函数的平滑性。BLPF 的传递函数在通过频率和截止频率之间没有尖锐的不连续性，与 ILPF 不同。对于具有平滑传递函数的滤波器，可以定义截止频率为使得其频率响应下降到其最大值的某个百分比的频率点。在式（4-80）中，截止频率点是当 $D(u,v)$ 等于 D_0 时的点，即当 $H(u,v)$ 下降到最大值的 50% 时。这意味着截止频率是频率响应从其最大值下降为 50% 的频率点。

例 4.3 使用巴特沃思低通滤波器平滑图像。

将 BLPF 应用于图 4-25a 所示图像，式（4-80）中 $n=2$，D_0 等于图 4-21b 所示的 5 个半径值。与图 4-22 所示的 ILPF 结果不同，此处模糊的平滑过渡是截止频率增大的函数。而且，由于这种滤波器在低频和高频之间的平滑过渡特性，经过 BLPF 处理过的图像中都没有明显的振铃现象。

在空间域中，1 阶 BLPF 没有振铃现象，2 阶 BLPF 的振铃现象很难察觉到，随着阶数的升高振铃现象就能体现出来，阶数较高之后就相当于一个 ILPF。图 4-26 比较了不同阶数的 BLPF 的空间表示，阶数分别为 1、2、5、20。1 阶 BLPF（见图 4-26a）没有振铃现象和负值。2 阶 BLPF 显示了轻微的振铃现象和较小的负值，但相较于 ILPF 并不明显。在更高阶的 BLPF 中，振铃现象变得越来越明显。20 阶 BLPF 呈现出了与 ILPF 类似的特性（极限情况下，两个滤波器相同）。通常情况下，2 阶 BLPF 具有良好的低通滤波性能，同时振铃现象也不明显，通常使其作为常用的巴特沃思滤波器。

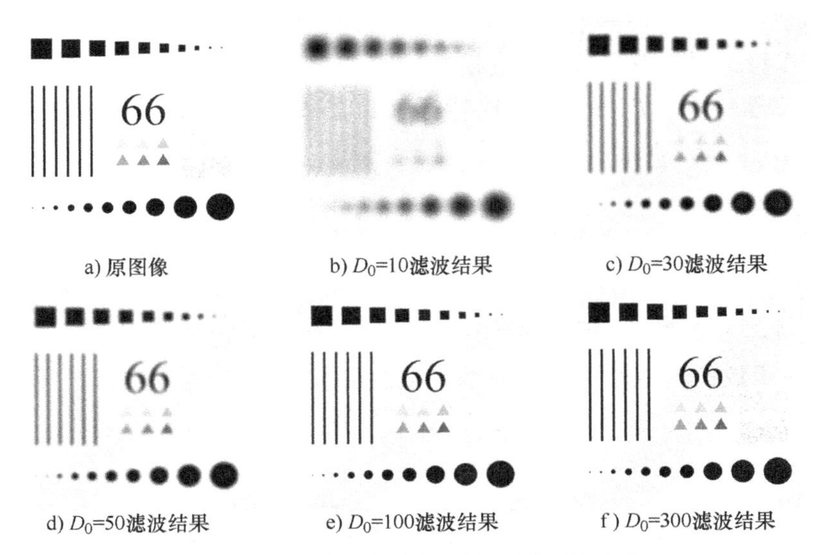

a) 原图像　b) D_0=10滤波结果　c) D_0=30滤波结果

d) D_0=50滤波结果　e) D_0=100滤波结果　f) D_0=300滤波结果

图 4-25　巴特沃思低通滤波器平滑图像结果

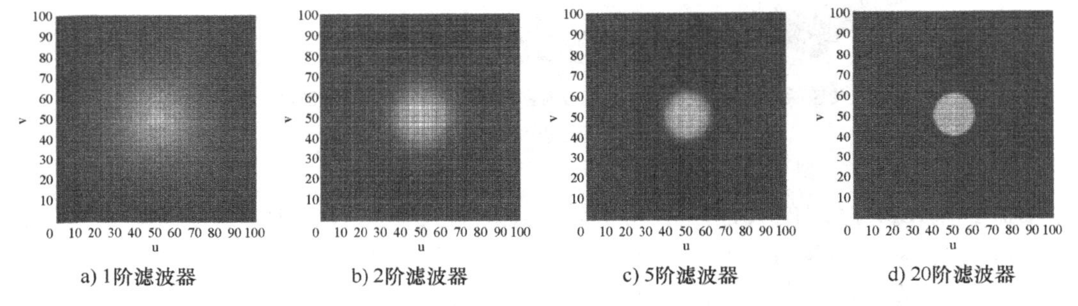

a) 1阶滤波器　b) 2阶滤波器　c) 5阶滤波器　d) 20阶滤波器

图 4-26　不同阶数巴特沃思滤波器空间表示

4.3.3　高斯低通滤波器

高斯低通滤波是一种线性平滑滤波，适用于消除高斯噪声，经常应用于图像处理的去噪过程。可用一维高斯低通滤波器（Gaussian Low Pass Filter，GLPE）来协助寻找空间域与频率域之间的对应关系。下面给出高斯低通滤波器的二维表示形式：

$$H(u,v)=\mathrm{e}^{-D^2(u,v)/(2\sigma^2)} \tag{4-81}$$

式中，$D(u,v)$是频率平面从原点到频率矩形中心的距离；σ是关于中心的扩展度的度量，表示高斯曲线扩展的程度。通过令$\sigma=D_0$，可得到高斯低通滤波器更常见的表示形式：

$$H(u,v)=\mathrm{e}^{-D^2(u,v)/(2D_0^2)} \tag{4-82}$$

式中，D_0是截止频率。当$D(u,v)=D_0$时，GLPF 函数下降到其最大值的 0.607 处。

与理想低通滤波器和巴特沃思低通滤波器对比，高斯低通滤波器没有振铃现象。在需要控制高频与低频之间的截止频率过渡情况下，高斯低通滤波器更为适用。

GLPF 传递函数的透视图、图像显示和径向横截面如图 4-27 所示。表 4-2 总结了本节讨论的三种低通滤波器。

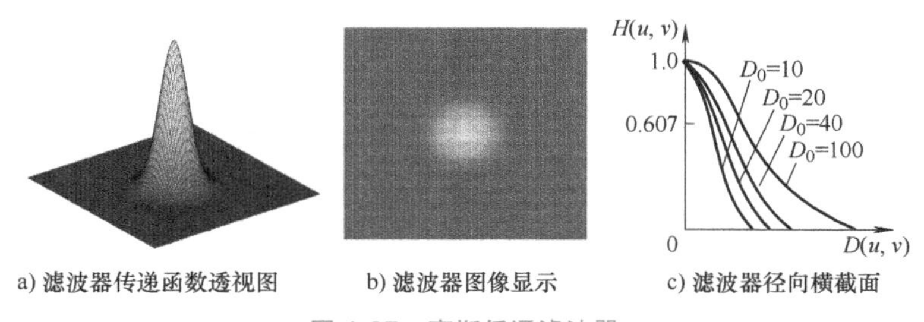

a) 滤波器传递函数透视图　b) 滤波器图像显示　c) 滤波器径向横截面

图 4-27　高斯低通滤波器

表 4-2　低通滤波器

理想低通滤波器	巴特沃思低通滤波器	高斯低通滤波器
$H(u,v)=\begin{cases}1 & D(u,v)\leqslant D_0\\0 & D(u,v)>D_0\end{cases}$	$H(u,v)=\dfrac{1}{1+[D(u,v)/D_0]^{2n}}$	$H(u,v)=\mathrm{e}^{-D^2(u,v)/(2D_0^2)}$

例 4.4　使用高斯低通滤波器平滑图像。

将 GLPF 应用于图 4-28a 所示图像，并使用与图 4-21b 中相同的截止频率。与 2 阶 BLPF 相比，针对相同截止频率的情况下，GLPF 产生的平滑效果略微逊色一些，如图 4-25c 和图 4-28c 所示。这是因为 2 阶 BLPF 的频率响应剖面相对于 GLPF 的频率响应剖面更紧凑。

然而，尽管存在这些差异，GLPF 的滤波效果仍然在可接受的范围内，并且最重要的是 GLPF 不会引发振铃现象。这一特性在某些情况下非常重要，特别是在需要严格控制低频和高频之间截止频率过渡的情况下，如在医学成像应用中。在这些情况下，GLPF 可能是更合适的选择，以确保不引入任何不希望的干扰。

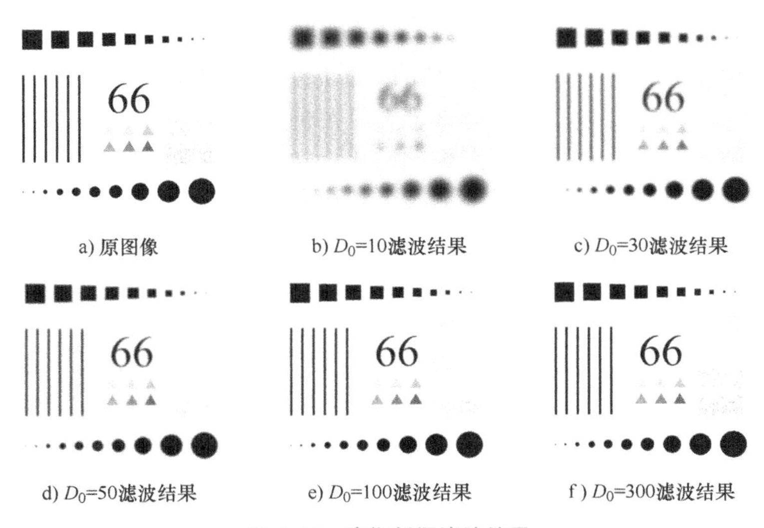

a) 原图像　b) D_0=10滤波结果　c) D_0=30滤波结果

d) D_0=50滤波结果　e) D_0=100滤波结果　f) D_0=300滤波结果

图 4-28　高斯低通滤波结果

图 4-29 对比展示了分别使用截止频率 D_0 =10，30，50 的理想低通滤波器、巴特沃思低通滤波器和高斯低通滤波器对图 4-21a 所示图像进行滤波的结果。

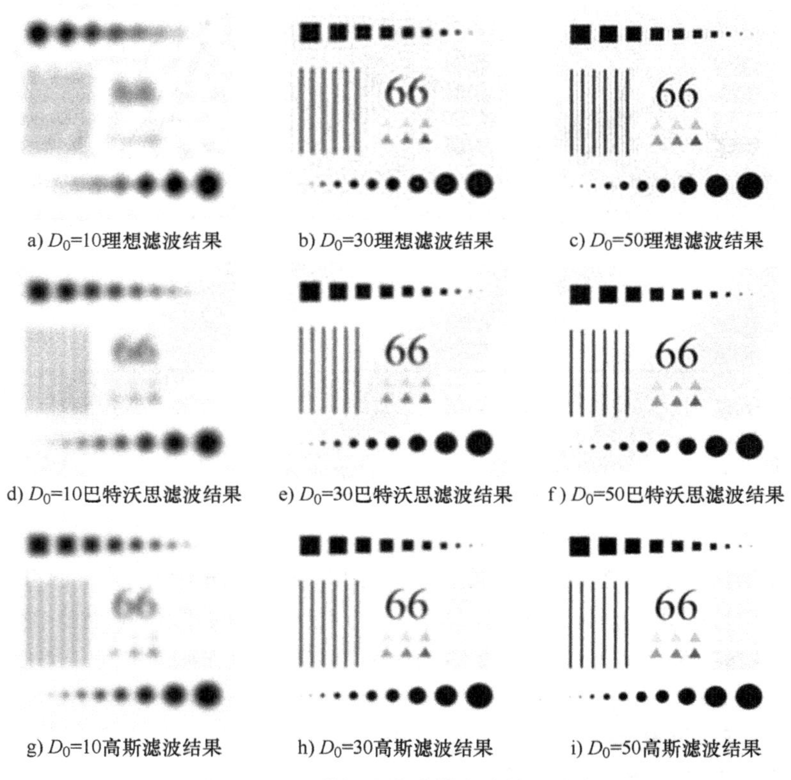

a) D_0=10理想滤波结果　b) D_0=30理想滤波结果　c) D_0=50理想滤波结果

d) D_0=10巴特沃思滤波结果　e) D_0=30巴特沃思滤波结果　f) D_0=50巴特沃思滤波结果

g) D_0=10高斯滤波结果　h) D_0=30高斯滤波结果　i) D_0=50高斯滤波结果

图 4-29　三种低通滤波器滤波效果对比

4.4　高通滤波器

傅里叶频谱的高频部分对应图像中的边缘和灰度的急剧变化。可以利用这一现象，使用高通滤波来衰减傅里叶变换中的低频部分，且高通滤波不会干扰傅里叶变换中的高频信息，保留图像的边缘成分，从而实现图像的锐化，达到图像增强的效果。

高通滤波器可以从给定的低通滤波器用下式得到：

$$H_{\mathrm{HP}}(u,v)=1-H_{\mathrm{LP}}(u,v) \tag{4-83}$$

式中，$H_{\mathrm{LP}}(u,v)$ 是低通滤波器的传递函数。即被低通滤波器衰减的频率能通过高通滤波器，反之亦然。本节主要介绍三种类型的高通滤波器：理想高通滤波器、巴特沃思高通滤波器和高斯高通滤波器，并且分别在频率域和空间域说明这三种滤波器的特性。

4.4.1　理想高通滤波器

与理想低通滤波器相反，一个二维理想高通滤波器（Ideal High Pass Filter，IHPE）

定义为

$$H(u,v)=\begin{cases}0 & D(u,v)\leqslant D_0\\ 1 & D(u,v)>D_0\end{cases} \tag{4-84}$$

式中，D_0 是截止频率；$D(u,v)$ 是频率平面从原点到点 (u,v) 的距离。

IHPF 与 ILPF 是相对的，IHPF 把以半径为 D_0 的圆内的所有频率置零，而毫无衰减地通过圆外的所有频率。IHPF 传递函数的透视图、图像显示和径向横截面如图 4-30 所示。

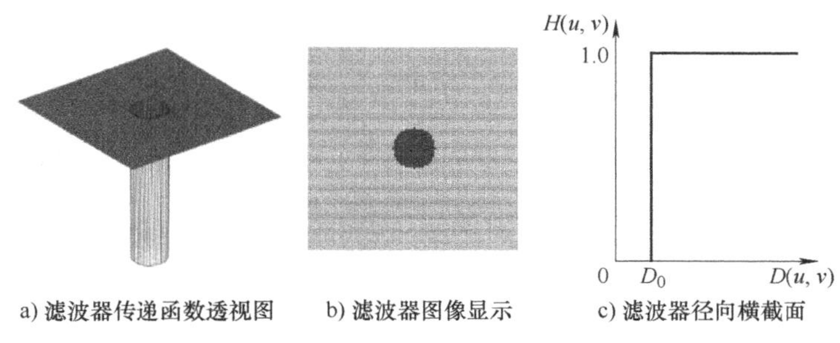

a) 滤波器传递函数透视图　b) 滤波器图像显示　c) 滤波器径向横截面

图 4-30　理想高通滤波器

IHPF 和 ILPF 一样具有相同的振铃现象，如图 4-31 所示，给出了截止频率分别为 30、50、100 像素的 IHPF 对图 4-21a 所示原始图像的滤波结果。当 $D_0=30$ 时振铃现象非常严重，产生了失真，而且物体的边界也被加粗了。由于文字下面的 3 个三角形灰度很接近于背景灰度，产生了较小的幅度不连续，使得它们不像图像中的其他边缘那么强。较小的物体和线条显示为白色，是由于空间域的滤波是空间滤波器与图像的卷积。当 $D_0=30$ 时，边界被加粗得比较严重；当 $D_0=50$ 时，边缘失真仍很明显；当 $D_0=100$ 时，边缘更清晰，失真不再明显，而且较小的物体和噪声已被滤除。

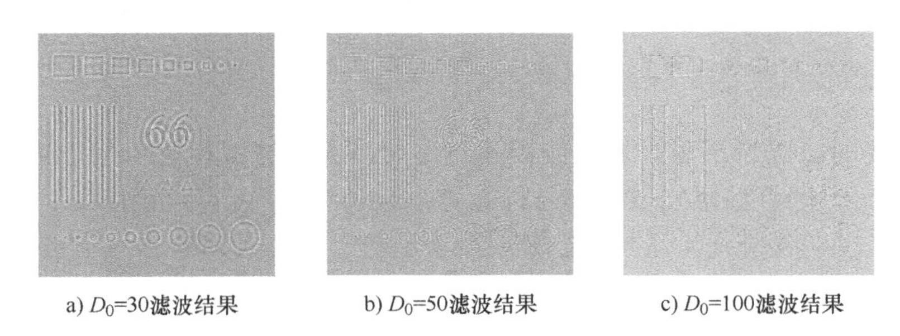

a) D_0=30滤波结果　b) D_0=50滤波结果　c) D_0=100滤波结果

图 4-31　理想高通滤波结果

4.4.2　巴特沃思高通滤波器

相比于理想高通滤波器，巴特沃思高通滤波器的响应曲线更为平滑。截止频率为 D_0 的 n 阶巴特沃思高通滤波器（Butterworth High Pass Filter，BHPF）的传递函数为

$$H(u,v)=\frac{1}{1+[D_0/D(u,v)]^{2n}} \tag{4-85}$$

式中，D_0 是截止频率；$D(u,v)$ 是频率平面从原点到点 (u,v) 的距离。BHPF 传递函数的透视图图像显示和径向横截面如图 4-32 所示。

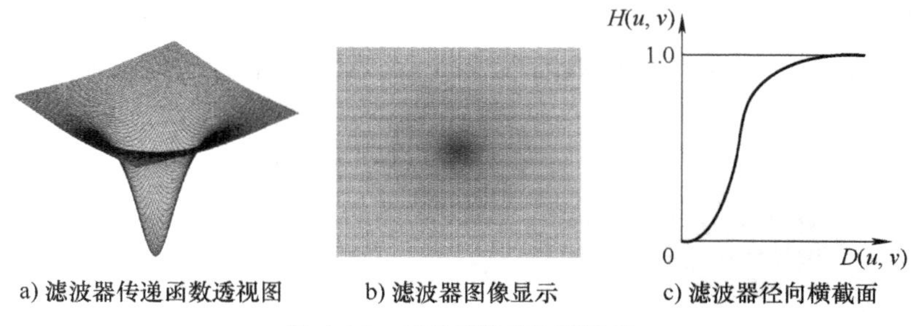

a) 滤波器传递函数透视图　b) 滤波器图像显示　c) 滤波器径向横截面

图 4-32　巴特沃思高通滤波器

使用与 IHPF 相同的 D_0 值得到的 BHPF 滤波结果如图 4-33 所示。可以看出，在相同的截止频率下，BHPF 滤波结果的边缘失真都比 IHPF 滤波结果小得多。而且，能观察到 BHPF 的截止频率越大，滤波后的结果就越平滑。

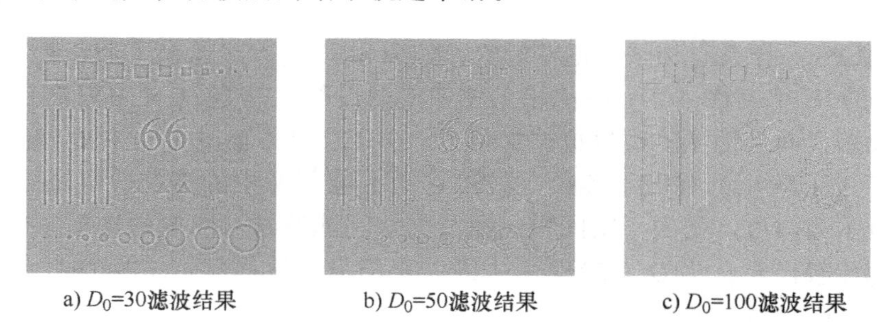

a) D_0=30滤波结果　b) D_0=50滤波结果　c) D_0=100滤波结果

图 4-33　巴特沃思高通滤波结果

4.4.3　高斯高通滤波器

在阶数过高时，巴特沃思高通滤波器就与高斯高通滤波器相似。截止频率处在距频率矩形中心距离为 D_0 的高斯高通滤波器（Gaussian High Pass Filter，GHPF）的传递函数为

$$H(u,v)=1-\mathrm{e}^{-D^2(u,v)/(2D_0^2)} \tag{4-86}$$

式中，$D(u,v)$ 是频率平面从原点到点 (u,v) 的距离。GHPF 传递函数的透视图、图像显示和径向横截面如图 4-34 所示。

使用与 IHPF 和 BHPF 相同的 D_0 值得到的 GHPF 滤波结果如图 4-35 所示。观察到 GHPF 滤波后的结果比前两个滤波器的滤波结果更平滑。同时也能发现，对于微小物体和较细的线条使用 GHPF 滤波，结果相对更好。表 4-3 总结了本节所学的三种高通滤波器。

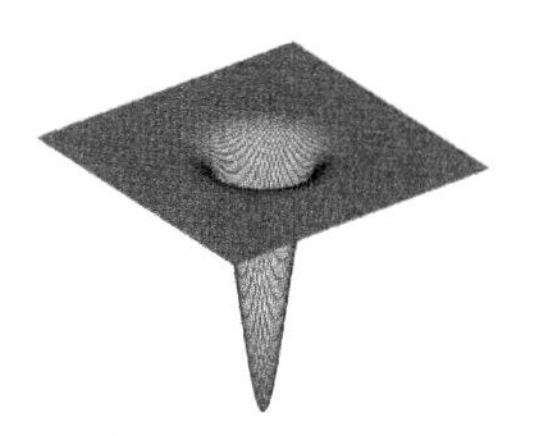

a) 滤波器传递函数透视图

b) 滤波器图像显示

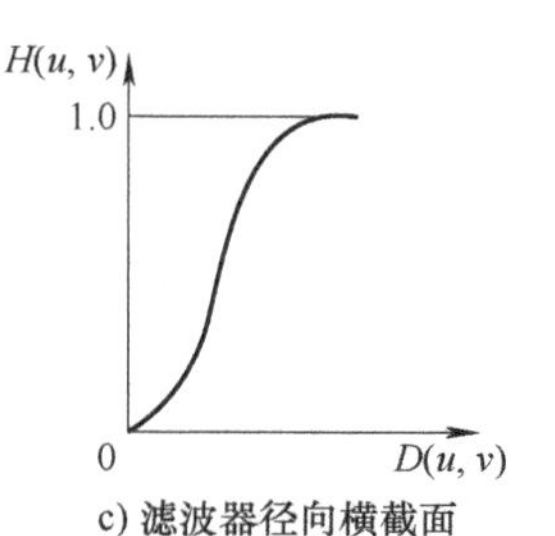

c) 滤波器径向横截面

图 4-34　高斯高通滤波器

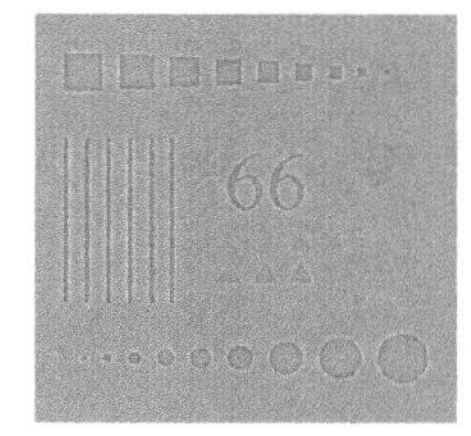

a) D_0=30滤波结果

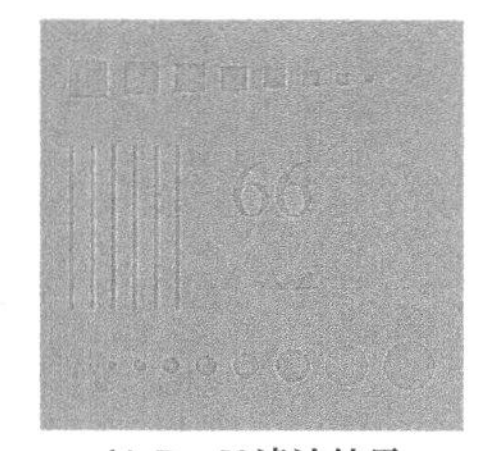

b) D_0=50滤波结果

c) D_0=100滤波结果

图 4-35　高斯高通滤波结果

表 4-3　高通滤波器

理想高通滤波器	巴特沃思高通滤波器	高斯高通滤波器
$H(u,v)=\begin{cases}0 & D(u,v)\leqslant D_0\\1 & D(u,v)>D_0\end{cases}$	$H(u,v)=\dfrac{1}{1+[D_0/D(u,v)]^{2n}}$	$H(u,v)=1-\mathrm{e}^{-D^2(u,v)/(2D_0^2)}$

例 4.5　使用高通滤波法和阈值法增强图像。

图 4-36a 是一幅大小为 478 × 444 的指纹图像，其污染非常明显。在自动指纹识别中，增强指纹的脊线并减小污染是关键步骤之一。这里采用高通滤波法来实现增强。高通滤波器利用脊线部分属于图像的高频信息，因为高通滤波器不会改变高频。然而，滤波器会降低低频分量，而低频分量对应图像中灰度变化缓慢的区域，如背景和污染。通过减少除高频信息外的所有特征，可以实现图像的增强。

图 4-36b 展示了使用截止频率为 30 的高斯高通滤波器对图像进行滤波的结果。高通滤波后的图像呈现典型的暗色调，需要进一步处理来增强感兴趣的细节。一种简单的方法是对滤波后的图像进行阈值处理。图 4-36c 显示了将滤波后图像中的所有负值设置为黑色、所有正值设置为白色的结果。值得注意的是，脊线变得更加清晰，污染明显减小。实际上，图 4-36a 中右上方几乎看不见的脊线在图 4-36c 中得到很好的增强。

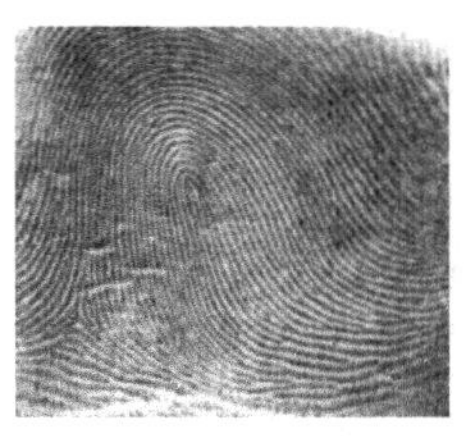

a) 指纹图像

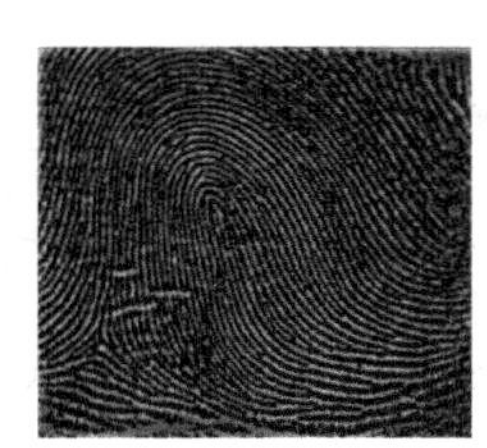

b) 高通滤波结果

c) 阈值化结果

图 4-36　用高通滤波法和阈值法增强图像

4.5 带通滤波器与带阻滤波器

4.5.1 带通和带阻滤波器

在很多情况中，图像质量可能会受到带有一定规律的结构噪声的影响，需要的是处理指定的频段或频率矩形的小区域，这时候就需要使用特定的滤波器来实现这些目标。带通滤波器有一个可调频率的通带，在通带内没有放大或者衰减，通带之外的频率能够完全衰减掉。带阻滤波器则相反，通带之内的频率完全衰减掉，通带之外的频率不受影响。这两种滤波器能够根据特定应用的需求，达到改善图像质量的目的。

设一带阻滤波器的中心点为(u_0,v_0)，半径为D_0，则其传递函数定义为

$$H(u,v)=\begin{cases}0 & D(u,v)\leqslant D_0\\ 1 & D(u,v)>D_0\end{cases} \tag{4-87}$$

式中：

$$D(u,v)=[(u-u_0)^2+(v-v_0)^2]^{\frac{1}{2}} \tag{4-88}$$

表 4-4 给出了理想、巴特沃思和高斯带阻滤波器的表达式，式中$D(u,v)$是距频率矩形中点的距离，D_0是带宽的径向中心，W是带宽。

表 4-4　带阻滤波器

理想带阻滤波器	巴特沃思带阻滤波器	高斯带阻滤波器
$H_{\mathrm{BR}}(u,v)=\begin{cases}0 & 若 D_0-\frac{W}{2}\leqslant D(u,v)\leqslant D_0+\frac{W}{2}\\ 1 & 其他\end{cases}$	$H_{\mathrm{BR}}(u,v)=\dfrac{1}{1+\left[\dfrac{D(u,v)W}{D(u,v)^2-D_0^2}\right]^{2n}}$	$H_{\mathrm{BR}}(u,v)=1-\mathrm{e}^{-\left[\frac{D(u,v)^2-D_0^2}{D(u,v)W}\right]^2}$

带通滤波器与带阻滤波器相反，它允许以原点为对称中心的一定频率范围信号通过。一个带通滤波器可以用从低通滤波器得到高通滤波器的相同方法从带阻滤波器得到：

$$H_{\mathrm{BP}}(u,v)=1-H_{\mathrm{BR}}(u,v) \tag{4-89}$$

式中，$H_{\mathrm{BR}}(u,v)$是带阻滤波器的传递函数。

图 4-37 分别以图像形式展示一个高斯带阻滤波器和对应带通滤波器。其中黑色是 0，白色是 1。

图 4-38 展示了一个带阻滤波器的图像处理过程。首先，图 4-38a 显示了原始图像，而将周期性噪声添加到原图像后，得到了图 4-38c。图 4-38b 和图 4-38d 分别表示了原始图像和添加噪声后图像的频谱。可以观察到，添加噪声后的图像频谱相对于原始图像的频谱在坐标轴上有对称的 4 个明亮点，这些点标识了添加的周期性噪声的频率圆与坐标轴的交点。然后，使用图 4-38f 所示的带阻滤波器对图像进行处理，最终得到滤波后的结果如图 4-38e 所示。可以清晰地看到，大部分噪声已被滤除，图像质量明显改善。

这说明带阻滤波器有效地去除了添加的周期性噪声，图像变得更清晰，图像质量得到了明显改善。

a) 带阻滤波器

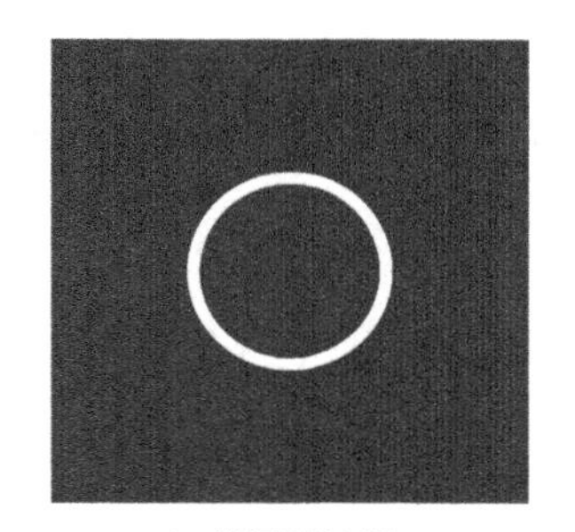

b) 带通滤波器

图 4-37　高斯带阻滤波器和对应带通滤波器

a) 原图像

b) 原图像频谱

c) 原图像加周期噪声

d) 加噪声图像频谱

e) 带阻滤波器滤波结果

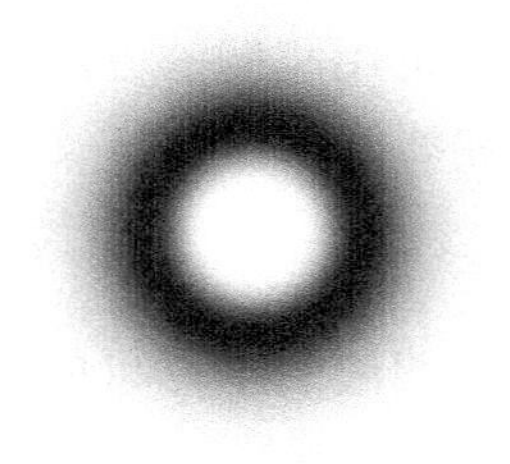

f) 使用的带阻滤波器

图 4-38　带阻滤波结果

4.5.2　陷波滤波器

与带通和带阻滤波器相似，陷波滤波器也能去除或保留特定频率范围内的信息。陷波滤波器原理是：定义一个关于频率矩形中心的邻域的频率，然后拒绝或者通过这个邻域内的频率，以此来达到滤波的效果。

零相移滤波器必须是关于原点对称的，一个中心位于 (u_0,v_0) 的陷波在位置 $(-u_0,-v_0)$ 必须有一个对应的陷波。陷波带阻滤波器可以用中心已被平移到陷波滤波器中心的高通滤波器的乘积来构造。它的传递函数可定义为

$$H_{\mathrm{NR}}(u,v)=\prod_{k=1}^{Q}H_k(u,v)H_{-k}(u,v) \tag{4-90}$$

式中，Q 是陷波对的个数；$H_k(u,v)$ 和 $H_{-k}(u,v)$ 是高通滤波器，它们的中心分别位于 (u_k,v_k) 和 $(-u_k,-v_k)$ 处。这些中心是根据频率矩形的中心 $(M/2,N/2)$ 来确定的。对于每个滤波器，距离的计算公式为

$$D_k(u,v)=\left[\left(u-\frac{M}{2}-u_k\right)^2+\left(v-\frac{N}{2}-v_k\right)^2\right]^{\frac{1}{2}} \tag{4-91}$$

和

$$D_{-k}(u,v)=\left[\left(u-\frac{M}{2}+u_k\right)^2+\left(v-\frac{N}{2}+v_k\right)^2\right]^{\frac{1}{2}} \tag{4-92}$$

下面是一个 n 阶巴特沃思陷波带阻滤波器，它包含 3 个陷波对：

$$H_{\mathrm{NR}}(u,v)=\prod_{k=1}^{3}\left[\frac{1}{1+\left[\dfrac{D_{0k}}{D_k(u,v)}\right]^{2n}}\right]\left[\frac{1}{1+\left[\dfrac{D_{0k}}{D_{-k}(u,v)}\right]^{2n}}\right] \tag{4-93}$$

常数 D_{0k} 对每一个陷波对都是相同的，但对于不同的陷波对它可以不同。其他陷波带阻滤波器可用相同的方法构建，具体取决于所选的高通滤波器。与其他带通滤波器一样，陷波带通滤波器可由陷波带阻滤波器得到：

$$H_{\mathrm{NP}}(u,v)=1-H_{\mathrm{NR}}(u,v) \tag{4-94}$$

陷波滤波的主要目的是选择性地修改 DFT 的局部区域。下面介绍一个使用陷波滤波器消除周期性噪声的例子。

图片来源于拍摄的河北工业大学图书馆的一角，原图像如图 4-39a 所示。先对原图像添加周期性噪声，如图 4-39b 所示，得到加噪声后的图像频谱如图 4-39c 所示；然后再通过半径 $D_0=20$ 的陷波滤波器滤除噪声，所得滤波结果如图 4-39d 所示，可以看到周期噪声大部分都被消除了。

a) 原图像

b) 添加噪声后图像

c) 添加噪声后图像频谱

d) 滤波结果图像

图 4-39　陷波滤波结果

4.6　同态滤波

在图像处理中，常常遇到动态范围很大但是暗区的细节又不清楚的现象，希望增强暗区细节的同时不损失亮区细节，一般来说，可以将图像$f(x,y)$建模成照射强度$i(x,y)$和反射强度$r(x,y)$的乘积，即

$$f(x,y)=i(x,y)r(x,y) \tag{4-95}$$

一般来说，自然图像的光照一般是均匀渐变的，所以i是低频分量，而不同物体对光的反射是具有突变的，所以r是高频分量。式（4-95）不能直接用于对照射和反射的频率分量进行操作，现在对两边取自然对数，并做傅里叶变换，得到线性组合的频率域：

$$\ln f(x,y)=\ln i(x,y)+\ln r(x,y) \tag{4-96}$$

则有

$$\Im\{\ln f(x,y)\}=\Im\{\ln i(x,y)\}+\Im\{\ln r(x,y)\} \tag{4-97}$$

或

$$F(u,v)=F_i(u,v)+F_r(u,v) \tag{4-98}$$

式中，$F_i(u,v)$和$F_r(u,v)$分别是$\ln i(x,y)$和$\ln r(x,y)$的傅里叶变换。可以用一个滤波器$H(u,v)$对$F(u,v)$滤波，则有

$$S(u,v)=H(u,v)F(u,v)=H(u,v)F_i(u,v)+H(u,v)F_r(u,v) \tag{4-99}$$

在空间域中，滤波后的图像是

$$s(x,y)=\Im^{-1}\{S(u,v)\}=\Im^{-1}\{H(u,v)F_i(u,v)\}+\Im^{-1}\{H(u,v)F_r(u,v)\} \tag{4-100}$$

假定

$$i'(x,y)=\Im^{-1}\{H(u,v)F_i(u,v)\} \tag{4-101}$$

$$r'(x,y)=\Im^{-1}\{H(u,v)F_r(u,v)\} \tag{4-102}$$

则可以得到

$$s(x,y)=i'(x,y)+r'(x,y) \tag{4-103}$$

因为$s(x,y)$是通过取输入图像的自然对数形成的，所以可通过取滤波后的结果的指数来形成输出图像：

$$g(x,y)=\mathrm{e}^{s(x,y)}=\mathrm{e}^{i'(x,y)}\mathrm{e}^{r'(x,y)}=i_0(x,y)r_0(x,y) \tag{4-104}$$

式中，$i_0(x,y)$和$r_0(x,y)$分别是输出（处理后）图像的照射和反射分量。

以上滤波过程即为进行同态滤波的过程，总结如图 4-40 所示。

图 4-40　同态滤波步骤

同态滤波方法的基础是将照射分量和反射分量分离。而滤波的关键是滤波函数 $H(u,v)$ 的设计，可以采用高通滤波器的基本函数近似：

$$H(u,v)=(\gamma_{\mathrm{H}}-\gamma_{\mathrm{L}})\left[1-\mathrm{e}^{-c\left[D^2(u,v)/D_0^2\right]}\right]+\gamma_{\mathrm{L}} \tag{4-105}$$

式中，$\gamma_{\mathrm{L}}<1$；$\gamma_{\mathrm{H}}>1$，控制滤波器幅度的范围；常数 c 控制函数坡度的陡峭程度。径向剖面图如图 4-41 所示。

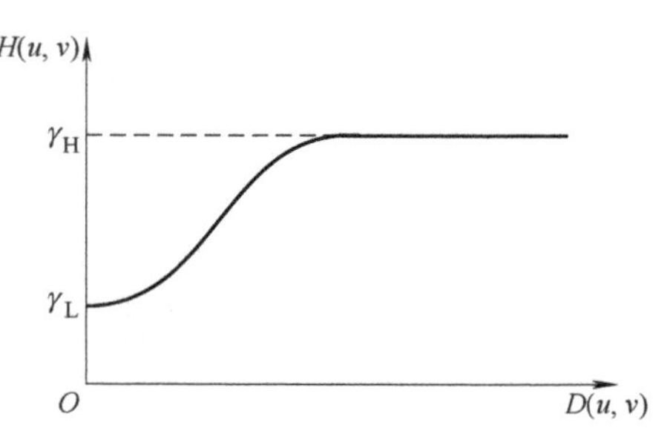

图 4-41　圆形对称同态滤波器函数的径向剖面图

例 4.6　使用同态滤波器增强图像。

图 4-42a 显示了一幅医学图像处理用到的 CT 图像，可以看到图像较暗且能够进行医学辨析的细节很少。图 4-42b 是对图 4-42a 使用 $\gamma_{\mathrm{L}}=0.1$、$\gamma_{\mathrm{H}}=1.1$ 的同态滤波器后得到的，可见处理后的图像中可以观察到更多的细节。通过降低照射分量的影响，低灰度的区域显现出来；同时高频也被同态滤波增强，故图像的反射分量（边缘信息）被锐化了，身体的骨骼更清晰地显现了出来。

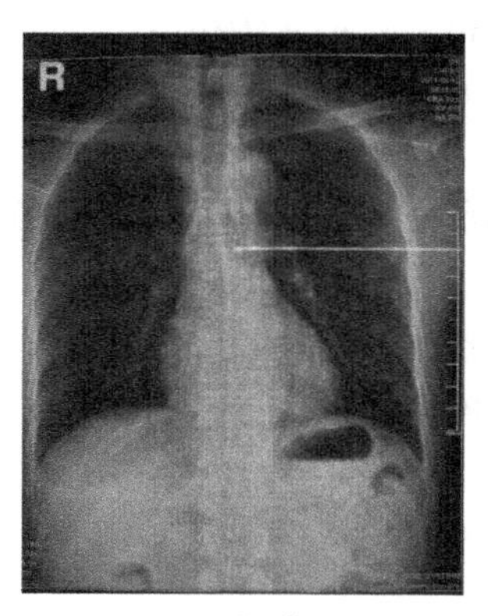

a) 原图像

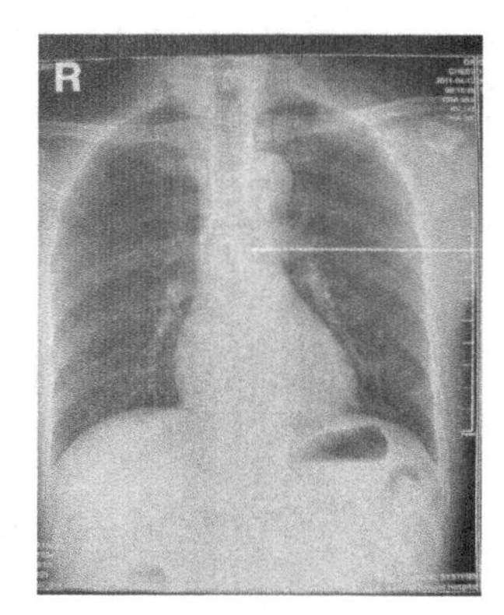

b) 增强后图像

图 4-42　使用同态滤波器增强图像

4.7　基于退化函数估计的图像复原

图像复原技术的核心目标在于根据预先设定的目标来改善图像质量。尽管图像复原与图像增强有许多相似之处，但它们在方法和目的上有所区别。图像增强更多的是一种主观的过程，旨在通过某种方法来增强图像的特定信息或细节。图像复原可以被视为一种客观的过程，旨在恢复或重建图像原本的信息。

4.7.1 线性、位置不变的退化

可以用一个退化函数和一个加性噪声项来建模退化过程，如图 4-43 所示，对一幅输入图像 $f(x,y)$ 进行处理后得到退化后的图像 $g(x,y)$。通常根据给定的 $g(x,y)$ 和关于退化函数 h 的一些知识以及关于加性噪声 $n(x,y)$ 的相关知识获得原始图像的一个估计 $\hat{f}(x,y)$，如果有更多 h 和 $n(x,y)$ 的相关知识，所得到的估计 $\hat{f}(x,y)$ 就会越接近原始输入图像 $f(x,y)$。

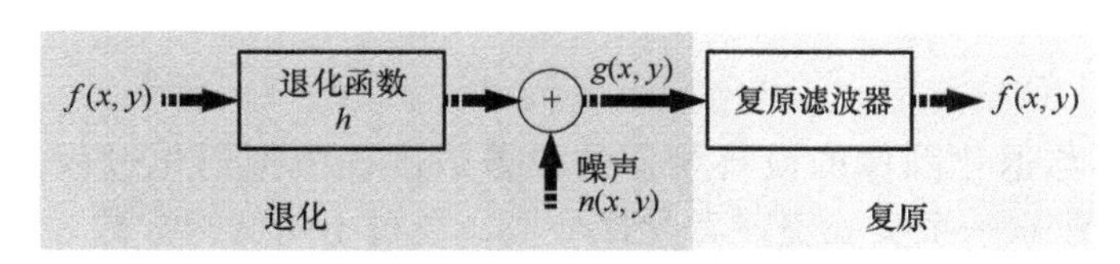

图 4-43 图像退化 / 复原过程的模型

如果 h 是一个线性的、位置不变的过程，那么带有加性噪声的线性空间不变退化系统可以通过在空间域中将退化函数与图像进行卷积，然后再添加噪声来进行建模，则空间域中的退化图像可表示为

$$g(x,y)=h(x,y)*f(x,y)+n(x,y) \tag{4-106}$$

式中，$h(x,y)$ 是退化函数的空间表示；$*$ 表示空间卷积。

基于卷积定理，退化图像在频率域中可以表示为

$$G(u,v)=H(u,v)F(u,v)+N(u,v) \tag{4-107}$$

式中，大写字母项表示式（4-106）中相应项的傅里叶变换。

大多数图像退化过程可以近似为线性和位置不变的操作，这种方法的优势在于，可以借助许多线性系统理论工具来解决图像复原的问题。由于退化过程可以建模为卷积操作，而图像复原旨在找到逆向操作，因此图像去卷积通常用于线性图像复原，用于复原处理的滤波器通常称为去卷积滤波器。

4.7.2 估计退化函数

在图像复原领域，通常用观察法、实验法和数学建模法估计退化函数，这些方法用于确定图像受到的退化过程。使用以某种方式估计的退化函数进行图像复原的过程有时称为盲去卷积，因为真正的退化函数很少能够完全准确地获知。

1. 图像观察估计

假设有一幅被退化的图像，却没有任何有关退化函数的先验信息。基于图像受到线性、位置不变退化过程的假设，可以从图像本身收集信息来进行退化函数估计。假如有一幅被模糊的图像，可以观察包含图像特征的一小部分图像，如包含某个物体以及背景的矩形区域，同时为了最小化噪声的影响，可以寻找一个具有强烈信号内容的区域，如高对比

度区域，对这个子图像进行处理，得到尽可能不模糊的图像。一个常见的方法是使用锐化滤波器对这个子图像进行锐化处理，也可以采用手工设计特征的方式处理这个子图像。

令 $g_s(x,y)$ 表示要观察的子图像，$\hat{f}_s(x,y)$ 表示估计的子图像，假设噪声的影响由于选择了一个强信号区域而可以忽略，根据式（4-107）可得

$$H_s(u,v)=\frac{G_s(u,v)}{\hat{F}_s(u,v)} \tag{4-108}$$

然后，可基于位置不变的假设得出退化函数 $H(u,v)$。例如，假设 $H_s(u,v)$ 的曲线是高斯曲线的近似形状，可以基于这一条件构建形如高斯曲线的退化函数 $H(u,v)$。

2. 实验估计

如果能够获得与退化图像的设备相似的设备或准确模拟退化过程，有可能获得一个准确的退化估计。建立一个实验室或者受控环境，通过不断变换参数，尽可能在理论上模拟或逼近实际的退化过程。然后，可以使用同样的系统和参数来成像一个冲激（小亮点），以获得退化的冲激响应。线性空间不变系统可以完全由其冲激响应来描述。

可以使用一个亮点来模拟一个冲激，该点应该尽可能明亮，以便将噪声的影响降到可以忽略的程度。由于冲激的傅里叶变换是一个常数，由式（4-108）可得

$$H(u,v)=\frac{G(u,v)}{A} \tag{4-109}$$

式中，$G(u,v)$ 是退化图像的傅里叶变换；A 是一个描述冲激强度的常量。冲激响应如图 4-44 所示。

a) 一个亮冲激(放大显示)　　b) 退化后的冲激

图 4-44　实验估计法

3. 建模估计

由于退化建模能够有效解决图像复原问题，这一方法已经广泛应用多年。在特定情况下，这些模型甚至可以考虑导致图像退化的环境条件，Hufnagel 和 Stanley 在 1964 年提出的退化模型就是基于大气湍流的物理特性构建的，该模型的通用形式为

$$H(u,v)=\mathrm{e}^{-k(u^2+v^2)^{5/6}} \tag{4-110}$$

式中，k 是与湍流的性质有关的常数。

使用式（4-110）并取 $k=0.0025$（剧烈湍流）、$k=0.001$（中等湍流）和 $k=0.00025$（轻微湍流）来模拟模糊一幅图像时得到的结果如图 4-45 所示，图像的大小为 500×500 像素。

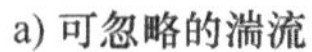

a) 可忽略的湍流　b) 剧烈湍流，k=0.0025　c) 中等湍流，k=0.001　d) 轻微湍流，k=0.00025

图 4-45　模拟不同程度的大气湍流对图像的影响

这种方法的关键在于考虑图像在传播过程中可能遇到的退化因素，并将这些因素转化为数学模型。这些模型可以基于光学、大气、传感器特性等因素，来描述图像退化的过程。通过建立这样的模型，可以更准确地预测图像在特定条件下的退化情况，从而为图像复原提供有力的指导。

建模的另一个主要方法是从基本原理开始推导一个数学模型。下面通过讨论一个实例来解释这一过程。在这个实例中，图像获取时受到物体与相机之间相对运动的影响而产生模糊。假设物体（图像）$f(x,y)$ 进行平面运动，$x_0(t)$ 和 $y_0(t)$ 分别是在 x 和 y 方向上随时间变化的分量，那么记录在介质（如胶片或数字存储器）任意点的曝光总数是通过对时间间隔内瞬时曝光量的积分得到的，成像系统的快门在该时间段是打开的。假设快门开启和关闭所用的时间非常短，那么光学成像过程不会受到图像运动的干扰。若设 T 为曝光时间，则有

$$g(x,y)=\int_0^T f\left[x-x_0(t),y-y_0(t)\right]\mathrm{d}t \tag{4-111}$$

式中，$g(x,y)$ 是模糊后的图像。式（4-111）的傅里叶变换结果为

$$G(u,v)=\int_0^T F(u,v)\mathrm{e}^{-\mathrm{j}2\pi[ux_0(t)+vy_0(t)]}\mathrm{d}t=F(u,v)\int_0^T \mathrm{e}^{-\mathrm{j}2\pi[ux_0(t)+vy_0(t)]}\mathrm{d}t \tag{4-112}$$

令

$$H(u,v)=\int_0^T \mathrm{e}^{-\mathrm{j}2\pi[ux_0(t)+vy_0(t)]}\mathrm{d}t \tag{4-113}$$

式（4-113）可表示为

$$G(u,v)=H(u,v)F(u,v) \tag{4-114}$$

若运动变量 $x_0(t)$ 和 $y_0(t)$ 已知，则可直接由式（4-113）得到传递函数 $H(u,v)$。作为一个说明，假设图像只在 x 方向以给定的速度 $x_0(t)=at/T$ 做匀速直线运动。当 $t=T$ 时，图像位移的总距离为 a。令 $y_0(t)=0$，由式（4-113）可得

$$H(u,v)=\int_0^T \mathrm{e}^{-\mathrm{j}2\pi u x_0(t)}\mathrm{d}t=\int_0^T \mathrm{e}^{-\mathrm{j}2\pi uat/T}\mathrm{d}t=\frac{T}{\pi ua}\sin(\pi ua)\mathrm{e}^{-\mathrm{j}\pi ua} \tag{4-115}$$

式（4-115）表明，由 $u=n/a$（n 为整数）给出的 u 值处，H 为零。若 $y_0=bt/T$，则退化函数变为

$$H(u,v)=\frac{T}{\pi(ua+vb)}\sin\left[\pi(ua+vb)\right]\mathrm{e}^{-\mathrm{j}\pi(ua+vb)} \tag{4-116}$$

图 4-46b 是由图 4-46a 所示图像退化的结果，过程是使式（4-116）中的 $T=1$ 乘以原图像的傅里叶变换，再对乘积做反变换，图像大小为 800×600 像素。在式（4-116）中使用的参数为 $a=b=0.1$ 和 $T=1$。

a) 原图像

b) 使用式(4-116)所示的函数，且a=b=0.1和T=1模糊图像后的结果

图 4-46　模拟运动模糊

4.7.3　逆滤波

复原一幅退化图像最简单的方法是忽略噪声的影响直接做逆滤波，用退化函数除退化图像的傅里叶变换 $G(u,v)$ 来计算原始图像傅里叶变换的估计 $\hat{F}(u,v)$，即

$$\hat{F}(u,v)=\frac{G(u,v)}{H(u,v)} \tag{4-117}$$

然后取 $\hat{F}(u,v)$ 的傅里叶反变换得到图像的相应估计。若考虑噪声，用式（4-107）等号的右侧替代式（4-117）中的 $G(u,v)$，得到

$$\hat{F}(u,v)=F(u,v)+\frac{N(u,v)}{H(u,v)} \tag{4-118}$$

可以看出，由于噪声分量是一个随机函数，因此 $N(u,v)$ 是未知的，即使知道退化函数 $H(u,v)$ 也不能准确地复原 $F(u,v)$。

如果退化函数是零或是非常小的值，则估计值 $\hat{F}(u,v)$ 完全由 $N(u,v)/H(u,v)$ 决定。解决退化函数为零或为非常小的值的问题的一种方法是限制滤波的频率，使其接近原点。$H(0,0)$ 在频率域中通常是 $H(u,v)$ 的最高值，因此，通过将频率限制在原点附近，就减小了遇到零值的概率，下面的例子中说明了这种方法。

例 4.7　逆滤波。

以图 4-45b 为例进行逆滤波图像复原，退化函数是

$$H(u,v)=\mathrm{e}^{-k\left[(u-M/2)^2+(v-N/2)^2\right]^{5/6}} \tag{4-119}$$

式中，$k=0.0025$；常数 $M/2$ 和 $N/2$ 是偏移值，用于中心矫正，$M=N=500$。

图 4-47b ～ d 展示了不同截止值下的 $G(u,v)/H(u,v)$ 的结果，其截止半径分别为 10、25 和 40。为了限制高频噪声的放大，逆滤波引入了一个截止半径。通过应用阶数为 10 的巴特沃思低通滤波器对该比值进行处理来实现截止效果。截止半径为 10 时图像较为模糊，如图 4-47b 所示；随着截止半径增大图像逐渐清晰，截止半径在 25 左右时视觉效果最好，如图 4-47c 所示；截止半径大于 25 时，图像变得更加模糊，当截止半径达到 40 时，结果如图 4-47d 所示；进一步增大截止半径值，会使得图像越来越像图 4-47a。结果表明噪声严重影响图像的复原，一般直接逆滤波的性能较差。

a) 全逆滤波的结果

b) 截止半径为10的结果

c) 截止半径为25的结果

d) 截止半径为40的结果

图 4-47　不同截止频率逆滤波图像复原

4.7.4　维纳滤波

维纳滤波（N.Wiener 最先在 1942 年提出的方法）是一种最早也最为知名的线性图像复原方法。维纳滤波器基于统计估计理论来最小化图像复原过程中的均方误差 e^2：

$$e^2=E\left\{(f-\hat{f})^2\right\} \tag{4-120}$$

式中，f 是未退化图像；$E\{\bullet\}$ 是参数的期望值。式（4-120）中误差函数的估计在频率域中的解表示为

$$\hat{F}(u,v)=\left[\frac{1}{H(u,v)}\frac{|H(u,v)|^2}{|H(u,v)|^2+S_n(u,v)/S_f(u,v)}\right]G(u,v) \tag{4-121}$$

式中，$H(u,v)$ 是退化函数；$|H(u,v)|^2=H^*(u,v)H(u,v)$，$H^*(u,v)$ 是 $H(u,v)$ 的复共轭；$S_n(u,v)=|N(u,v)|^2$ 是噪声的功率谱；$S_f(u,v)=|F(u,v)|^2$ 是未退化图像的功率谱；$G(u,v)$ 是退化图像在频率域中的表示。由方括号中的项组成的滤波器通常也称为最小均方误差滤波器或最小二乘误差滤波器。

空间域中复原的图像由频率域估计 $\hat{F}(u,v)$ 的傅里叶反变换给出，如果噪声为零，维

纳滤波将简化为逆滤波。

许多度量是以噪声和未退化图像的傅里叶变换为基础的，其中信噪比在频率域中用下式来近似：

$$\mathrm{SNR}=\frac{\sum_{u=0}^{M-1}\sum_{v=0}^{N-1}|F(u,v)|^2}{\sum_{u=0}^{M-1}\sum_{v=0}^{N-1}|N(u,v)|^2} \tag{4-122}$$

该比值给出了携带信息的信号功率（即原始的或退化的原图像）水平与噪声功率水平的度量。具有低噪声的图像有较高的 SNR，而具有较高噪声的同一幅图像有较低的 SNR。这一比值是一个有限的值，在用于表征复原算法的性能时是一个重要的度量。

式（4-120）以统计形式给出的均方误差，也可描述为原图像和复原图像和的形式：

$$\mathrm{MSE}=\frac{1}{MN}\sum_{x=0}^{M-1}\sum_{y=0}^{N-1}\left[f(x,y)-\hat{f}(x,y)\right]^2 \tag{4-123}$$

事实上，如果把复原图像认定为“信号”，而把复原图像和原图像的差考虑为噪声，那么可以将空间域中的信噪比定义为

$$\mathrm{SNR}=\frac{\sum_{x=0}^{M-1}\sum_{y=0}^{N-1}\hat{f}(x,y)^2}{\sum_{x=0}^{M-1}\sum_{y=0}^{N-1}\left[f(x,y)-\hat{f}(x,y)\right]^2} \tag{4-124}$$

f和$\hat{f}$越接近，该比值就越大。有时也用这一度量的均方根来表示，称为均方根信噪比或均方根误差，但是该定量度量与图像质量没有必然联系。

当处理白噪声时，谱$|N(u,v)|^2$是一个常数，这大大简化了处理。然而，未退化图像的功率谱很少是已知的。当这些量未知或不能估计时，经常使用的一种方法是由下面的表达式来近似式（4-121）：

$$\hat{F}(u,v)=\left[\frac{1}{H(u,v)}\frac{|H(u,v)|^2}{|H(u,v)|^2+K}\right]G(u,v) \tag{4-125}$$

式中，K是一个特定常数。

例 4.8 逆滤波和维纳滤波的比较。

图 4-48 说明了维纳滤波与直接逆滤波相比的优点。在这里依旧以图 4-45b 为例，图 4-48a 是全逆滤波的结果，图 4-48b 是截止半径受限的逆滤波结果。图 4-48c 显示了使用式（4-125）通过例 4.7 中使用的退化函数得到的结果，K值的交互式选择是为了找到最好的视觉效果。从结果可以看出，与直接逆滤波方法相比，维纳滤波的效果显然更好。

a) 全逆滤波结果

b) 半径受限逆滤波结果

c) 维纳滤波结果

图 4-48　维纳滤波与逆滤波的比较

4.8　频域图像处理的典型应用

4.8.1　基于频域滤波器的图像去噪

在前面的介绍中，已经了解了频域滤波的基础框架和各种滤波器函数。现在，展示如何应用这些概念来处理图像，实现滤波效果，并观察图像的变化。

对图像进行频域滤波处理通常需要以下步骤：

1）读取图像：需要将图像转换为适当的数据结构，通常是 NumPy 数组。

2）灰度化（可选）：如果图像是彩色的，可以将其转换为灰度图像，以简化处理。

3）零填充：频域滤波通常需要在频域中执行，因此需要确保图像尺寸适合进行傅里叶变换。

4）二维离散傅里叶变换：使用快速傅里叶变换（Fast Fourier Transform，FFT）算法将图像从空间域转换为频域。这将产生一个包含复数值的频域表示。

5）构建频域滤波器：选择合适的滤波器类型（如低通、高通、带通、带阻滤波器等）和参数，构建频域滤波器核，该核将应用于频域图像。

6）在频域中应用滤波器：将频域滤波器核与频域图像相乘，以执行滤波操作。

7）二维离散傅里叶反变换：使用逆 FFT 算法（如 NumPy 的 ifft2 函数）将滤波后的频域图像转换回空间域。这将还原原始图像。

8）后处理：根据需要，对滤波后的图像进行任何附加处理，如幅度调整、对数变换等。

9）显示或保存结果：最后，可以选择显示滤波后的图像或将其保存到文件中。

这是一个通用的频域滤波处理流程，可以根据需要选择不同的滤波器类型和参数，以满足特定的图像处理需求。

DFT 和 IDFT 可以使用 FFT 算法来高效实现。NumPy 库中提供了用于执行二维 DFT 的函数，该函数用于将二维数组（通常表示图像或图像数据）转换为其频域表示。这个函数使频域分析、滤波、压缩等图像处理和信号处理任务更加便捷。函数的基本语法如下：

```
res=numpy.fft.fft2(img)
```

这个函数返回的傅里叶变换，大小仍为 $M \times N$，数据原点在左上角以 4 个四分之一周期交汇于频率矩形的中心。使用傅里叶变换时，需要对输入数据进行零填充：

```
image_shape = image.shape
desired_shape =(m,n)
padded_image = np.zeros(desired_shape,dtype=image.dtype)
padded_image[:image_shape[0],:image_shape[1]] = image
```

首先，获取原始图像数据的形状，并指定所需的填充尺寸；然后，创建一个新的全零数组 padded_image，将原始图像数据复制到新数组的左上角，以完成填充，以便结果函数的大小为 $P \times Q$。之后就可以执行二维傅里叶变换，计算傅里叶谱的幅度，以及进行滤波操作了。

傅里叶变换的结果是一个复数矩阵，通常以原点 (0,0) 位于图像的左上角作为参考点。因为频域的低频分量通常位于图像的 4 个角附近，而高频分量位于中心区域，为了让频域图像更直观地表示，可以利用周期性质将原点移动到频率矩形的中心，使用 fftshift 函数，语法为：

```
fshift = numpy.fft.fftshift(f)
```

要获取傅里叶谱的幅度，可以使用 NumPy 库的 abs 函数。该函数计算数组中每个元素的幅度，即实部和虚部的二次方和的二次方根。函数的基本语法如下：

```
s = numpy.abs(fft2_result)
```

在频域图像处理中，通常使用 abs 函数来获取傅里叶谱的幅度值，以便进行分析、滤波或可视化。

为了方便频谱图的显示，可以取幅度结果的对数。可以通过 log 函数来实现：

```
res = numpy.log(np.abs(img))
```

首先，计算傅里叶谱的幅度，并使用 numpy.abs 获取它；然后，使用 numpy.log 函数来计算对数幅度。res 将包含傅里叶谱的对数幅度值，以便用于频谱图的显示或进一步分析。

函数 ifftshift 是函数 fftshift 的逆操作，它用于将频域图像的中心频率分量移回到左上角，同时将 4 个角上的高频分量移到图像的 4 个角。ifftshift 通常在进行傅里叶反变换或其他频域处理操作之前使用，以确保频域数据的正确排列。其基本语法如下：

```
ifshift = np.fft.ifftshift(f)
```

函数 ifft2 用于执行二维 IDFT，将频域表示转换回空间域，从而还原原始的图像或信号。函数的基本语法如下：

```
res=numpy.fft.ifft2()
```

对图像进行频域处理，首先读取要处理的图像。滤波器通常用于单通道的灰度图像，如果图像不是灰度图像，可以使用函数 rgb2gray 将其转换为灰度图像。之后使用函数 fft2 来执行傅里叶变换将灰度图像转换为频域表示，再通过函数 fftshift 将零频分量移到频谱的中心。选择适当的低通滤波器，如高斯低通滤波器，以控制平滑程度。低通滤波器的频域响应通常是一个圆形或椭圆形的区域，决定了截止频率。较大的滤波器会导致更强的平滑效果。将所选的低通滤波器应用于图像的频域表示，这可以通过逐点相乘（在频域上）来实现。使用 ifft2 函数对滤波后的频域表示进行傅里叶反变换，将图像还原到空域。

通过构建不同的滤波器类型和参数，以满足特定的图像处理需求。下面展示使用带阻滤波器消除周期性噪声的例子。

首先读入图像并添加周期性噪声：

```
1.  img = imread ('4.59a.jpg');
2.  img = rgb2gray (img) ;
3.  [M,N] = size(img);
4.  I = img;
5.  for i = 1:M
6.     for j = 1:N;
7.          I(i,j)  = I(i,j)  +10*sin(30 * i)  +10*sin(30 * j); % 给原图像添
            加周期性噪声
8.     end
9.  end
```

计算并绘制原图像与噪声图像的频谱：

```
1.  f = fft2(img);
2.  f = abs(fftshift(f));  % 原图频谱
3.  f = log(1 + f);    % 压缩频率范围
4.  figure();imshow(f1,[]);
5.  title(' 原图频谱 ');
6.  f1 = fft2(I);
7.  f1 = abs(fftshift(f1));  % 噪声频谱
8.  f1 = log(1 + f1);    % 压缩频率范围
9.  figure();imshow(f1,[]);
10. title(' 加周期噪声频谱 ');
```

构建带阻滤波器并应用：

```
1.  % 带阻滤波
2.  ff  =  imgaussbrf(I,140,200);  % 构造带阻滤波器，截止频率为 140，阻带宽度为
    200
3.  figure();imshow(ff,[]);
4.  title(' 高斯带阻滤波器 ');
5.  out = imfreqfilt(I,ff);
6.  figure();imshow(out,[]);
7.  title(' 带阻滤波结果 );
```

4.8.2　基于频域滤波的背景抑制与目标检测

针对背景纹理复杂、存在噪声干扰的图像，在原始的图像空间内通常难以进行准确的目标检测，此时可以考虑将图像转换到频域空间，并进行滤波处理等操作，再将处理后的结果反变换到图像空间，进而实现对图像复杂背景的抑制以及感兴趣目标的提取。

下面给出一幅图像缺陷检测的案例。

原图像来源于 AITEX 织物数据集。该数据集由 7 个不同织物结构的 245 幅 4096×256 像素图像组成。数据库中有 140 幅无缺陷图像，每种类型的织物 20 幅，除此之外，有 105 幅纺织行业中常见的不同类型的织物缺陷（12 种缺陷）图像，挑选其中一幅缺陷图像（见图 4-49a）来实现频域滤波的目标检测。

首先，将输入图像的傅里叶变换按其幅度归一化，只保留相位信息，而所有尺度上的规则模式都被删除。这个操作可用于多尺度规则去除，甚至有效地去除随机纹理。随后，对傅里叶变换后的图像应用高斯模糊，有助于去除图像中的高频噪声，从而提高目标检测的准确性。接着，通过计算马哈拉诺比斯距离（马氏距离），能够确定图像中不同区域像素值之间的相似性。这是一种统计测量，用于评估像素值的分布以区分目标和背景。马氏距离大于阈值，像素被标记为目标；如果小于阈值，像素被标记为背景。最后，马氏距离的计算结果被阈值化，将马氏距离图像转化为二值图像，以将目标和背景分开。处理后的图像如图 4-49b 所示。

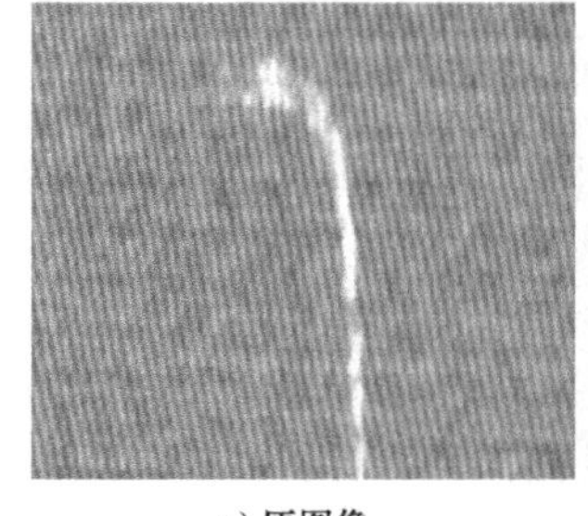

a) 原图像

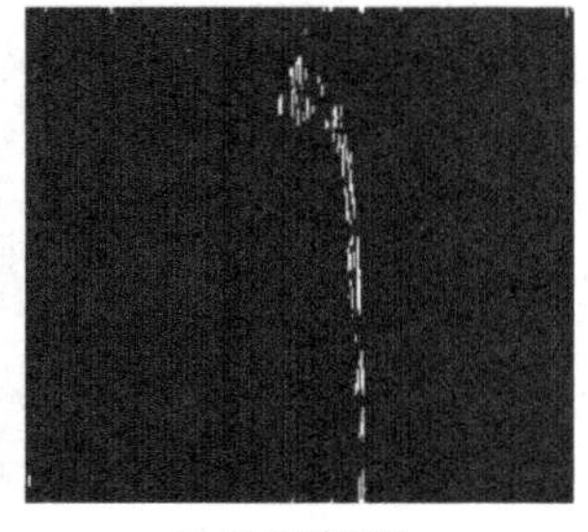

b) 处理后图像

图 4-49　频域滤波缺陷检测

上述过程的代码流程：首先读入图像，对图像进行预处理操作；之后通过傅里叶变换将图像转换到频率域，按其幅度进行归一化操作，再进行傅里叶反变换将图像转换回空域。代码如下：


```
1.  F = np.fft.fft2(imgray)
2.  F1 = np.abs(F)
3.  F1[F1 == 0] = 1  # 避免除以零
4.  F3 = F / F1
5.  PHOT = 100 * np.fft.ifft2(F3)
6.  PHOT = np.real(PHOT)
```

幅度归一化后的图像中存在织物的印痕或点状特征，在检测过程中容易被认为是缺陷，造成错误的识别，可以把这类特征看作图像中的噪声，应用高斯模糊操作，去除图像中相似的特征。代码如下：

```
1.  H = cv2.getGaussianKernel(10, 10)
2.  blurred = cv2.filter2D(PHOT, -1, H)
```

对于应用高斯模糊之后的图像计算马氏距离，并进行阈值化操作，可将缺陷清晰地显示在图像中。马氏距离是一种用于度量多维数据点之间的距离或相似性的方法，它考虑了特征之间的相关性和数据的协方差结构，在处理具有相关特征的数据时表现良好。它可以捕捉特征之间的线性关系，从而更准确地度量数据点之间的距离。与欧氏距离、曼哈顿距离和汉明距离等不同，马氏距离可以应对高维线性分布的数据中各维度间非独立同分布的问题，广泛用于数据挖掘、模式识别、机器学习和统计分析中的距离度量。马氏距离的公式如下：

$$D_M(\boldsymbol{x},\boldsymbol{y})=\sqrt{(\boldsymbol{x}-\boldsymbol{y})^{\mathrm{T}}\boldsymbol{A}^{-1}(\boldsymbol{x}-\boldsymbol{y})} \tag{4-126}$$

式中，$\boldsymbol{x}$ 和 $\boldsymbol{y}$ 是两个 n 维数据点，它们可以表示为特征向量；$\boldsymbol{A}^{-1}(\boldsymbol{x}-\boldsymbol{y})$ 表示这两个数据点的协方差矩阵的逆矩阵。代码如下：

```
1.  # 计算均值和标准差
2.  meanP = np.mean(blurred)
3.  stdP = np.std(blurred)
4.  # 计算马氏距离
5.  row, col = PHOT.shape
6.  FImage = np.zeros((row, col), dtype=np.float64)
7.  for i in range(row):
8.      for j in range(col):
9.          FImage[i, j] = (blurred[i, j] - meanP) ** 2 / stdP
10. # 阈值化马氏距离
11. FImage2 = np.sign(FImage - 1)
12. # 显示处理后图像
13. cv2.imshow('处理后图像', -FImage2)
14. cv2.waitKey(0)
```

4.8.3 图像去模糊

图像去模糊是图像处理中的一个重要问题，有许多方法可以用于去除图像的模糊效果，通常传统的去模糊算法可大致分为非盲去模糊和盲去模糊，本质区别在于是否已知模糊的确切核函数，其中本章介绍的逆滤波和维纳滤波均属于非盲去模糊算法，这需要准确估计模糊核。这里以维纳滤波为例介绍在 Python 中如何执行维纳滤波。

首先读取灰度图像（见图 4-50a）并计算图像和模糊函数的功率谱：

```
1.  import cv2
2.  import numpy as np
3.  # 1.读取模糊图像和估计的模糊函数
4.  blurry_image = cv2.imread('blurred_image.jpg', 0) # 以灰度图像形式读取
5.  kernel = np.ones((9,9), np.float32) / 81   # 估计的模糊核，可以根据实际情况
    调整
6.  # 2.计算图像和模糊函数的功率谱
7.  fft_blurry = np.fft.fft2(blurry_image)
8.  fft_kernel = np.fft.fft2(kernel, s=blurry_image.shape)
9.  power_spectrum_image = np.abs(fft_blurry) ** 2
10. power_spectrum_kernel = np.abs(fft_kernel) ** 2
```

然后通过调整维纳滤波的参数，使用维纳公式进行滤波并显示结果（见图 4-50b）：

```
11. alpha = 0.3  # 维纳滤波参数，需要根据具体情况调整
12. restored_fft = fft_blurry / (power_spectrum_kernel + alpha)
13. restored_image = np.abs(np.fft.ifft2(restored_fft)).astype(np.
    uint8)
```

```
14. # 显示原始图像、模糊图像和恢复图像
15. cv2.imshow('Original Image', blurry_image)
16. cv2.imshow('Blurred Image', kernel)
17. cv2.imshow('Restored Image', restored_image)
18. cv2.waitKey(0)
19. cv2.destroyAllWindows()
```

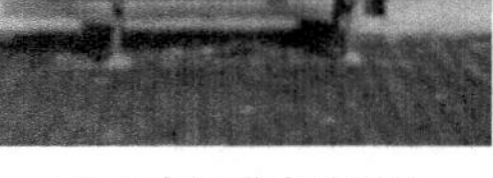

a) 带有高斯噪声的图像

b) 维纳滤波后的结果

图 4-50 维纳滤波去模糊

本章小结

本章介绍了频域图像处理方法，着重探讨了频域滤波的基础知识、基本框架以及几种常见的滤波器。通过频域图像处理，可以将图像表示为频谱，并在频谱上选择性地增强或削弱某些频率分量，从而实现图像的滤波操作。相较于图像空间域处理，频域图像处理具有线性特性、可逆变换、快速性等特点，可应用于图像增强、修复、压缩与特征提取等多个领域。

在频域滤波的基础知识中，介绍了频域滤波的原理和基本概念，如将图像表示为频谱、频率内容和空间布局的幅度和相位等。频域滤波的基本框架包括了频域滤波操作的步骤，如将图像进行傅里叶变换、选择性地增强或削弱频率分量以及将处理后的频谱进行傅里叶反变换等。在几种常见的滤波器中，包括了低通滤波器和高通滤波器，它们分别用于去除高频噪声和低频噪声，从而实现图像的平滑和锐化。本章还介绍了图像复原的概念和方法，用于恢复由于噪声或失真引起的图像信息的变化。

通过本章的学习，读者可以掌握频域图像处理的基本原理和方法，了解频域滤波的基本框架以及常见的滤波器类型，从而能够利用这些知识进行图像的增强与分析。

思考题与习题

4-1 考虑连续函数 $f(t)=\cos(2\pi nt)$，问：

（1）$f(t)$ 的周期是什么？

（2）$f(t)$ 的频率是什么？

（3）如果 $f(t)$ 以高于奈奎斯特取样率来取样，取样函数将是什么？其取样后的函数及其傅里叶变换在图中看上去是什么样子？

（4）如果 $f(t)$ 以低于奈奎斯特取样率来取样，取样后的函数通常看上去像什么？

（5）如果 $f(t)$ 以奈奎斯特取样率来取样，并且在 $t=0,\Delta T,\Delta 2T,\cdots$ 处取样，取样后的函数看上去像什么？

4-2 考虑一幅棋盘图像，其中每一个方格的大小为 $0.5\text{mm}\times0.5\text{mm}$。假定图像在两个方向上无限扩展，为避免混淆，问最小取样率是多少（样本数 / mm）？

4-3 证明连续和离散二维傅里叶变换都是平移和旋转不变的。

4-4　在讨论频率域滤波时需要对图像进行填充，此处的图像填充方法是在图像中行和列的末尾填充 0 值。如果把图像放在中心，四周填充 0 值而不改变所用 0 值的总数，会有区别吗？试解释原因。

4-5　使用低通滤波器反复对一幅图像进行多次滤波的结果如何，不考虑边界的影响。

4-6　在连续频率域中，一个连续高斯低通滤波器有的传递函数为 $H(u,v)=\mathrm{e}^{-(u^2+v^2)}$，相应的空间域滤波器是 $h(t,z)=\pi\mathrm{e}^{-2\pi^2(t^2+z^2)}$，从低通滤波器的传递函数得到高通滤波器的传递函数 H_{HP}，$H_{\mathrm{HP}}=1-H_{\mathrm{LP}}$，使用上述信息，回答空间域高斯高通滤波器是什么形式？

4-7　观察图 4-51 所示的图像。图 4-51b 所示的图像是对图 4-51a 所示图像用高斯低通滤波器进行低通滤波，然后用高斯高通滤波器对结果再进行高通滤波得到的。图像的大小为 4320×3420，两个滤波器均使用了 $D_0=25$。

（1）解释图 4-51b 所示图像暗色的原因。

（2）如果颠倒滤波处理的顺序，结果会有区别吗？

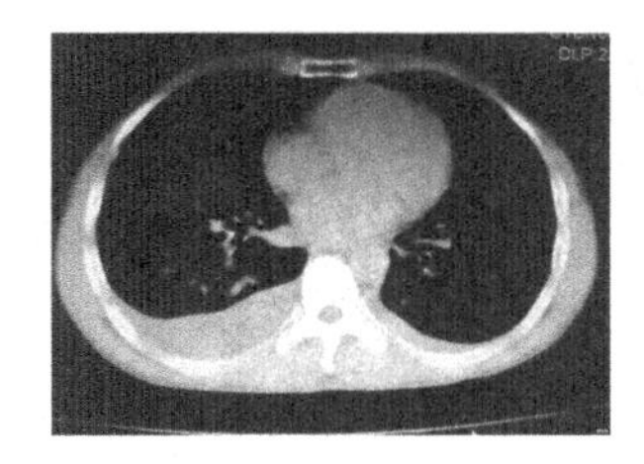

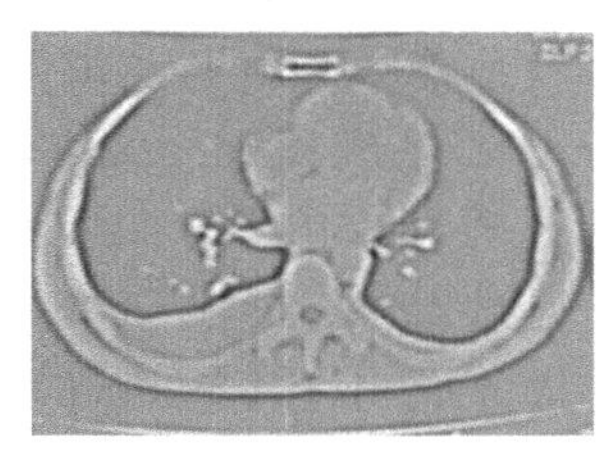

a) 肺部CT　　b) 滤波结果

图 4-51　肺部 CT 滤波

4-8　将高频滤波和直方图均衡相结合是实现边缘锐化和对比度增强的有效方法。

（1）说明这种结合方法是否与先用哪种处理有关。

（2）如果与应用顺序有关，请给出先采用某种方法的理由。

4-9　一种成熟的医学技术用于检测电子显微镜生成的某类图像。为简化检测任务，技术人员决定采用数字图像增强技术，并在处理结束后，检查了一组具有代表性的图像，发现了如下问题：①明亮且孤立的点是不感兴趣的点；②清晰度不够；③一些图像的对比度不够。请为技术人员提出达到期望目的的处理步骤。可以使用第 3 章和第 4 章的技术。

参考文献

[1]　冈萨雷斯 . 数字图像处理 [M]. 北京：电子工业出版社，2003.

[2]　李俊山 . 数字图像处理 [M]. 北京：清华大学出版社，2021.

[3]　张铮 . 数字图像处理与机器视觉 [M]. 北京：人民邮电出版社，2014.

[4]　耿楠 . 数字图像处理 [M]. 西安：西安电子科技大学出版社，2022.

[5]　蔡丽梅 . 数字图像处理：使用 MATLAB 分析与实现 [M] . 北京：清华大学出版社，2019.

第 5 章　形态学图像处理及应用

——图像目标形状分析的便捷工具

引言

形态学图像处理，也称为数学形态学，是一种基于集合论的图像处理技术，通过特定形状的结构元素来分析和处理图像中的形状特征。这种方法在图像分析、形态滤波器特性分析和系统设计中发挥着关键作用，尤其在边界提取任务中表现出色。边界提取是识别和分离图像中目标物体轮廓的关键过程，对于医学图像分析、工业产品检测和遥感图像分析等领域具有极其重要的意义。形态学通过腐蚀、膨胀等操作有效地捕捉并准确分离物体边界，特别是在医学影像中，细胞边界的精确提取对疾病诊断和治疗具有至关重要的作用。此外，形态学算法的并行处理能力强，广泛应用于二值和灰度图像的细化、分割、边缘提取等。基础操作包括腐蚀、膨胀、开闭运算、骨架抽取、击中击不中变换、形态学梯度、Top-hat 变换和流域变换等，为图像分析和目标识别提供了强大的技术支持。这些技术不仅提升了图像处理的准确性和效率，还极大地扩展了其在医学、工业和遥感等多个领域中的应用范围，提供了有效的解决方案和操作支持，增强了图像处理技术在实际应用中的可用性和实用性。

5.1　预备知识

形态学图像处理是一种基于数学形态学理论的图像处理方法，旨在通过结构元素的操作来改变图像的形状、结构和特征。它能够有效地处理图像中的噪声、边界、轮廓等信息，在许多领域，如计算机视觉、医学影像分析、遥感图像处理等，都具有广泛应用。

5.1.1　元素和集合

集合是数学中的一个基本概念，它由一组特定对象组成，这些对象可以是数字、字母、词语、图形、人、动物等。集合是由一组抽象对象构成的整体，一般用大括号 $\{\}$ 来表示，其中包含了集合的元素（即集合中的个体），元素之间用逗号分隔。如果 a 是 A 的元素，记作 $a \in A$；否则，记作 $a \notin A$。集合的特点如下：

1）无序性：集合中的元素没有固定的顺序，即元素之间没有先后关系。例如，{1，2，3} 和 {3，2，1} 表示相同的集合。

2）互异性：集合中的元素是不重复的，每个元素只能出现一次。例如，{1，2，2，3} 等同于 {1，2，3}。

3）确定性：一个元素要么属于集合，要么不属于集合，没有中间状态。例如，如果集合 A 表示所有正整数，那么 $5 \in A$，而 $-1 \notin A$。

4）无索引性：集合中的元素没有索引，不能通过索引来访问元素。只能通过成员关系来判断元素是否属于集合。

交集、并集和补集是集合论中的基本运算。交集是同时在两个集合中出现的元素构成的集合，而并集是至少在其中一个集合中出现的元素构成的集合。补集是在一个集合中但不在另一个集合中的元素构成的集合。

在数学形态学运算中，一般将一幅图像视为一个集合。对于二值图像，通常将取值为 1 的点对应于静物中心，并以阴影来表示，而取值为 0 的点构成背景，以白色来表示。这种图像集合是直接表示的。考虑所有值为 1 的点的集合为 A，则 A 与图像是一一对应的。对于一幅图像 A，如果点 a 在 A 的区域内，那么就说 a 是 A 的元素，记作 $a \in A$，否则记作 $a \notin A$，如图 5-1 所示。这样，通过集合的概念，就可以准确地描述数字图像中的对象和区域，为数学形态学运算提供了基础。

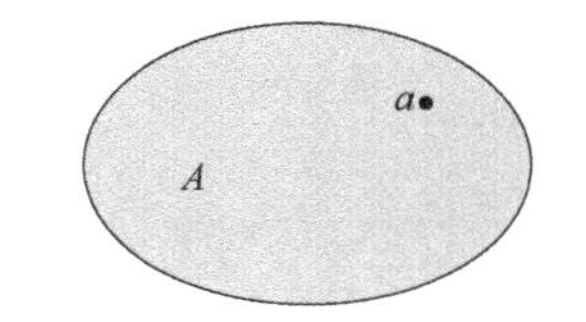

图 5-1　元素与集合间的关系

交集、并集和补集这些集合论中最基本的操作，也可以用于描述图像集合之间的关系，如图 5-2 所示，它们在数学、计算机科学和其他领域中都有广泛的应用。

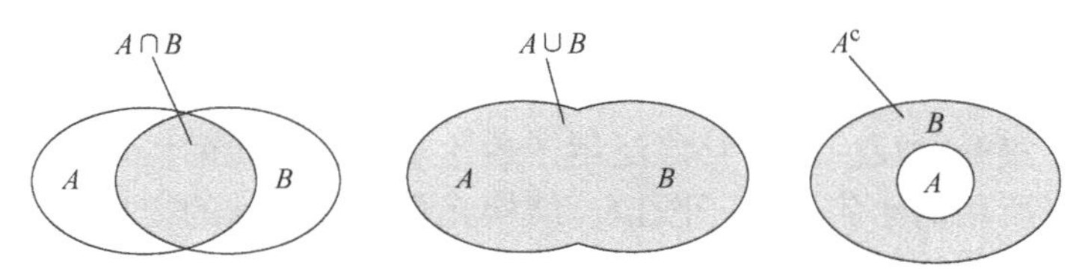

图 5-2　集合的交集、并集和补集

借鉴集合论中的子集概念，图像集合的“包含于”定义为：设有两幅图像 A 与 B，对于 B 中所有的元素 b_i，都有 $b_i \in A$，则称 B 包含于 A，记作 $B \subset A$，也称 B 是 A 的一个子集，如图 5-3 所示。

此外，图像集合的“击中”与“击不中”定义为：设有两幅图像 A 和 B，如果 $A \cap B \neq \varnothing$，那么称 B 击中 A，记为 $B \circledast A$，其中 $\varnothing$ 是空集合的符号；否则，如果 $A \cap B = \varnothing$，那么称 B 击不中 A，如图 5-4 所示。

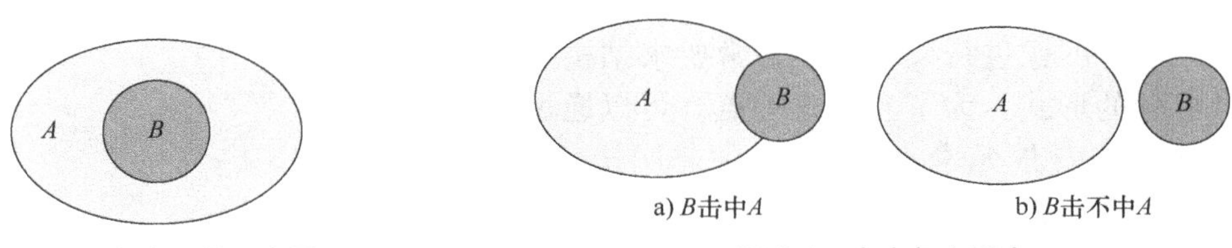

图 5-3　包含于的示意图

图 5-4　击中与击不中

5.1.2 反射和平移

集合反射和平移的概念在形态学中用得也很广泛。一个集合 B 的反射表示为 A，定义如下：

$$A=\{w \mid w=-b, b \in B\} \tag{5-1}$$

如果 B 是描述图像中物体的像素集合（二维点），则 A 是 B 中（x，y）坐标被（$-x$，$-y$）替代的点的集合。图 5-5a 和 b 显示了一个简单的集合及其反射。

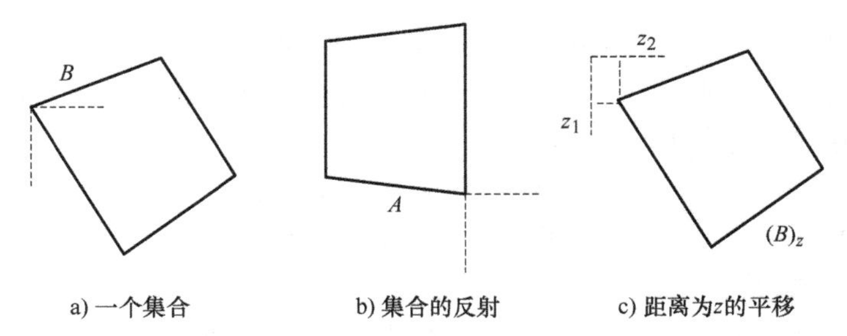

图 5-5 集合的反射和平移

集合 B 按照 $z=(z_1,z_2)$ 的平移表示为 $(B)_z$，定义如下：

$$(B)_z=\{c \mid c=b+z, b \in B\} \tag{5-2}$$

如果 B 是描述图像中物体的像素集合，则 $(B)_z$ 是 B 中（x，y）坐标被 $(x+z_1, y+z_2)$ 替代的点的集合。图 5-5c 所示的集合 $(B)_z$ 说明了这一概念。

5.1.3 结构元

在形态学中，集合的反射和平移广泛用于表达基于结构元的操作。这些操作涉及研究一幅图像中特征点所用的小集合或子图像。结构元是一种特殊的模板，用于测量或提取输入图像中相应的形状或特征。它可以是任意形状，通常用矩形或十字形。如图 5-6 中的结构元示例，每个结构元都由一系列方块组成，其中阴影部分表示结构元的成员。如果给定结构元中的一个位置跟该结构元集合的成员没有关系时，该位置用“×”来标记，表示一个“不关心”条件。除了定义结构元的成员之外，还需要指定结构元的原点。在图 5-6 中，各种结构元的原点由一个黑点指示。尽管将结构元的原点放在其重心处是常见的做法，但实际上原点的选择通常取决于具体问题的要求。一般当结构元对称且未显示原点时，则假定原点位于对称中心处。

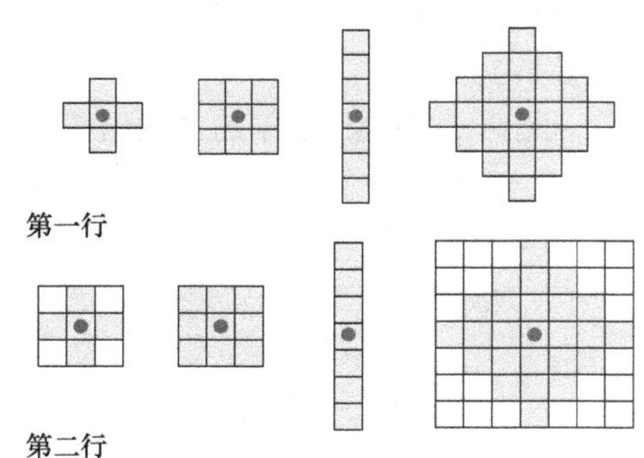

图 5-6 结构元

当对图像进行操作时，通常要求结构元采用矩形阵列的形式。为了实现这一点，可以通过添加最少数量的背景元素（如图 5-6 中非阴影部分所示，其中，第一行：结构元的例子；第二行：转换为矩形阵列的结构元，点表示结构元中心）来形成一个矩形阵列。第二行中的第一个和最后一个结构元展示了这一过程，而该行中其他结构元已经呈现为矩形形式。

结构元的选择和定义对于图像处理和形态学操作至关重要。通过合理选择结构元，可以更好地捕捉图像中的特定特征，从而实现更精确和有效的图像处理。

图 5-7a、b 展示了一个简单的集合和一个结构元。计算机实现要求将集合 A 转换为一个矩形阵列，这是通过添加背景元素的方式实现的。当结构元的原点位于原始集合的边界上时，背景边界必须足够大，以适应整个结构元。在这种情况下，结构元的大小为 3×3，并且原点位于中心位置。因此，只需包围整个集合的一个元素的边界即可，如图 5-7c 所示。同样如图 5-7 中所示，使用最少数量的背景元素填充结构元，使其成为一个矩形阵列（见图 5-7d）。

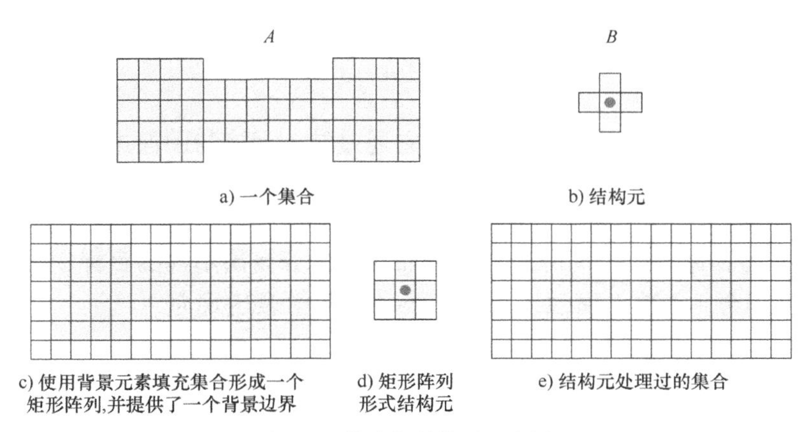

图 5-7　集合与结构元示意图

在此基础上，定义一个在集合 A 上使用结构元 B 的操作。具体操作如下：通过让 B 在 A 上运行，使得 B 的原点访问 A 的每一个元素，从而创建一个新的集合。在 B 的每个原点位置，如果 B 完全被 A 包含，则将该位置标记为新集合的一个成员（用阴影表示）；否则，将该位置标记为非新集合的成员（用非阴影表示）。图 5-7e 展示了这一操作的结果。这个操作的目的是从集合 A 中提取出与结构元 B 匹配的特定形状或结构。通过这种方式，可以更精确地描述和分析图像中的特定特性，从而实现更有效的图像处理和分析。

形态学图像处理是一门基于形态学操作的图像处理技术，其核心思想是通过结构元素的变换来分析和处理图像中的目标物体。其基本操作包括结构元腐蚀、膨胀等，这些操作可以增强或削弱目标物体的特征，从而实现特定的图像处理任务。形态学图像处理在目标分割、形状分析、图像增强、特征提取等领域广泛应用。形态学图像处理的发展已经形成了一种新的图像处理分析方法和理论。

5.2　腐蚀和膨胀

在图像处理领域的形态学基本操作包括腐蚀与膨胀。在本章所涵盖的许多形态学算法中，都是以这两种基本操作为基础展开的。这两种操作是形态学处理的核心，它们在图像预处理、特征提取以及形状分析等方面扮演着至关重要的角色。

腐蚀操作通常用于图像细化与去噪。其原理是利用结构元素与图像进行卷积，当结构元素与图像中的像素完全匹配时，该像素保留，否则被腐蚀掉。通过连续的腐蚀操作，图像中的细小连接部分可以被逐渐消除，从而使图像中的目标物体变得更加清晰和突出。

而膨胀操作则与腐蚀相反，它常用来连接图像中的分离部分或填充图像中的空洞。膨胀操作也是通过结构元素与图像的卷积实现的，但在这种情况下，只要结构元素与图像中的任何部分匹配，那么这一部分就会被保留下来。因此，膨胀操作可以增加图像中物体的大小和整体亮度，有助于强调图像中的特定特征或者是填充目标物体的空洞。

在实际应用中，往往会将腐蚀和膨胀操作与其他形态学操作结合使用，以达到更加复杂的图像处理效果。例如，通过先腐蚀再膨胀可以实现去除噪声的同时保留目标的整体形状，而先膨胀再腐蚀则可以填充目标物体的空洞并保持其原有的大小。因此，对这两种基本操作的深入理解和灵活运用对于图像处理任务的成功实现至关重要。

5.2.1 腐蚀操作

腐蚀是形态学操作中的基本操作之一，它通过结构元素与图像进行逐像素的比较，将结构元素覆盖区域内的像素值设为最小值。腐蚀操作有助于削弱目标物体的边缘，减小物体的尺寸，并能够去除小的细节、噪声和突出物体边界。它也可以在图像分割中用于分离相邻的物体，使得物体之间的间隙变宽，从而更好地分离出不同的目标物体。

设 A、B 为集合，A 被 B 腐蚀，记为 $A \ominus B$，数学表达式为

$$A \ominus B = \{X \mid B_x \subset A\} \tag{5-3}$$

换言之，A 被 B 腐蚀是结构元 B 在图像 A 上滑动时所有结构元素的原点位置的集合，其中平移的 B 与 A 的背景并不叠加。

图 5-8 为一个腐蚀的示例。在图中，元素 A 被呈现为阴影，而背景则呈现为白色。在图 5-8c 中，可以观察到实线边界，该边界代表了结构元 B 原点的进一步移动的限制。一旦超出此限制，结构元 B 将不再完全包含在集合 A 中。因此，B 原点位置的轨迹形成了 B 对 A 的腐蚀。图 5-8c 中的阴影区域展示了腐蚀的结果。需要注意的是，在图 5-8c 和 e 中，集合 A 的边界被虚线标出，但这并不构成腐蚀操作的一部分。图 5-8d 展示了一个拉长的结构元，而图 5-8e 则展示了该结构元对集合 A 的腐蚀效果。值得注意的是，原始集合已经被腐蚀成了一条直线。

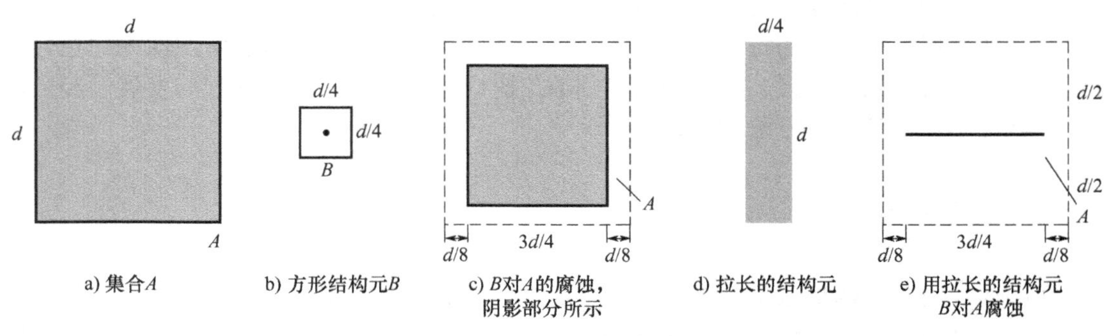

图 5-8 腐蚀的示例

腐蚀操作可用于去除图像中的特定部分。以图 5-9a 为例，若欲消除连接中心区域与边界焊接点的线条，则可采用尺寸为 11 × 11 且元素均为 1 的方形结构元进行腐蚀。如图 5-9b 所示，该操作能有效消除大部分值为 1 的线条。然而，中心的两条垂直线由于宽度超过了 11 个像素而未被完全消除，而是变细了。调整结构元大小至 17 × 17 后再次腐蚀原图像，结果如图 5-9c 所示，此时所有连线均已被移除。作为一种替代方案，亦可使用尺寸为 11 × 11 的结构元对图 5-9b 所示的图像进行再次腐蚀。进一步增大结构元的尺寸，如使用 45 × 45 的结构元，可去除更大的部件，包括边界焊接点，如图 5-9d 所示。

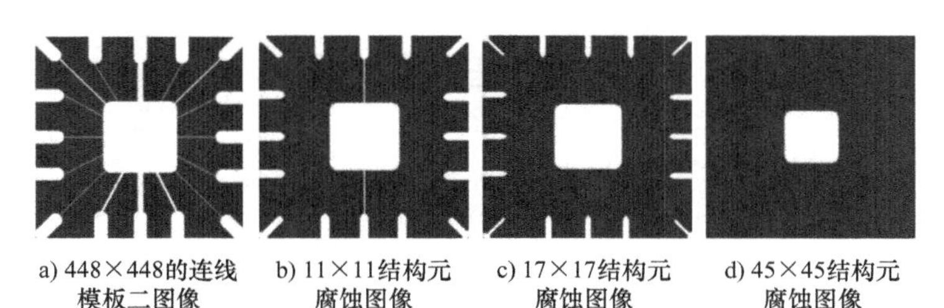

a) 448×448的连线模板二图像　b) 11×11结构元腐蚀图像　c) 17×17结构元腐蚀图像　d) 45×45结构元腐蚀图像

图 5-9　使用腐蚀去除图像中的部件

5.2.2　膨胀操作

膨胀是形态学操作中的另一基本操作，其通过逐像素比较结构元素与图像，将结构元素覆盖区域内的像素值设置为最大值。膨胀操作的目的在于扩展物体的边界，填补物体内部的空洞，并有助于连接相邻的物体。该操作的具体步骤：首先将结构元素与图像中的每个像素逐一进行重叠，然后在每个重叠的位置将结构元素覆盖区域内的像素值设置为该区域内的最大像素值。重复执行上述步骤，直至结构元素覆盖整个图像。此过程能够有效地改变图像的几何特征，使得物体轮廓更加明显，并促进物体间的连接。

设 A、B 为集合，$\varnothing$ 为空集，A 被 B 膨胀，记为 $A \oplus B$，数学表达式为

$$A \oplus B = \{X \mid B_x \cap A \neq \varnothing\} \tag{5-4}$$

式（5-4）描述了对图像 A 进行膨胀处理的过程，其中使用了卷积模板 B。模板 B 的形状可以是正方形或圆形。在这个过程中，通过将模板 B 与图像 A 进行卷积计算，系统会扫描图像中的每一个像素点。在计算过程中，模板的元素与图像的元素进行逐位“或”运算。如果所有对应位置的元素都为 0，则目标像素点为 0，否则为 1。这样就能得到 B 覆盖区域内像素点的最大值，并用该值替换参考点的像素值，从而实现了图像膨胀的效果。

膨胀运算满足交换律，即 $A \oplus B=B \oplus A$。这意味着，与线性卷积相似，图像和结构元素在进行膨胀运算时，它们的位置可以互换而不改变最终结果。此外，膨胀运算还满足结合律，即 $A\oplus（B\oplus C）=（A\oplus B）\oplus C$。这表明，在膨胀运算中，结构元素的顺序不影响最终的处理结果。

图 5-10 是一个膨胀示意图。在图中，元素 A 被呈现为阴影，而背景则呈现为白色。在图 5-10c 中，可以观察到实线边界，该边界代表了结构元 B 原点的进一步移动的限制。一旦超出此限制，结构元 B 将不再局部包含在集合 A 中。因此，B 原点位置的轨迹形成了 B 对 A 的膨胀。图 5-10c 中的阴影区域展示了膨胀的结果。需要注意的是，在图 5-10c

和 e 中，集合 A 的边界被虚线标出，但这并不构成膨胀操作的一部分。图 5-10d 展示了一个拉长的结构元，而图 5-10e 则展示了该结构元对集合 A 的膨胀效果。值得注意的是，原始集合已经被膨胀成了一个矩形。

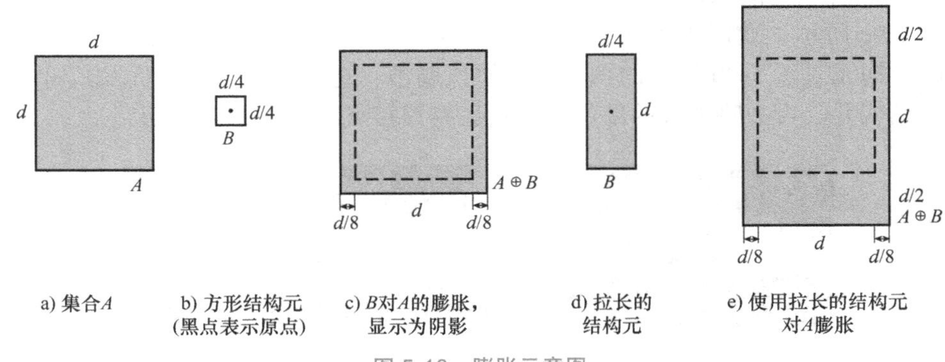

a) 集合A　b) 方形结构元(黑点表示原点)　c) B对A的膨胀，显示为阴影　d) 拉长的结构元　e) 使用拉长的结构元对A膨胀

图 5-10　膨胀示意图

图像经过腐蚀处理后，将去除噪声，但同时会压缩图像，而图像膨胀操作可以去除噪声并保持原有形状，如图 5-11 所示。

a) 原始图像　b) 腐蚀后的图像　c) 膨胀后的图像

图 5-11　腐蚀与膨胀运算效果对比

膨胀操作在图像处理中扮演着关键角色，其功能不仅能填补图像中物体的空洞和连接断裂的物体边缘，还能够使物体整体形态增大，进而对图像中物体和背景的分割起到重要作用。膨胀操作的一种基本应用是连接断裂的物体边缘。在图 5-12a 中展示了一个断裂的字符图像，图 5-12b 则呈现了修复这些断裂的结构元。需要注意的是，为了清晰表达，在这里使用数字 1 表示结构元素，而用数字 0 表示背景。这一表示方式的选用是出于当前将结构元视作能够在子图像上操作的数学方法的背景下，以便更好地处理图像。图 5-12c 呈现了在原图像上应用该结构元进行膨胀后的结果，可见字符裂缝已得到有效桥接。

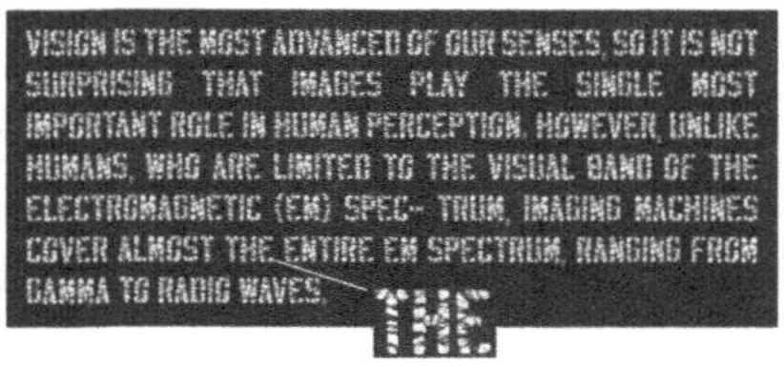

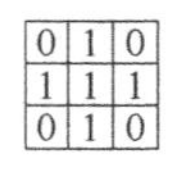

0	1	0
1	1	1
0	1	0

a)具有断裂字符的低分辨率样品文本(见放大的视图)　b)结构元(图中0和1矩阵)　c) 图b对图a的膨胀。断裂的线段被连起来了

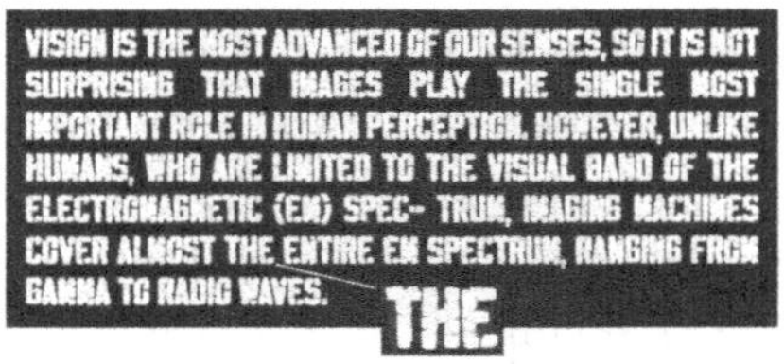

图 5-12　膨胀操作

通过腐蚀和膨胀操作，得以对图像进行精细的调整，从而改善图像的质量，并为后续

的图像分析和处理奠定更为坚实的基础。在实际应用中，可根据特定任务的要求，灵活选择合适的结构元及操作频次，以达成预期的效果。

5.3　开操作与闭操作

在图像处理领域，除了腐蚀与膨胀操作外，开操作和闭操作也是常用的形态学基本操作。这两种操作在形态学处理中具有重要的作用，能够有效地影响图像的特征和质量。

开操作主要用于去除图像中的小物体、填充小孔或分离接触的物体。它是先对图像进行腐蚀操作，然后再进行膨胀操作。通过先腐蚀再膨胀的顺序，开操作能够消除图像中细小的细节部分，同时保持大物体的整体形状和结构不变。这使得开操作特别适用于去除噪声、平滑图像并保持图像的整体特征。相反，闭操作则是先进行膨胀操作，再进行腐蚀操作。闭操作主要用于填充图像中的小孔、连接接近的物体或者消除物体间的缝隙。通过先膨胀再腐蚀的顺序，闭操作能够填补图像中的空洞，使得物体之间的连接更加紧密，同时保持物体的整体形状不变。因此，闭操作常用于恢复物体的形状、填充空洞以及修复图像中的断裂部分。此外，开操作和闭操作通常需要根据具体的图像特征和处理需求来选择合适的结构元素和操作次数。灵活运用开操作和闭操作，可以有效地改善图像质量，减少噪声干扰，以及优化后续的图像分析和处理结果。

5.3.1　开操作

开操作是图像处理中一种重要的形态学操作，其本质上是腐蚀和膨胀两个基本操作的结合。其主要目的在于消除图像中的细小噪声，平滑物体边界，并有效地分离相邻物体。开操作通常先对图像进行腐蚀操作，此举能够有效地消除小型噪声及细微边缘；接着，对经过腐蚀处理的图像进行膨胀操作，以实现物体边界的平滑化并分离相邻物体。此过程不仅能有效消除细小噪声，还能使物体边界更加平滑，减少锐利边缘的出现，同时有效地分隔相邻物体，增大它们之间的间隔。通过开操作，图像处理能够获得更为清晰、准确的结果，为后续分析和处理提供了可靠的基础。

集合 A 被结构元素 B 做开操作，记为 $A \circ B$，数学表达式为

$$A \circ B = (A \ominus B) \oplus B \tag{5-5}$$

A 经过 B 的开操作，意味着 A 在经历了 B 腐蚀之后再受到 B 膨胀的影响。图 5-13 展示了开操作的效果。开操作通常能够使图像的轮廓更加平滑，减弱细小部分的特征，去除较为细微的突出部分。

图 5-13　开操作示意图

开操作可以通过计算图像内部可填充的所有结构元素的平移并集来实现。具体而言，当应用于图像集合时，开操作可被视为结构元素 B 在整个图像集合内部扫描时，B 的所有像素都不会超出图像 A 的像素范围，从而形成的像素集合。因此，开操作的定义也可表示为

$$A \circ B = (B + x : B + x \subset A) \tag{5-6}$$

开操作在数学和计算机视觉中具有以下三个重要性质：

1）对于给定集合 A，其开操作 $A \circ B$ 是 A 的子集（或子图），其中 B 表示结构元素。这一性质确保了开操作的基本关系。

2）若集合 C 是集合 D 的子集，则对于相同的结构元素 B，C 的开操作 $C \circ B$ 也是 D 的开操作 $D \circ B$ 的子集。这一性质表明开操作的结果具有包容性，即较小集合的开操作是较大集合的开操作的子集。

3）结合定律表明，对于给定的集合 A 和结构元素 B，先对 A 进行开操作得到的结果再进行一次开操作，其结果与仅对 A 进行一次开操作的结果相同，即 $(A \circ B) \circ B$ 等于 $A \circ B$。这一性质进一步强调了开操作的特性，即连续应用同一结构元素的开操作不会改变结果。

这三个性质为开操作在图像处理和形态学分析中的应用提供了理论基础和实际指导，确保了其在图像分割、特征提取等领域的有效性和可靠性。

5.3.2 闭操作

闭操作是一种形态学操作，它将腐蚀和膨胀操作结合起来，旨在填补图像中的小孔，连接断裂的物体边缘，并使物体轮廓更加连续。典型的闭操作流程：首先对图像执行膨胀操作，以填充物体的孔洞和连接断裂的边缘；然后再进行腐蚀操作，以平滑和连续化物体边界。

闭操作的实质在于通过填充孔洞和连接断裂边缘，使物体的轮廓更加完整。通过膨胀操作，能够将断裂的边缘连接起来，从而增强物体边缘的连续性。而通过腐蚀和膨胀操作，可以使边界更加平滑，有效地处理图像中的不连续边缘和空洞，从而提高图像处理算法的性能和鲁棒性。

设 A 是原始图像，B 是结构元素，则集合 A 被结构元素 B 做闭操作，记为 $A \bullet B$，数学表达式为

$$A \bullet B = (A \oplus B) \ominus B \tag{5-7}$$

换句话说，A 被 B 闭操作就是 A 被 B 膨胀后的结果再被 B 腐蚀。如图 5-14 所示，闭操作也是平滑图像的轮廓，与开操作相反，它一般熔合窄的缺口和细长的弯口，A 被 B 膨胀得到图 5-14b，去掉小洞，填补轮廓上的缝隙，最终得到图 5-14c。

同样，闭操作也具备以下三个重要性质：

1）满足子集性质，即闭操作 $A \bullet B$ 是集合 A 的子集（可视为子图）。

2）若 C 是 D 的子集，则 C 与 B 的闭操作是 D 与 B 的闭操作的子集。这一性质强调了闭操作对集合的保持特性，即通过执行闭操作，原集合中的部分元素会被保留而不受影响，从而形成新的子集。

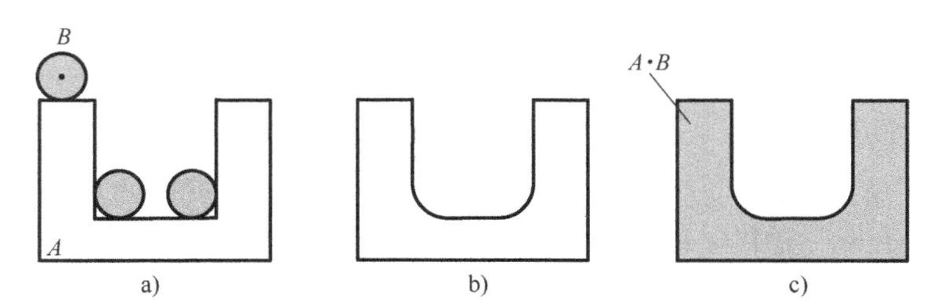

图 5-14　闭操作效果示意图

3）满足结合定律，即对于任意集合 A 与 B 进行闭操作后再与 B 进行闭操作，其结果与仅对 A 进行一次闭操作的结果相同。这一性质强调了闭操作在重复应用过程中的内在稳定性，无论操作的次数如何，结果均保持不变。

这三个性质为闭操作在图像处理和形态学分析中的应用提供了理论基础和实际指导，共同确保了闭操作在集合论及相关领域中的重要性和应用价值。

在实际应用中，开操作和闭操作常常用于预处理阶段，以改善后续处理步骤的效果。通过选择适当的结构元素和操作次数，这些形态学操作能够对图像进行精细的调整和优化。例如，在去噪声、分割以及平滑等任务中，开操作和闭操作都能发挥重要的作用。开操作通过将结构元素与图像进行腐蚀操作，有效地去除了图像中的小细节和边缘，从而提高了图像的质量和清晰度。这种操作对于需要提取图像中的主要特征而忽略细微细节的情况非常有用。另一方面，闭操作则通过将结构元素与图像进行膨胀操作，填充了物体内部的空洞并连接了断裂的边缘，从而使得物体的边界更加平滑和连续，有助于后续的分析和识别工作。

总之，开操作和闭操作作为形态学图像处理的重要工具，在图像预处理和特征提取中发挥着不可替代的作用。它们的灵活运用能够有效地改善图像质量，提高后续处理步骤的准确性和效率，因此在图像处理领域中得到了广泛的关注和应用。

5.4　击中变换和击不中变换

在形态学图像处理领域，击中变换和击不中变换是两项关键操作，用于探测图像中的特定模式。这些操作利用不同的结构元素来突显图像中的目标对象或缺失区域，因此在物体检测、图像分割、缺陷检测等应用领域具有广泛的用途。其目的在于确定图像中是否存在特定模式。这种模式由两个结构元素构成：击中元素和击不中元素。通过对图像施加腐蚀和膨胀操作的组合，击中变换能够突出目标对象的特定部分，并同时排除背景干扰的影响。

设 X 是被研究的图像，S 是结构元素，而且 S 由两个不相交的部分 S_1 和 S_2 组成，即 $S=S_1 \cup S_2$，且 $S_1 \cap S_2=\varnothing$。于是，X 被 S“击中”的结果定义为

$$X \circledast S=\{x \mid S_1+x \in X \text{ 且 } S_2+x \in X^{\mathrm{C}}\} \tag{5-8}$$

式中，X^{C} 表示 X 的补集。

击中运算的另外一种表达形式为

$$X \circledast S=(X \ominus S_1)\cap(X \oplus \hat{S}_2) \tag{5-9}$$

式中，$\hat{S}_2$ 表示 S_2 的反射。

X 被 S 所击中的结果相当于 X 被 S_1 腐蚀后，再与 X 被 S_2 反射的集合结果相比较。从这个比较中可以看出，击中与未击中的操作本质上可以通过腐蚀与膨胀这两种基本操作来实现。而击中与未击中的操作本质上是一种严格的条件比较，它不仅指示了被匹配点应满足的特性，即模板的形状，还指示了这些点不应满足的特性，即对周围环境背景的要求。因此，击中与未击中的变换可以用于细化形状、形状识别和定位，从而保持拓扑结构。

具体来说，击中与击不中的操作包括以下步骤：首先，对图像进行腐蚀操作，得到一个中间结果；接着，对该中间结果进行膨胀操作，得到另一个中间结果；最后，将这两个中间结果进行取交集操作，得到最终的击中变换后的图像。这里采用了一个小的结构元素（称为击中结构）来扫描原始图像，如果击中元素能够击中，则该元素被保留在最终的形状结果中。图 5-15 展示了一个例子，说明了这一过程，源图代表原始二值图像，当结构元素在源图上滑动后，每当结构元素与源图的某个区域完全匹配时，就在对应的中心位置上标记一个像素点（击中）。

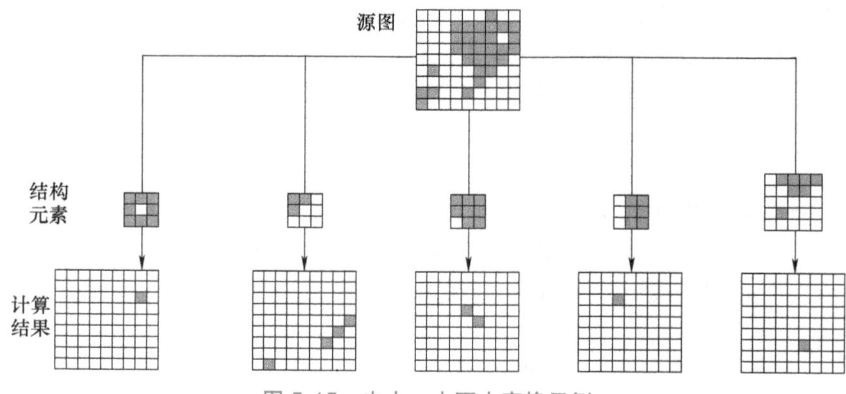

图 5-15　击中、击不中变换示例

击中、击不中变换分别通过突出目标的特定部分或者检测目标的缺失来实现不同的任务。在实际应用中，通过选择适当的结构元素和操作次数，再根据特定的需求来应用这些操作，从而实现更精准的图像处理和分析。

5.5　灰度级形态学处理

灰度级形态学处理是一种基于灰度级信息的图像处理技术，用于分析和处理图像中的灰度级变化、纹理特征等。与二值图像形态学不同，灰度级形态学处理可以保留灰度级信息，因此在处理灰度图像中的纹理、亮度变化等方面具有重要作用。灰度级形态学是二值形态学对灰度图像的自然扩展，其中二值形态学所用到的交、并运算分别用最大、最小极值代替。在灰度级形态学中，结构元的基本功能和二值形态学中对应的结构元相似，都是“探测器”，用来检查给定的图像中的特定特性。在灰度级形态学中，结构元可以分为两种：一种是非平坦结构元，另一种是平坦结构元。在灰度图像形态学处理中，输入与输出的图像均为灰度级形式的，这意味着输入和输出像素值介于最低灰度值到最高灰度值之间。

5.5.1　灰值腐蚀

与二值图像腐蚀和膨胀操作类似，灰度级腐蚀和膨胀操作同样适用于灰度图像。灰度级腐蚀通过计算结构元素覆盖区域的最小值，来减小目标区域的亮度。灰度级膨胀则通过计算结构元素覆盖区域的最大值，来增加目标区域的亮度。

用结构元素 b 对输入图像 $f(x,y)$ 进行灰值腐蚀，其定义是

$$(f \ominus b)(s,t)=\min\{f(s+x,t+y)-b(x,y)\mid s+x,t+y\in D_f,x+y\in D_b\} \tag{5-10}$$

式中，D_f 和 D_b 分别是 f 和 b 的定义域。这里限制 $s+x$ 和 $t+y$ 在 f 的定义域之内，类似于二值腐蚀定义中要求结构元素完全包括在被腐蚀集合中。

腐蚀的计算是从结构元素所确定的邻域中选取最小值，因此，对灰值图像的腐蚀操作可以分成两类效果：当结构元素的值都为正时，输出图像会比输入图像暗；若输入图像中亮细节的尺寸比结构元素小，那么其影响会被减弱，减弱的程度与这些亮细节周围的灰度值和结构元素的形状和幅值有关。灰值腐蚀后的效果如图 5-16 所示。

5.5.2　灰值膨胀

用结构元素 b 对输入图像 $f(x,y)$ 进行灰值膨胀，其定义是

$$(f \oplus b)(s,t)=\max\{f(s-x,t-y)+b(x,y)\mid s-x,t-y\in D_f,x+y\in D_b\} \tag{5-11}$$

式中，D_f 和 D_b 分别是 f 和 b 的定义域；f 和 b 是函数而不是二值形态学中的集合。这里限制 $s-x$ 和 $t-y$ 在 f 的定义域之内，类似于二值膨胀定义中要求两个运算集合至少有一个（非零）元素相交。

膨胀的计算是从结构元素所确定的邻域中选取最大值，因此，对灰值图像的膨胀操作可以分成两类效果：当结构元素的值都为正时，输出图像会比输入图像亮；如果输入图像中暗细节的尺寸比结构元素小，那么其影响会被消减。灰值膨胀后的效果如图 5-17 所示。

a) 原始图像

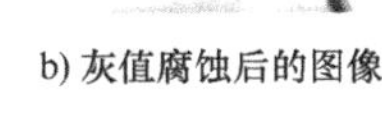

b) 灰值腐蚀后的图像

图 5-16　灰值腐蚀效果

a) 原始图像

b) 灰值膨胀后的图像

图 5-17　灰值膨胀效果

在灰度图像的处理中，腐蚀和膨胀自身的作用不大。就像二值情况的腐蚀与膨胀一样，将这些算法组合起来去推导高级算法时，这些运算就会变得非常强大。

5.5.3 灰值开、闭运算

灰度级开操作和闭操作与二值图像类似，但是处理的是灰度图像。开操作在保留图像中明亮区域的同时，可以去除小的亮度噪声。闭操作则在保留图像中暗区域的同时，可以填充小的黑暗空洞。

数学形态学中关于灰值开和闭运算的定义与它们在二值数学形态学中的对应运算是一致的。用结构元素 b（灰值图像）对灰值图像 f 做开运算，其定义是先腐蚀后膨胀。用结构元素 b（灰值图像）对灰值图像 f 做闭运算，其定义是先膨胀后腐蚀。

用 b 对 f 做开运算，即当 b 沿着 f 的下沿滚动时，f 中没有与 b 接触的部位都消减到与 b 接触。实际中常用开运算操作消除与结构元素相比尺寸较小的亮细节，而保持图像整体灰度值和大的亮区域基本不受影响。具体地说就是，第一步的腐蚀去除了小的亮细节并同时减弱了图像亮度，第二步的膨胀增加了图像亮度，但又不重新引入前面去除的细节。

用 b 对 f 做闭运算，即当 b 沿着 f 的上沿滚动时，f 中没有与 b 接触的部位都得到“填充”，使其与 b 接触。实际中常用闭运算操作消除与结构元素相比尺寸较小的暗细节，而保持图像整体灰度值和大的暗区域基本不受影响。具体地说就是，第一步的膨胀去除了小的暗细节并同时增强了图像亮度，第二步的腐蚀减弱了图像亮度，但又不重新引入前面去除的细节。灰值开、闭运算效果如图 5-18 所示。

a) 原始图像

b) 开运算后的图像

c) 闭运算后的图像

图 5-18　灰值开、闭运算的效果

5.5.4 顶帽变换与底帽变换

顶帽变换用于突出图像中亮度较高的细节，它可以通过图像减去开操作的结果来实现。底帽变换则用于突出图像中亮度较低的细节，它可以通过闭操作的结果减去原始图像来实现。

图像顶帽运算又称为图像礼帽运算，它是用原始图像减去图像开运算后的结果，通常用于解决因光照不均匀图像分割出错的问题。其公式定义如下：

$$T_{\text{hat}}(A)=A-(A\circ B) \tag{5-12}$$

图像顶帽运算是用一个结构元通过开运算从一幅图像中删除物体。顶帽运算用于暗背景上的亮物体，它的一个重要作用是校正不均匀光照的影响。其效果图如图 5-19 所示。

图像底帽运算又称为图像黑帽运算，它是用图像闭运算后的结果减去原始图像，从而获取图像内部的小孔或前景色中黑点，也常用于解决由于光照不均匀图像分割出错的问题。其公式定义如下：

$$B_{\text{hat}}(A)=(A\bullet B)-A \tag{5-13}$$

图像底帽运算是用一个结构元通过闭运算从一幅图像中删除物体。底帽运算用于亮背景上的暗物体，常用于校正不均匀光照的影响。其效果图如图 5-20 所示。

a) 原始图像

b) 顶帽

图 5-19　图像顶帽运算

a) 原始图像

b) 底帽

图 5-20　图像底帽运算

5.6　形态学图像处理的典型应用

数学形态学是图像处理理论中的一个重要分支，它在医学成像、生物学、机器人视觉、自动字符读取、金相学、地质学、气象学、遥感技术等图像处理的不同领域都得到了广泛应用。在这些领域中，利用二值或灰度数学形态学的基本运算，通过组合得到一系列数学形态学实用算法。这些算法在图像增强、图像分割、边缘检测、噪声滤除、形态结构增强、形状数量化、骨架化、组分分析、曲线填充、图像压缩等方面发挥着重要作用。

在处理二值图像时，形态学的主要应用之一是提取图像中用于表示和描述形状的有用成分。特别是，形态学算法用于提取边界、连通分量、凸壳和区域骨架等。此外，在预处理或后处理中也应用，如区域填充、细化、粗化和修剪等。这些技术对于图像分析和理解至关重要，为实际应用提供了有效的工具和手段。

5.6.1　孔洞填充

孔洞填充是一种形态学应用，旨在填补图像中的空洞，以维护目标的完整性。该方法主要通过膨胀操作实现，即将图像中的孔洞区域扩张，直至与周围的目标物体相连接，从而消除图像中的缺失部分。

在数字图像处理中，孔洞填充通常用于图像增强、特征提取以及目标识别等任务中。例如，在医学影像学中，孔洞填充可以用于处理 CT 或 MRI 扫描图像中的器官结构，以便更准确地分析和诊断疾病；在工业检测中，孔洞填充可用于修复产品表面的缺陷，从而提高产品质量。

孔洞填充的过程：首先，对图像进行二值化处理，将目标物体设为前景，空洞设为背景；然后，通过膨胀操作扩张图像中的背景区域，直至与前景相连；最终，通过与原始图像进行逻辑或操作，将填充后的结果与原始目标结合起来，完成孔洞填充过程。

孔洞填充算法的数学表述如下：

$$X_k=(X_{k-1}\oplus B)\cap A^{c},\quad k=1,2,3,\cdots \tag{5-14}$$

图像 X_0 呈全黑，但在某些位置存在白色点，代表了图像中的孔洞。目标是对图像 A 进行孔洞填充。首先，需要计算 A 的补集，作为备用。填充过程中所需的结构元素 B 如图 5-21 所示。其次，构建一副全黑的图像 X_0，并在孔洞处添加一个白色点，作为初始图像。接着，使用结构元素 B 对 X_0 进行膨胀操作。膨胀的结果可能超出孔洞的大小，因此使用之前构建的补集 A^c 来限制膨胀结果仅在孔洞内部（考虑到结构元素是四连通的，每次膨胀其边界不会超出一个像素点，而补集 A^c 的周围都是一个像素宽的沟壑，因此求交集正好能够限制膨胀的溢出）。然后，进行迭代，直到 X_{k-1} 与 X_k 相同为止，最终得到填充了孔洞的图像。最后，将此图像与原图像求并集，即可完成孔洞的填充。如果选择八连通的结构元素，将无法成功限制膨胀的溢出和越界。孔洞填充示意图如图 5-21 所示。

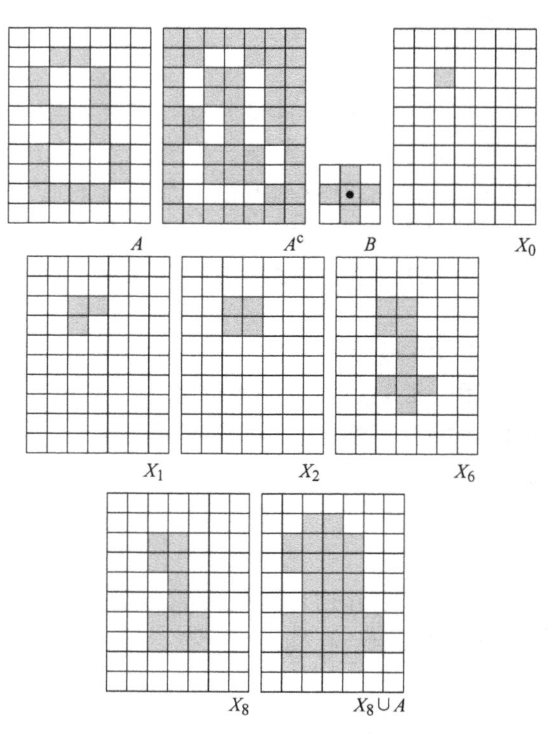

图 5-21　孔洞填充示意图

孔洞填充在图像处理中具有重要意义，能够有效地提高图像质量和信息完整性，进而为后续的分析和应用提供可靠的基础。

5.6.2　细化

细化是一种形态学应用，用于提取目标物体的细长特征。该方法通过反复执行腐蚀和膨胀操作，逐渐减小目标物体的宽度，从而实现细长特征的提取。图像细化的主要目标是提取物体的骨架，这在许多图像处理应用中具有重要意义。

在图像处理中，细化的过程通常由结构元素 B 对前景像素集合 A 的操作所定义。其中，击中和击不中变换是细化过程的核心概念。通过这两种变换的交替应用，可以实现对目标物体的细化处理。细化技术在数字图像处理领域具有广泛的应用。例如，在计算机视觉中，细化可用于提取图像中的道路、血管等细长物体的特征；在生物医学图像分析中，细化可用于分析细胞形态学特征；在地图学中，细化可用于提取道路网络的骨架结构。因此，细化技术在各种领域中都扮演着重要角色，为图像分析和特征提取提供了有效的工具。

细化的过程：首先，对图像进行二值化处理，将目标物体设为前景；然后，通过腐蚀操作逐渐削弱目标物体的宽度，再进行膨胀操作以填补目标物体中可能出现的空洞并保持其连通性，重复执行腐蚀和膨胀操作，直到目标物体的细长特征达到所需的程度；最后，通过与原始图像进行逻辑或操作，将细化后的结果与原始目标结合起来。这一过程旨在保留目标物体的整体形状和结构，同时提取其细长特征。

细化算法的数学表述根据击中和击不中变换来定义：

$$A \otimes B = A - (A \odot B) = A \cap (A \odot B)^{c} \tag{5-15}$$

$$A \otimes \{B\} = ((\cdots((A \otimes B_1) \otimes B_2) \otimes B_3 \cdots) \otimes B_n) \tag{5-16}$$

其中 B 的定义为

$$\{B\} = \{B_1, B_2, B_3, \cdots, B_n\} \tag{5-17}$$

B_i 是 B_{i-1} 旋转后的结果。A 被 B_1 细化一次，得到的结果被 B_2 细化一次，如此循环，直到不再发生变化。

5.6.3　骨架提取

骨架提取是一种形态学应用，用于提取目标物体的中心轴线或骨架。该方法通过连续执行腐蚀操作，逐渐将目标物体减少到其中心轴线的形式，最终实现骨架的提取。

在数字图像处理中，骨架提取是一项重要的技术，常用于图像分析、目标识别和模式识别等领域。其基本原理是通过腐蚀操作逐渐削减目标物体的边界，直至仅保留物体的中心轴线。这种处理方式有助于减少图像的复杂性，提取出物体的基本结构信息，从而便于后续的特征提取和分析。在实际应用中，骨架提取可用于各种场景，如医学影像中的血管分析、地质勘探中的岩石结构分析以及工业检测中的产品缺陷检测等。

骨架提取的过程：首先，对图像进行二值化处理，将目标物体设为前景，背景设为后景；然后，通过腐蚀操作逐渐减少目标物体的边界，再进行开操作，进一步提取目标物体的细节信息，以得到更加精确的骨架。反复进行，最终完成对目标物体的骨架提取过程，得到物体的中心轴线或骨架结构。

骨架提取算法的数学表述如下：集合 A 的骨架可以用腐蚀和开操作来表达，即骨架可以表示为

$$S(A)=\bigcup_{k=0}^{\infty}S_k(A) \tag{5-18}$$

其中：

$$S_k(A)=(A\ominus kB)-(A\ominus kB)\circ B \tag{5-19}$$

式中，B 是一个结构元，$A\ominus kB$ 表示对 A 的连续 k 次腐蚀，也就是说 A 首先被 B 腐蚀，得到的结果再被 B 腐蚀，以此类推，直到腐蚀 k 次，即

$$A\ominus kB=((\cdots((A\ominus B)\ominus B)\ominus B\cdots)\ominus B) \tag{5-20}$$

K 是 A 被腐蚀为空集前的最后一次迭代步骤，即

$$K=\max\{k \mid A\ominus kB\neq\varnothing\} \tag{5-21}$$

S（A）是骨架子集 S_k（A）（k=1，2，…，K）的并集。

5.6.4 基于形态学处理的花生计数

在图像处理领域，形态学是一套功能强大的工具，旨在捕捉图像的基本形状和结构。这些技术，特别是腐蚀和膨胀操作，以及它们的衍生操作如开运算和闭运算，对于理解和分析图像内容至关重要。物体数量统计是形态学应用的一个典型场景，该场景涵盖了从简单的噪声去除到复杂的物体分离和识别等多个方面。

在物体数量统计中，形态学方法可以应用于诸如花生数量统计等场景。例如，对于一幅包含花生的图像，可以使用形态学操作去除图像中的噪声，然后利用腐蚀和膨胀操作来分离花生并统计它们的数量。开运算和闭运算等衍生操作则可以进一步改善图像质量和物体分割的准确性。

以下是通过形态学方法统计花生数量的一个简单示例。首先，对原始图像进行预处理操作，以去除可能存在的小斑点或噪声；然后，进行闭运算操作，使花生之间的空隙被填充，从而使花生更容易被分离和计数；最后，通过对处理后的图像进行物体计数，可以得到花生的数量信息。

1. 载入原始图像

使用 Python 的 OpenCV 库来读取一张图片，代码如下：

```python
import cv2

# 加载图像
img = cv2.imread(r'E:\test.png')
```

这行代码中的 cv2.imread() 函数将图像文件加载到 Python 的内存中，使其可以用于后续的图像处理操作。路径 r'E:\test.png' 指向存放图像的位置，这里使用的是原始字符串（由前缀 r 标记），以避免在文件路径中处理转义字符。载入的花生原始图像如图 5-22 所示。

图 5-22　花生原始图像

2. 将原始图像转换为灰度图像

彩色图像通常包含三个颜色通道（红色、绿色和蓝色），而灰度图像只有一个通道。将图像转换为灰度格式，可以减少数据量，简化算法的处理步骤，因为它只需要处理单个通道的亮度信息，代码如下：

```
# 转到灰度
gray = cv2.cvtColor(img.COLOR_BGR2GRAY)
cv2.imshow( winname: 'gray',gray)
cv2.imwrite( filename: 'E:\\gray.png',gray)
```

首先通过 cv2.cvtColor() 函数将原始图像 img 从 RGB 转换成灰度，方便后续简化处理，提高算法性能。cv2.imshow() 函数及 cv2.imwrite() 函数分别用于展示及储存转换后的图像。

3. 阈值处理

阈值处理是图像处理中的一种关键技术，它通过将像素值与预定阈值比较并分类来简化图像内容，从而实现图像的二值化。这一过程对于分离图像中的前景和背景、减少数据量以加速后续处理步骤，以及提高图像分析和模式识别的准确性都至关重要。阈值处理是许多高级图像处理和计算机视觉任务的基础，代码如下：

```
# 阈值法
ret, th1 = cv2.threshold(gray, thresh: 90, maxval: 255,cv2.THRESH_BINARY)
cv2.imshow( winname: 'th1',th1)
cv2.imwrith('E:\\th1.png',th1)
```

上述代码通过 cv2.threshold() 函数将原始的灰度图像转换成一幅二值图像，其中所有原始像素值大于或等于 90 的像素被设置为白色（255），而所有小于 90 的像素被设置为黑色（0）。ret 为实际使用的阈值，th1 为阈值化后的输出图像。这种二值化处理简化了图像的内容，使得图像只包含两种颜色，从而为进一步的图像分析，如轮廓检测或形状识别，提供了一个清晰的前景和背景对比。

4. 高斯模糊

高斯模糊是一种常用的图像处理技术，其主要功能是减少图像中的噪声和细节，从而使图像变得更加平滑。这种模糊效果是通过对图像应用高斯函数来实现的，它给图像的每个像素赋予周围像素的加权平均值，权重由像素间的距离决定。高斯模糊用于在图像预处理中去除噪声、在计算机视觉中减少细节以便更好地突出重要特征，以及在图像美化和特效中创造柔和的视觉效果，其代码如下：

```
# 应用高斯模糊
blurred = cv2.GaussianBlur(th1, ksize: (5,5), sigmaX: 0)
cv2.imshow( winname: 'blurred',blurred)
cv2.imwrite( filename: 'E:\\blurred.png',blurred)
```

上述代码使用 OpenCV 的 cv2.GaussianBlur() 函数对阈值处理后图像 th1 应用高斯模糊。这里，（5，5）指定了高斯核的大小，即模糊时考虑的周围像素区域大小为 5 × 5，而 0 指定了沿 X 和 Y 方向的标准差，当其设为 0 时，OpenCV 会根据核大小自动计算标准差。通过这种方式，图像 th1 上的每个像素都被替换为其邻域像素的加权平均值，从而实现平滑效果，减少图像噪声，或去除图像中不必要的细节。

5. 形态学操作

形态学处理是图像处理中的一项关键技术，主要用于根据形状分析和处理图像内容。它包括一系列操作，如腐蚀、膨胀、开运算和闭运算，这些操作能够有效地去除噪声、连接相近的物体、分离接触的物体、填充物体内的空隙，并突出重要的结构特征。形态学处理以其简单高效的方式，广泛应用于各种图像处理场景，如物体计数、特征提取和边缘检测，对于改善图像质量和准备进一步的分析步骤至关重要。其代码如下：


```
# 二值化，阈值需要根据实际图片亮度调整
ret, thresh = cv2.threshold(blurred, thresh: 200, maxval: 255,
                            cv2.THRESH_BINARY_INV)
cv2.imshow( winname: 'thresh',thresh)

# 形态学操作，以变比内容空白。核的大小需要根据图像调整。
kernel = cv2.getStructuringElement(cv2.MORPH_ELLIPSE, ksize: (5,5))
morphed = cv2.morphologyEx(thresh,cv2.MORPH_CLOSE,kernel)
cv2.imshow( winname: 'morphed',morphed)
```

这段代码首先通过 cv2.threshold() 函数对图像进行二值化处理，为方便去噪、更准确的计数需将模糊处理过的图像进行二值化，其主要目的是为了将花生与背景分离，通过适当设置阈值，可以确保花生区域在二值化后显得更加明显，这有助于后续的计数算法更容易识别和计数花生。

接着，通过 cv2.getStructuringElement() 函数创建一个 5 × 5 像素大小的椭圆形结构元素（核），再应用该核进行形态学闭运算。闭运算是先对二值化图像 thresh 进行膨胀操作，随后执行腐蚀操作。这个过程对于填充图像中的小孔洞、连接近邻物体以及平滑物体的边缘非常有效。使用椭圆形核在处理具有圆形或椭圆形特征的物体时尤其有用，因为它更好地适应了这些形状。总体来说，这段代码的功能是改善图像中物体的连续性和整体外观，使得后续的图像分析（如物体识别或计数）更加有效。

6. 轮廓处理

轮廓处理代码如下：

```
# 查找轮廓
contours, _ = cv2.findContours(morphed, cv2.RETR_EXTERNAL,
                               cv2.CHAIN_APPROX_SIMPLE)
# 筛选轮廓
min_area = 1000 # 设定最小面积阈值，需要根据实际情况调整
people_contours = [c for c in contours if cv2.contourArea(c)
                   > min_area]
# 设置字体用于显示序号
font = cv2.FONT_HERSHEY_SIMPLEX
```

cv2.findContours() 函数在经过形态学操作的图像 morphed 中查找轮廓，参数 cv2.RETR_EXTERNAL 表示仅检测外部轮廓，cv2.CHAIN_APPROX_SIMPLE 是一种轮廓近似方法，仅保存轮廓的拐点信息。通过设置一个最小面积阈值 min_area，筛选出大于此面积的轮廓，从而消除过小的轮廓，这对于识别和计数较大物体非常有用。

7. 计数统计

计数统计代码如下：

```
# 遍历筛选后的轮廓，画出并标号
count = 0
for i, c in enumerate(people_contours):
    # 获得轮廓的外接矩形，用于放置文本标签
    x, y, w, h = cv2.boundingRect(c)
    cv2.rectangle(img, (x, y), (x + w, y + h), (0, 255, 0), 2)
    cv2.putText(img, str(i + 1), org: (x, y - 10), font, fontScale: 0.6,
                color: (0, 255, 0), thickness: 2)
    count += 1
```

```
# 在图像上显示总数
cv2.putText(img, text: f'Total: {count}', org: (10, img.shape[0] - 20),
            font, fontScale: 1, color: (0, 0, 255), thickness: 2)

# 显示图像
cv2.imshow( winname: 'Detected Item', img)

# 保存图像
cv2.imwrite( filename: r'E:/detected_item.jpg', img)
```

```
# 打印总数
print('Number of item detected:', count)

# 等待按键并关闭窗口
cv2.waitKey(0)
cv2.destroyAllWindows()
```

这段代码首先初始化计数器 count 为 0；然后对筛选后的每个轮廓 c，计算其外接矩形（使用 cv2.boundingRect() 函数），并在图像 img 上绘制相应的矩形框；接着在每个矩形框的顶部附近使用 cv2.putText() 函数在图像上标注序号（从 1 开始）。每处理一个轮廓，计数器 count 就增加 1。处理完所有轮廓后，在图像底部显示检测到的总数，并将带有标注的图像显示出来，同时保存到指定路径。花生计数结果如图 5-23 所示。

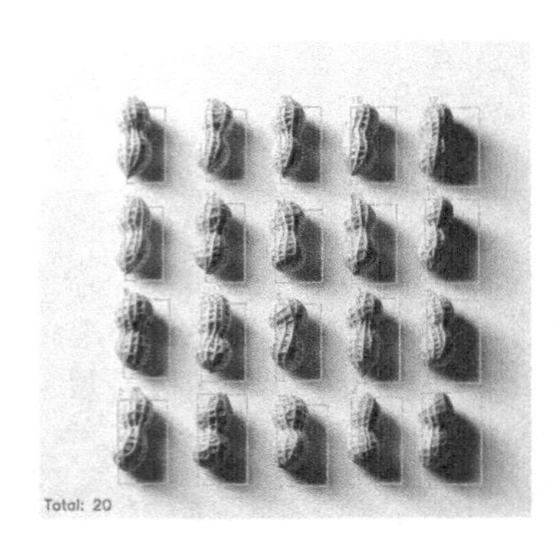

图 5-23　花生计数结果

5.6.5　基于形态学处理的车牌识别

在车牌识别中，形态学方法广泛用于图像处理和特征提取环节。通过执行形态学操作，如膨胀操作，可以增大车牌字符区域，以便更容易识别；而腐蚀操作有助于消除噪声和小的干扰，提升识别精度。另外，开运算和闭运算也可以进一步改善车牌图像的质量，从而更好地适应后续的识别与分类任务。这些操作不仅增强了系统的识别能力，也提高了其鲁棒性，使得车牌识别系统更能满足实际应用中的需求。因此，在设计和实现车牌识别系统时，采用形态学方法是至关重要的，它有效提高了系统整体的性能表现。

以下是通过形态学方法进行车牌识别的示例。首先，程序会加载并预处理车牌图像，包括转换成灰度图，去除噪声，并使用边缘检测技术来找出图像的边缘；然后，通过形态学变换如闭运算和开运算，以及轮廓检测，精确地定位出车牌区域；最后，遍历所有的轮廓实现车牌定位。

1. 导入所需的库和图像

导入所需的 OpenCV 库、NumPy 及 OS 库和文件路径的代码如下：

```
import cv2 as cv
import numpy as np
import os
path = 'D:/test/car.png'
```

车牌原始图像如图 5-24 所示。

图 5-24　车牌原始图像

2. 读取图片并转为灰度图像

读取图片并转为灰度图像的代码如下：

```
img = cv.imread(path)
gray = cv.cvtColor(img, cv.COLOR_RGB2GRAY)
cv.imshow('gray', gray)
```

形态学操作通常是基于像素值的形状和结构的变化，而不是颜色，因此使用 cv.cvtColor() 函数将图像转换为灰度图像可以更好地突出图像的形状和结构信息。灰度图像只有一个通道使得形态学操作更容易应用于灰度图像，并且可以提高处理速度。

3. 创建一个核并进行顶帽运算

创建一个核并进行顶帽运算的代码如下：

```
kernel = cv.getStructuringElement(cv.MORPH_RECT, (20, 20))
tophat = cv.morphologyEx(gray, cv.MORPH_TOPHAT, kernel)
cv.imshow('tophat', tophat)
```

顶帽运算能有效地压制图像中的背景干扰和噪声，从而凸显车牌的边缘和细节，这对后续的车牌定位和识别过程十分有利。首先，使用 cv.getStructuringElement() 函数创建一个结构元素，这是一个 20 × 20 像素的矩形；然后，使用 cv.morphologyEx() 函数应用顶帽变换，这是一种形态学操作，用于强调图像中较亮的区域相对于其周围的区域；最后，使用 cv.imshow() 函数显示处理后的图像。顶帽变换通常用于从图像中提取小而亮的物体，或者从较暗的背景中分离出亮的结构。此运算通过增强图像对比度，能够减轻光照变化和噪声的影响，从而提升车牌识别的准确率和稳定性。它是提取图像中微小细节和边缘信息的有效手段。

4. Sobel 算子提取 y 方向边缘

Sobel 算子提取 y 方向边缘的代码如下：

```
y = cv.Sobel(tophat, cv.CV_16S, 1, 0)
absY = cv.convertScaleAbs(y)
cv.imshow('absY', absY)
```

Sobel 算子是一种在图像处理领域广泛使用的边缘检测工具，它通过计算图像中每个像素的梯度大小和方向来识别边缘和轮廓。Sobel 算子具有水平和垂直两种形式，分别用于检测图像的水平和垂直边缘。在应用中，cv.Sobel() 函数使用 Sobel 算子来计算图像顶帽变换结果的垂直方向的一阶导数，即水平边缘。这里，cv.CV_16S 指定输出图像的数据类型为 16 位带符号的整数，1 和 0 分别代表对 x 和 y 方向的导数阶数，这里是沿 x 方向的一阶导数。接下来的 cv.convertScaleAbs() 函数将先前步骤得到的结果转换为绝对值，并将数据类型转换回 8 位无符号整数，这使得图像可视化时更加清晰。在车牌识别系统中，使用 Sobel 算子来提取图像的垂直方向边缘可以帮助增强车牌的边缘轮廓和字符特征，这对于车牌的精准定位和识别极为重要。

5. 自适应二值化处理

自适应二值化处理代码如下：

```
ret, binary = cv.threshold(absY, 75, 255, cv.THRESH_BINARY)
cv.imshow('binary', binary)
```

车牌图像的亮度可能由于不同的光照条件而变得不均匀，自适应二值化通过在局部区域内自动调整阈值，能够有效应对光照变化对图像整体上的影响。cv.threshold() 函数用来将图像转换成二值图像，其中像素值高于75的设置为255（白色），低于75的设置为0（黑色）。由于不同车牌图像的亮度和对比度各不相同，自适应二值化通过针对图像特定特性调整阈值，增强了处理过程的适应性和鲁棒性。此外，车牌图像中的细微特征和细节对于识别非常关键，自适应二值化能更有效地保留图像的这些细节，从而支持更准确的车牌定位和识别。

6. 开运算分割

开运算分割代码如下：

```
kernel = cv.getStructuringElement(cv.MORPH_RECT, (1, 15))
Open = cv.morphologyEx(binary, cv.MORPH_OPEN, kernel)
cv.imshow('Open', Open)
```

开运算可以有效地消除图像中的小噪声和斑点，清晰化车牌图像，促进后续处理的顺利进行。这一操作还助于区分车牌与背景，简化车牌的定位和分割工作。cv.getStructuringElement() 函数创建一个矩形结构元素，这里的元素是一个高度为 1 像素，宽度为 15 像素的矩形，这样的形状特别适合处理和连接图像中的水平线段。对于那些有不连续边缘或细小断裂的车牌图像，开运算也有助于消除这些不连续性，从而使车牌的轮廓更加清晰和连续。

7. 闭运算合并

闭运算合并代码如下：

```
kernel = cv.getStructuringElement(cv.MORPH_RECT, (41, 15))
close = cv.morphologyEx(Open, cv.MORPH_CLOSE, kernel)
cv.imshow('close', close)
```

在使用形态学方法进行车牌识别中，闭运算主要用于消除车牌字符间的空隙，以便将各字符连接为一个整体，此操作还有助于填补字符内部的空白，使字符区域更连续。这里，cv.getStructuringElement() 函数创建一个更大的矩形结构元素，尺寸为 41×15 像素，这种更大的结构元素有助于连接较长的水平线段。然后，cv.morphologyEx() 函数应用形态学闭运算。闭运算是先膨胀后腐蚀的过程，主要用于填补物体内的小孔和缝隙，以及连接邻近的物体。

8. 腐蚀、膨胀

腐蚀、膨胀操作代码如下：

```
# 7-1、膨胀、腐蚀（连接）（二次缝合）
dilate_x = cv.morphologyEx(dilate_y, cv.MORPH_DILATE, kernel_x)
cv.imshow('dilate_x', dilate_x)
erode_x = cv.morphologyEx(dilate_x, cv.MORPH_ERODE, kernel_x)
cv.imshow('erode_x', erode_x)
```

```
# 8、腐蚀、膨胀：去噪
kernel_e = cv.getStructuringElement(cv.MORPH_RECT, (25, 9))
erode = cv.morphologyEx(erode_x, cv.MORPH_ERODE, kernel_e)
cv.imshow('erode', erode)
kernel_d = cv.getStructuringElement(cv.MORPH_RECT, (25, 11))
dilate = cv.morphologyEx(erode, cv.MORPH_DILATE, kernel_d)
cv.imshow('dilate', dilate)
```

腐蚀操作有助于移除图像中的噪声点，从而使图像变得更清晰和整洁，这对后续处理步骤非常有利。膨胀操作则用于连接图像中的断裂部分，增强物体的连续性，这有助于物体的定位和分割。通过调整结构元素的大小和形状，腐蚀和膨胀操作能够改变物体的尺寸和轮廓，这对图像的形态学处理和特征提取非常关键。这些操作还可以平滑物体边缘，使物体轮廓更规则。

9. 获取外部轮廓

获取外部轮廓的代码如下：

```
# 9、获取外轮廓
img_copy = img.copy()
# 9-1、得到轮廓
contours, hierarchy = cv.findContours(dilate, cv.RETR_EXTERNAL, cv.CHAIN_APPROX_SIMPLE)
# 9-2、画出轮廓并显示
cv.drawContours(img_copy, contours, -1, (255, 0, 255), 2)
cv.imshow('Contours', img_copy)
```

在使用形态学方法识别车牌时，提取外部轮廓是一个关键步骤，它能够准确地定位车牌区域。这一过程涉及识别图像中所有的外部边界，从而不仅确定车牌的具体位置，还揭示了其基本形状。cv.findContours() 函数用于在图像中找出轮廓，使用了二值图像（此处为膨胀后的图像）作为输入。cv.RETR_EXTERNAL 参数指示仅检索最外层的轮廓，这有助于忽略所有嵌套的轮廓。cv.CHAIN_APPROX_SIMPLE 参数通过减少冗余点来简化轮廓，这可以有效地减少存储空间和计算时间。通过这样做，能有效地排除图像中的非车牌元素，如车辆的其他部件和周围环境背景，从而集中精力处理车牌区域。这一集中处理显著提高了后续步骤的效率和识别准确度。外部轮廓的提取不仅提供了车牌的形状信息，还有助于后续的车牌分割和识别工作，使得整个识别过程更加高效。此外，对车牌的外部轮廓进行深入分析，可以计算车牌的宽高比、面积和其他关键几何特征，这些信息对于精确判定车牌区域至关重要，还能够优化整个车牌识别系统的性能。

10. 遍历所有轮廓实现车牌定位

遍历所有轮廓实现车牌定位的代码如下：

```
i = 0
for contour in contours:
    # 10-1、得到矩形区域：左顶点坐标、宽和高
    rect = cv.boundingRect(contour)
    # 10-2、判断宽高比例是否符合车牌标准，截取符合图片
    if rect[2] > rect[3] * 3 and rect[2] < rect[3] * 7:
        # 截取车牌并显示
        print(rect)
```

```
        img = img[(rect[1] - 5):(rect[1] + rect[3] + 5), (rect[0] - 5):(rect[0] + rect[2] + 5)]
        try:
            cv.imshow('license plate%d-%d' % (count, i), img)
            cv.imwrite('car_licenses/img%d-%d.jpg' % (count, i), img)
            i += 1
        except:
            pass
cv.waitKey(0)
```

通过遍历图像中的每个轮廓，并为每个轮廓计算其外接矩形，可以通过检查这些矩形的宽高比是否符合特定的标准来确定哪些轮廓可能代表潜在的车牌。cv.boundingRect() 函数对每个轮廓计算最小的边界矩形，if 条件判断边界矩形的宽高比是否符合车牌的典型宽高比。车牌通常是长方形，宽度是高度的 3 ～ 7 倍。img[] 从原图中提取出扩展了 5 像素边界的车牌图像区域，以确保车牌边缘不被切割。try ～ except 这部分代码用于捕获并忽略在显示或保存图像时可能出现的任何错误，如尝试访问图像边界之外的区域。

11. 车牌识别结果展示

车牌识别结果如图 5-25 所示。

图 5-25　车牌识别的结果

本章小结

本章首先介绍了基于形态学原理的图像处理技术，内容从形态学图像处理的基本概念、意义开始，涵盖腐蚀、膨胀、开闭操作及击中击不中变换等基础知识，并进一步探讨了顶帽和底帽变换等方法在突出图像亮度和纹理特征中的应用；其次介绍了如孔洞填充、细化和骨架提取等典型应用，并提供了相应的 Python 程序示例，帮助深入理解并实践这些技术。通过掌握形态学图像处理的基本原理和应用，了解其背后的数学基础，为图像处理领域的进一步研究和应用打下坚实基础。

思考题与习题

5-1　数学形态学主要包括哪些研究内容？

5-2　基于数学形态学的图像处理有何特点？

5-3　数学形态处理的基本算子有哪些？各自的特点是什么？

5-4　膨胀和腐蚀是数学形态学的两个基本操作，简要解释它们的作用。

5-5　只要 B 的原点包含于 B 中，则结构元 B 对集合 A 的腐蚀就是 A 的一个子集。给出腐蚀 $A \ominus B$ 位于 A 之外或部分位于 A 之外的一个例子。

5-6　证明下列表达的正确性：

（1）$A \circ B$ 是 A 的一个子集（子图像）。

（2）若 C 是 D 的一个子集，则 $C \circ B$ 是 $D \circ B$ 的一个子集。

（3）$(A \circ B) \circ B = A \circ B$ 。

5-7　简述灰度图像和二值图像的区别。

5-8　开运算与腐蚀运算相比有何优越性？

5-9　闭运算与膨胀运算相比有何优越性？

5-10　（1）反复腐蚀一幅图像的极限效果是什么？假设不使用只有一个点的结构元。

（2）为使（1）的答案成立，您能从其开始的最小图像是什么？

参考文献

[1] 冈萨雷斯 . 数字图像处理 [M].4 版 . 北京：电子工业出版社，2020.

[2] 杨杰 . 数字图像处理及 MATLAB 实现 [M].3 版 . 北京：电子工业出版社，2019.

[3] BLOCH I. Fuzzy relative position between objects in image processing：a morphological approach[J]. IEEE Transactions on Pattern Analysis and Machine Intelligence，1999，21（7）：657-664.

[4] PAI T W，HANSEN J H L，Boundary-constrained morphological skeleton minimization and skeleton reconstruction[J]. IEEE Transactions on Pattern Analysis and Machine Intelligence，1994，16（2）：201-208.

第 6 章　彩色图像处理及应用

——更加丰富多彩的图像世界

引言

彩色图像处理是数字图像处理领域中的重要分支之一，它涉及彩色图像模型之间的转换，以及将灰度图像转换为伪彩色图像，或对全彩色图像进行处理的技术和方法。彩色图像模型为表示和处理彩色图像提供了理论基础。与灰度图像不同，彩色图像包含了多个颜色通道的信息，如红、绿、蓝颜色空间或色度、饱和度和亮度颜色空间等呈现形式。彩色图像模型的应用涉及颜色表示、颜色空间变换等问题。伪彩色图像处理是通过将灰度图像转换为伪彩色图像，利用颜色来增强图像的可视化效果，进而提供更直观的视觉信息。例如，通过将不同的灰度级别分别映射到不同的颜色上，使得图像呈现出多样且易于区分的色彩。伪彩色图像只是一种近似的彩色表示方式，其色彩并非真实存在于物体本身。全彩色图像处理涉及多种算法和技术，如彩色图像增强、彩色图像分割等。这些方法不仅可以改善图像的视觉效果，还可以为后续的图像分析和处理任务提供更丰富的信息。本章将重点围绕彩色图像模型、伪彩色图像处理、全彩色图像处理及彩色图像处理的典型应用展开介绍。

6.1　彩色图像模型

彩色图像模型是一种利用数学模型来描述颜色的工具。常用的彩色模型包括 RGB（红、绿、蓝）模型、HSI（色调、饱和度、亮度）模型、CMY（青、粉红、黄）模型和 CMYK（青、粉红、黄、黑）模型。RGB 模型由于与硬件兼容性强，广泛应用于彩色显示器和大部分彩色摄像机系统中。HSI 模型的一个优点是更接近人类的颜色感知机制，使得用户能够更加快速地选择和调整颜色。CMY 和 CMYK 模型由于对彩色图像有较好的压缩性，因此常应用于打印系统中。

6.1.1　RGB 彩色模型

RGB 彩色模型又称为三原色光模型，是一种基础的颜色模型，其原理基于加色法。在 RGB 模型中，红、绿、蓝三种基本颜色的光可以混合出各种不同的颜色。每种颜色都有一个对应的亮度值，通过调整这些亮度值，可以混合出各种不同的颜色。这种彩色模型在生活中广泛使用，如手机显示屏、液晶显示器等大部分电子屏幕都是采用 RGB 彩色模型来表达颜色的。这些设备在描述颜色时本质上是使用加色原理，即通过将不同颜色的光混合在一起来产生其他颜色。如图 6-1 所示，根据 R、G、B 三原色可以组合出黄色、白色等其他颜色。

图 6-1　加色原理

图 6-2 是 RGB 彩色立方体模型示意图，即 RGB 彩色模型可以用基于三维直角坐标系的彩色立方体来表示。其中，RGB 三原色位于三个顶点上，青色、黄色和深红色位于另外三个顶点上，黑色在原点处，白色在离原点最远的点上。该模型可基于三个坐标轴上的不同取值组合来表示任意颜色。

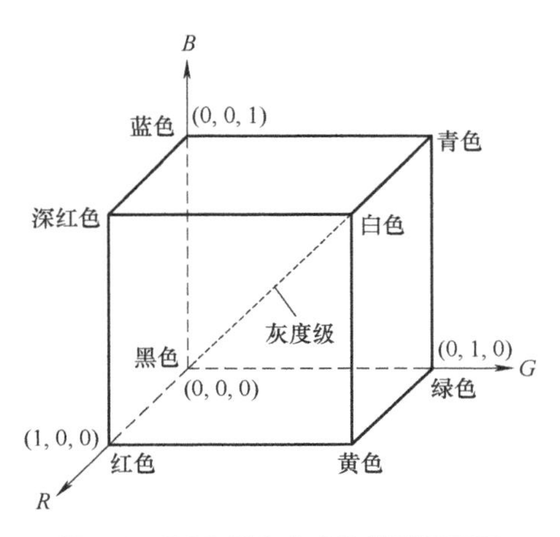

图 6-2　RGB 彩色立方体模型示意图

在计算机中，一幅基于 RGB 彩色模型的数字图像由三个彩色通道组成，分别是 R 通道、G 通道和 B 通道。为了更直观地描述 RGB 彩色模型是基于三通道输出颜色的现象，可以将一幅基于 RGB 模型的彩色图像的三个通道分别提取出来。具体操作是先将其中一个通道的数值保持不变，另外两个通道的数值置零，然后再将这三个通道合成为彩色图像，这个彩色图像所代表的颜色就是原来图像中相应通道的颜色。这样就可以得到该图像的 R、G、B 三通道图像，如图 6-3 所示。

a) RGB原图像

b) R通道图像

c) G通道图像

d) B通道图像

图 6-3　R、G、B 三通道输出图像显示

从图 6-3 中可以观察到，R 通道图像中背景较暗，这是因为天蓝色背景中的红色分量较少；在 G 通道图像中各部分亮度和原图像基本一致，说明图像中绿色成分分布较为均匀；而在 B 通道图像中人物肤色部分较暗，则是因为黄色的肤色中蓝色分量较少。

图 6-3 彩图

6.1.2　HSI 彩色模型

HSI 彩色模型是从人的视觉系统出发，用色调 H（Hue）、饱和度 S（Saturation）和亮度 I（Intensity）来描述色彩。色调代表颜色的种类，它描述了颜色的基本属性，如红色、黄色、绿色等。在 HSI 模型中，色调由角度表示，通常假定 0° 表示的颜色为红色，120° 为绿色，240° 为蓝色。0° ～ 360° 色调覆盖了所有可见光谱的颜色。饱和度描述了颜色的强度或纯度。饱和度高的颜色看起来更“纯”，而饱和度低的颜色则更接近灰色。在 HSI 模型中，饱和度的范围通常是从 0 到 1，0 表示无饱和度（灰色），1 表示完全饱和。亮度描述了颜色的明暗程度，它与光的强度有关。在 HSI 模型中，亮度的范围也是从 0 到 1，亮度值为 0 表示全黑色，而为 1 表示全白色，其他值表示这两者之间的灰度值。图 6-4 所示为 HSI 彩色空间模型。

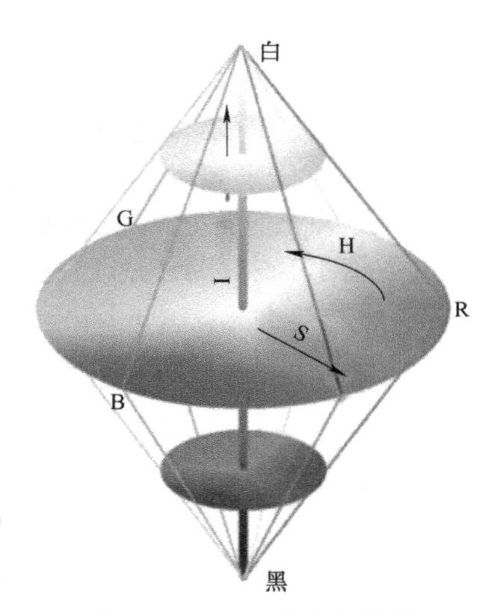

图 6-4　HSI 彩色空间模型

为了更直观地理解 HSI 彩色模型，将一幅基于 HSI 模型的彩色图像的三个通道分别提取出来，之后将其中一个通道的数值保持不变，另两个通道数值置零，再合成为彩色图像，便得到了该图像的 H、S、I 三通道图像，如图 6-5 所示。

图 6-5 彩图

a) HSI原图像

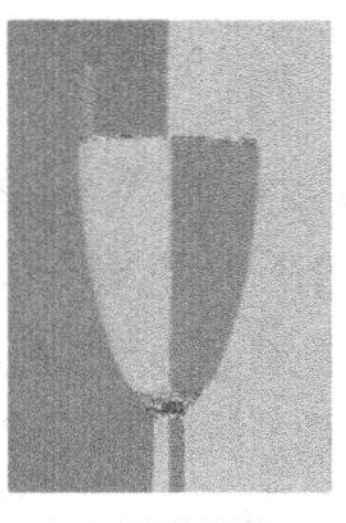
b) H通道图像

c) S通道图像

d) I通道图像

图 6-5　HSI 彩色空间下的图像表示

从图 6-5 中可以观察到，酒杯中的颜色互异，背景色也不相同，所以在 H 通道中不同颜色的部位显示的色调也不相同；由于光照的影响导致各部分颜色的饱和度不同，S 通道图像反映了这点；在 I 通道图像中，酒杯杯壁处的亮度有了直观的表现。

6.1.3　CMY 和 CMYK 彩色模型

CMY 是色料三原色，分别是青 C（Cyan）、品红 M（Magenta）、黄 Y（Yellow），利用油墨对光的吸收、透射和反射产生不同的颜色。CMY 彩色模型常用于彩色打印机和复印机，且要求输入 CMY 数据或者在内部进行 RGB 到 CMY 的转换，转换公式如下：

$$\begin{bmatrix} C \\ M \\ Y \end{bmatrix} = \begin{bmatrix} 1 \\ 1 \\ 1 \end{bmatrix} - \begin{bmatrix} R \\ G \\ B \end{bmatrix} \tag{6-1}$$

从式（6-1）中可以观察到，纯青色颜料所反射的光中不包含红色（即式中 $C=1-R$）。类似地，纯品红色不反射绿色，纯黄色不反射蓝色。

色料三原色是减色三原色，混合后能量相减，比原来的颜色较灰暗，理论上等量的 CMY 三原色混合后产生黑色。但是，由于油墨本身的纯度不能做到理论上的极限值，所以 CMY 等量混合后的颜色一般是深灰色，因此再增加一个独立的黑色（K），提出了 CMYK 彩色模型。

CMYK 彩色模型用于打印和印刷复制，通过 CMYK 的值来确定给墨量，从而最终形成颜色。在图形制版过程中，首先将图片中的 RGB 分量提取出来，然后经过计算，得到 CMYK 的值，再由 CMYK 的值确定承印物上的颜色，此工艺在印刷过程中称为“分色”。

6.1.4　彩色模型之间的转换

在数字图像处理中，不同的彩色模型适用于不同的应用场景。为了更好地表示数字图像的颜色、降低计算复杂度，则需要用到彩色模型的转换。常见的彩色模型转换有：RGB 到灰度图像的转换、RGB 到 HSI 的色彩转换和 HSI 到 RGB 的色彩转换等。

1. RGB 到灰度图像的转换

当给定一幅 RGB 彩色格式的图像时，其灰度图像的灰度值通常用如下公式得到：

$$\text{Gray} = \frac{(R+G+B)}{3} \tag{6-2}$$

式中，R、G、B 分别是彩色图像的 RGB 三通道值；Gray 是灰度图像的灰度值。此外，还有加权法和最大值法等方法来计算像素点的灰度值，从而达到图像灰度化的目的。

2. RGB 到 HSI 的色彩转换

当给定一幅 RGB 彩色格式的图像时，每个 RGB 像素的色调分量可用如下公式得到：

$$H(x,y) = \begin{cases} \theta(x,y) & G(x,y) \geqslant B(x,y) \\ 2\pi - \theta(x,y) & G(x,y) < B(x,y) \end{cases} \tag{6-3}$$

式中，

$$\theta(x,y)=\arccos\left\{\frac{\frac{1}{2}[(R(x,y)-G(x,y))+(R(x,y)-B(x,y))]}{\left[(R(x,y)-G(x,y))^2+(R(x,y)-B(x,y))(G(x,y)-B(x,y))\right]^{\frac{1}{2}}}\right\}$$

饱和度分量由下式给出：

$$S(x,y)=1-\frac{3}{R(x,y)+G(x,y)+B(x,y)}\min(R(x,y),G(x,y),B(x,y)) \tag{6-4}$$

强度分量由下式给出：

$$I(x,y)=\frac{1}{3}(R(x,y)+G(x,y)+B(x,y)) \tag{6-5}$$

假定 RGB 值已经归一化到区间 [0，1] 内，且角度 θ 根据 HSI 空间的红轴来度量，则色调可以用式（6-3）得到的所有值除以 360° 归一化到区间 [0，1]。如果给定的 RGB 值在区间 [0，1] 内，则其他两个 HSI 分量也在 [0，1] 区间内。

3. HSI 到 RGB 的色彩转换

如果在 [0，1] 内给出 HSI 的值，则需要在相同的值域找到对应的 RGB 值，选取的公式取决于 H 的值。

1）当 $H(x,y)\in[0°,120°)$ 时，转换公式为

$$\begin{cases}R(x,y)=I(x,y)\left[1+\dfrac{S(x,y)\cos(H(x,y))}{\cos(60°-H(x,y))}\right]\\B(x,y)=I(x,y)(1-S(x,y))\\G(x,y)=3I(x,y)-(B(x,y)+R(x,y))\end{cases} \tag{6-6}$$

2）当 $H(x,y)\in[120°,240°)$ 时，转换公式为

$$\begin{cases}R(x,y)=I(x,y)(1-S(x,y))\\G(x,y)=I(x,y)\left[1+\dfrac{S(x,y)\cos(H(x,y)-120°)}{\cos(180°-H(x,y))}\right]\\B(x,y)=3I(x,y)-(R(x,y)+G(x,y))\end{cases} \tag{6-7}$$

3）当 $H(x,y)\in[240°,360°)$ 时，转换公式为

$$\begin{cases}B(x,y)=I(x,y)\left[1+\dfrac{S(x,y)\cos(H(x,y)-240°)}{\cos(300°-H(x,y))}\right]\\G(x,y)=I(x,y)(1-S(x,y))\\R(x,y)=3I(x,y)-(G(x,y)+B(x,y))\end{cases} \tag{6-8}$$

6.2　伪彩色图像处理

伪彩色（也称为假彩色）图像处理是一种通过给灰度值赋予颜色的处理方式，使原本的单色图像呈现出彩色效果。这种处理方式强调的是对原本单色图像进行的颜色赋值处理，所赋予的颜色并非图像真实的颜色，而是后期人为添加用以区分不同区域的假想颜色。例如，在地质学领域中，地质图像通常采集的是灰度图像，通过给不同类型的地质物质赋予不同的颜色，可以更清晰地区分地质结构和成分，有利于地质调查和资源勘查；在医学领域中，CT 和 MRI 等医学成像采集的也是灰度图像，通过给不同组织赋予不同颜色，可以更清晰地看到组织结构和病变部位，更方便医生诊断，如给骨头赋予蓝色、给肌肉赋予红色等；在气象学领域中，给气象卫星观测到的云图赋色，可以明显区分云层类型和结构等。

6.2.1　灰度分层技术

灰度分层（有时称为密度分层）是伪彩色图像处理中常用的方法之一。其主要思想是对图像进行灰度处理，将图像转换为单通道的灰度图像，然后设定一个灰度阈值，根据该阈值将图像分割为两个层次：高于阈值的区域和低于阈值的区域。通过重复进行阈值分割，可以将图像分成多个不同灰度级别的层次，其中不同灰度级别对应的区域代表图像中的不同对象。下面对上述两种情况进行详细描述。

当将一幅图像描述为一个三维函数时，灰度分层技术的步骤如下：首先，设置一些平行于该图像坐标平面的平面；然后，让每个平面“切割”灰度函数。图 6-6 显示了使用位于$f(x,y)=L_i$处的一个平面把该图像灰度函数切割为两部分。对图 6-6 中平面的每一侧赋予不同的颜色，灰度级在该平面之上的像素将编码成一种颜色，灰度级在该平面之下的像素将编码成另一种颜色。按照上述步骤可以得到一幅只有两种颜色的图像，沿灰度轴上下移动切割平面，就可控制图像的外观和视觉效果。

如果沿灰度轴切割平面为多个层级，并为每个层级编码不同的颜色，从而生成一幅包含多种颜色的图像。该方法的基本过程如图 6-7 所示。首先，选择一组平行于坐标平面的平面序列 L_1，L_2，…，L_N，这些平面将灰度函数切割为 N+1 个相互分割的灰度区间；然后，为每个灰度区间分配一种颜色，每个区间的颜色可以是相互不同的，以在生成的图像中呈现多种颜色；最后，根据映射关系和颜色分配，将每个像素的灰度级分别映射到相应的颜色，从而生成一张拥有多种颜色的彩色图像。

图 6-8a 是某一患者的大脑组织 CT 单色图像，图 6-8b 是图 6-8a 的灰度分层结果，每个区域赋予了不同的颜色。可以观察出，图 6-8a 右下角在单色图像中是暗灰色的，虽然与正常脑组织有所区别，但以灰度形式分辨出病变是较为困难的。图 6-8a 经过灰度分层处理后得到图 6-8b，正常的大脑组织被标注为红色，位于中间的肿瘤组织被标注为绿色。利用灰度分层技术，可以更清楚地观察到肿瘤的位置、大小和形状等特征。

图 6-9a 是含有金属危险物品和液体的 X 射线安检机的图像，从图中可以较清楚地观察出物体的轮廓，但很难通过灰度等级区分出物体的材质。图 6-9b 所示的分层结果是利用灰度分层技术将蓝色赋给金属物品相对应的 X 射线灰度级，而将橙色赋给液体相对应

的 X 射线灰度级。从图 6-9b 中可以看到金属危险物品和液体被标记为相对应的颜色，这样就可以降低安检的工作难度了。

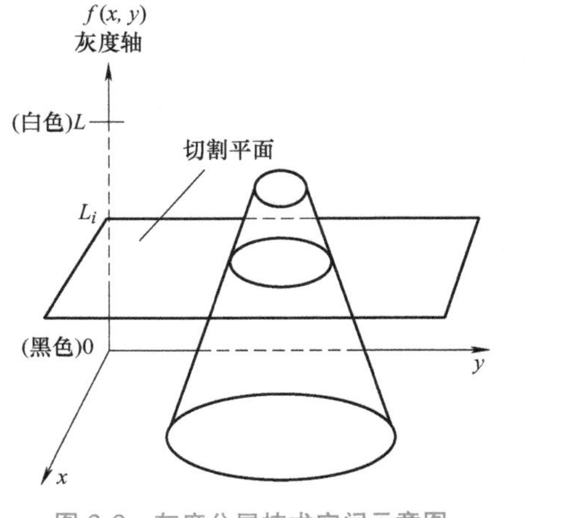

图 6-6 灰度分层技术空间示意图

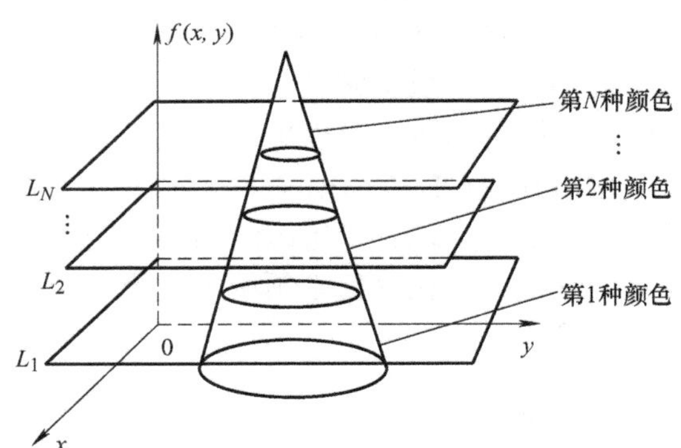

图 6-7 灰度多层分层技术空间示意图

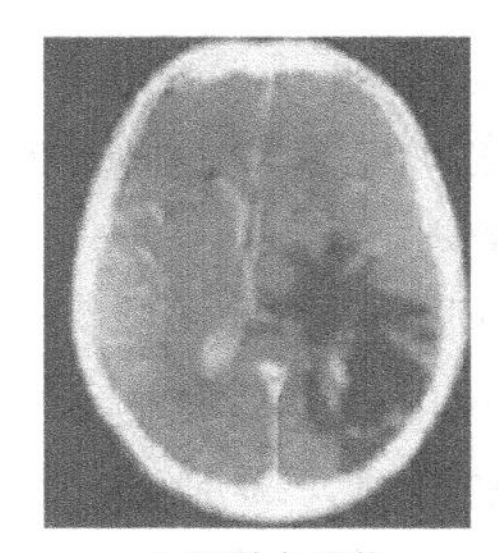

a) CT单色图像

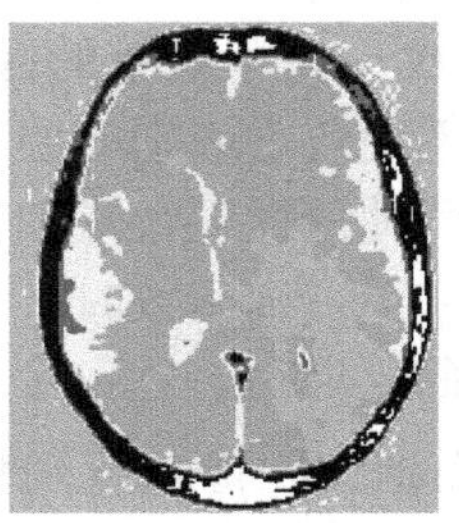

b) 灰度分层结果

图 6-8 彩图

图 6-8 利用灰度分层技术对 CT 灰度图像进行彩色标注

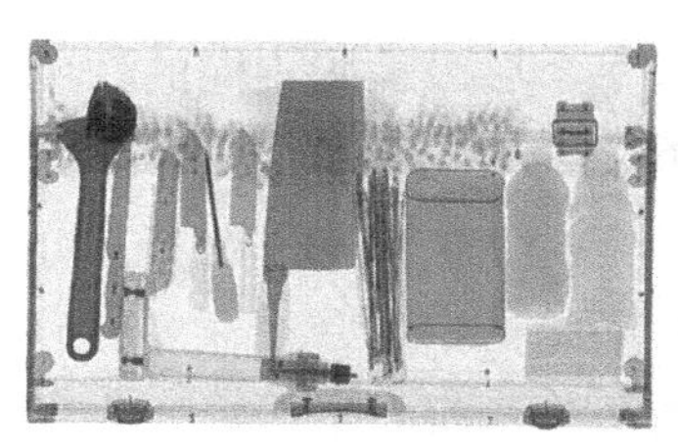

a) X射线安检灰度图像

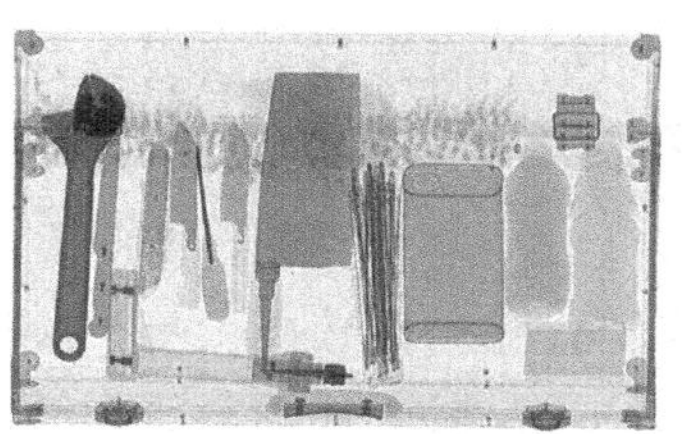

b) 灰度分层结果

图 6-9 彩图

图 6-9 灰度分层技术在 X 射线安检机中的应用

6.2.2 灰度到彩色的映射

灰度到彩色的映射是一种将灰度图像转换为彩色图像的技术。它通过对每个像素的灰度级进行三次独立的变换，生成对应的 RGB 值。这三次变换的结果分别映射到红、绿、蓝三个通道上，最终合成彩色图像。由于三个变换器在同一个灰度级上执行不同的变换，所以三个变换器的输出是不同的，从而不同的灰度级可以合成不同的颜色。

如图 6-10 所示，对图像中每个像素的灰度值$f(x,y)$采用三种不同的变换函数进行变换，并将结果映射为彩色图像的R、G、B分量值，$R(x,y)$、$G(x,y)$、$B(x,y)$分别表示R、G、B 的映射函数，由此可以得到一幅基于 RGB 模型的彩色图像。值得注意的是，变换函数是对一幅图像的灰度值进行变换，并非改变图像像素的几何位置。

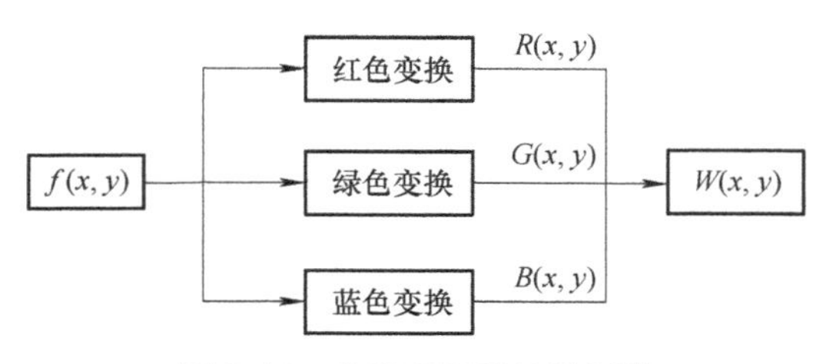

图 6-10　伪彩色图像处理框图

图 6-10 中灰度到彩色的映射变换函数$R(x,y)$、$G(x,y)$、$B(x,y)$如下：

$$R(x,y)=\begin{cases}0 & 0\leqslant f\leqslant 63\\ 0 & 64\leqslant f\leqslant 127\\ 4f(x,y)-510 & 128\leqslant f\leqslant 191\\ 255 & 192\leqslant f\leqslant 255\end{cases} \tag{6-9}$$

$$G(x,y)=\begin{cases}254-4f(x,y) & 0\leqslant f\leqslant 63\\ 4f(x,y)-254 & 64\leqslant f\leqslant 127\\ 255 & 128\leqslant f\leqslant 191\\ 1022-4f(x,y) & 192\leqslant f\leqslant 255\end{cases} \tag{6-10}$$

$$B(x,y)=\begin{cases}255 & 0\leqslant f\leqslant 63\\ 510-4f(x,y) & 64\leqslant f\leqslant 127\\ 0 & 128\leqslant f\leqslant 191\\ 0 & 192\leqslant f\leqslant 255\end{cases} \tag{6-11}$$

图 6-11 所示为根据灰度分层技术和映射变换函数进行的灰度到彩色变换。图 6-11a 是灰度原始图像，图 6-11b 则是对原始图像进行灰度分层后的伪彩色图像，根据式（6-9）～式（6-11）对原始图像进行映射变换得到图 6-11c。

a) 灰度原始图像

b) 灰度分层

c) 灰度到彩色变换

图 6-11 彩图

图 6-11　灰度到彩色图像处理

从图 6-11 中可以观察到，灰度分层技术对图像中不同灰度级别分别赋予不同颜色，但过于单调；灰度到彩色的变换无论从整体视觉效果还是细节部分的处理方面，都明显生动于灰度分层方法。这是因为灰度到彩色的映射方法在变换过程中用到了三原色原理，与灰度分层方法相比，有效地增加了结果图像的颜色范围，使得人们能分析单色图像中的更多信息。

6.3 全彩色图像处理

全彩色图像处理涉及的技术和方法多种多样，包括从基本的颜色转换和直方图均衡化到复杂的色彩分割算法等内容。这些技术的应用广泛，能够实现对全彩色图像进行色调调整、颜色分割、物体识别、特征提取等操作，以满足不同领域对图像信息的需求。本节将按照彩色图像的处理基础、增强与分割三大类对全彩色图像处理技术进行介绍。

6.3.1 全彩色图像处理基础

彩色图像处理方法大致可以分为两大类：第一类是将彩色图像分解为各个分量图像，分别处理每一幅分量图像，然后用分别处理过的分量图像来合成一幅彩色图像；第二类是直接处理彩色图像中的像素，由于全彩色图像至少有三个分量，所以彩色图像像素实际上是向量。

假设在 RGB 彩色空间中任取一空间向量 $\boldsymbol{c}$：

$$\boldsymbol{c}=\begin{bmatrix} c_R \\ c_G \\ c_B \end{bmatrix}=\begin{bmatrix} R \\ G \\ B \end{bmatrix} \tag{6-12}$$

式（6-12）指出 $\boldsymbol{c}$ 的分量仅是一幅彩色图像在一点处的 RGB 分量。可以认为，彩色分量是彩色图像空间坐标 (x,y) 的函数，表示为

$$\boldsymbol{c}(x,y)=\begin{bmatrix} c_R(x,y) \\ c_G(x,y) \\ c_B(x,y) \end{bmatrix}=\begin{bmatrix} R(x,y) \\ G(x,y) \\ B(x,y) \end{bmatrix} \tag{6-13}$$

对于大小为 $M \times N$ 的图像，就会有 $M \times N$ 个这样的向量 $\boldsymbol{c}(x,y)$，其中 $x=0,1,2,\cdots,M-1$，$y=0,1,2,\cdots,N-1$。

尽管 RGB 图像由三幅分量图像组成，但三幅分量图像中的像素在空间上是配准的。也就是说，一对空间坐标 (x,y) 确定了三幅分量图像中同一个像素的位置，如图 6-12 所示。

在某些情形下，无论彩色图像一次处理一个分量，还是作为向量来处理，都会得到相同的结果。然而情况并非总是如此，要使两种方法得到相同的结果，必须满足两个条件：第一，处理必须同时适用于向量和标量；第二，对向量每个分量的操作对于其他分量必须是独立的。例如，图 6-12 显示了灰度和 RGB 彩色图像的空间邻域处理。假设该处理是邻域平均的。在图 6-12a 中，平均可通过对邻域内所有像素的灰度级求和，并用邻域内的像

素总数相除来完成。在图 6-12b 中，平均是通过对邻域内的全部向量求和，并用邻域内的向量总数相除每个分量来完成的。平均向量的每个分量对应于该分量图像中的像素的和，这与在每个彩色分量基础上做平均，然后再形成向量所得到的结果是相同的。这是因为在基于 RGB 模型的全彩色图像中，每个分量可以看作是对应的颜色通道，像素的每个分量值代表该通道上的亮度或颜色强度。因此，平均彩色分量实际上等同于对每个彩色通道分别进行平均。

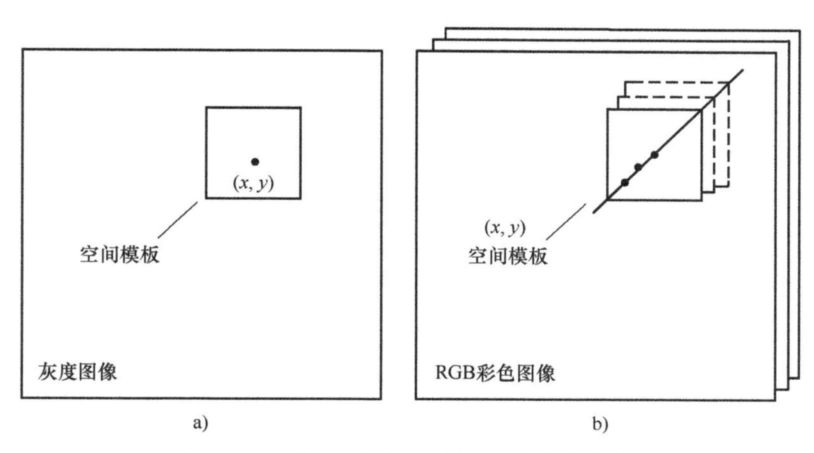

图 6-12　灰度图像和 RGB 彩色图像的空间邻域

6.3.2　彩色图像增强

在实际应用中，由于各种因素的影响，图像质量可能会受到不同程度的损失，导致图像的清晰度和视觉效果下降。因此，对彩色图像进行增强处理具有重要的意义。彩色图像增强的主要目的是提高彩色图像的视觉效果和可读性。彩色图像由红、绿、蓝三种基本颜色组成，因此彩色图像增强需要考虑到颜色信息的影响，可以通过调整亮度、对比度、颜色平衡等方式来实现。本节将通过彩色图像的变换以及平滑锐化等处理来介绍彩色图像的增强作用。

6.3.2.1　彩色图像变换

彩色变换的主要思想是将彩色图像的各分量分开，以灰度图像处理的方式分别处理。类似于灰度变换，使用式（6-14）来表示彩色图像的变换。

$$g(x,y)=T[f(x,y)] \tag{6-14}$$

式中，$f(x,y)$是彩色输入图像；$g(x,y)$是变换或处理后的彩色输出图像；T是彩色变换（映射）函数。

对于每个彩色分量：

$$s_i=T_i(r_1,r_2,\cdots,r_n), i=1,2,\cdots,n$$

式中，r_i、s_i 分别是 $f(x,y)$ 和 $g(x,y)$ 在图像中任一点的彩色分量值；T_i 是对 r_i 操作产生 s_i

的变换或彩色映射函数集。选择不同的彩色空间决定 n 的值，若选择 RGB 模型，则 n=3，r_1、r_2、r_3 分别表示输入图像的红、绿、蓝分量；若选择 CMYK 模型，则 n=4。

与灰度变换相同，彩色图像变换也分为线性变换和非线性变换。

1. 线性变换

彩色图像的线性变换可以通过对图像的每个像素进行线性组合来改变图像的亮度和对比度。彩色图像由多通道组成，因此在进行线性变换时需要对每个通道进行独立处理。

彩色图像的线性变换可以由下述公式表示：

$$s_i = kr_i + b \tag{6-15}$$

式中，k 和 b 是可调节的参数，用于控制线性变换的斜率和偏移。对于每个颜色通道，都可以分别设置不同的 k 和 b 值，实现对彩色图像亮度和对比度的调整，以实现对应通道的线性变换。

例如，针对图 6-13a 中给定的图像，若在 RGB 彩色空间中将三通道的分量分别乘以常数 k:

$$s_i = kr_i，\ i=1，2，3$$

若在 CMYK 空间内只改变第四个分量，则使用的变换函数为

$$s_i = \begin{cases} r_i & i = 1,2,3 \\ kr_i + (1-k) & i = 4 \end{cases}$$

依据 RGB 彩色空间和 CMYK 彩色空间的亮度变换公式，增加图 6-13a 的亮度。图 6-13b 和图 6-13d 分别展示了 RGB 和 CMYK 彩色空间的映射函数。在 RGB 彩色空间，选择 k 取 1.3 对原始图像进行线性变换，得到图 6-13c，使亮度增加 30%。而在 CMYK 彩色空间，仅对 K 分量进行变换，选择 k 取 0.7 对原始图像进行线性变换，得到图 6-13e，同样可以使亮度增加 30%。然而，这两种方法得到的结果并不相同，这是因为 K 分量控制着颜色的深度和暗度，只改变 K 分量并增加 30% 的亮度会导致黑色部分更加浓郁，整体颜色也会稍微变得暗淡。

2. 非线性变换

线性变换虽然能在不同彩色空间使用，但仍然不能适应某些具有非线性、局部或复杂映射需求的图像增强任务。非线性变换技术通过应用非线映射函数调整图像的彩色分量，具有更高的灵活性和局部适应性，在很多情况下能够更好地保留图像中的细节。典型的非线性变换函数主要有 S 曲线变换、对数变换和高阶多项式变换等，下面将进行详细介绍。

（1）S 曲线变换

彩色图像的非线性变换通常涉及对图像像素值进行 S 曲线变换，以调整图像的对比度和亮度。S 曲线通常用于图像处理中的色调映射、饱和度调整等操作。S 曲线变换的一般形式如下：

$$y = \frac{1}{1 + e^{-k(x - x_0)}} \tag{6-16}$$

a) 彩色原图像

1
k
输出分量像素值
0
R, G, B
1
输入分量像素值

b) RGB映射函数

c) RGB彩色空间亮度增加30%后的结果

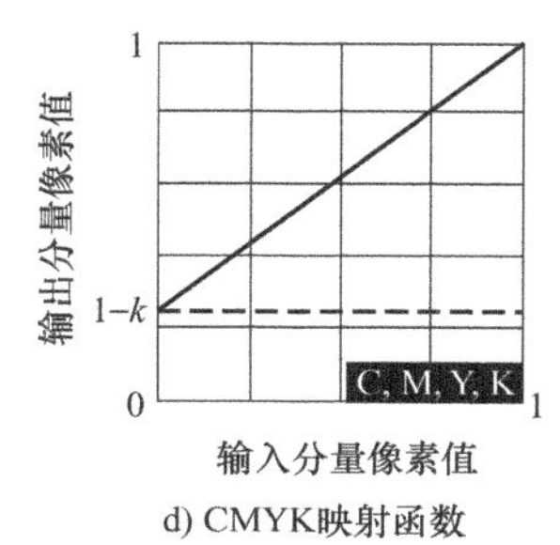

d) CMYK映射函数

e) CMYK彩色空间亮度增加30%后的结果

图 6-13　彩色图像亮度增强变换

式中，y 是输出颜色值；x 是输入颜色值；k 是斜率；x_0 是 S 曲线的中点。参数 k 和 x_0 的选择取决于具体的应用需求，以获得所需的效果。

S 曲线变换的中点 x_0 被固定，因此高光区域和阴影区域可分别变暗和加亮。如图 6-14 所示，图 6-14a 是彩色原图像，图 6-14b 是进行 S 曲线变换提升对比度后的图像，图 6-14c 是此次 S 曲线变换的映射函数。

a) 彩色原图像

b) S曲线变换后的图像

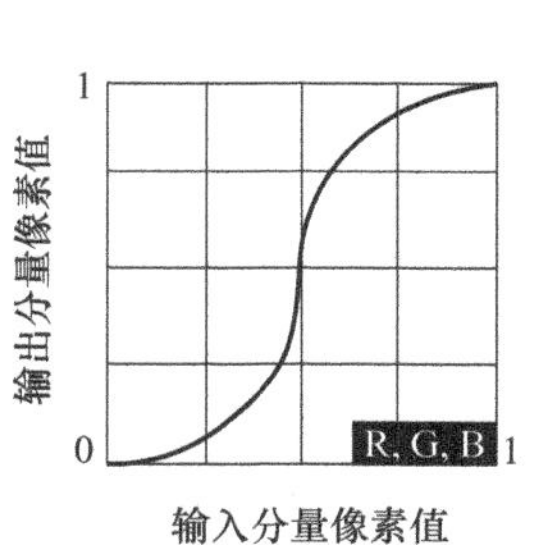

c) S曲线变换的映射函数

图 6-14 彩图

图 6-14　基于 S 曲线对彩色图像的非线性变换

（2）对数变换

对数变换是一种常用的非线性变换方法，它通过对图像的每个像素值取对数来调整亮度范围和对比度，以增强图像的细节。对数变换的一般公式如下：

$$y = \gamma \log(1 + x) \tag{6-17}$$

式中，x 是图像的每个像素点；y 是变换后的输出；γ 是调节常数。对数变换通过取输入像素值 x 的对数并将其缩放来改变图像的亮度和对比度。这种变换将较暗的像素值扩展，使它们更容易区分，同时将较亮的像素值压缩，以减少过曝的效果。通常情况下，常数 γ 的值可以根据具体需求进行调整，以控制对比度的增加。

使用对数变换减轻图像的过曝情况同时提高图像的细节可见性，根据式（6-17），此时调节常数 γ 选择较小的值来增强细节。如图 6-15 所示，图 6-15a 是彩色原图像；图 6-15b 是使用对数变换后的图像，可以发现细节增加了，但是亮度有些偏暗；图 6-15c 是对数变换的映射函数。

a) 彩色原图像

b) 对数变换后的图像

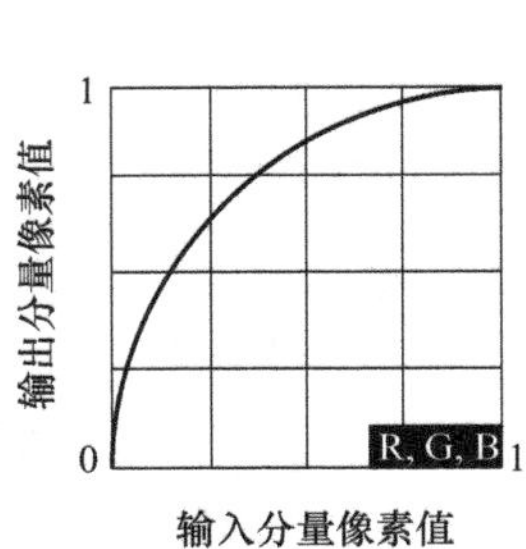

c) 对数变换的映射函数

图 6-15 彩图

图 6-15　基于对数对彩色图像的非线性变换

（3）高阶多项式变换

高阶多项式变换是一种更复杂的像素值变换方法，它通过引入高阶多项式来更精细地控制像素值的映射。这种非线性变换通常用于特殊的图像增强或效果调整操作，以获得更多自定义的效果。高阶多项式的一般形式为

$$y = a_0 + a_1x + a_2x^2 + \cdots + a_nx^n \tag{6-18}$$

式中，$a_0, a_1, \cdots, a_n$ 是多项式系数，它们决定了像素值的映射关系；n 是多项式的阶数，决定了模型的复杂度。更高阶的多项式可以提供更大的灵活性，但也更容易引入噪声，因此需要谨慎选择。

使用高阶多项式变换处理较亮的图像可以提高图像对比度，以改善图像的可视性。如图 6-16 所示，图 6-16a 是彩色原图像；图 6-16b 是变换后的图像，可以发现提高了图像的对比度但是存在一些颜色失真，需要根据具体情况进行参数调整来处理；图 6-16c 是高阶多项式变换的映射函数，使用最小二乘法来确定高阶多项式的系数，需要注意的是应尽量避免过拟合和欠拟合的情况。

a) 彩色原图像

b) 高阶多项式变换后的图像

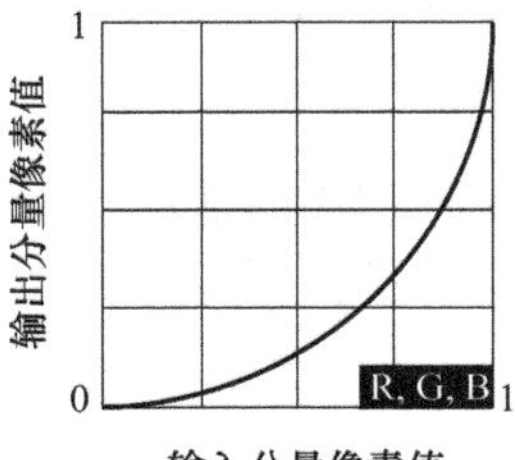

c) 高阶多项式变换的映射函数

图 6-16　基于高阶多项式对彩色图像的非线性变换

非线性变换可以采用许多不同的形式，具体取决于希望实现的效果。通过调整参数和函数形式，可以实现各种不同的颜色效果，以满足特定的创意和图像处理需求。

6.3.2.2　彩色图像直方图处理

对灰度图像的直方图处理只需要对单个通道进行处理。而在彩色图像直方图处理中，则涉及对每个颜色通道的独立处理和组合，因此必须考虑适应多个分量和直方图的灰度级技术。彩色图像直方图处理的一般过程：首先，将图像分离成三个通道，独立地分析和调整每个通道的直方图；然后，分别计算每个通道的直方图；接着，对每个通道的直方图进行处理，如直方图均衡化、直方图规定化等；最后，将处理后的通道重新合并为一幅彩色图像。

通过对灰度图像进行直方图处理，可以得知在直方图均衡化过程中，像素值的分布被重新调整，使得图像中的亮度分布更加均匀，从而增强了图像的对比度。然而，当将 RGB 图像的每个通道独立进行直方图均衡化时，会改变每个通道中像素值的分布，从而改变了图像的颜色平衡。这可能导致亮度和饱和度的变化，进而影响到图像的整体色彩。因此，更合适的做法是均匀地调整图像亮度，同时保持色调本身不变。图 6-17 所示为基于 RGB 模型和基于 HSI 模型的彩色图像直方图均衡化后的结果比较。

图 6-17 彩图

a) 彩色原图像

b) 基于RGB模型直方图均衡化后的图像

c) 基于HSI模型直方图均衡化后的图像

图 6-17　基于 RGB 模型和基于 HSI 模型的彩色图像直方图均衡化结果

从图 6-17 中可以观察到，无论基于哪种彩色模型的直方图均衡化结果，在亮度方面都有增强效果，但基于 RGB 模型的均衡化结果存在较严重的色彩失真。因此，选用 HSI 彩色模型对图像进行直方图处理是较为合适的选择。

在 HSI 彩色空间中对图 6-18a 所示的彩色原始图像进行直方图均衡化处理。首先，对图像的亮度进行归一化，得到了图 6-18b 所示的亮度直方图。接着，保持色调和饱和度不变，只对色彩的强度进行均匀扩展（即对 I 分量进行均衡化处理），得到了图 6-18c。同时，图 6-18d 展示了仅对原始图像的亮度分量进行均衡化后图像的亮度分量的直方图。尽管处理结果（图 6-18c）没有改变图像的色调和饱和度值，但确实影响了整体颜色感知。

与实现灰度直方图的规定化类似，令 r 和 z（看成是连续随机变量）为 HSI 模型的连续 I 分量，$p_r(r)$ 和 $p_z(z)$ 表示它们所对应的连续概率密度函数。可以由给定的输入图像估计 $p_r(r)$，而 $p_z(z)$ 是期望的输出图像所具有的指定概率密度函数。

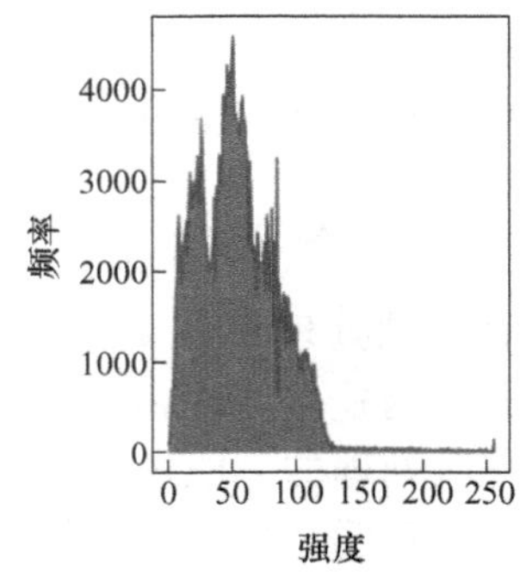

a) 彩色原图像　　b) 彩色原图像I分量对应的直方图

图 6-18 彩图

c) 只对原图像I分量做均衡化后的结果　　d) 只对I分量均衡化后的直方图结果

图 6-18　HSI 彩色空间中的直方图均衡化

令一个随机变量 s 满足

$$s = T(r) = \int_0^r p_r(\omega)\mathrm{d}\omega \tag{6-19}$$

式中，ω是积分假变量。其与直方图均衡化的连续形式相同。

定义随机变量 z：

$$G(z) = \int_0^z p_z(t)\mathrm{d}t = s \tag{6-20}$$

式中，t 是积分假变量。由式（6-19）与式（6-20）可得 $G(z)=T(r)$，因此 z 必须满足下列条件：

$$z = G^{-1}\left[T(r)\right] = G^{-1}(s) \tag{6-21}$$

图 6-19 所示为基于 HSI 彩色空间的直方图规定化。图 6-19a 是彩色原始图像，图 6-19c 是规定化的匹配图像（整体亮度较高），图 6-19e 是经过规定化处理后的图像，而图 6-19b、图 6-19d 和图 6-19f 是与之对应的图像的 I 分量直方图。通过观察图 6-19 可以发现，规定化后结果图像的亮度与匹配图像相似。同时，观察三幅图像对应的 I 分量直方图也可以看出，规定化后的图像 I 分量直方图分布近似于匹配图像的 I 分量直方图。

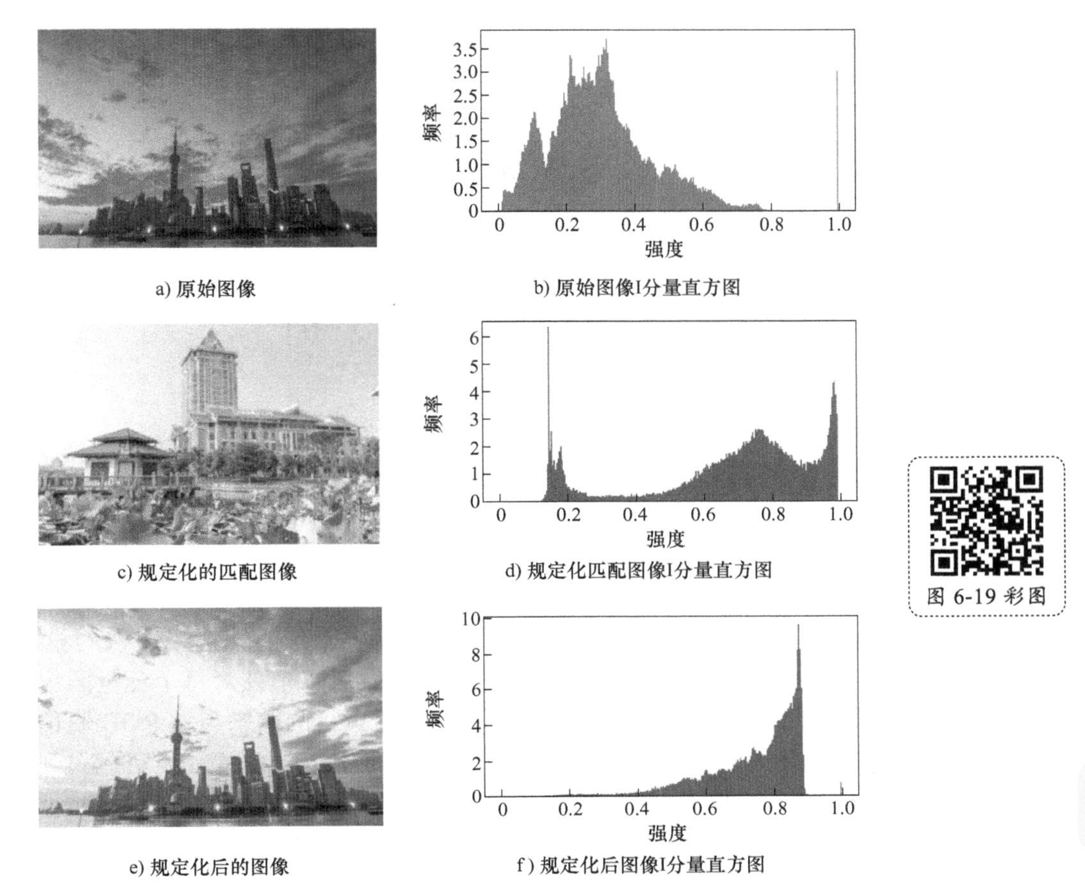

a) 原始图像　　b) 原始图像I分量直方图

c) 规定化的匹配图像　　d) 规定化匹配图像I分量直方图

e) 规定化后的图像　　f) 规定化后图像I分量直方图

图 6-19　HSI 彩色空间中的直方图规定化

6.3.2.3　彩色图像平滑处理

与灰度图像平滑处理类似，对彩色图像进行平滑处理也有空域和频域两种方法。对彩色图像进行平滑处理的主要思想是在保持图像整体颜色和结构信息的基础上，减少图像的噪声和细节，以达到平滑的效果。

彩色图像在空域内做平滑处理是在像素级别上对图像进行操作。常见的空域平滑处理方法包括平均滤波、高斯滤波和中值滤波等。这些方法都是在像素的邻域内进行计算，在邻域中对向量分量做均值处理以达到平滑的效果。

对于采用 RGB 模型，大小为 $M\times N$ 的彩色图像，经过一个大小为 $m\times n$（m 和 n 是奇数）的加权均值滤波器 $\boldsymbol{w}(s,t)$ 滤波的过程可由下式给出：

$$\bar{\boldsymbol{c}}(x,y)=\frac{\sum_{s=-a}^{a}\sum_{t=-b}^{b}\boldsymbol{w}(s,t)f(x+s,y+t)}{\sum_{s=-a}^{a}\sum_{t=-b}^{b}\boldsymbol{w}(s,t)} \tag{6-22}$$

式中，$a=(m-1)/2$；$b=(n-1)/2$。由于$\bar{\boldsymbol{c}}(x,y)$分别由 R、G、B 三个分量构成，再结合式（6-13)，该平滑公式还可以变换为

$$\bar{\boldsymbol{c}}(x,y)=\begin{bmatrix}\dfrac{\sum_{s=-a}^{a}\sum_{t=-b}^{b}R(s,t)f(x+s,y+t)}{\sum_{s=-a}^{a}\sum_{t=-b}^{b}R(s,t)}\\ \dfrac{\sum_{s=-a}^{a}\sum_{t=-b}^{b}G(s,t)f(x+s,y+t)}{\sum_{s=-a}^{a}\sum_{t=-b}^{b}G(s,t)}\\ \dfrac{\sum_{s=-a}^{a}\sum_{t=-b}^{b}B(s,t)f(x+s,y+t)}{\sum_{s=-a}^{a}\sum_{t=-b}^{b}B(s,t)}\end{bmatrix} \tag{6-23}$$

根据式（6-23)，可以将向量中的每个分量视为标量图像。然后，可以对这些标量图像采用传统的灰度级邻域处理方法。对于 RGB 图像，可以单独对每个分量图像进行平滑操作。最后可以发现邻域平均平滑在每个彩色分量上执行的结果与对 RGB 彩色向量进行平均的结果是相同的。这意味着，通过对每个分量图像执行平滑操作，可以得到与对整个彩色图像执行平滑相同的结果。

图 6-20 展示了基于邻域平均法对分量图像和空间向量分别平滑处理的比较。图 6-20a 展示了原始彩色图像，图 6-20b 则显示了在彩色图像中加入了椒盐噪声（其中盐噪声和椒噪声分别占图像像素的 1%）。图 6-20d ～图 6-20f 分别展示了加入椒盐噪声后的图像的 RGB 三分量图像。通过使用 5×5 的平均核单独对图 6-20d ～图 6-20f 进行平滑处理，得到图 6-20g ～图 6-20i，即平滑后的 RGB 三分量图像。随后，这些平滑后的分量图像被合成为一幅彩色图像，即得到图 6-20c 展示的平滑处理合成后的彩色图像。此外，图 6-20j 展示了基于 RGB 彩色向量进行平滑处理后的结果。而图 6-20k 则呈现了两种方式平滑处理后图像的差，即图 6-20c 与图 6-20j 的差，可以发现，图像为全黑，即它们的结果相同，从而印证了上述邻域平均平滑在每个彩色平面执行与使用 RGB 彩色向量进行平均结果是相同的结论。

彩色图像在频域内进行平滑处理的思想是利用频域来表示图像的频率信息，通过选择适当的滤波器来调节图像的频率成分，从而实现平滑处理。这种方法可以在一定程度上消除噪声、减少图像的细节，并保持整体颜色和结构的一致性。相比于空域方法，频域方法基于傅里叶变换将图像转换到频域中，然后应用滤波器对频域表示进行处理，最后再通过傅里叶反变换将图像转回空域。典型的频域滤波器包括低通滤波器，如理想低通滤波器、巴特沃思低通滤波器和高斯低通滤波器等。这些滤波器通过抑制高频部分的能量，可以减少图像中的细节和噪声，从而实现平滑的效果。不同的滤波器具有不同的频率特性和平滑程度，可以根据需要选择适当的滤波器来进行处理。

a) 彩色原图像　b) 加入椒盐噪声后彩色图像　c) 平滑处理合成后结果

d) R分量加入椒盐噪声后图像　e) G分量加入椒盐噪声后图像　f) B分量加入椒盐噪声后图像

g) 平滑R分量后的图像　h) 平滑G分量后的图像　i) 平滑B分量后的图像

j) 彩色向量平滑处理后结果　k) 两种方式平滑处理后图像的差

图 6-20　基于邻域平均法对彩色平面与彩色向量平滑处理的对比

图 6-20 彩图

6.3.2.4　彩色图像锐化处理

彩色图像锐化处理是一种用于提升图像清晰度和细节的技术。通常通过应用滤波器或算法来加强图像的边缘和细节，以使其呈现出更加清晰和锐利的效果。该处理过程能够使图像的特征更加鲜明，细节更加清晰可见。

拉普拉斯锐化是一种常用的图像增强技术，其主要作用是通过突出图像中的细节和边缘，从而使得图像看起来更加清晰。该方法基于邻域中心像素与周围像素的灰度差异来决定中心像素的最终灰度值。当邻域中心像素的灰度低于其周围像素的平均灰度时，说明这个位置处于边缘或者细节上，此时可以进一步降低中心像素的灰度值以突出边缘或者细节；反之，当邻域中心像素的灰度高于其周围像素的平均灰度时，可进一步提高中心像素的灰度值以增强图像的对比度和细节。通过这种方式，实现了图像的锐化处理，使得图像看起来更加清晰和生动。

拉普拉斯变换是一种线性变换，它可以将输入向量中每个分量的拉普拉斯微分作为输出向量的对应分量。因此，进行拉普拉斯变换后仍然得到一个向量。在灰度图像空域处理中，拉普拉斯变换常用于图像增强。其基本方法可以表示为

$$g(x,y)=f(x,y)+c[\nabla^2 f(x,y)] \tag{6-24}$$

式中，$f(x,y)$ 和 $g(x,y)$ 分别是输入图像和锐化后的图像；c 是常数。

而在 RGB 彩色空间中，由于 $c[\nabla^2 f(x,y)]$ 分别由 R、G、B 三个分量构成，则锐化公式为

$$\boldsymbol{g}(x,y)=\begin{bmatrix}R(x,y)\\G(x,y)\\B(x,y)\end{bmatrix}+c\begin{bmatrix}\nabla^2 R(x,y)\\\nabla^2 G(x,y)\\\nabla^2 B(x,y)\end{bmatrix} \tag{6-25}$$

因此，彩色图像的锐化处理与彩色图像平滑处理的思路基本相同。对 RGB 彩色图像进行拉普拉斯变换等效于对图像的三个彩色通道分别进行拉普拉斯变换。也就是说，可以将彩色图像拆分为红、绿、蓝三通道，并对每个通道分别应用拉普拉斯变换来实现彩色图像的锐化处理。

图 6-21 展示了基于拉普拉斯变换对彩色图像进行锐化处理的结果。其中，图 6-21a 是彩色原始图像，图 6-21b 是对原始 RGB 图像三通道分别进行拉普拉斯变换锐化后的彩色图像，图 6-21c 是直接对原始图像进行拉普拉斯锐化后的图像。从图中可以观察到，拉普拉斯锐化模板在边缘检测中效果较为明显，图像边缘变得非常清晰，对比度明显，细节部分有所增强。不论是荷叶、小亭子，还是蓝色天空的背景，都比原图像更加明亮。此外，图 6-21d 展示了两种方式锐化后结果的差异，可以发现它们差的图像全黑，即它们是相同的，这也印证了对 RGB 彩色图像进行拉普拉斯变换等同于对图像的三个彩色通道分别进行拉普拉斯变换。

a) 彩色原始图像

b) 对RGB图像三通道分别锐化处理的结果

c) 对RGB图像直接锐化处理的结果

d) 两种方式处理的差

图 6-21　彩色图像的锐化处理

图 6-21 彩图

6.3.3　彩色图像分割

彩色图像分割是指将彩色图像中的不同区域或对象分隔开来，将图像划分为具有语义或视觉一致性的子区域的过程。图像分割在计算机视觉和图像处理领域有广泛的应用，包括目标检测、图像分析、图像编辑等。在彩色图像的分割中，需要根据不同的分割需求选择合适的彩色模型和分割方法。本节主要介绍两种常用的彩色图像分割方法，即基于 RGB 彩色空间和 HSI 彩色空间的目标分割。

1. RGB 彩色空间的分割

假设某一感兴趣区域内彩色的“平均”用 RGB 向量 $\boldsymbol{a}$ 来表示。分割的目的是判断该图像中每一个点的彩色向量与向量 $\boldsymbol{a}$ 的相似度。为了执行这一比较，最简单的判断方法是

欧氏距离。令 $\boldsymbol{z}$ 表示 RGB 空间中的任意一点，如果 $\boldsymbol{z}$ 和 $\boldsymbol{a}$ 之间的距离小于特定的阈值 D_0，则称 $\boldsymbol{z}$ 与 $\boldsymbol{a}$ 是相似的。$\boldsymbol{z}$ 和 $\boldsymbol{a}$ 间的欧氏距离如下：

$$\begin{aligned}D(\boldsymbol{z},\boldsymbol{a}) &= \|\boldsymbol{z}-\boldsymbol{a}\|=[(\boldsymbol{z}-\boldsymbol{a})^{\mathrm{T}}(\boldsymbol{z}-\boldsymbol{a})]^{\frac{1}{2}} \\ &=[(z_R-a_R)^2+(z_G-a_G)+(z_B-a_B)^2]^{\frac{1}{2}}\end{aligned} \tag{6-26}$$

式中，下标 R、G、B 表示向量 $\boldsymbol{a}$ 和 $\boldsymbol{z}$ 的 RGB 分量。满足 $D(\boldsymbol{z},\boldsymbol{a})\leqslant D_0$ 的点的轨道是半径为 D_0 的实心球体。如图 6-22a 所示，包含在球体内部和表面上的点满足指定的颜色准则，球体之外的点则不满足指定的颜色准则。在图像中对这两组点编码，比如说黑或白，就产生了一幅二值分割图像。

式（6-26）的一种推广是形如下式的距离度量：

$$D(\boldsymbol{z},\boldsymbol{a}) = \|\boldsymbol{z}-\boldsymbol{a}\|=[(\boldsymbol{z}-\boldsymbol{a})^{\mathrm{T}}\boldsymbol{C}^{-1}(\boldsymbol{z}-\boldsymbol{a})]^{\frac{1}{2}} \tag{6-27}$$

式中，$\boldsymbol{C}$ 是希望分割的有代表性颜色的样本的协方差矩阵。距离 $D(\boldsymbol{z},\boldsymbol{a})$ 称为 Mahalanobis 距离。如图 6-22b 所示，满足 $D(\boldsymbol{z},\boldsymbol{a})\leqslant D_0$ 的点的轨道描述了一个实心的三维椭球体，该椭球体的最大特点是主轴面向最大数据扩展方向。当 $\boldsymbol{C}=\boldsymbol{I}$ 时则为 3×3 的单位矩阵，式（6-27）简化为式（6-26）。

因为距离是正的且单调的，所以可用计算距离的平方来代替实际的距离，从而避免开方运算。然而，即使不计算平方根，对于实际大小的图像来说，实现式（6-26）或式（6-27）的计算代价也很高。一种折中方案是使用如图 6-22c 所示的一个边界盒，在该方法中，盒的中心在 $\boldsymbol{a}$ 处，沿每一个颜色轴选择的维数与沿每个轴的样本的标准差成比例。标准差的计算只使用一次样本颜色数据。

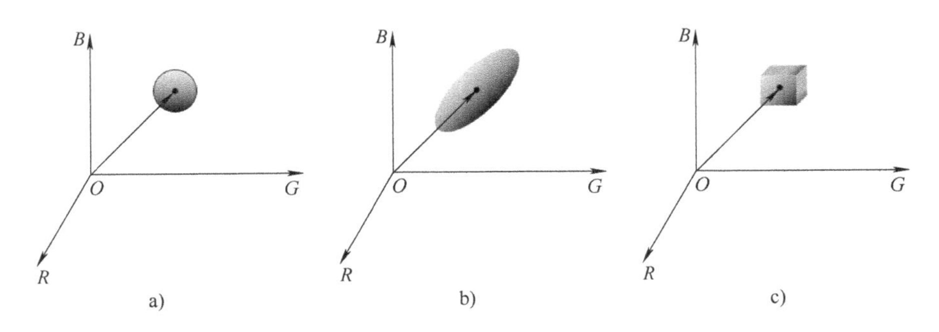

图 6-22　RGB 向量分割圈定数据区域的 3 种方法

基于欧氏距离在 RGB 空间中对图像进行分割的方法：图 6-23b 展示了一个方形区域，该区域包含希望从图 6-23a 中分割出来的目标样本。首先，使用图 6-23b 中方形区域内包含的彩色点计算平均向量 $\boldsymbol{a}$，并计算这些样本的 R、G、B 值的标准差。接下来，设定一个盒子，以向量 $\boldsymbol{a}$ 为中心，并且沿每个 R、G、B 轴的维度按照相应轴上数据的标准差的

1.25 倍来选取。最后，对整个彩色图像中的每一个点进行编码。具体编码规则如下：如果该点位于盒子的表面或内部，则编码为白色，否则编码为黑色。这样，在 RGB 向量空间中的分割结果如图 6-23c 所示。然而，需要注意的是，虽然这种方法可以分割出目标，但在编码时也会将地面上的光影分割出来。因此，在使用这种方法进行图像分割时，需要根据具体的应用场景和需求来评估其效果，并可能需要进一步的后续处理来去除不需要的部分。

a) 彩色原始图像

b) 感兴趣的部分

c) RGB向量空间中的分割结果

图 6-23 彩图

图 6-23　RGB 空间中的彩色图像分割

2. HSI 彩色空间的分割

HSI 彩色空间是一种广泛用于图像分割的色彩模型。该模型基于人们观察色彩的方式，将图像的颜色信息和亮度信息进行了分离。在使用 HSI 彩色空间进行图像分割时，常常利用 S 分量和 I 分量来识别目标区域。S 分量反映了颜色的饱和度，而 I 分量则反映了亮度信息。通过结合这两个分量，可以有效地提取出目标的彩色特征以及与背景的亮度差异。正因如此，HSI 彩色空间在图像分割中得到了广泛的应用。

通常情况下，如果希望在 HSI 空间中对图像进行分割，首先需要分别提取图像的各个分量。由于 I 分量不包含颜色信息，因此通常会将其舍弃。接下来，观察 H 分量和 S 分量两张图像，以确定哪一张分量图像更适合用于分割目标部分。然后，对选定的图像进行二值化处理。在二值化处理中，通常会选择一个阈值，将图像中的像素值与该阈值进行比较。如果像素值大于阈值，则将其设置为白色，否则设置为黑色。这样就可以得到一个只包含黑白两种颜色的二值图像。这一步的目的是突出目标的颜色信息，减弱其他颜色对分割结果的影响。最后，将经过二值化处理的图像与原始分量图像分别相乘，就可以得到分割的结果。下面对饱和度分量进行二值化处理，对彩色图像进行分割。

在 HSI 空间中，目标是对图 6-24a 中的球拍和球区域进行分割。图 6-24b ～图 6-24d 是原始图像的 H、S、I 分量图像。通过比较图 6-24a 和图 6-24b，可以发现目标区域具有相对较高的饱和度。随后，对饱和度图像即图 6-24c 进行二值化处理并与原始分量图像相乘，最终得到了目标分割图像，即图 6-24f。

从图 6-24f 中可以观察到，分割结果仍然存在一些阴影部分，与理想的分割结果有一定的差距。这是因为在进行阈值化处理时，阈值选取没有实现最优导致分割结果出现了些许偏差。

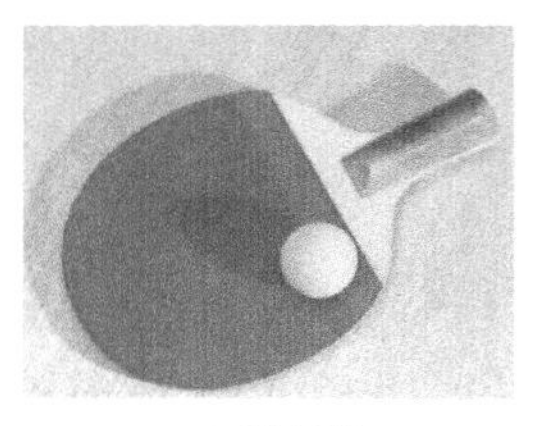

a) 原始图像

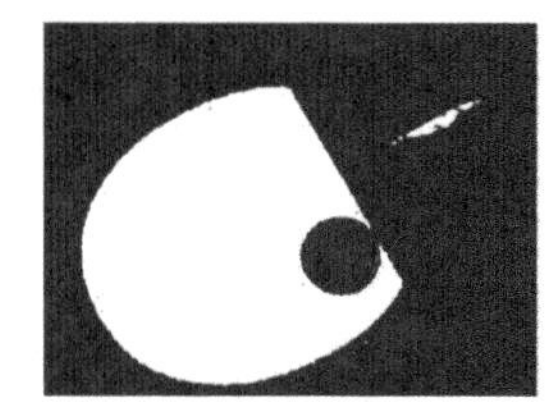

b) 原始图像的H分量

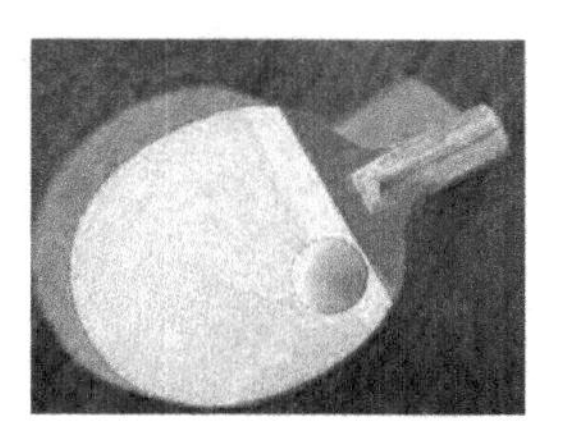

c) 原始图像的S分量

图 6-24 彩图

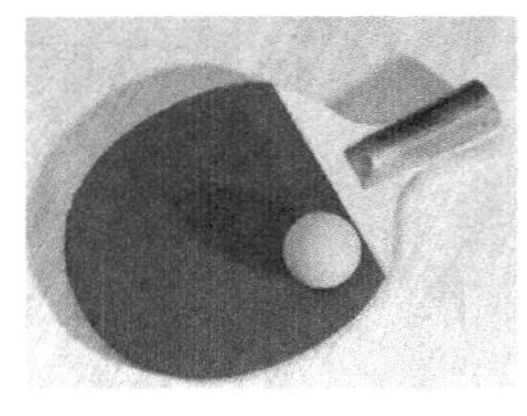

d) 原始图像的I分量

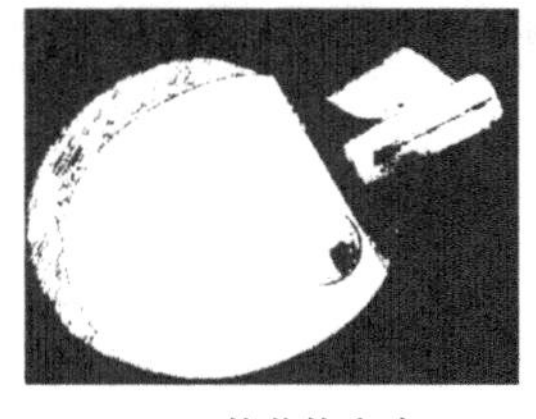

e) 二值化饱和度

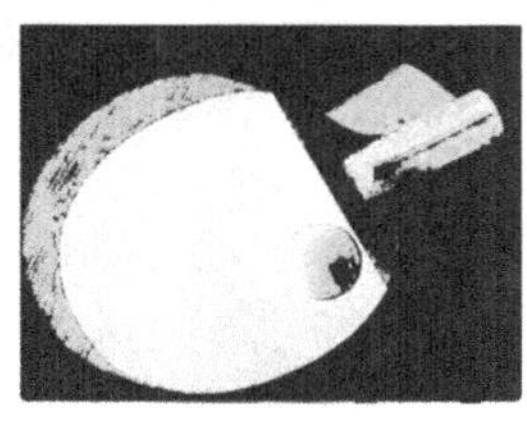

f) 分割结果

图 6-24　HSI 模型彩色图像分割示例

6.4　彩色图像处理的典型应用

6.4.1　彩色图像的直方图调整

在 HSI 彩色空间中，可以将亮度信息与色相和饱和度信息分离开来，这样就可以避免颜色失真的问题。为了实现这一目的，首先需要将图像从 RGB 彩色空间转换到 HSI 彩色空间，然后在亮度通道上进行直方图均衡化（均衡化原理同灰度图像）。

使用 cv2.cvtColor() 函数将图像从 RGB 彩色空间转换到 HSI 彩色空间，代码如下：

```
hsi_image = cv2.cvtColor(image, cv2.COLOR_BGR2HSV)
```

然后在 HSI 彩色空间提取亮度通道，接着对亮度通道进行直方图均衡化。可以直接使用 OpenCV 库中 cv2.equalizeHist() 函数对图像进行均衡化，代码如下：

```
equalized_intensity_channel = cv2.equalizeHist(np.uint8(255 * intensity_channel))
```

使用 cv2.merge() 函数将经过均衡化处理后的 I 通道与原来的 H 和 S 通道合并，最后输出均衡化后的图像，代码如下：

```
equalized_hsv_img = cv2.merge((h, s, equalized_v))
equalized_img = cv2.cvtColor(equalized_hsv_img, cv2.COLOR_HSV2BGR)
```

经过上述步骤处理可得到如图 6-25 所示的结果。

6.4.2　彩色图像的平滑与锐化操作

下面通过两个线性滤波的例子来说明彩色图像的空间处理：图像平滑和图像锐化。

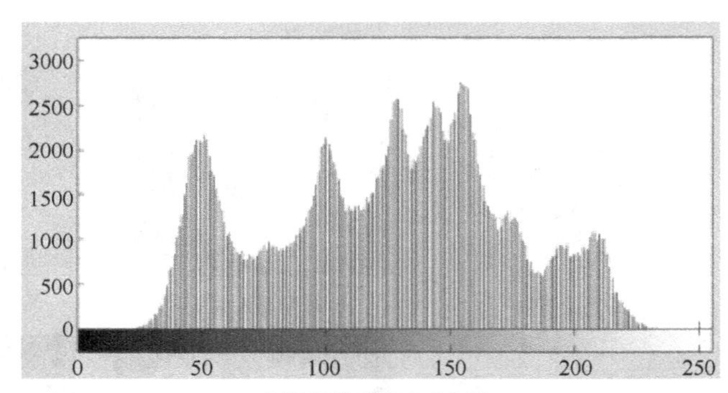

a) 原始图像

b) 原始图像的亮度直方图

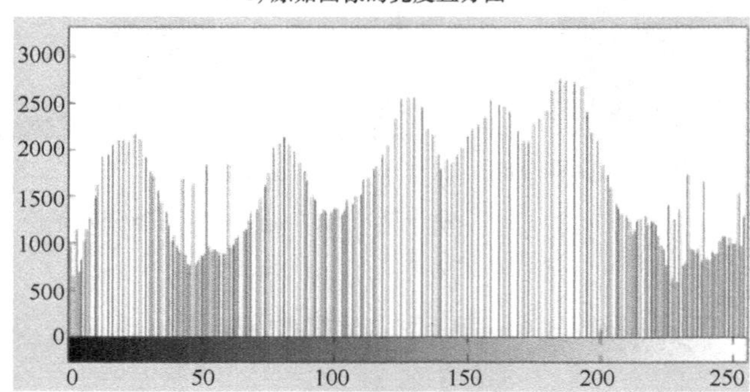

c) 均衡后的图像

d) 均衡后的亮度直方图

图 6-25 彩色图像均衡化

图 6-25 彩图

6.4.2.1 彩色图像平滑

对于单色图像的平滑处理，一种常见的方法是使用空间模板。这里定义一个系数为 1 的模板，并将其应用于图像的每个像素。具体来说，将该空间模板的系数与每个像素的值相乘，然后将结果除以模板中元素的总数。这样可以得到每个像素周围像素的平均值，从而实现平滑处理。对于彩色图像，在 RGB 彩色空间中对每个像素进行平滑处理，可以采用与灰度图像相同的公式表述方法。不同之处在于，彩色图像中每个像素是由一个向量表示的。

图 6-26a 展示了一幅尺寸为 1197 × 1197 像素的 RGB 图像。按照前述的步骤，可以提取 RGB 分量图像。根据之前的讨论，已知对每个分量图像进行平滑处理，然后将它们合成为一幅彩色图像，其效果与直接对原始 RGB 图像进行平滑处理的效果是相同的。

下面研究仅对图 6-26b 所示加入椒盐噪声后的 HSI 模型的亮度分量进行平滑的效果。使用函数 cv2.split() 得到的三幅 HS1 分量图像，代码如下：

```
hsv_img = cv2.cvtColor(img, cv2.COLOR_BGR2HSV)
h, s, v = cv2.split(hsv_img)
```

接着，使用 np.ones（（25，25），np.float32）/625 创建大小为 25 × 25 像素的平均滤波器的核；使用 cv2.filter2D() 函数对图像 v 进行滤波操作，第一个参数是输入图像 v，第二个参数是输出图像的深度（通常设为 –1 表示与输入图像相同），第三个参数是核。平均滤波器大到足以产生有意义的模糊度。选择这个特定大小的滤波器是为了说明在 RGB 空间中进行平滑处理与仅使用转换到 HSI 空间后的图像的亮度分量所得到的结果之间的区别。其代码如下：

```
kernel = np.ones((25, 25), np.float32) / 625
filtered_v = cv2.filter2D(v, -1, kernel)
filtered_hsv_img = cv2.merge((h, s, filtered_v))
filtered_bgr_img = cv2.cvtColor(filtered_hsv_img, cv2.COLOR_HSV2BGR)
```

显然，对亮度分量进行滤波后，两种处理结果之间存在一些差异。除了图像的模糊效果不太明显外，需要注意的是图 6-26d 中花朵顶部模糊的绿色边框。在平滑处理后，色调和饱和度分量的值保持不变，而亮度分量的值明显减小了。在理论上，一种合乎逻辑的情况是使用相同的滤波器对所有三个 HSI 分量进行平滑处理。然而，这样做会改变色调和饱和度之间的相对关系，从而导致产生无意义的结果，如图 6-26e 所示。特别要注意观察图像中围绕花朵的绿色边框变得多么明亮。同样，围绕中心黄色区域的边框效果也非常明显。因此，通过仅对亮度分量进行滤波处理，可以在减少椒盐噪声的同时保持色调和饱和度分量的相对关系不变。这样做可以避免产生无意义的结果，并确保图像的整体质量得到提升。

a) 1197×1197像素的RGB图像

b) 加入椒盐噪声后的图像

图 6-26 彩图

c) 分别平滑R、G、B后的图像

d) 对HSI亮度分量平滑后的图像

e) 平滑H、S、I三分量后的图像

图 6-26　彩色图像平滑处理

6.4.2.2　彩色图像锐化

使用线性空间滤波器锐化 RGB 图像的步骤与平滑处理的步骤相似，只是将使用一个锐化滤波器。在本节中，考虑使用拉普拉斯算子来实现图像的锐化处理。

根据向量分析的原理，一个向量的拉普拉斯算子被定义为一个向量，其中每个分量等于输入向量的相应标量分量的拉普拉斯算子。同样地，对于 RGB 图像的锐化处理，可以使用拉普拉斯算子来定义锐化滤波器。

图 6-27b 展示了图 6-27a 经过锐化处理后的图像，这是通过应用一个 4×5 均值滤波器得到的。为了对图 6-27a 所示图像进行锐化处理，定义了两个拉普拉斯滤波器核：

laplacian4 和 laplacian8。下面采用的是拉普拉斯滤波器模板：

```
laplacian4 = np.array([[0, 1, 0], [1, -4, 1], [0, 1, 0]], dtype=np.float32)
laplacian8 = np.array([[1, 1, 1], [1, -8, 1], [1, 1, 1]], dtype=np.float32)
```

然后，用如下命令计算并增强图像：

```
dst4 = cv2.filter2D(gray, -1, laplacian4)
dst8 = cv2.filter2D(gray, -1, laplacian8)
```

在这里，使用 OpenCV 的 cv2.filter2D() 函数在 RGB 图像上应用了两个拉普拉斯滤波器进行滤波。图 6-27b 展示了滤波后的结果，可以观察到水滴、叶脉、花朵的黄色中心以及前景中的绿色植物特征的清晰度明显得到了增强。

a) 彩色原始图像

b) 锐化处理后的图像

图 6-27 彩图

图 6-27　彩色图像锐化处理

6.4.3　人脸检测

人脸检测的任务是判断静态图像中是否存在人脸。若存在人脸，给出其在图像中的坐标位置、人脸区域大小等信息。通过人脸特征点的检测与标定可以确定人脸图像中显著特征点（如眼睛、眉毛、鼻子、嘴巴等器官）的位置。

人脸分割的程序由三部分构成。第一部分：根据彩色模型对图像进行二值化处理，并对二值图像进行形态学处理和开运算，最后显示二值图像；第二部分：采用标记方法选取出图像中的白色区域，并度量区域属性，将经过筛选后得到的所有矩形块存储起来，其中筛选出符合条件的特定区域，作为存储人脸矩形区域的结果；第三部分：针对所有人脸的矩形区域，如果满足条件的矩形区域大于 1，则根据其他信息进行进一步筛选，并标记最终的人脸区域。

人脸检测步骤如下：

1）skin() 函数定义了肤色检测算法，通过计算给定的 H、S 和 I 在肤色模型中的数值，并根据设定的阈值进行判断，返回是肤色（1）或非肤色（0）的结果。

findeye() 函数则用于检测眼睛的存在。它能够从二值图像中提取与眼睛部分相关的区域，并通过计算区域数目来判断图像中是否存在眼睛，代码如下：

```
def findeye(binary_image):
    contours, _ = cv2.findContours(binary_image, cv2.RETR_EXTERNAL, cv2.CHAIN_APPROX_SIMPLE)
    if len(contours) > 0:
        return True
    else:
        return False
```

2）使用 Otsu's 二值化方法将灰度图像转换为二值图像，根据得到的二值图像，使用 OpenCV 中的 cv2.morphology() 函数对其进行形态学处理，以筛选出可能是人脸的矩形区域。具体的筛选规则包括矩形的长宽范围、面积、长宽比例以及眼睛的存在情况，代码如下：

```
_, binary_image = cv2.threshold(gray, 0, 255, cv2.THRESH_BINARY+cv2.THRESH_OTSU)
binary_image = morphology(binary_image)
contours, _ = cv2.findContours(binary_image, cv2.RETR_EXTERNAL, cv2.CHAIN_APPROX_SIMPLE)
```

3）如果仅存在一个满足条件的矩形区域，则在原始图像上标记该矩形区域。但如果满足条件的矩形区域存在多个，则需要根据其他信息进行更进一步的筛选。在这种情况下，根据人脸区域的长度和宽度等信息，选择面积最小的矩形区域作为最终的人脸区域，并在原始图像上进行标记。

图 6-28a 所示为原始图像，选取的是四位面部无遮挡的儿童图像。图 6-28b 则是对儿童面部进行分割后的图像。

a) 彩色原始图像

b) 人脸检测后的图像

图 6-28 彩图

图 6-28 人脸目标识别

6.4.4 交通灯识别

下面是一个基于 Python 编程语言的简单交通灯识别示例，该程序主要使用了 RGB 到 HSI 彩色空间转换以及二值化阈值来实现对交通灯的识别。

```
kernel = cv2.getStructuringElement(cv2.MORPH_RECT, (3, 3))
opening = cv2.morphologyEx(img, cv2.MORPH_OPEN, kernel)
closing = cv2.morphologyEx(img, cv2.MORPH_CLOSE, kernel)
```

上述代码中，使用 cv2.getStructuringElement() 函数创建形态学操作所需的核，使用 cv2.morphologyEx() 函数用于执行形态学操作，分别是进行形态学处理中的开运算和闭运算操作，对二值化后的图像进行去噪和连接连通区域的处理。

```
def detectColor(image): # receives an ROI containing a single light
    hsv_img = cv2.cvtColor(image,cv2.COLOR_BGR2HSV)
    red_min = np.array([0,5,150])
    red_max = np.array([8,255,255])
    red_min2 = np.array([175,5,150])
    red_max2 = np.array([180,255,255])
    yellow_min = np.array([20,5,150])
    yellow_max = np.array([30,255,255])
    green_min = np.array([35,5,150])
    green_max = np.array([90,255,255])
    red_thresh = cv2.inRange(hsv_img,red_min,red_max)+cv2.inRange(hsv_img,red_min2,red_max2)
    yellow_thresh = cv2.inRange(hsv_img,yellow_min,yellow_max)
    green_thresh = cv2.inRange(hsv_img,green_min,green_max)
    red_blur = cv2.medianBlur(red_thresh,5)
```

```
    yellow_blur = cv2.medianBlur(yellow_thresh,5)
    green_blur = cv2.medianBlur(green_thresh,5)
    red = cv2.countNonZero(red_blur)
    yellow = cv2.countNonZero(yellow_blur)
    green = cv2.countNonZero(green_blur)
    lightColor = max(red,yellow,green)
    if lightColor > 60:
        if lightColor == red:
            return 1
        elif lightColor == yellow:
            return 2
        elif lightColor == green:
            return 3
    else:
        return 0

def detectState(image, TLType):
    image = imgResize(image, 200)
    (height, width) = image.shape[:2]
    output = image.copy()
    gray = cv2.cvtColor(image, cv2.COLOR_BGR2GRAY)
    # 霍夫圆环检测
    circles = cv2.HoughCircles(gray,cv2.HOUGH_GRADIENT,1,20,
                               param1=50,param2=30,minRadius=15,maxRadius=30)
    overallState = 0
    stateArrow = 0
    stateSolid = 0
    if circles is not None:
        circles = np.uint16(np.around(circles))
        for i in circles[0,:]:
            if i[1] < i[2]:
                i[1] = i[2]
            roi = image[(i[1]-i[2]):(i[1]+i[2]),(i[0]-i[2]):(i[0]+i[2])]
            color = detectColor(roi)
            if color > 0:
                if TLType == 1 and i[0] < width/2 and i[1] > height/3:
                    stateArrow = color
                elif TLType == 2:
                    stateArrow = color
                    if i[1] > height/2 and i[1] < height/4*3:
                        stateArrow = color + 2
                else:
                    stateSolid = color
                cv2.rectangle(output, (i[0]-i[2], i[1]-i[2]), (i[0]+i[2], i[1]+i[2]), (0, 255, 0), 2)
                cv2.putText(output, TLState(color).name, (i[0]-i[2], i[1]-i[2]-10),
cv2.FONT_HERSHEY_SIMPLEX, 0.9, (0, 255, 0), 2)
    if TLType == 1:
        overallState = stateArrow + stateSolid + 1
    elif TLType == 2:
        overallState = stateArrow + 7
    else:
        overallState = stateSolid
    return overallState, output
```

detectColor() 函数主要用于检测单个交通信号灯的颜色。首先，将输入的 RGB 图像转换为 HSI 彩色空间图像。接着，根据预先设定的颜色阈值（红色、黄色和绿色），利用 cv2.inRange() 函数将背景部分去除，仅保留信号灯的颜色区域。然后，通过中值滤波对图像进行平滑处理，以减少噪声的影响。最后，统计各个颜色区域的白色像素数量，并返回具有最多白色像素的颜色，代表信号灯的状态。

detectState() 函数主要用于检测整个交通信号灯的状态。首先，调用 imgResize() 函数对输入的图像进行大小调整，以确保适当的处理尺寸。然后，将图像转换为灰度图像。接着，使用霍夫圆环（cv2.HoughCircles() 函数）来检测图像中的圆形信号灯。对于每一个检测到的圆形信号灯，根据其位置和类型（regular 或 five_lights）调用 detectColor() 函数来检测信号灯的颜色。同时，detectState() 函数还在输出图像上绘制矩形框和标注文字，以清晰地表示检测到的信号灯的位置和状态。最后，返回整体的交通信号灯状态以及输出图像。

经过上述步骤处理图 6-29a 所示的交通灯图像可以得到图 6-29b 经过识别标注后的交通灯图像。

a) 交通灯　　b) 识别标注后的交通灯

图 6-29　交通灯识别

本章小结

本章系统地介绍了彩色图像处理的基础知识和相关方法，旨在通过不同的处理提升图像的视觉效果。首先，介绍了几种常见的彩色图像模型，包括 RGB、HSI、CMY 和 CMYK 模型，并分析了它们各自的特点、应用场景以及模型之间的转换原理和方法。接着，深入探讨了伪彩色图像处理方法，通过将灰度图像转换为伪彩色图像，增强图像的可视化效果，使得不同灰度级别的区域能够以更直观的方式呈现。然后，在全彩色图像处理方面，详细讨论了图像增强和分割技术，如彩色图像的直方图均衡化、色彩转换、平滑处理和锐化处理等，这些方法能够有效改善图像的视觉效果，并为后续的图像分析提供基础。最后，详细展示了人脸检测和交通灯识别等彩色图像处理的实际应用示例。

思考题与习题

6-1　根据图 6-2，描述组成彩色立方体前表面的 R、G 和 B 原色图像中的灰度级是如何变化的。假设每幅分量图像都是 8 位图像。

6-2　讨论彩色图像增强与灰度图像增强的区别。

6-3　假设用 CMY 彩色代替 RGB 立方体中的每种颜色，新立方体显示在一台 RGB 显示器上。标出新立方体的 8 个顶点的颜色名称。

6-4　根据伪彩色处理构建颜色映射函数，将图 6-30 所示的灰度图像转换为彩色图像。

6-5　根据 $s_i = kr_i$ 中 RGB 亮度映射函数，推导出 $s_i = kr_i + (1-k)$ 中的 CMY 亮度映射函数。

6-6　给定图 6-31 所示的一幅彩色图像，计算其红、绿、蓝三个通道的直方图，并分析其特点。

图 6-30　灰度图像

图 6-31　给定的彩色图像

图 6-31 彩图

6-7　证明一幅彩色图像的补色图像的饱和度分量不能单独地由输入图像的饱和度分量计算。

6-8　用模板 $\boldsymbol{H}=\begin{bmatrix}1 & 2 & 1\\ 0 & 0 & 0\\ -1 & -2 & -1\end{bmatrix}$ 对图 6-32 进行一阶微分锐化（边界像素不考虑）。

1	2	3	2	1
2	1	2	6	2
3	0	8	7	6
1	2	7	8	6
2	3	2	6	9

图 6-32　图像像素分布

6-9　画出满足 $D(\boldsymbol{z},\boldsymbol{a})=\left[(\boldsymbol{z}-\boldsymbol{a})^{\mathrm{T}}\boldsymbol{C}^{-1}(\boldsymbol{z}-\boldsymbol{a})\right]^{\frac{1}{2}}=D_0$ 的那些点在 RGB 空间中组成的表面，其中，D_0 是一个正常数。假设 $\boldsymbol{a}=\boldsymbol{0}$ 且 $\boldsymbol{C}=\begin{bmatrix}8 & 0 & 0\\ 0 & 1 & 0\\ 0 & 0 & 1\end{bmatrix}$。

参考文献

[1]　冈萨雷斯 . 数字图像处理 [M]. 北京：电子工业出版社，2003.

[2]　王慧琴，王燕妮 . 数字图像处理及应用 MATLAB[M]. 北京：人民邮电出版社，2019.

[3]　张铮 . 数字图像处理与机器视觉 [M]. 北京：人民邮电出版社，2014.

[4]　刘胜，杨勇 . 计算机图形学 [M]. 北京：机械工业出版社，1994.

[5]　张德丰 . 数字图像处理（MATLAB 版）[M]. 2 版 . 北京：人民邮电出版社，2015.

[6]　张铮，徐超，任淑霞，等 . 数字图像处理与机器视觉：Visual C++ 与 Matlab 实现 [M]. 北京：人民邮电出版社，2014.

第 2 篇

中层视觉：图像特征分析

第7章 图像特征检测

——挖掘图像中的重要信息

引言

马尔视觉理论的目标是探究人类视觉系统如何处理图像信息以及如何将图像转化为对物体和场景的理解。在这一理论框架下，特征检测被认为是视觉信息处理的基础，它有助于辨识图像中的重要特征，进一步提高对图像的结构和内容的理解。通过点、线、块检测识别关键特征，能够更好地从复杂图像中提取信息，为后续的图像分析和应用提供必要的基础。

点检测是在图像中寻找特定特征点或像素的过程，如像素点、孤立点和角点。像素点检测侧重于寻找具有特定属性的像素或像素集合，这些属性可以是亮度、颜色等。孤立点检测则关注于发现孤立的、离散的像素点，这些点在图像中与周围像素没有显著的连续性或相关性。而角点检测则旨在识别图像中的角点，这些点通常位于两个或多个边缘相交的位置。

线检测是一种有助于理解图像结构的技术，涉及检测图像中的线条、轮廓或曲线，从而定位物体的边界或特征。边缘检测是线检测的一种特殊情况，主要用于识别图像的边缘或轮廓，通过寻找图像中的亮度梯度或颜色变化，标识梯度值急剧变化的位置。

块检测旨在寻找图像中连续的、相似的像素区域，这些区域通常称为“块”或“斑块”，它们具有相似的颜色、亮度或其他像素属性，能够在图像中形成连续的区域。尺度检测是寻找图像中不同尺度下的特征或对象，检测具有不同尺寸或分辨率的对象，以便在不同的观测条件下识别它们。本章将介绍利用阈值处理进行像素点检测的方法，探讨孤立点和角点的检测，讨论边缘检测和尺度检测的相关方法。

7.1 基于阈值处理的像素点检测

7.1.1 基础知识

基于阈值处理的像素点检测用于分割图像中的目标或特定特征。它将图像中的像素值与预先设定的阈值进行比较，将低于阈值的像素归为一类，高于阈值的像素归为另一类，从而能够检测和提取图像中的感兴趣区域。阈值的选择对于像素点检测是至关重要的，它直接影响到处理结果的准确性和质量。通常有两种方法来确定阈值：一种是手动选择阈值，即根据对图像的了解和需求人为地确定一个合适的阈值；另一种是自动选择阈值，这是根据图像的特性和统计信息自动计算一个适当的阈值，以便进行有效的像素点检测。

假设图 7-1a 是图像 $f(x,y)$ 的灰度直方图，该图像由暗色背景上的较亮物体组成。物体像素和背景像素所具有的灰度值组合成了两种支配模式，选择一个阈值 T 分离这两种模式，就可以将物体从背景中提取出来。若 $f(x,y)>T$，则点 (x,y) 为一个对象点；若 $f(x,y)\leqslant T$，则点 (x,y) 为背景点。分割后的图像 $g(x,y)$ 由下式给出：

$$g(x,y)=\begin{cases}1 & f(x,y)>T\\0 & f(x,y)\leqslant T\end{cases} \tag{7-1}$$

当 T 是一个适用于整个图像的常数时，式（7-1）给出的处理称为全局阈值处理。当 T 值在一幅图像上改变时，就是可变阈值处理（局部阈值处理或区域处理）。此时，图像中任何点 (x,y) 处的 T 值取决于该点的邻域特性，如邻域中的像素的平均灰度。如果 T 取决于空间坐标 (x,y) 本身，则可变阈值处理通常称为动态阈值处理或自适应阈值处理。

图 7-1b 是包含有 3 个支配模式的直方图，这 3 个支配模式可能对应于暗背景上的两个明亮物体。若 $f(x,y)\leqslant T_1$，则多阈值处理把点 (x,y) 分类为背景点；若 $T_1<f(x,y)\leqslant T_2$，则点 (x,y) 为一个物体的对象点；若 $f(x,y)>T_2$，则点 (x,y) 为另一个物体的对象点。分割后的图像由下式给出：

$$g(x,y)=\begin{cases}a & f(x,y)>T_2\\b & T_1<f(x,y)\leqslant T_2\\c & f(x,y)\leqslant T_1\end{cases} \tag{7-2}$$

式中，a、b 和 c 是任意 3 个不同的灰度值。

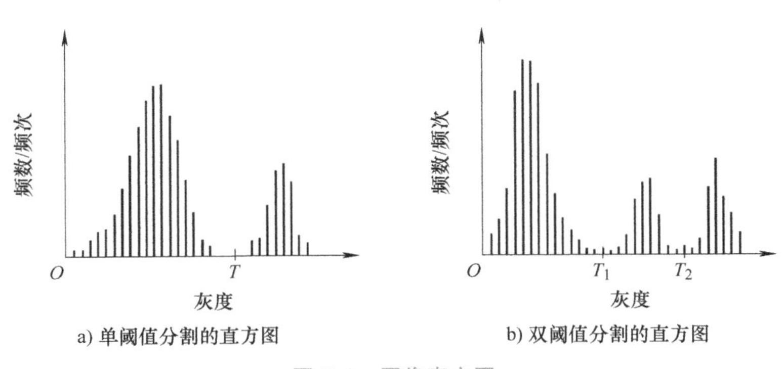

a) 单阈值分割的直方图　　b) 双阈值分割的直方图

图 7-1　图像直方图

基于前面的讨论可以得出，可区分直方图模式的波谷的宽度能够直接影响灰度阈值处理的成功与否。图 7-2a 所示为原始图像，设置合适的阈值（T=120）可以将目标从背景中分离出来，如图 7-2b 所示；过小的阈值（T=80）可能导致丢失前景信息，过多的前景像素被分类为背景，无法实现目标的有效分割，如图 7-2c 所示；阈值设置过大（T=180）会将背景信息中的影子分类为前景，且目标的细节信息表现不明显，如图 7-2d 所示。

a) 原始图像

b) 合适阈值处理的图像

c) 阈值过小处理的图像

d) 阈值过大处理的图像

图 7-2　基于阈值处理分割图像

7.1.2　基本的全局化阈值处理

基本的全局化阈值处理是设定一个特定数值作为阈值来区分目标物体与背景。当图像中的物体和背景像素灰度值存在显著差异，即图像的直方图上表现为一个明确的波谷时，仅使用一个全局阈值便能够有效地完成图像分割。

迭代法阈值处理是自动选择阈值来分割图像，首先人为地设定一个阈值，然后通过迭代的方法得到最合适的阈值来进行图像的二值化处理。迭代法阈值处理的步骤如下：

1）选择一个初始估计值 T（一般为图像的平均灰度值)。

2）使用 T 分割图像，产生两组像素：G_1 包括灰度级大于 T 的像素，G_2 包括灰度级小于等于 T 的像素。

3）计算 G_1 中像素的平均值并赋值给 m_1，计算 G_2 中像素的平均值并赋值给 m_2。

4）计算一个新的阈值：$T=\frac{1}{2}(m_1+m_2)$。

5）重复步骤 2）～步骤 4)，直到两次连续的阈值之间的差小于预先给定的上界 T 为止。

按照上述步骤对图 7-3a 所示的带有噪声的指纹图像进行处理，图 7-3b 是该图像的直方图，显示有明显的波谷。初始阈值 T 设定为图像的平均灰度值 121。经过 1 次迭代优化，最终确定最佳阈值为 118。图 7-3c 是用 T=118 分割原图像得到的结果，指纹细节和边缘清晰可见。

a) 原始图像

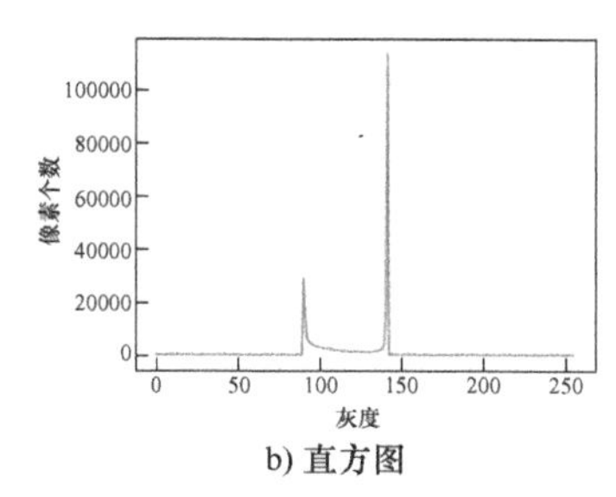

b) 直方图

c) 迭代法阈值分割后的图像

图 7-3　迭代法阈值分割图像

7.1.3　Otsu 阈值化处理

Otsu 法也称最大类间方差法、大津法，是由日本学者大津于 1979 年提出的。Otsu 法是一种全局阈值处理方法，适用于处理具有明显双峰直方图的图像，即图像中存在明显的前景和背景像素值的分界点。它旨在找到一个适合整个图像的最佳阈值，将图像分成前景和背景两部分。Otsu 法中所采用的衡量差别的标准是最大化类间方差，前景和背景之间的类间方差越大，则构成图像的两个部分之间的差别越大。

令 $\{0,1,2,\cdots,L-1\}$ 表示一幅大小为 $M\times N$ 像素的数字图像中的 L 个不同的灰度级，n_i 表示灰度级为 i 的像素数。图像中的像素总数 $MN=n_0+n_1+n_2+\cdots+n_{L-1}$。归一化的直方图具有分量 $p_i=n_i/(MN)$，由此有

$$\sum_{i=0}^{L-1}p_i=1, p_i\geqslant 0 \tag{7-3}$$

假设选择一个阈值 $T(k)=k, 0<k<L-1$，并使用它把输入图像阈值化处理为两类 C_1 和 C_2，C_1 由图像中灰度值在范围 $[0,k]$ 内的所有像素组成，C_2 由灰度值在范围 $[k+1,L-1]$ 内的所有像素组成。基于设定的阈值，像素被分到类 C_1 中的概率 $P_1(k)$ 由如下累积和给出：

$$P_1(k)=\sum_{i=0}^{k}p_i \tag{7-4}$$

若 k=0，则任何像素分到类 C_1 中的概率为零。类似地，类 C_2 发生的概率为

$$P_2(k)=\sum_{i=k+1}^{L-1}p_i=1-P_1(k) \tag{7-5}$$

则分配到类 C_1 的像素的平均灰度值为

$$\begin{aligned}m_1(k)&=\sum_{i=0}^{k}iP(i/C_1)\\&=\sum_{i=0}^{k}iP(C_1/i)P(i)/P(C_1)\\&=\frac{1}{P_1(k)}\sum_{i=0}^{k}ip_i\end{aligned} \tag{7-6}$$

分配到类 C_2 的像素的平均灰度值为

$$\begin{aligned} m_2(k) &= \sum_{i=k+1}^{L-1} iP(i / C_2) \\ &= \frac{1}{P_2(k)} \sum_{i=k+1}^{L-1} ip_i \end{aligned} \tag{7-7}$$

k 的累加均值由下式给出：

$$m(k) = \sum_{i=0}^{k} ip_i \tag{7-8}$$

整个图像的平均灰度（全局均值）为

$$m_G = \sum_{i=0}^{L-1} ip_i \tag{7-9}$$

可以得到

$$P_1 m_1 + P_2 m_2 = m_G \tag{7-10}$$

和

$$P_1 + P_2 = 1 \tag{7-11}$$

这里使用类间方差与全局方差的比值度量第 k 轮迭代时的阈值“质量”：

$$\eta = \frac{\sigma_B^2}{\sigma_G^2} \tag{7-12}$$

式中，σ_G^2 是全局方差（图像中所有像素的灰度方差），定义为

$$\sigma_G^2 = \sum_{i=0}^{L-1} (i - m_G)^2 p_i \tag{7-13}$$

σ_B^2 是类间方差，定义为

$$\sigma_B^2 = P_1(m_1 - m_G)^2 + P_2(m_2 - m_G)^2 \tag{7-14}$$

式（7-14）还可以写为

$$\begin{aligned} \sigma_B^2 &= P_1 P_2 (m_1 - m_2)^2 \\ &= \frac{(m_G P_1 - m)^2}{P_1(1 - P_1)} \end{aligned} \tag{7-15}$$

式（7-15）的第一行来自式（7-14）、式（7-10）和式（7-11），第二行来自式（7-5）～式（7-9）。

由式（7-15）的第一行可以看出，两个均值 m_1 和 m_2 彼此隔得越远，σ_B^2 越大。这表明

类间方差是类之间的可分性度量。因为 σ_G^2 是一个常数，由此得出 η 也是一个可分性度量，且最大化这一度量等价于最大化 σ_B^2。式（7-12）隐含假设了 $\sigma_G^2 > 0$，仅当图像中的所有灰度级相同时，这一方差才为零，这意味着仅存在一类像素。同样，这也意味着对于常数图像有 $\eta = 0$，因为来自其自身单个类的可分性为零。

然后引入 k，得到最终结果：

$$\eta(k) = \frac{\sigma_B^2(k)}{\sigma_G^2} \tag{7-16}$$

和

$$\sigma_B^2(k) = \frac{[m_G P_1(k) - m(k)]^2}{P_1(k)[1 - P_1(k)]} \tag{7-17}$$

从而确定最佳阈值 k^*，其最大化 $\sigma_B^2(k)$：

$$\sigma_B^2(k^*) = \max_{0 \leqslant k \leqslant L-1} \sigma_B^2(k) \tag{7-18}$$

利用最佳阈值 k^* 对输入图像进行分割：

$$g(x,y) = \begin{cases} 1 & f(x,y) > k^* \\ 0 & f(x,y) \leqslant k^* \end{cases} \tag{7-19}$$

在最佳阈值处计算的归一化度量 η，即 $\eta(k^*)$，可用于得到类别可分性的定量估计，这一度量的值域为 $0 \leqslant \eta(k^*) \leqslant 1$。由单一且恒定灰度级的图像能得到下界，由灰度等于 0 和 $L-1$ 的二值图像就能得到上界。

Otsu 阈值化处理的步骤如下：

1）将彩色图像转换为灰度图像，记 t 为区分前景和背景的分割阈值。前景点数占图像比例为 w_0，平均灰度为 u_0；背景点数占图像比例为 w_1，平均灰度为 u_1。则图像的总平均灰度为 $u = w_0 \times u_0 + w_1 \times u_1$。

2）对于灰度图像，计算输入图像的归一化直方图，使用 $p_i (i = 0,1,2,\cdots,L-1)$ 表示该直方图的各个分量。

3）对于每个灰度级别，用式（7-4）计算其在图像中的像素数目以及该灰度级别像素的概率。对于 $k = 0,1,2,\cdots,L-1$，计算累积和 $P_1(k)$。

4）用式（7-8），对于 $k = 0,1,2,\cdots,L-1$，计算累积均值 $m(k)$。用式（7-9）计算全局灰度均值 m_G。

5）用式（7-17），对于 $k = 0,1,2,\cdots,L-1$，计算类间方差 $\sigma_B^2(k)$。类间方差用于衡量两个类别之间的差异。

6）得到 Otsu 阈值 k^*，即使得 $\sigma_B^2(k)$ 最大的 k 值，此时 $g = w_0 \times (u_0 - u)^2 + w_1 \times (u_1 - u)^2$。如果最大值不唯一，用相应检测到的各个最大值 k 的平均取得 k^*。直接应用 Otsu 法计算量较大，实现时也可采用等价的公式 $g = w_0 \times w_1 \times (u_0 - u_1)^2$。

利用 Otsu 法按照上述步骤将图 7-4a 所示的物体从背景中分割出来，分割后的结果如图 7-4b 所示。

a) 原始图像

b) Otsu阈值分割后的图像

图 7-4 Otsu 阈值化处理分割图像

在图像存在噪声的情况下，直接应用 Otsu 阈值化处理会导致类间方差不够稳定，阈值选择有偏差。图 7-5a 是带有均值为 0、标准差为 30 个灰度级的加性高斯噪声的图像。图 7-5b 是直接使用 Otsu 法对图像进行阈值处理后的结果，白色区域中每个黑点和黑色区域中的每个白点是阈值处理的误差。因此，在处理含有噪声的图像时，需要先对图像进行平滑等预处理来减少噪声的影响。图 7-5c 显示了使用一个大小为 5×5 的均值模板平滑噪声图像后的结果。如图 7-5d 所示，经平滑和分割后的图像中，物体和背景间的边界稍微有点失真是由于对边界的模糊造成的。因为平滑一幅图像侵蚀得越多，分割后的结果中的边界误差就越大，但是比直接对噪声图像 Otsu 阈值化处理的前景物体更加突出。

a) 含高斯噪声的图像

b) 对噪声图像Otsu阈值处理

c) 平滑后的图像

d) 对平滑后的图像Otsu阈值处理

图 7-5 对噪声图像的 Otsu 阈值化处理

7.1.4 局部阈值处理

全局阈值处理适用于前景和背景存在明显差异的图像，而当图像中出现不均匀光照或复杂背景的情况时，使用局部阈值处理可以根据每个像素的周围信息来确定阈值。常见的局部阈值处理方法包括基于局部图像特性的阈值处理和基于移动平均方法的阈值处理。

局部阈值处理最简单的方法之一是把一幅图像分成不重叠的矩形，根据每个矩形块的特性自适应地调整阈值。如图 7-6 所示，将带有噪声阴影的图像分别应用 Otsu 阈值化处理以及图像分块的局部阈值处理进行分割。图 7-6a 是带噪声阴影的图像。图 7-6b 是直接利用 Otsu 方法分割图像后的结果，可以看出白色区域的左侧边缘处有很多黑点，黑色区域的右侧也包含较多白色噪声点。图 7-6c 是将原图像用 6 个矩形区域细分后的图像，对每幅子图像应用 Otsu 阈值处理方法进行处理的结果如图 7-6d 所示，尽管白色区域仍存在一些黑点，但已经将前景和背景分离。

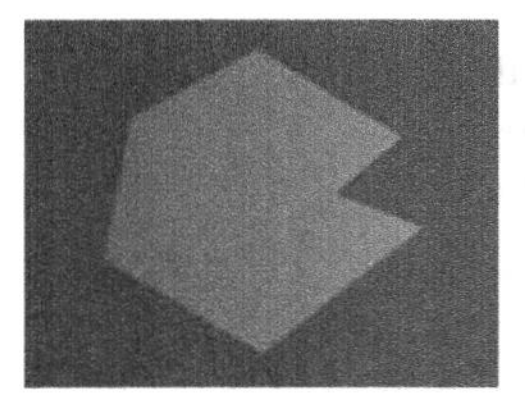
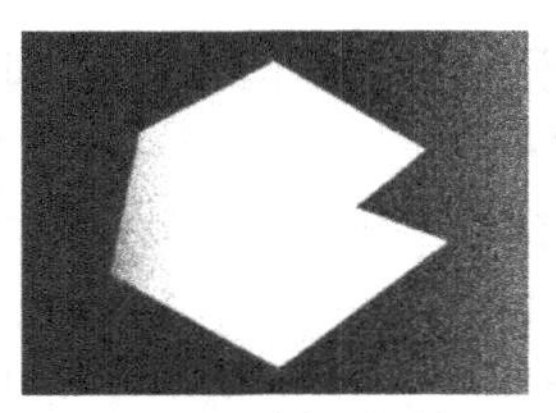
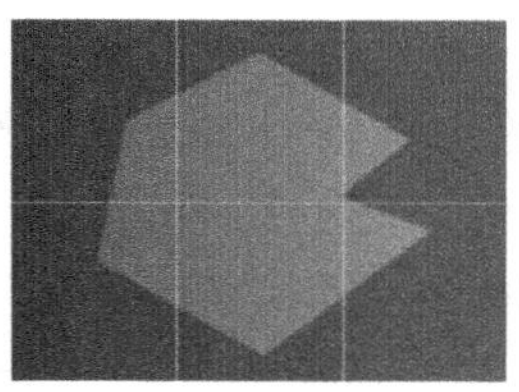
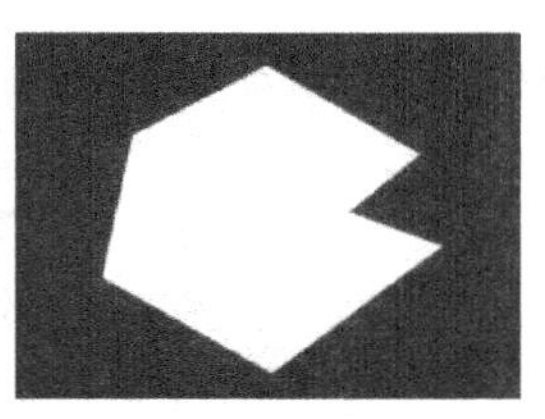

a) 带噪声阴影的图像　b) 使用Otsu法得到的结果　c) 分为6幅子图像后的图像　d) 分别对每幅子图像应用Otsu法的结果

图 7-6　利用图像分块的阈值分割

1. 基于局部图像特性的阈值处理

基于局部图像特性的阈值处理是在图像中的每一点 (x,y) 计算阈值，该阈值是以一个或多个在 (x,y) 邻域内计算的特性为基础的。常用的方法是使用图像中每个点的邻域像素的标准差和均值来进行局部阈值处理。这两个量描述了局部对比度和平均灰度，从而影响图像的细分。

令 σ_{xy} 和 m_{xy} 表示一幅图像中以坐标 (x,y) 为中心的邻域 S_{xy} 所包含的像素集合的标准差和均值，下式是可变局部阈值的通用形式：

$$T_{xy}=a\sigma_{xy}+bm_{xy} \tag{7-20}$$

式中，a 和 b 是非负数，且

$$T_{xy}=a\sigma_{xy}+bm_{G} \tag{7-21}$$

式中，m_G 是全局图像均值。分割后的图像计算如下：

$$g(x,y)=\begin{cases}1 & f(x,y)>T_{xy}\\0 & f(x,y)\leqslant T_{xy}\end{cases} \tag{7-22}$$

式中，$f(x,y)$ 是输入图像。该式对图像中的所有像素位置进行求值，并在每个点 (x,y) 处使用邻域 S_{xy} 中的像素计算不同的阈值。

使用以 (x,y) 邻域计算得出的参数作为基础属性，可以有效地增强局部阈值处理：

$$g(x,y)=\begin{cases}1 & Q(\text{局部参数})\text{为真}\\0 & Q(\text{局部参数})\text{为假}\end{cases} \tag{7-23}$$

式中，Q 是以邻域 S_{xy} 中像素计算的参数为基础的一个属性。例如，考虑如下基于局部均值和标准差的属性 $Q(\sigma_{xy},m_{xy})$：

$$Q(\sigma_{xy},m_{xy})=\begin{cases}真 & f(x,y)>a\sigma_{xy}且f(x,y)>bm_{xy}\\ 假 & 其他\end{cases} \tag{7-24}$$

式（7-22）是式（7-23）的一种特殊情况，它是在$f(x,y)>T_{xy}$时令Q为真，而在其他情况下令Q为假得到的。该属性仅简单地基于一个点处的灰度来阈值处理。

基于局部图像特性的阈值处理步骤如下：

1）计算以某一像素为中心的邻域的灰度标准差和均值。

2）根据计算得到的标准差和均值，设定一个可变的阈值。

3）将当前像素的灰度值与设定阈值进行比较，如果像素的灰度值满足阈值条件，将其设置为目标值，否则设置为背景值。

按照上述步骤来分割酵母图像。如图7-7a所示，该图中有3个主要的灰度级。图7-7b是使用双阈值处理方法得到的结果。它可以将酵母图像从背景中分离出来，但是在图像右侧的中等灰度区域没有完全分割。通常，当背景近似恒定，并且所有的物体的灰度高于背景灰度或低于背景灰度时，选择全局均值会得到比较好的结果。图7-7c是采用大小为3×3的邻域对输入图像中的所有(x,y)计算局部标准差σ_{xy}，然后使用全局均值替代m_{xy}来形成式（7-24）所示形式的一个属性。在完成的属性规范中，使用了a=30和b=1.5（在类似这样的应用中，这些值通常是通过试验确定的）。然后，用式（7-23）来分割图像，如图7-7d所示，结果与输入图像中的两类灰度的大部分区域十分接近，所有的外部区域完全被正确分割，且大多数较亮的内部区域也已经被正确地分开。

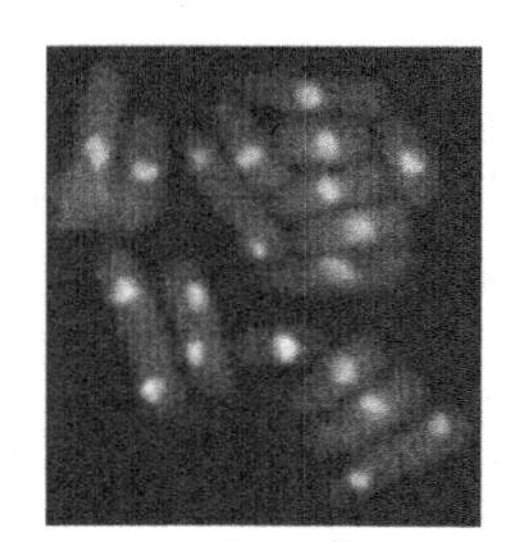
a) 酵母图像

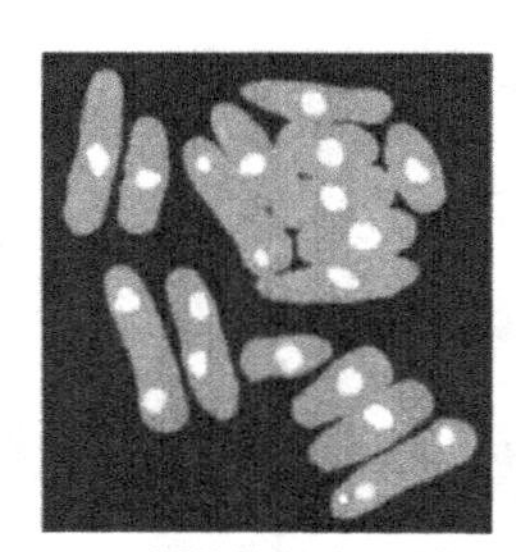
b) 双阈值处理后的图像

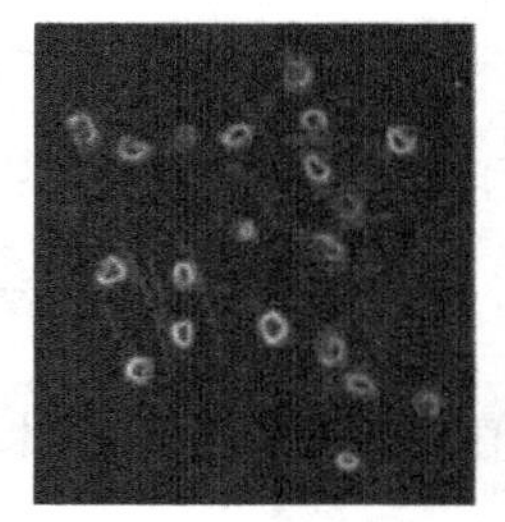
c) 局部标准差处理后的图像

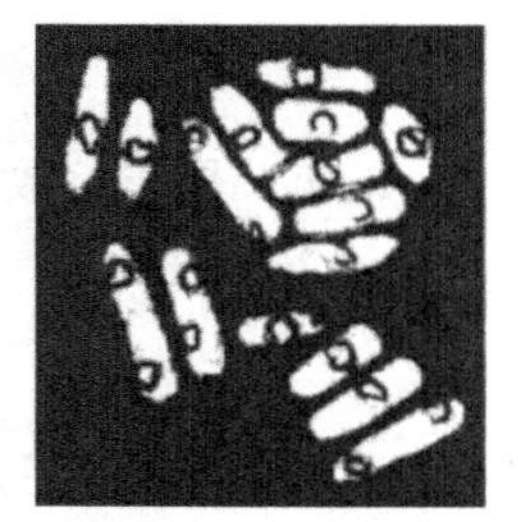
d) 局部图像特性处理后的图像

图7-7 基于局部图像特性的阈值处理

2. 基于移动平均方法的阈值处理

移动平均方法是基于局部图像特性阈值处理的一种特殊情况，它以图像的行扫描为基础进行计算。通常为了减少光照偏差，扫描是以Z字形模式逐行执行的。令z_{k+1}表示步骤$k+1$中扫描序列中遇到的点的灰度，这个新点处的移动平均（平均灰度）由下式给出：

$$m(k+1)=\frac{1}{n}\sum_{i=k+2-n}^{k+1}z_i=m(k)+\frac{1}{n}(z_{k+1}-z_{k-n}) \tag{7-25}$$

式中，n是用于计算平均的点数，且$m(1)=z_1/n$。用式（7-22）实现分割，式中$T_{xy}=bm_{xy}$，

b 是常数，m_{xy} 是在输入图像中的点 (x,y) 处使用式（7-25）得到的移动平均。

为了证明基于移动平均方法的阈值处理在光照不均匀情况下分割图像的有效性，将一幅被正弦波遮蔽污染的手写文本图像进行阈值分割。图 7-8a 是原始文本图像，图 7-8b 是被正弦波遮蔽污染的图像。图 7-8c 是使用 Otsu 全局阈值处理方法分割的结果，从图中可以看出文本内容被覆盖，无法完整分割和识别。图 7-8d 是采用移动平均的局部阈值处理的结果，能够克服光照不均匀的影响，清晰显示文本内容。在移动平均法的计算过程中，令 n=10，b=0.8。

a) 原始文本图像

b) 被正弦波遮蔽污染的图像

c) 使用Otsu法的全局阈值处理效果

d) 使用移动平均的局部阈值处理的结果

图 7-8　基于移动平均法阈值化处理被正弦波遮蔽污染的文本图像

7.2　角点检测

7.2.1　孤立点检测

孤立点的检测以二阶导数为基础，即用拉普拉斯算子：

$$\nabla^2 f(x,y) = f(x+1,y) + f(x-1,y) + f(x,y+1) + f(x,y-1) - 4f(x,y) \tag{7-26}$$

式（7-26）可以用图 3-37a 所示的模板来实现，也可以把其扩展为对角项，并使用图 3-37b 所示的模板。如果在某点处模板的响应的绝对值超过了设定的阈值，那么可以确定该点位于模板的中心位置。

孤立点检测的步骤如下：

1）对输入图像用拉普拉斯核进行卷积。

2）对卷积结果按式（7-27）分割，如果在某一位置，模板的响应绝对值超过了预定阈值 T，那么此点就被检测到。在输出图像中，这类点标记为 1，其余点标记为 0，从而得到一幅二值图像。

$$g(x,y)=\begin{cases}1 & |R(x,y)|>T \\ 0 & \text{其他}\end{cases} \quad (7\text{-}27)$$

式中，$g(x,y)$ 是输出图像；T 是一个非负的阈值；$R(x,y)$ 是模板在该区域中心点处的响应。该式用于度量一个像素及其 8 个相邻像素之间的加权差。从直观上来看，这个概念基于孤立点的灰度值与其周围像素的灰度值完全不同。

按照上述步骤利用拉普拉斯算子检测图像中的孤立点，如图 7-9 所示。图 7-9a 是仙女座星系图像，利用拉普拉斯算子对图像进行卷积操作，突出图像中的边缘和细节，如图 7-9b 所示。然后设置一个阈值 T=230，根据拉普拉斯图像的像素值来确定孤立点的位置。当像素值大于 T 或小于 $-T$ 时，将该像素标记为孤立点。图 7-9c 所示为检测到的孤立点的图像，且用红色圆圈对孤立点进行了标注。

a) 原始图像

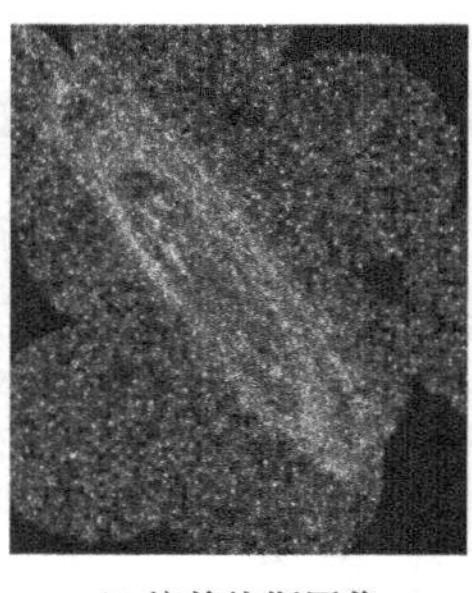
b) 拉普拉斯图像

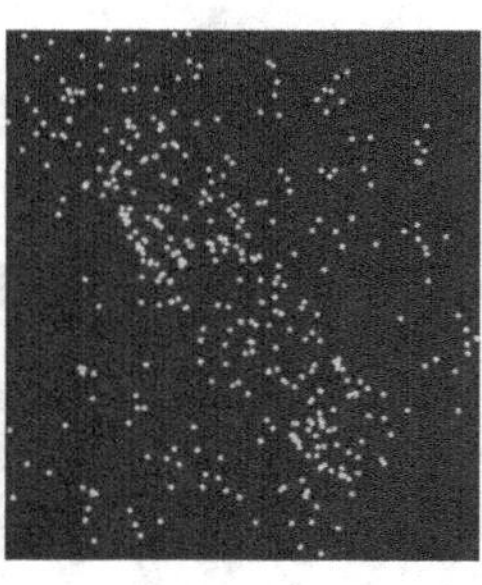
c) 检测孤立点

图 7-9 彩图

图 7-9　检测图像中的孤立点

7.2.2　Harris 角点检测

角点是图像中的特殊点，作为特征检测中的感兴趣点通常位于曲线或边缘交汇的地方。Harris 角点检测算法主要利用待测点的自相关矩阵进行角点判断，在图像上使用一个合适大小的窗口，使其沿随意一个方向移动，根据移动前与移动后该窗口中图像像素灰度变化的程度来确定角点。如果该窗口沿着随意一个方向的移动都有很大程度的灰度值变化，那么就可以判定该窗口中可检测到角点。

图 7-10a 所示为图像中的平面区域，窗口沿任意方向移动时的灰度变化无差异。图 7-10b 所示为图像中的边缘，窗口在移动时，灰度在某个方向上变化大，而在另一个方向上变化小。图 7-10c 所示为图像中的角点，窗口沿任意方向移动时，灰度值都有较大的变化。

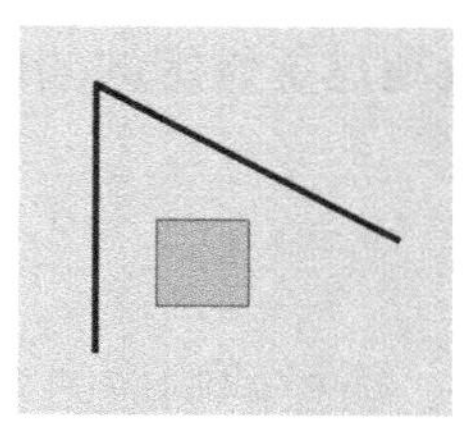
a) 图像中的平面区域

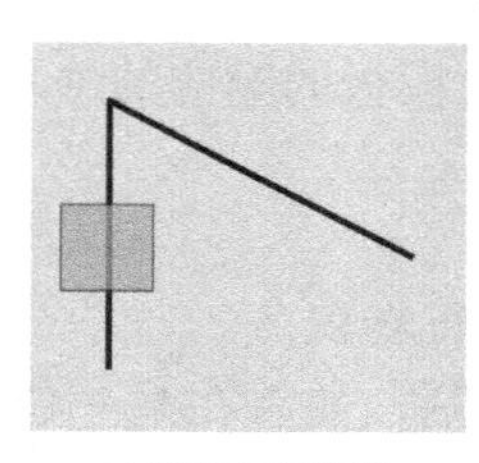
b) 图像中的边缘

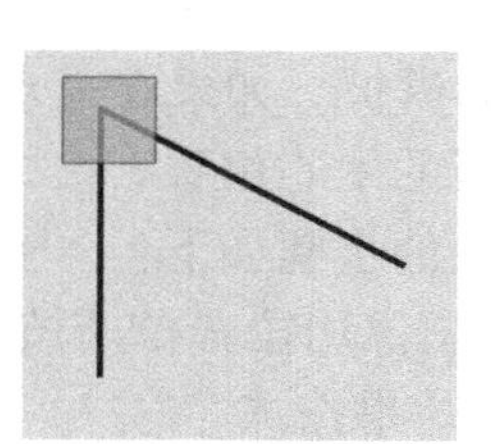
c) 图像中的角点

图 7-10　判断图像中的角点

假设窗口 $\boldsymbol{W}$ 发生位置偏移 (u,v)，比较偏移前后窗口中每一个像素点的灰度变化值，使用误差平方和定义误差函数 $E(u,v)$：

$$E(u,v)=\sum_{x,y}w(x,y)[I(x+u,y+v)-I(x,y)]^2 \tag{7-28}$$

式中，$w(x,y)$ 是窗口函数；$I(x+u,y+v)$ 是平移后的图像灰度；$I(x,y)$ 是原始图像灰度。Harris 算子用 Taylor 展开 $I(x+u,y+v)$ 去近似任意方向：

$$I(x+u,y+v)=I(x,y)+\frac{\partial I}{\partial x}u+\frac{\partial I}{\partial y}v+O(u^2,v^2) \tag{7-29}$$

于是，$E(u,v)$ 可以重写为

$$\begin{aligned}E(u,v)&=\sum_{(x,y)\in \boldsymbol{W}}w(x,y)\left[I_x u+I_y v\right]^2\\&=\sum_{(x,y)\in \boldsymbol{W}}w(x,y)[u,v]\begin{bmatrix}I_x^2 & I_xI_y\\ I_xI_y & I_y^2\end{bmatrix}\begin{bmatrix}u\\ v\end{bmatrix}\\&=[u,v]\left[\sum_{(x,y)\in \boldsymbol{W}}w(x,y)\begin{bmatrix}I_x^2 & I_xI_y\\ I_xI_y & I_y^2\end{bmatrix}\right]\begin{bmatrix}u\\ v\end{bmatrix}\\&=[u,v]\boldsymbol{M}\begin{bmatrix}u\\ v\end{bmatrix}\end{aligned} \tag{7-30}$$

式中，$\boldsymbol{M}$ 是 2×2 的矩阵，它是关于 x 和 y 的二阶函数，如式（7-31）所示。$E(u,v)$ 是一个椭圆方程。椭圆的尺寸由 $\boldsymbol{M}$ 的特征值 $\lambda_{\max}$ 和 $\lambda_{\min}$ 决定，它们表征了灰度变化最快和最慢的两个方向。椭圆的方向由 $\boldsymbol{M}$ 的特征向量决定。

$$\boldsymbol{M}=\sum_{(x,y)\in \boldsymbol{W}}w(x,y)\begin{bmatrix}I_x^2 & I_xI_y\\ I_xI_y & I_y^2\end{bmatrix}\Rightarrow\begin{bmatrix}A & C\\ C & B\end{bmatrix}\Rightarrow R^{-1}\begin{bmatrix}\lambda_1 & 0\\ 0 & \lambda_2\end{bmatrix}R \tag{7-31}$$

式中，R 是旋转因子，其不影响两个正交方向的变化分量；λ_1 和 λ_2 是特征值；(I_x,I_y) 是每个像素的梯度坐标。角点应该满足的基本性质是矩阵 $\boldsymbol{M}$ 最小特征值 λ_1 和 λ_2 尽量大，即角点响应 $R=\lambda_{\min}$。同时也有比更 $R=\lambda_{\min}$ 有效的角点响应函数：

$$R=\det(\boldsymbol{M})-k\mathrm{tr}(\boldsymbol{M})^2,k=[0.04,0.06] \tag{7-32}$$

$$R=\lambda_1-k\lambda_2,k=0.05 \tag{7-33}$$

$$R=\frac{\det(\boldsymbol{M})}{\mathrm{tr}(\boldsymbol{M})}=\frac{\lambda_1\lambda_2}{\lambda_1+\lambda_2} \tag{7-34}$$

Harris 角点检测的步骤如下：

1）将原图像 I 使用 $w(x,y)$ 进行卷积，并计算图像梯度 I_x 与 I_y。

2）计算每一个图像点的自相关矩阵 $\boldsymbol{M}$。

3）计算角点响应 $R=\det(M)-\alpha\operatorname{tr}^2(\boldsymbol{M})$。

4）选择 R 大于阈值且为局部极大值的点作为角点。

在 Harris 角点检测时，角点位置对于光度变化具备不变性，对于几何变化具备协变性。不变性是指图像被转换后，角点位置不变。协变性是指对于变换前后两幅图像，则在变换后的相应位置检测到特征点。Harris 角点检测的不变性性质如下：

1）光照不变性。Harris 角点检测对亮度和对比度的变化不敏感（光照不变性），如图 7-11 所示。在进行 Harris 角点检测时，使用了微分算子对图像进行微分运算，而微分运算对图像密度的拉伸或收缩以及对亮度的抬高或下降不敏感。换言之，对亮度和对比度的仿射变换并不改变 Harris 响应的极值点出现的位置。

2）平移协变性。Harris 角点检测在某种程度上具有平移协变性，即检测到的角点不会受到图像的平移（移动）而改变，如图 7-12 所示。这是因为角点是相对于其周围区域的局部特征，不受平移的影响。

图 7-11　不同光照下的角点检测

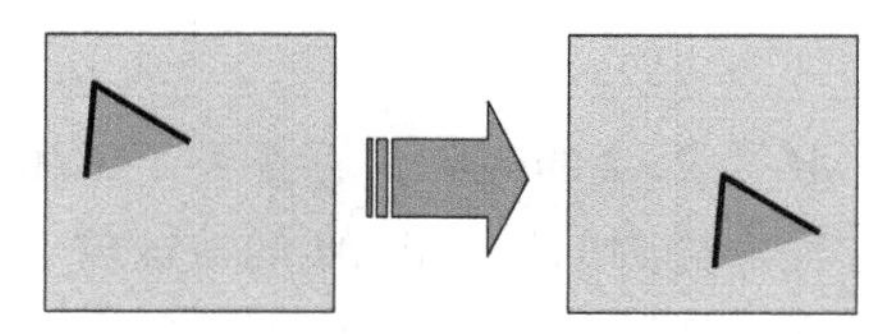

图 7-12　角点检测的平移协变性

3）旋转协变性。Harris 角点检测算子使用的是角点附近的区域灰度二阶矩矩阵。而二阶矩矩阵可以表示成一个椭圆，椭圆的长短轴正是二阶矩矩阵特征值平方根的倒数。当特征椭圆转动时，特征值并不发生变化，所以判断角点响应值也不发生变化，因此 Harris 角点检测算子具有旋转不变性，如图 7-13 所示。

但是，Harris 角点检测对于图像尺度变化不具有不变性。尺度不变性意味着无论图像是放大还是缩小，检测到的特征或关键点应该保持不变。然而，Harris 角点检测对于图像尺度的变化并不具备这种性质，如图 7-14 所示。

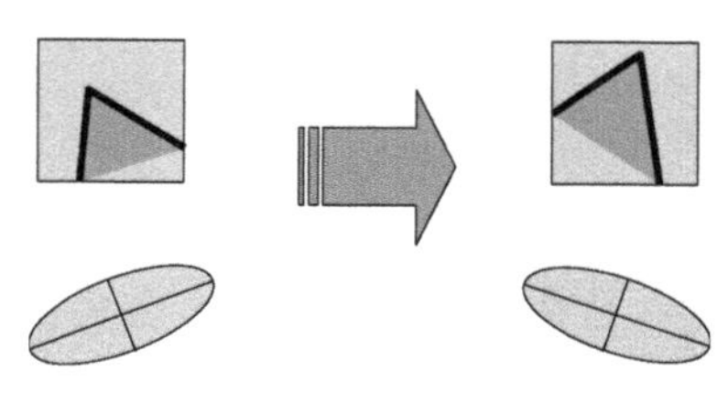

图 7-13　角点检测的旋转协变性

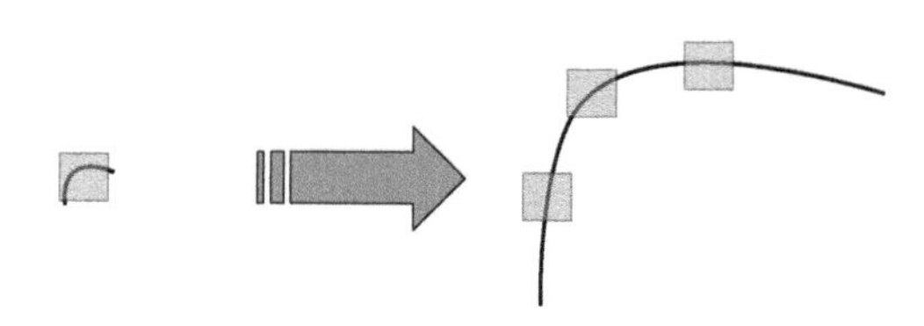

图 7-14　角点检测的图像尺度变化

Harris 检测获得的角点可能在图像上分布不均匀（对比度高的区域角点多），可以用自适应非极大值抑制（Adaptive Non-Maximal Suppression，ANMS）方法进行改进，只保留半径 r 内角点响应比其他点大 10% 的点作为角点，如图 7-15 所示。

a) 响应值最高的前250个点

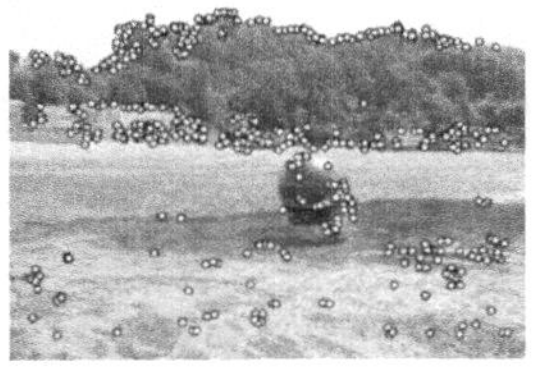

b) 响应值最高的前500个点

c) ANMS 250，r=24

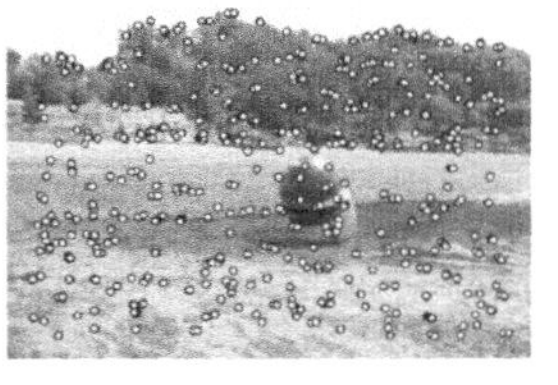

d) ANMS 500，r=16

图 7-15　ANMS 改进角点检测

7.3　边缘检测

边缘检测在图像高阶特征提取、特征描述、目标识别和图像分割等诸多领域都具有重要意义。边缘检测基于灰度突变来定位边缘位置，识别图像中的突然变化（不连续性）。

边缘是指图像中灰度发生急剧变化的区域，或者说是指周围像素灰度有阶跃变化或屋顶变化的那些像素的集合。边缘是一组相连的像素集合，这些像素位于两个区域的边界上，边缘的宽度取决于图像中边缘的模糊程度。图像边缘具有两个主要成分：方向和幅度。在沿着边缘方向移动时，像素的灰度值变化速率相对平缓。而在垂直于边缘方向移动时，像素的灰度值变化速率则更为显著。这种显著变化可能呈现为阶跃状或屋顶状，分别称为阶跃边缘和屋顶边缘，如图 7-16 所示。根据边缘的特性，通常使用一阶和二阶导数来描述和检测边缘。

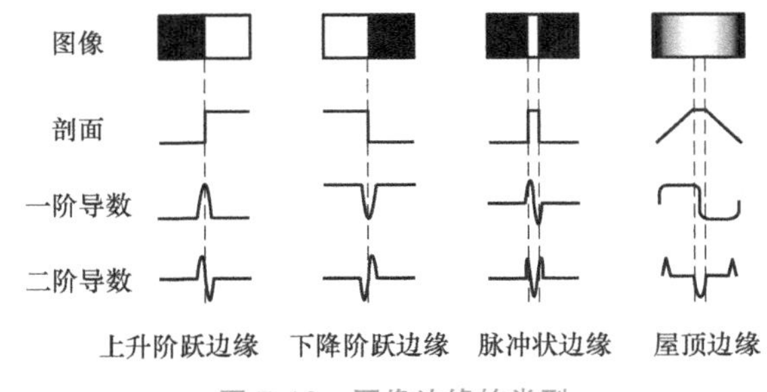

图 7-16　图像边缘的类型

7.3.1　一阶边缘检测模型

1. 梯度算子

梯度可以在图像 $f(x,y)$ 中寻求边缘的强度和方向，梯度用 ∇f 来表示，并用向量来定义：

$$\nabla f = \text{grad}(f) = \begin{bmatrix} g_x \\ g_y \end{bmatrix} = \begin{bmatrix} \dfrac{\partial f}{\partial x} \\ \dfrac{\partial f}{\partial y} \end{bmatrix} \tag{7-35}$$

该向量有一个重要的几何性质，它指出了图像在位置 (x,y) 处的最大变化率的方向。向量 ∇f 的大小（长度）表示为 $M(x,y)$，即

$$M(x,y) = \text{mag}(\nabla f) = \sqrt{g_x^2 + g_y^2} \tag{7-36}$$

它表示梯度向量方向变化率的值。式中，g_x、g_y 是 x 和 y 在原图像的所有像素位置上变化时产生的，与 $M(x,y)$ 和 $f(x,y)$ 的尺寸相同。梯度向量的方向由下列对于 x 轴度量的角度给出：

$$\alpha(x,y) = \arctan\left[\frac{g_y}{g_x}\right] \tag{7-37}$$

$\alpha(x,y)$ 也是与由 g_y 除以 g_x 的阵列创建的尺寸相同的图像。任意点 (x,y) 处一个边缘方向与该点处梯度向量的方向 $\alpha(x,y)$ 正交。

要得到一幅图像的梯度，需要在图像的每个像素位置处计算偏导数 $\partial f / \partial x$ 和 $\partial f / \partial y$：

$$g_x = \frac{\partial f(x,y)}{\partial x} = f(x+1,y) - f(x,y) \tag{7-38}$$

$$g_y = \frac{\partial (x,y)}{\partial y} = f(x,y+1) - f(x,y) \tag{7-39}$$

这两个公式对所有 x 和 y 的有关值可用图 7-17 所示的一维模板通过对 $f(x,y)$ 的滤波来计算。

利用梯度算子进行边缘检测的步骤如下：

1）定义水平和垂直方向的梯度算子，并对图像进行逐像素卷积运算，以检测图像中的水平和垂直边缘。

2）基于卷积结果计算每个像素的梯度幅值。将梯度幅值与设定阈值进行比较，大于阈值的像素标记为边缘点，其余像素标记为非边缘点，最终生成边缘检测后的二值化图像。

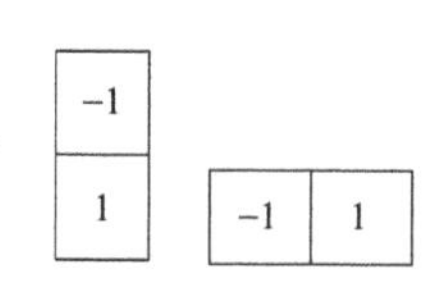

图 7-17　梯度算子模板

例如，图 7-18 为利用梯度算子进行边缘检测的结果。

梯度算子仅计算相邻像素的灰度差，对噪声比较敏感，无法抑制噪声的影响。基于梯度原理，衍生出了多种边缘检测算子。以下是几种最典型的边缘检测算子。

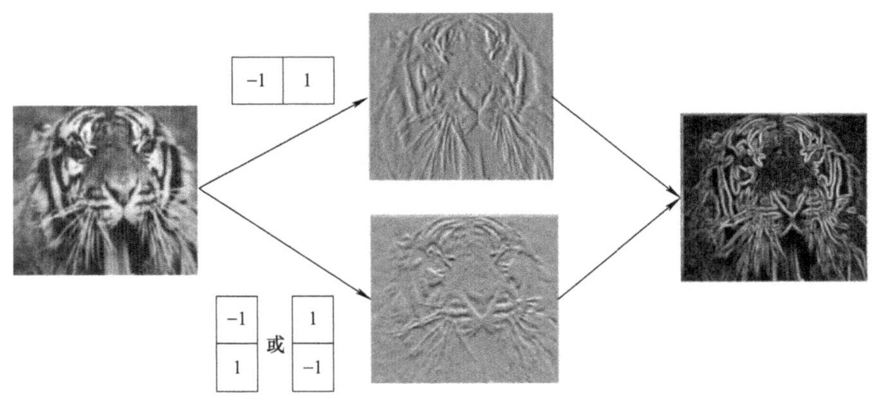

图 7-18　利用梯度算子对图像的边缘检测

2. Roberts 算子

Roberts 算子使用对角线上相邻像素的差值来寻找边缘。Roberts 算子是一个交叉算子，其在点 (i,j) 的梯度幅值表示为

$$|g(x,y)|=|g_x|+|g_y| \tag{7-40}$$

令

$$g_x = f(x,y)-f(x+1,y+1) \tag{7-41}$$

$$g_y = f(x+1,y)-f(x,y+1) \tag{7-42}$$

g_x 和 g_y 可以分别用以下局部差分算子进行计算：

$$\boldsymbol{R}_x=\begin{bmatrix}1 & 0\\ 0 & -1\end{bmatrix},\boldsymbol{R}_y=\begin{bmatrix}0 & -1\\ 1 & 0\end{bmatrix}$$

可得

$$|\boldsymbol{R}_x f(x,y)|=f(x,y)-f(x+1,y+1)=g_x \tag{7-43}$$

$$|\boldsymbol{R}_y f(x,y)|=f(x+1,y)-f(x,y+1)=g_y \tag{7-44}$$

Roberts 算子公式为

$$\begin{cases}f_x'=\left|f(x+1,y+1)-f(x,y)\right|\\ f_y'=\left|f(x,y+1)-f(x+1,y)\right|\end{cases} \tag{7-45}$$

式（7-45）对所有 x 和 y 的有关值可用图 7-19 所示的模板通过对 $f(x,y)$ 的滤波来计算。

3. Prewitt 算子

由于 Roberts 边缘检测算子通过对图像的两个对角线方向上的相邻像素进行差值来检测梯度幅值，所以求得的是在差分点（$i+1/2$，$j+1/2$）处梯度幅值的近似值，而不是预期点（i，j）处的近似值。为了避免引起混淆，可采用 3×3 邻域计算梯度值。3×3 区域的第三行和第一行之差近似为 x 方向的导数，第三列和第一列之差近似为 y 方向的导数：

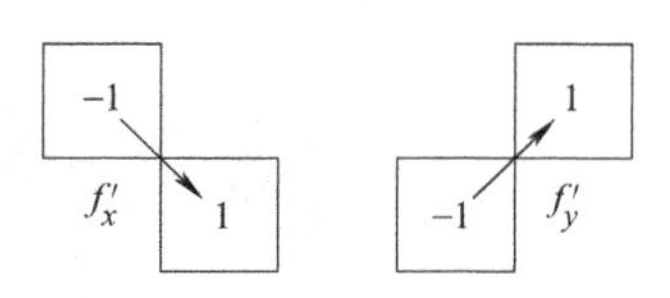

图 7-19　Roberts 算子模板

$$\begin{cases} f'_x = |f(x+1,y-1)+f(x+1,y)+f(x+1,y+1)-f(x-1,y-1)-f(x-1,y)-f(x-1,y+1)| \\ f'_y = |f(x-1,y+1)+f(x,y+1)+f(x+1,y+1)-f(x-1,y-1)-f(x,y-1)-f(x+1,y-1)| \end{cases} \tag{7-46}$$

式（7-46）可以用图 7-20 所示的两个模板通过滤波整个图像来实现。这两个模板称为 Prewitt 算子。Prewitt 算子在检测边缘的同时，能抑制噪声的影响。

4. Sobel 算子

Sobel 算子结合了高斯平滑与微分求导，对式（7-46）在中心系数上乘权值 2 得到：

$$\begin{cases} f'_x = |f(x+1,y-1)+2f(x+1,y)+f(x+1,y+1)-f(x-1,y-1)-2f(x-1,y)-f(x-1,y+1)| \\ f'_y = |f(x-1,y+1)+2f(x,y+1)+f(x+1,y+1)-f(x-1,y-1)-2f(x,y-1)-f(x+1,y-1)| \end{cases} \tag{7-47}$$

图 7-21 是用于实现式（7-47）的模板，这两个模板称为 Sobel 算子。

−1	0	1
−1	0	1
−1	0	1

−1	−1	−1
0	0	0
1	1	1

图 7-20　Prewitt 算子模板

−1	0	1
−2	0	2
−1	0	1

−1	−2	−1
0	0	0
1	2	1

图 7-21　Sobel 算子模板

Sobel 算子在获得较好边缘效果的同时，对噪声有一定平滑作用，降低了对噪声的敏感性。但该算子检测的边缘较为粗糙，可能会引入一些伪边缘，因此边缘检测精度相对较低。Prewitt 算子的计算较 Sobel 算子更简单，但在噪声抑制方面稍微逊色。总的来说，梯度算子对噪声较为敏感，因此适用于图像边缘灰度值较尖锐且噪声相对较少的情况。

为了对比一阶边缘检测算子提取图像边缘信息的效果，分别利用 Roberts 算子、Prewitt 算子和 Sobel 算子对图像进行边缘检测。如图 7-22 所示，Prewitt 算子比 Roberts 算子考虑了更多的相邻像素，因此检测到的边缘更加明显；与 Prewitt 算子相比，Sobel 算子对于像素的位置的影响做了加权，可以降低边缘模糊程度，能够更精确地捕捉到边缘的细节和方向。

a) 原始图像

b) Roberts算子处理后的图像

c) Prewitt算子处理后的图像

d) Sobel算子处理后的图像

图 7-22　一阶边缘检测算子提取图像边缘

7.3.2　二阶边缘检测模型

一阶边缘检测算子有时可能检测到过多的边缘点，导致边缘显得过于粗糙。然而，通过消除一阶导数中的非局部最大值，可以获得更加精细的边缘。一阶导数的局部最大值对应于二阶导数的零交叉点。因此，通过寻找图像的二阶导数零交叉点，可以获得更准确的边缘点，这些点更能够精确地表示图像中物体边缘的位置和形状。

1. 拉普拉斯算子

拉普拉斯（Laplace）算子可用于检测边缘。对于阶跃边缘，其二阶导数在边缘点出现零交叉，即边缘点两侧的二阶导数异号。因此，通过观察二阶导数的零交叉点，可以检测出边缘点。Laplace 边缘检测算子正是对二维函数进行二阶导数运算的标量算子，即

$$\frac{\partial^2 f}{\partial x^2}+\frac{\partial^2 f}{\partial y^2}=f(x+1,y)+f(x,y+1)-4f(x,y)+f(x-1,y)+f(x,y-1) \tag{7-48}$$

对应的 Laplace 算子模板如图 7-23 所示。

Laplace 算子的优点是检测模板具有各向同性、线性和位移不变的特性，对孤立点和细线的检测效果良好。但是 Laplace 边缘检测算子不像 Sobel 和 Prewitt 算子那样对图像进行了平滑处理，所以它会对噪声产生较大的响应，误将噪声作为边缘，常产生双像素的边缘。

2. 高斯 – 拉普拉斯算子

高斯 – 拉普拉斯（Laplacian of Gaussian，LoG）算子是在 Laplace 算子的基础上实现的，由于 Laplace 算子对噪声比较敏感，为了减少噪声影响，可先对图像进行平滑，然后再用 Laplace 算子检测边缘。

0	−1	0
−1	4	−1
0	−1	0

−1	−1	−1
−1	8	−1
−1	−1	−1

图 7-23　Laplace 算子模板

平滑函数应能反映不同远近的周围点对给定像素具有不同的平滑作用，因此，平滑函数采用正态分布的高斯函数，即

$$h(x,y)=\mathrm{e}^{-\frac{x^2+y^2}{2\sigma^2}} \tag{7-49}$$

式中，σ是方差。用 $h(x,y)$ 对图像 $f(x,y)$ 的平滑可表示为

$$g(x,y)=h(x,y)*f(x,y) \tag{7-50}$$

式中，$*$代表卷积。令 r 是离原点的径向距离，即 $r^2=x^2+y^2$。对图像 $g(x,y)$ 采用 Laplace

算子进行边缘检测，可得

$$\nabla^2 g=\nabla^2\left[g(x,y)\right]=\frac{\partial^2 g(x,y)}{\partial x^2}+\frac{\partial^2 g(x,y)}{\partial y^2}=\frac{\partial}{\partial x}\left[\frac{-x}{\sigma^2}\mathrm{e}^{-\frac{x^2+y^2}{2\sigma^2}}\right]+\frac{\partial}{\partial y}\left[\frac{y^2}{\sigma^4}-\frac{1}{\sigma^2}\right]\mathrm{e}^{-\frac{x^2+y^2}{2\sigma^2}}$$
$$=\left[\frac{x^2+y^2-2\sigma^2}{\sigma^4}\right]\mathrm{e}^{-\frac{x^2+y^2}{2\sigma^2}} \tag{7-51}$$

利用二阶导数算子过零点的性质，可确定图像中阶跃边缘的位置。$\nabla^2 g$ 称为 LoG 滤波算子，也称为 LoG 滤波器，或“墨西哥草帽”。

图 7-24a ～ c 显示了一个 LoG 的负函数的三维图、图像和剖面（注意，LoG 的零交叉出现在 $x^2+y^2=\sigma^2$ 处，它定义了一个中心位于原点、半径为 $\sqrt{2}$ 的圆）。图 7-24d 所示的 5×5 模板是对图 7-24a 所示形状的近似表示，用于捕捉 LoG 函数的基本特征。图 7-24a 意味着一个正的中心项由紧邻的负区域包围着，中心项的值以距原点的距离为函数而增大，而外层区域的值为零。系数之和必须为零，模板的响应在恒定灰度区域为零。

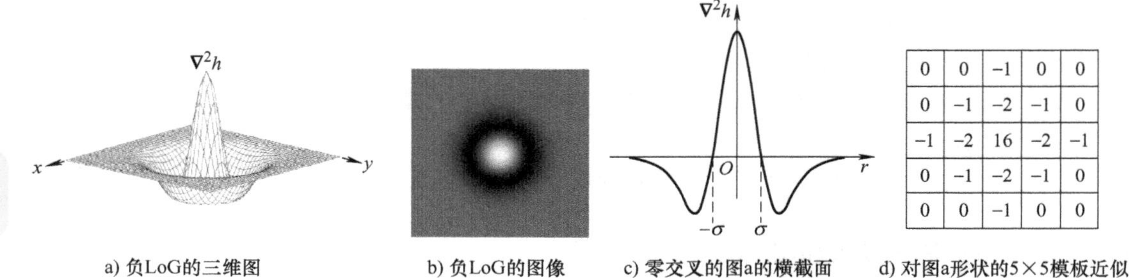

0	0	−1	0	0
0	−1	−2	−1	0
−1	−2	16	−2	−1
0	−1	−2	−1	0
0	0	−1	0	0

a) 负LoG的三维图　b) 负LoG的图像　c) 零交叉的图a的横截面　d) 对图a形状的5×5模板近似

图 7-24　LoG 的负函数的三维图、图像和剖面

LoG 边缘检测算法的步骤如下：

1）利用高斯低通滤波器对输入图像进行平滑处理。

2）对经过高斯滤波的图像应用拉普拉斯算子。

3）找到拉普拉斯结果中的零交叉点。

由于 LoG 算子的平滑性质能减少噪声的影响，所以当边缘模糊或噪声较大时，利用 $\nabla^2 h$ 检测过零点能提供较可靠的边缘位置。在该算子中，σ 的选择很重要，σ 小时边缘位置精度高，但边缘细节变化多；σ 大时平滑作用大，但细节损失大，边缘点定位精度低。所以应根据噪声水平和边缘点定位精度要求适当选取 σ。LoG 算子虽然可以准确检测边缘，产生单像素宽度的边缘定位，但也倾向于形成许多封闭的轮廓。

3. Canny 算子

Canny 算子是一阶微分算子，它在梯度算子基础上引入了一种抗噪性能好、定位精度高的单像素边缘计算策略。Canny 边缘检测本质上属于非线性高通滤波，其目标是找到一个最优的边缘检测解或找寻一幅图像中灰度强度变化最强的位置。最优边缘检测主要通过低错误率、高定位性和最小响应三个标准进行评价。

Canny 算子的检测步骤如下：

1）对输入图像应用高斯滤波以降低噪声的影响，得到平滑的图像。

2）用一阶偏导的有限差分来计算梯度的幅值和方向。

3）对梯度幅值进行非极大值抑制。

4）用双阈值算法检测和连接边缘。

非极大值抑制是指梯度幅值图像 $M(x, y)$ 仅保留极大值（严格地说，保留梯度方向上的极大值点），如图 7-25 所示。首先，初始化一个新图像 N 与原始梯度图像 M 相同，即 $N(x, y)=M(x, y)$。然后，对于每个像素点，在梯度方向和反梯度方向各找 n 个像素点。若 $M(x, y)$ 不是这些点中的最大点，则将 $N(x, y)$ 置 0，否则保持 $N(x, y)$ 不变。这一操作在梯度的 4 个简化方向上进行，即 0°、45°、90°、135° 方向，以细化边缘，最终生成的 $N(x, y)$ 包含边缘的宽度为 1 像素。

Canny 边缘检测是设定双阈值来提取边缘点。设定两个阈值 T_1、T_2，使得 $T_2>>T_1$，由 T_1 得到的 $E_1(x, y)$ 是低阈值边缘图，它包含更多的边缘点但伴随着更多的误检测，而 $E_2(x, y)$ 是高阈值边缘图，其中的边缘点更加可靠，如图 7-26 所示。

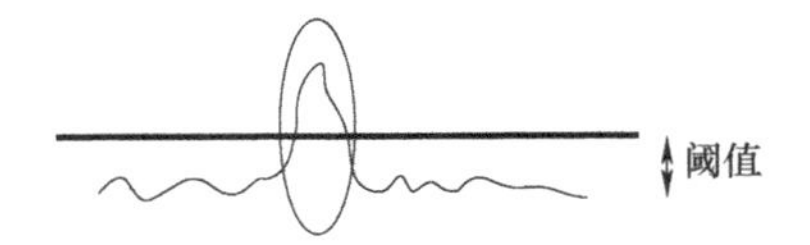

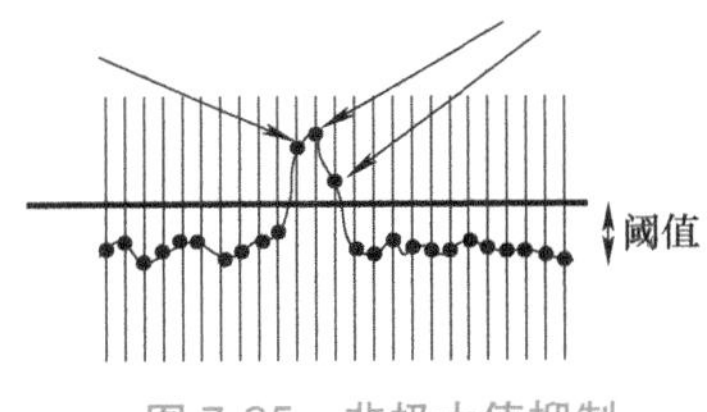

图 7-25　非极大值抑制

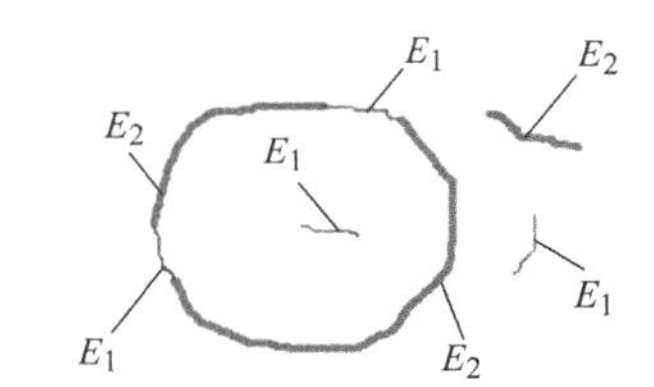

图 7-26　双阈值提取边缘点

为了对比二阶边缘检测算子和 Canny 算子提取图像边缘信息的效果，分别采用 Laplace 算子、LoG 算子和 Canny 算子来提取图像边缘信息。从图 7-27 中可以看出，由于 Laplace 算子和 LoG 算子是一次性的卷积操作，容易受到噪声的干扰而损失过多的边缘细节信息；而 Canny 算子利用双阈值检测，分析边缘之间的连续性，有助于保留真实的边缘并减少噪声的影响，边缘检测结果更准确。

a) 原始图像

b) Laplace算子处理后的图像

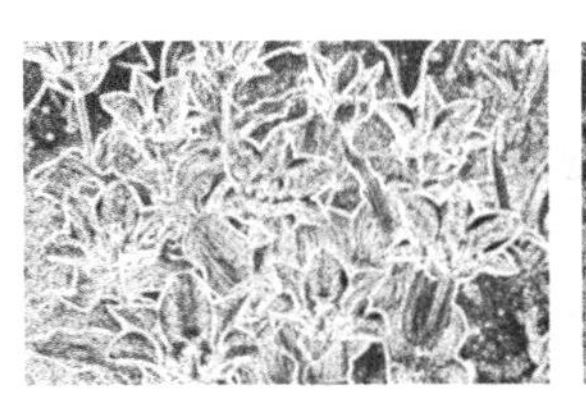

c) LoG算子处理后的图像

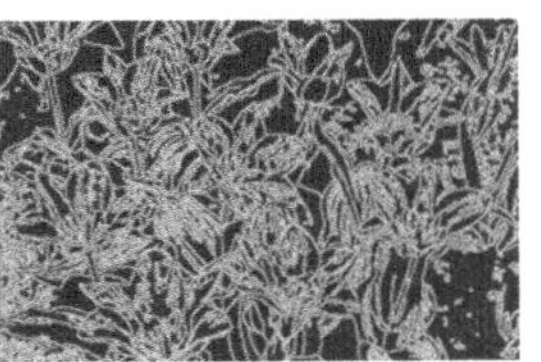

d) Canny算子处理后的图像

图 7-27　二阶边缘检测算子及 Canny 算子提取图像边缘

7.3.3　基于 Hough 变换的边缘检测

基于 Hough 变换的边缘检测是已知图像中存在直线、圆或其他形状，然后利用图像中像素亮度的差异，识别图像中特定形状的像素点集合，将其映射到参数空间中进行检测。Hough 变换的基本思想是将测量空间的一点变换为参数空间的一条曲线或曲面，而具有同一参数特征的点变换后在参数空间中相交，通过判断交点处的积累程度来完成特征曲线的检测。

Hough 变换可以用于检测直线。如图 7-28 所示，图像在直角坐标空间中经过点 (x_i, y_i) 的直线表示为 $y_i = ax_i + b$，参数 a 为斜率，b 为截距。通过点 (x_i, y_i) 的直线有无数条，且对应于不同的 a 和 b 值，它们都满足直线公式。如果将 x_i 和 y_i 视为常数，而将原本的参数 a 和 b 看作变量，则有 $b = -x_i a + y_i$，就变换到了参数平面 aOb。这个变换就是直角坐标中对于 (x_i, y_i) 点的 Hough 变换。该直线方程是图像坐标空间中的点 (x_i, y_i) 在参数空间的唯一方程。

若图像坐标空间中的另一点 (x_j, y_j) 在参数空间中也有相应的一条直线：$b = -x_j a + y_j$，这条直线与点 (x_i, y_i) 在参数空间的直线相交于一点 (a_0, b_0)。

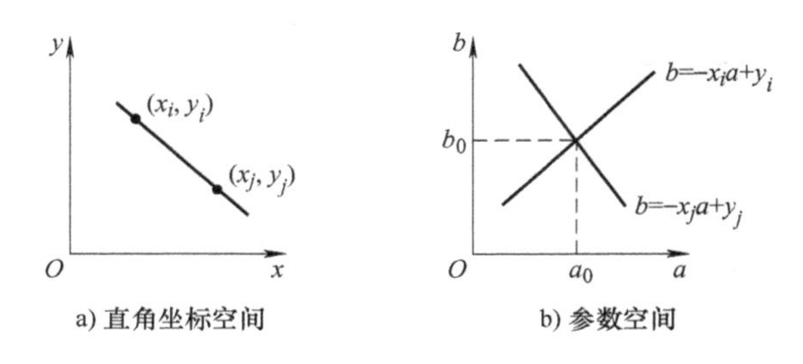

图 7-28　直角坐标空间映射到参数空间

如图 7-28b 所示，图像坐标空间中过点 (x_i, y_i) 和点 (x_j, y_j) 的直线上的每一点在参数空间 $a-b$ 上各自对应一条直线，这些直线都相交于点 (a_0, b_0)，而 a_0、b_0 就是图像坐标空间点 (x_i, y_i) 和点 (x_j, y_j) 所确定的直线的参数。反之，在参数空间相交于同一点的所有直线，在图像坐标空间都有共线的点与之对应。根据这个特性，给定图像坐标空间的一些边缘点，就可以通过 Hough 变换确定连接这些点的直线方程。

在直角坐标系下 Hough 变换直线检测的步骤如下：

1）建立一个二维累加数组 $A(a,b)$，第一维的范围是图像坐标空间中直线斜率的可能范围，第二维的范围是图像坐标空间中直线截距的可能范围。

2）开始时 $A(a,b)$ 初始化为 0，然后对图像坐标空间的每一个前景点 (x_i, y_i)，将参数空间中每一个 a 的离散值代入式 $b = -x_i a + y_i$，从而计算出对应的 b 值。

3）每计算出一对 (a,b)，都将对应的数组元素 $A(a,b)$ 加 1，即 $A(a,b) = A(a,b) + 1$。

4）所有的计算都结束后，在参数空间表决结果中找到 $A(a,b)$ 的最大峰值，所对应的 a_0、b_0 就是原图像中共线点数目最多（共有 $A(a_0, b_0)$ 个共线点）的直线方程的参数。

5）接下来可以继续寻找次峰值和第 3、第 4 峰值等，它们对应于原图像中共线点数目略少一些的直线。

由于在直角坐标空间中，a 和 b 的取值范围是从负无穷到正无穷，很难创建一个合适大小的数组矩阵。因此，Hough 变换通常将原图像空间转换为极坐标系表示的参数空间，以更好地处理参数。在极坐标空间中 $\rho = x\cos\theta + y\sin\theta$，$\rho$ 表示直线到原点的垂直距离，θ 表示 x 轴到直线垂线的角度，取值范围为 [−90°，90°]。与直角坐标类似，极坐标中的 Hough 变换也将图像坐标空间中的点变换到参数空间中。在极坐标表示下，图像坐标空间中共线的点变换到参数空间中形成了曲线，并相交于同一点，此时所得到的 ρ、θ 即为所求的直线的极坐标参数。

与直角坐标不同的是，用极坐标表示时，图像坐标空间中共线的两点 (x_i, y_i) 和 (x_j, y_j) 映射到参数空间是两条正弦曲线，并且相交于点 (ρ_0, θ_0)，如图 7-29 所示。具体计算时，与直角坐标类似，也要在参数空间中建立一个二维数组累加器 A，只是取值范围不同。对一幅大小为 $D \times D$ 的图像，通常 ρ 的取值范围为 $[-\sqrt{2}D/2, \sqrt{2}D/2]$，$\theta$ 的取值范围为 [−90°，90°]。计算方法与直角坐标系中累加器的计算方法是完全相同的，在累加过程中找到最大的 A 值所对应的 (ρ, θ)。

Hough 变换也可以对任意形状检测，即应用广义 Hough 变换去检测某一任意形状边界的图形。它首先选取该形状中的任意点 (a,b) 为参考点，然后从该任意形状图形的边缘上每一点计算其切线方向 φ 和到参考点 (a,b) 位置偏移矢量 $\boldsymbol{r}$，以及 $\boldsymbol{r}$ 与 x 轴的夹角 α，如图 7-30 所示。参考点 (a,b) 的位置可由式（7-52）算出。

$$\begin{cases} M(x,y) = \sqrt{D_x^2(x,y) + D_y^2(x,y)} \\ \theta(x,y) = \arctan(D_y(x,y) / D_x(x,y)) \end{cases} \tag{7-52}$$

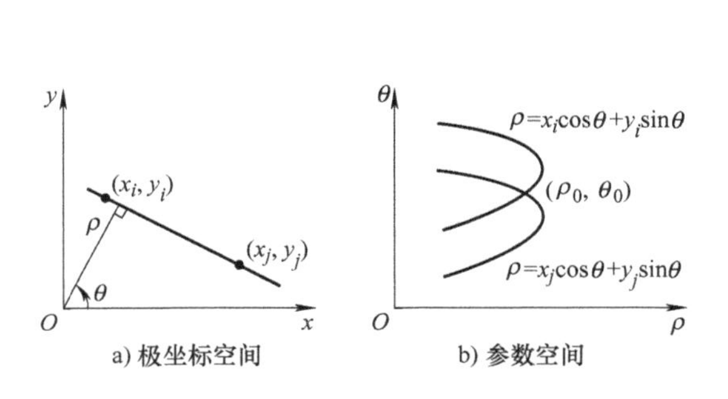

图 7-29　极坐标空间映射到参数空间

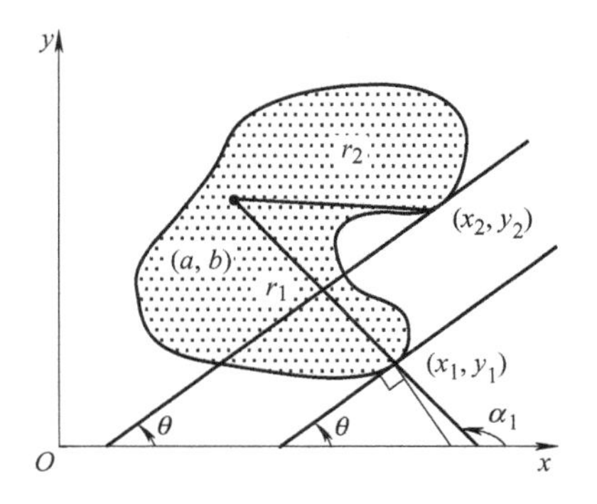

图 7-30　任意形状下的直角坐标空间

利用广义 Hough 变换检测任意形状边界的主要步骤如下：

1）在预知区域形状的条件下，将物体边缘形状编成参考表。对于每个边缘点计算梯度角 φ_i，对每一个梯度角 φ_i，算出对应于参考点的距离 r_i 和角度 α_i。

2）在参数空间建立一个二维累加数组 A（a，b），初值为 0。对边缘上的每一点，计算出该点处的梯度角，然后由式（7-52）计算出每一个可能的参考点的位置值，对相应的数组元素 A（a，b）加 1。

3）计算结束后，具有最大值的数组元素 A（a，b）所对应的 a、b 值即为图像坐标空间中所求的参考点。

Hough 变换可以用于将边缘像素连接起来得到边界曲线。在已知曲线形状的条件下，Hough 变换实际上是利用分散的边缘点进行曲线逼近，它也可看成是一种聚类分析技术。其优点在于能够处理特征边界描述中的间隙，且受噪声和曲线间断的影响较小。

7.4 尺度检测

尺度检测方法将传统的单一尺度图像处理技术融入到一个能够动态适应不同尺度图像信息的分析框架中，对不同尺度下的图像进行分析和处理，以便更全面地理解图像中的特征、对象或结构。

7.4.1 Blob 特征检测

在前面的讨论中，介绍了 Harris 角点检测方法，它在处理光照强度和旋转变化时具有不变性，但却不具备尺度不变性。Blob 块是描述图像中局部区域的平均像素强度的特征，具有尺度不变性。图 7-31 所示为使用不同焦距拍摄的两张图片，Blob 特征检测的目的是寻找某种特征提取器，能够从这两张不同尺度的图片中提取出相同的内容。

a) 55mm

b) 200mm

图 7-31 不同焦距拍摄的图片

一个图像的尺度空间 $L(x,y,\sigma)$，定义为一个变化尺度的高斯函数 $G(x,y,\sigma)$ 与原图像 $I(x,y)$ 的卷积，即

$$L(x,y,\sigma)=G(x,y,\sigma)*I(x,y) \tag{7-53}$$

其中：

$$G(x,y,\sigma)=\frac{1}{2\pi\sigma^2}\mathrm{e}^{-\frac{(x-m/2)^2+(y-n/2)^2}{2\sigma^2}} \tag{7-54}$$

式中，m、n 是高斯模板的维度；(x, y) 是图像像素的位置；σ是尺度空间因子，σ值越小表示图像被平滑的越少，相应的尺度就越小。小尺度对应于图像的细节特征，大尺度对应于图像的概貌特征。

在 7.3 节介绍了使用拉普拉斯核（LoG）进行边缘检测，利用二阶导数算子过零点的性质，可以确定图像中阶跃边缘的位置。如图 7-32 所示，将不同宽度（不同尺度）的信号和 $\sigma=1$ 的拉普拉斯核进行卷积。当信号的宽度和拉普拉斯核宽度一致（或接近）时，两者卷积的结果会出现一个绝对值最大的波谷。

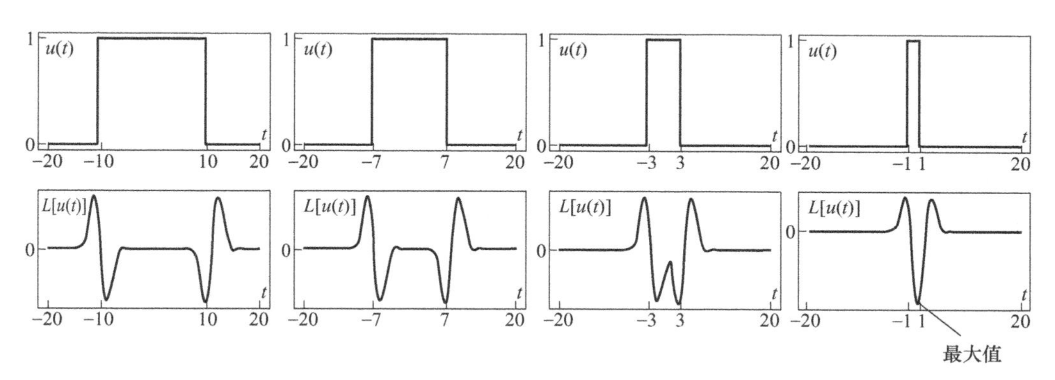

图 7-32　不同尺度的信号与 LoG 卷积

在不知道图像或信号尺度的情况下，需要用不同 σ 值的拉普拉斯核去卷积。但是随着 σ 值逐渐变大，卷积的结果会逐渐衰减。图 7-33 所示为取不同 σ 值时的卷积结果。

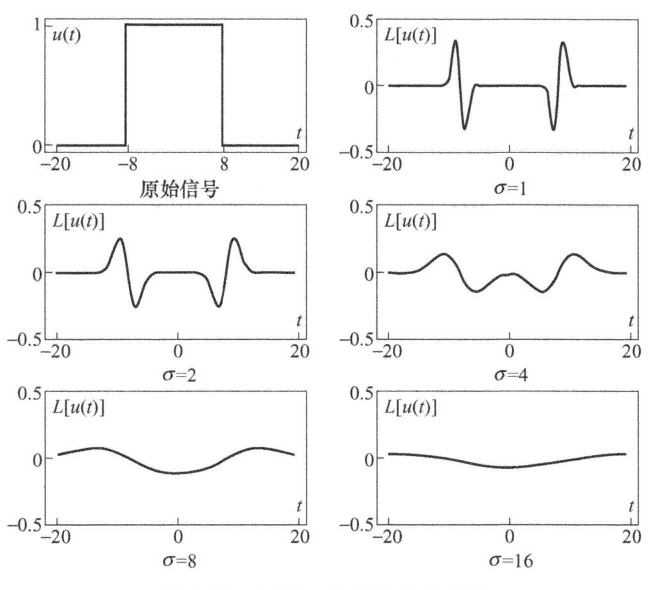

图 7-33　不同 σ 值时的卷积结果

为了确保随着 σ 变大后，信号不被衰减，需要进行尺度归一化。如果是高斯核一阶导，就乘以一个 σ 值；如果是高斯核二阶导（拉普拉斯核），就乘以 σ^2。尺度归一化后，拉普拉斯核卷积结果如图 7-34 所示，可以发现 $\sigma=8$ 时，信号和拉普拉斯核会有一个绝对值极大值点；当 $\sigma=16$ 时，结果信号也完全没被衰减掉。

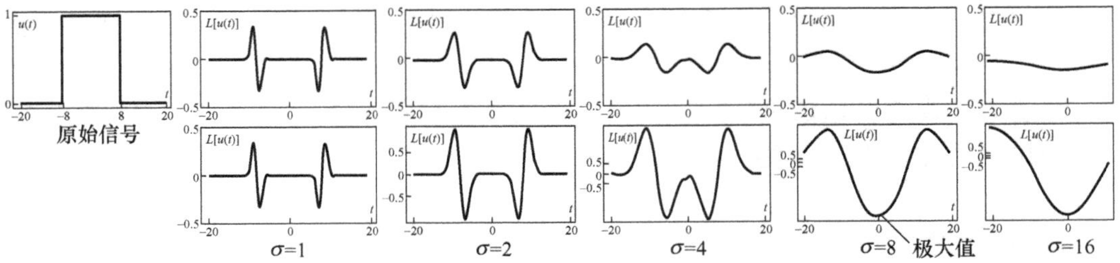

图 7-34　尺度归一化后的拉普拉斯核卷积结果

原始图像如图 7-35a 所示，该图像中心区域为一个黑色的圆（像素值为 0），四周是白色（像素值为 255）。图 7-35b 为拉普拉斯卷积核的三维可视化视图，使用该拉普拉斯卷积核对原图像中心位置卷积后的图像如图 7-35c 所示。

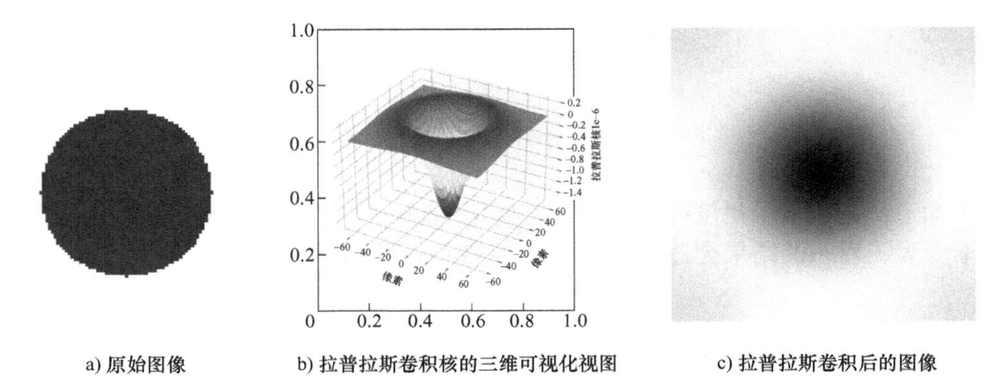

a) 原始图像　　b) 拉普拉斯卷积核的三维可视化视图　　c) 拉普拉斯卷积后的图像

图 7-35　对圆做拉普拉斯核卷积

根据拉普拉斯卷积核尺度与圆的直径尺度关系不同，会出现如图 7-36 所示的 3 种情况。图中红色线条代表拉普拉斯卷积核的截面曲线，黑色线条代表原图像的截面曲线。当圆的直径与拉普拉斯卷积核的零值区间宽度一致时，卷积结果（累加求和）会达到最大值，该尺度的拉普拉斯卷积核将与图像中的圆产生最大响应。图 7-35c 所示图像就是使用与图像直径相同的拉普拉斯卷积核进行卷积后的结果。拉普拉斯卷积核简化常量参数后的数学公式（即对高斯核进行一阶求导）为 $\mathrm{LoG}(x,y)=\left(1-\dfrac{x^2+y^2}{\sigma^2}\right)\mathrm{e}^{-\frac{x^2+y^2}{2\sigma^2}}$。当上述公式等于 0 时，最大响应发生在 $\sigma=r/\sqrt{2}$。

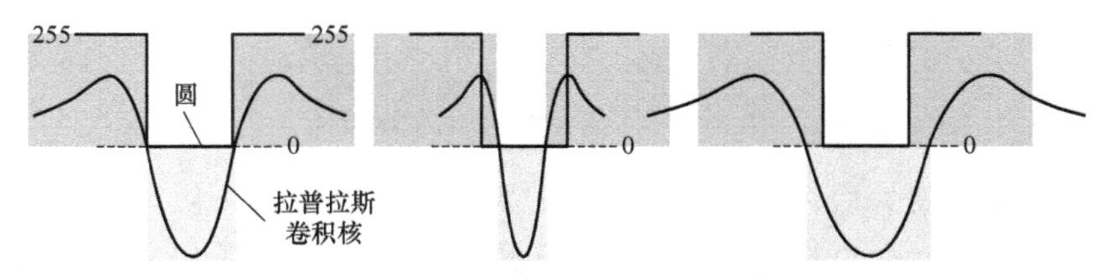

图 7-36　不同 σ 值时图像的卷积结果

Blob 的特征尺度定义为在 Blob 中心产生拉普拉斯响应峰值的尺度，如图 7-37 所示。

Blob 检测的流程通常包括以下步骤：

1）使用不同尺度的高斯函数对图像进行卷积，计算每个尺度下的归一化二阶梯度。

2）将不同尺度下的卷积结果合并，形成一个三维图像，尺度信息是其中的一个维度。

3）在这个三维图像中，寻找局部极大值，这些局部极大值对应于检测到的 Blob 块的中心点。

假设一批待取的 σ 值（假设 30 个），遍历图像中每一个像素点，在每个像素点上用不同 σ 的拉普拉斯核进行卷积，每 3 个临近的 σ 值的拉普拉斯核卷积结果作为 1 个判定组（如果 3 个为 1 组，此像素位置就有 10 组不同的 σ），如图 7-38 所示。

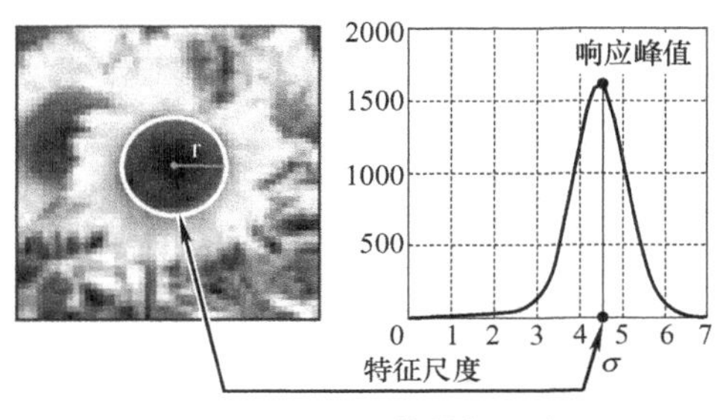

图 7-37　Blob 的特征尺度

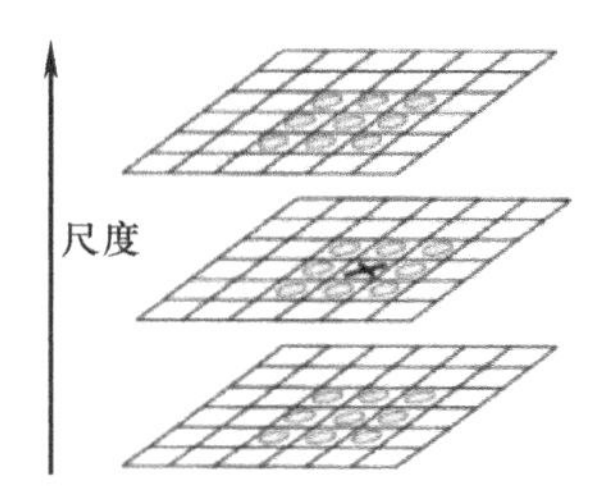

图 7-38　不同尺度空间下判定 Blob

对图像中某像素点位置做 3 个不同 σ 值的拉普拉斯核卷积，从上到下分别是 $\sigma=2$、$\sigma=1.5$、$\sigma=1$。图 7-38 中黑色“×”位置处的像素点，即 $\sigma=1.5$ 时的拉普拉斯核卷积，如果这个位置的响应值（卷积结果值）比图中 3 层共 26 个位置的响应结果都大，那么这个像素点位置，就判定为一个 Blob 图像局部特征，此 Blob 的尺度可以根据 $\sigma=1.5$ 拉普拉斯核求得。所以在判定一个 Blob 时，首先需要找到不同 σ 尺度下的最大响应，然后进行非极大值抑制。当然，同一个像素点位置可能会有不同尺度的 Blob。

由于 Blob 检测需要很多不同尺度的拉普拉斯核对图像做卷积，σ 越大，计算量也就越大。一个改进的方法是先检测图像中的 Harris 角点，然后去判定这些角点附近在不同尺度空间是否有拉普拉斯特性。另一个方法是 SIFT 检测，利用高斯差分寻找尺度空间中的极值。

7.4.2　SIFT 特征检测

SIFT 是由不列颠哥伦比亚大学的教授 David Lowe 于 1999 年提出的并在 2004 年得以完善的图像特征描绘子。SIFT 旨在检测图像中的关键点或兴趣点，并对关键点提取其局部尺度不变特征的描绘子，采用这个描绘子对两幅相关的图像进行匹配。本节重点介绍 SIFT 特征检测。

SIFT 算法的关键步骤之一是构建高斯差分（Difference of Gaussians，DoG）金字塔，其中每一层包括两个相邻尺度图像之间的差异。通过在不同尺度上构建这样的 DoG 图像，SIFT 可以检测到在不同尺度下具有尺度不变性的关键点。DoG 是使用两个不同尺度的高斯滤波器的图像差分来寻找不同尺度下的特征：

$$\text{DoG} = G(x,y,k\sigma) - G(x,y,\sigma) \tag{7-55}$$

式中，k 是相邻两层之间尺度相差的比例因子。

LoG 空间是对图像进行多次高斯平滑，然后计算每个平滑后图像之间的拉普拉斯差分来建立的。与此不同，DoG 空间是通过在不同尺度下对图像进行高斯模糊操作，并计算相邻高斯模糊后图像之间的差异来构建的，所以计算起来效率更高。

在检测极值点之前，为了避免由于高斯平滑而丢失高频信息，一种常见的做法是在构建尺度空间之前将原始图像的大小扩展一倍。这个操作有助于保留更多的原始图像信息，从而增加检测到的特征点的数量。如图 7-39 所示，使用不同尺度的高斯函数对图像进行卷积操作，得到左侧每组金字塔的多张高斯模糊图像，其中每组包含的层数为 s， $k = 2^{1/s}$，右侧图像为相邻尺度的高斯卷积图像差分结果。

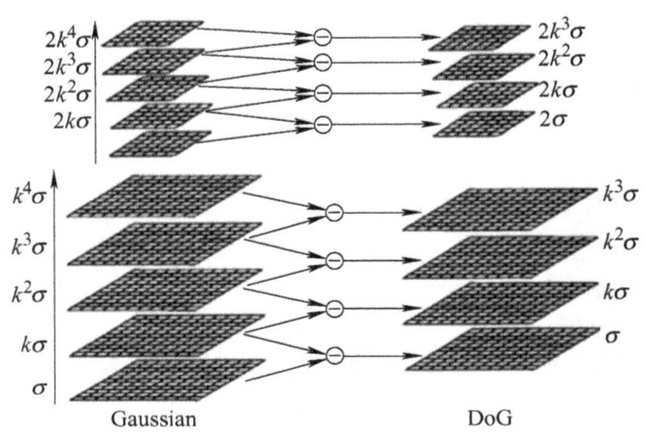

图 7-39 尺度空间的构建

SIFT 特征检测的流程如下：

（1）DoG 尺度空间极值点检测

在 DoG 尺度空间进行极值点检测时，一个点和它同尺度的 8 个相邻点以及上下相邻尺度对应的 9×2 个点共 26 个点比较，以确保在尺度空间和二维图像空间都检测到极值点。如果这个点在 DoG 尺度空间的 26 个邻域中是最大或最小值，就认为该点是图像在该尺度下的一个特征点，就是在三维尺度空间 $\boldsymbol{D}(x,y,\sigma)$ 的局部极值点。

（2）特征点精确定位

一个特征点是在三维尺度空间 $\boldsymbol{D}(x,y,\sigma)$ 的局部极值点。但（x，y）为整数像素，σ 为离散尺度，需要对 DoG 空间拟合进行特征点精确定位。

$\boldsymbol{D}(\boldsymbol{X})$ 在尺度空间的 Taylor 展开式为

$$\boldsymbol{D}(\boldsymbol{X}) = \boldsymbol{D} + \frac{\partial \boldsymbol{D}^{\mathrm{T}}}{\partial \boldsymbol{X}}\boldsymbol{X} + \frac{1}{2}\boldsymbol{X}^{\mathrm{T}}\frac{\partial^2 \boldsymbol{D}}{\partial \boldsymbol{X}^2}\boldsymbol{X} \tag{7-56}$$

对上式求导，并令其为 0，得到精确的位置（偏移量）：

$$\hat{\boldsymbol{X}} = -\frac{\partial^2 \boldsymbol{D}^{-1}}{\partial \boldsymbol{X}^2}\frac{\partial \boldsymbol{D}}{\partial \boldsymbol{X}} \tag{7-57}$$

若 $\hat{\boldsymbol{X}}=(x,y,\sigma)^{\mathrm{T}}$ 中的三个变量任意一个偏移量大于 0.5，说明精确极值点更接近于另一个特征点，则更换特征点重复上述精确定位流程。

（3）去除不稳定特征点

首先去除对比度低的点，计算极值点取值：

$$\boldsymbol{D}(\hat{\boldsymbol{X}})=\boldsymbol{D}+\frac{\partial \boldsymbol{D}^{\mathrm{T}}}{\partial \boldsymbol{X}}\hat{\boldsymbol{X}} \tag{7-58}$$

若 $\left|\boldsymbol{D}(\hat{\boldsymbol{X}})\right| \geqslant 0.03$，则保留该特征点，否则丢弃。

然后去除边缘点，DoG 算子会产生较强的边缘响应，利用 Harris 检测子判断，若 $\frac{\mathrm{tr}^2(\boldsymbol{M})}{\det(\boldsymbol{M})}=\frac{(\lambda_1+\lambda_2)^2}{\lambda_1\lambda_2}\leqslant\frac{(10+1)^2}{10}$，则保留该特征点，否则丢弃。

在利用 DoG 确定关键点的位置、尺度之后，SIFT 将关键点周围的局部图像区域划分为小的图像块，并计算每个图像块内像素的梯度方向直方图。这些直方图连接起来形成关键点的描述子向量，通常包含 128 个浮点数。描述子向量用于表示关键点周围的局部图像结构。然后，SIFT 对描述子向量进行归一化，并将描述子向量中的值限制在一个指定的范围内，以减少极端值的影响，从而提高特征的稳定性和鲁棒性。

SIFT 特征检测的优点是具有尺度和旋转不变性，对于光照和三维视角变化具有适应性。SIFT 特征是局部特征，即它们描述了图像中的局部区域，这使它们对于遮挡和复杂场景具有不变性。即使部分物体被遮挡或出现复杂的背景，SIFT 特征仍然可以稳定地提取。除此之外，SIFT 还具有较高的辨别能力，能够在不同特征点之间有很好的区分度，能够从一幅图像中提取大量的特征点，即使是较大的图像。大量的特征点可以提供更多的信息，用于更准确的匹配和识别。

7.5　特征检测的典型应用

7.5.1　Harris 角点检测示例

Harris 角点检测能够有效定位图像中的角点，这些角点通常是图像中重要的结构特征点，如物体的边缘交点、角落等。如图 7-40 所示，应用 Harris 角点检测可以快速并准确地识别出图像中的关键角点。通过计算每个像素点处的角点响应函数值，并设定一个阈值来筛选角点，从而在图中标记出所有满足条件的角点，实现对图像中重要结构特征的识别。

图 7-40 彩图

图 7-40　原始图像

本示例基于 Python 环境进行程序编写和运行，并利用了 OpenCV 库来进行图像处理。该示例具体程序说明如下。

1）首先导入 OpenCV 和 NumPy 库，代码如下：

```
import cv2
import numpy as np
```

2）定义一个名为 My_corner_Harris 的函数，用于执行 Harris 角点检测，代码如下：

```
def My_corner_Harris(image, blockSize, ksize, k):
    gray_img = cv2.cvtColor(image, cv2.COLOR_BGR2GRAY)
    src = gray_img.astype(np.float32)
    SrcHeight = src.shape[0]
    SrcWidth = src.shape[1]
    # 利用 Sobel 函数计算图像梯度
    Ix = cv2.Sobel(src, -1, 1, 0, ksize)
    Iy = cv2.Sobel(src, -1, 0, 1, ksize)
```

3）计算梯度的平方和交叉项，以及最后的 Harris 响应矩阵 $\boldsymbol{R}$，代码如下：

```
# 计算 Ix2, Ixy, Iy2
Ix2 = np.multiply(Ix, Ix)
Ixy = np.multiply(Ix, Iy)
Iy2 = np.multiply(Iy, Iy)
# 使用高斯平滑滤波进行加权计算
Ix2 = cv2.GaussianBlur(Ix2, (blockSize, blockSize), 1.3)
Ixy = cv2.GaussianBlur(Ixy, (blockSize, blockSize), 1.3)
Iy2 = cv2.GaussianBlur(Iy2, (blockSize, blockSize), 1.3)
# 计算最后的 R 值
R = np.zeros((SrcHeight, SrcWidth))  # 定义空的 R 矩阵
for i in range(SrcHeight):
    for j in range(SrcWidth):
        M = np.array([[Ix2[i, j], Ixy[i, j]], [Ixy[i, j], Iy2[i, j]]])
        R[i, j] = np.linalg.det(M) - k * ((M.trace()) ** 2)
return R
```


4）设置角点检测的一些参数，如邻域大小、Sobel 算子的大小和 Harris 响应的阈值，代码如下：

```
block_size = 5
sobel_size = 3
k = 0.04
```

5）读取图像，调用 My_corner_Harris() 函数进行角点检测，然后在原图上标记出检测到的角点，代码如下，结果如图 7-41 所示。

```
image = cv2.imread('house.jpg')
R = My_corner_Harris(image, block_size, sobel_size, k)
image[R > 0.01 * R.max()] = [0, 0, 255]
```

```
cv2.imshow('detection result', image)
cv2.waitKey(0)
cv2.destroyAllWindows()
```

图 7-41　Harris 角点检测结果

7.5.2　基于 Hough 变换的车道线检测

如图 7-42 所示，可以利用 Hough 变换来识别并绘制出路面上的车道线。通过将图像中的边缘点转换到 Hough 空间，并寻找具有足够数量的累积投票的峰值，可以确定图像中直线的参数，进而绘制出车道线。这种方法在自动驾驶和智能交通系统中具有重要的应用价值。

图 7-42　道路原始图像

本示例基于 Python 环境进行程序编写和运行，并利用了 OpenCV 库来进行图像处理。该示例具体程序说明如下。

1）首先导入 OpenCV 和 NumPy 库，用于图像处理和数学计算，代码如下：

```
import cv2
import numpy as np
```

2）利用 Canny 算子获取图像的边缘信息，代码如下，结果如图 7-43 所示。

```
def get_edge_img(color_img, gaussian_ksize=5, gaussian_sigmax=1,
                 canny_threshold1=50, canny_threshold2=100):
    gaussian = cv2.GaussianBlur(color_img, (gaussian_ksize, gaussian_
ksize),
                                gaussian_sigmax)
    # 使用高斯模糊（Gaussian Blur）对输入的彩色图像进行模糊处理。
    gray_img = cv2.cvtColor(gaussian, cv2.COLOR_BGR2GRAY)
    edges_img = cv2.Canny(gray_img, canny_threshold1, canny_threshold2)
    return edges_img
```

3）将灰度图像应用一个掩膜（mask）以保留感兴趣区域（Region of Interest，ROI）内的图像内容，代码如下，结果如图 7-44 所示。

图 7-43 Canny 算子提取图像边缘信息

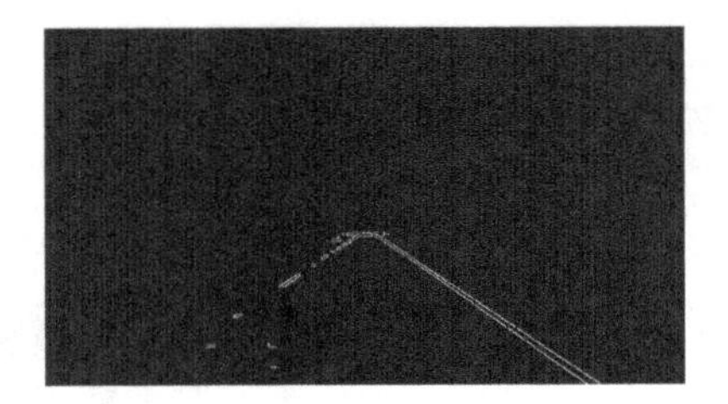

图 7-44 感兴趣区域的图像

```
def roi_mask(gray_img):
     poly_pts = np.array([[[0, 367], [300, 210], [340, 210], [640, 368]]])
    # 定义一个多边形（四边形）的顶点坐标。这个多边形将被用作掩膜的形状，定义了感兴趣区
      域的位置和形状
    mask = np.zeros_like(gray_img)
    mask = cv2.fillPoly(mask, pts=poly_pts, color=255)
    img_mask = cv2.bitwise_and(gray_img, mask)
    # 将输入的灰度图像 gray_img 与掩膜 mask 相乘。
    # 这样，只有在掩膜中白色区域（ROI 内）的像素会保留在输出图像 img_mask 中，而其他
      区域则会被置为 0（黑色）。
    return img_mask
```

4）然后进行离群值过滤，计算检测出车道线的线段的斜率并过滤掉斜率不一致的线段，并将车道线的线段拟合成一条线段，以获得车道线的主要特征，代码如下：


```
def calculate_slope(line):
  x_1, y_1, x_2, y_2 = line[0]
  return (y_2 - y_1) / (x_2 - x_1)
def reject_abnormal_lines(lines, threshold=0.2):
# 该函数的目的是从线段集合 lines 中剔除那些斜率不一致的线段
  slopes = [calculate_slope(line) for line in lines]
  while len(lines) > 0:
      mean = np.mean(slopes)
      diff = [abs(s - mean) for s in slopes]
      idx = np.argmax(diff)
      if diff[idx] > threshold:
          slopes.pop(idx)
          lines.pop(idx)
      else:
          break
   return lines
```

5）获取图像中的线段，然后将这些线段分成左侧和右侧车道线，最后通过 least_squares_fit() 函数拟合每侧的车道线，代码如下：

```
lines = cv2.HoughLinesP(edge_img, 1, np.pi / 180, 15, minLineLength=40,
                        maxLineGap=20)
left_lines = [line for line in lines if calculate_slope(line) > 0]
```

```
right_lines = [line for line in lines if calculate_slope(line) < 0]
# 剔除车道线中斜率不一致的线段，以消除离群值
left_lines = reject_abnormal_lines(left_lines)
right_lines = reject_abnormal_lines(right_lines)
return least_squares_fit(left_lines), least_squares_fit(right_lines)
```

6）从视频文件中读取视频帧，进行车道线检测和绘制，然后在窗口中显示处理后的视频帧，代码如下：

```
def draw_lines(img, lines):
    left_line, right_line = lines
    cv2.line(img, tuple(left_line[0]), tuple(left_line[1]), color=(0, 255, 255),
             thickness=5)
    cv2.line(img, tuple(right_line[0]), tuple(right_line[1]),
             color=(0, 255, 255), thickness=5)
def show_lane(color_img):
    edge_img = get_edge_img(color_img)
    mask_gray_img = roi_mask(edge_img)
    lines = get_lines(mask_gray_img)
    draw_lines(color_img, lines)
    return color_img
capture = cv2.VideoCapture('video.mp4')
while True:
    ret, frame = capture.read()
    frame = show_lane(frame)
    cv2.imshow('frame', frame)
    cv2.waitKey(10)
```

图 7-45 所示为视频中检测车道线的一帧图像。

图 7-45　Hough 变换检测车道线

本章小结

本章探讨了图像特征检测的关键技术，包括点、线、块的检测方法，旨在从图像中提取关键的视觉信息。首先阐述了基于阈值处理的像素点检测方法，包括全局阈值和局部阈值处理，其中迭代法和 Otsu 法等全局阈值技术通过单一阈值实现像素的前景与背景分离，而局部阈值处理则根据不同区域的特性自适应地调整阈值。其次在角点检测方面，介绍了基于拉普拉斯算子来识别图像中孤立点的方法以及 Harris 角点检测算法。接着针对边缘检测技术，详细讨论了一阶和二阶边缘检测模型，梯度、Roberts、Prewitt 和 Sobel 算子等

一阶边缘检测模型侧重于利用灰度变化来定位边缘，而拉普拉斯、LoG 和 Canny 算子等二阶边缘检测模型则通过寻找二阶导数的零交叉点来精确检测边缘。此外，还介绍了基于 Hough 变换的边缘检测方法，它能够有效地识别图像中的直线、圆等特定几何形状。然后在尺度检测方面，着重讨论了 Blob 特征检测和 SIFT 特征检测，这两种方法能够在不同尺度下对图像进行分析，以便更全面地理解图像中的特征。最后详细展示了 Harris 角点检测和基于 Hough 变换的车道线检测的实际程序示例，使读者能够更加直观地理解特征检测技术的应用价值。

思考题与习题

7-1　证明 7.1.2 节中的迭代法阈值处理，解释如何利用图像直方图的数据来推导并更新阈值，以便于图像的二值化处理。

7-2　证明一个高斯函数的拉普拉斯算子 $\nabla^2 G(x,y)$ 为零。

7-3　图 7-46 所示图像的物体和背景，在灰度范围 [0，255] 内具有的平均灰度分别为 180 和 70。该图像被均值为 0、标准差为 10 个灰度级的高斯噪声污染了。请提出一种正确分割率为 90% 或更高百分比的阈值处理方法。

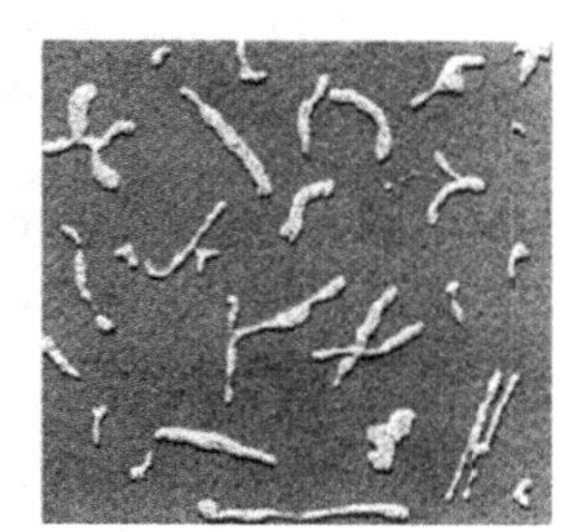

图 7-46　噪声污染的图像

7-4　证明 7.3.1 节中的 Sobel 和 Prewitt 模板仅对水平边缘、垂直边缘和 ±45° 方向边缘能够给出各向同性的结果。

7-5　在 Otsu 阈值处理过程中，最佳阈值处计算的归一化度量的值域为 $0 \leqslant \eta(k^*) \leqslant 1$。证明当 $0 \leqslant \eta(k^*) \leqslant 1$，$0 \leqslant k \leqslant L-1$ 时，若图像具有单一且恒定的灰度值，则 $\eta(k^*)=0$；若图像是灰度值为 0 和 L–1 的二值图像，则 $\eta(k^*)=1$。

7-6　参考 7.3.3 节中讨论的 Hough 变换。

（1）从 $y=ax+b$ 的斜截式形式，写出一条直线的法线表示的一般过程。

（2）求直线 $y=-3x+2$ 的法线表示。

7-7　解释 Harris 角点检测算法的不变性和协变性。

7-8　讨论一阶和二阶边缘检测算子在存在噪声的图像上的表现。

参考文献

[1]　冈萨雷斯 . 数字图像处理 [M]. 4 版 . 北京：电子工业出版社，2020.

[2]　张德丰 . 数字图像处理：MATLAB 版 [M]. 2 版 . 北京：人民邮电出版社，2015.

[3]　OTSU N. A threshold Selection method from gray-level histograms[J]. IEEE Transactions on Systems Man and Cybernetics，1979，9（1）：62-66.

[4]　LOWE D. Distinctive image features from scale-invariant keypoints[J]. International Journal of Computer Vision，2004，60：91-110.

[5]　ZHAO K，HAN Q，ZHANG C B，et al. Deep hough transform for semantic line detection[J]. IEEE Transactions on Pattern Analysis and Machine Intelligence，2022，44（9）：4793-4806.

第 8 章 图像特征提取与描述

——区分图像或目标的关键

引言

图像特征提取旨在将复杂的图像信息转化为可用于分析和识别的视觉表示形式。通过捕捉图像中的关键信息，如颜色、形状和纹理等方面的特征，使计算机能够理解和区分图像中的不同模式和结构。颜色特征提取聚焦于图像的色彩信息，通过分析和描述像素的颜色分布，深入挖掘颜色在不同环境下的变化，为场景、对象和环境提供丰富的视觉信息；形状特征提取关注图像中对象的轮廓和结构，通过捕捉轮廓的几何属性提供关于目标的形状描述；而纹理特征提取通过分析像素及邻域的亮度分布规律，捕捉图像中的局部结构和细节信息。这三类特征提取方法的综合运用能够有效地揭示图像的多层次特征，为计算机视觉任务提供有力支撑。本章将深入探讨颜色、形状和纹理特征的提取方法，并介绍对这些特征进行描述的经典方法。

8.1 颜色特征提取

颜色特征是图像中最显著的视觉特征之一，在图像分析和处理领域广泛应用。颜色特征属于全局特征，代表整个图像或特定图像区域的颜色属性，经典的颜色特征包括颜色直方图、颜色集、颜色相关图及颜色矩等。

8.1.1 颜色直方图

颜色直方图是最基本的颜色特征，它展示了图像中像素颜色值的组成分布，有助于呈现图像的色彩统计分布和基本色调。计算颜色直方图时，需先进行颜色量化，即将指定的颜色空间（本节以 RGB 空间为例进行分析）划分为多个小区间，再通过统计落在每个小区间内的像素数量获得颜色直方图特征。颜色直方图可以通过概率的方式呈现，即反映图像中出现的不同颜色以及每种颜色出现的概率。

若 $S(X_i)$ 表示图像 I 中某一特定颜色 X_i（$i=1,2,3,\cdots,n$ 表示颜色量化级数，X_i 表示量

化级数 i 对应的颜色值）的像素个数，图像 I 中像素总数为

$$N=\sum_{i=1}^{n}S(X_i) \tag{8-1}$$

则颜色 X_i 出现的频率为

$$h(X_i)=\frac{S(X_i)}{N}=\frac{S(X_i)}{\sum_{i=1}^{n}S(X_i)} \tag{8-2}$$

那么整个图像 I 的颜色直方图可以表示为

$$H=\{h(X_1),h(X_2),\cdots,h(X_n)\} \tag{8-3}$$

针对图 8-1a，分别计算其 RGB 彩色空间下的三通道颜色直方图，如图 8-1b ～ d 所示。从图中可以看出，针对给定的主体颜色为红色的彩色图像，在 R 通道下，直方图的面积相较于 G 和 B 通道更大，表明 R 通道中的颜色值具有更高的分布频率。

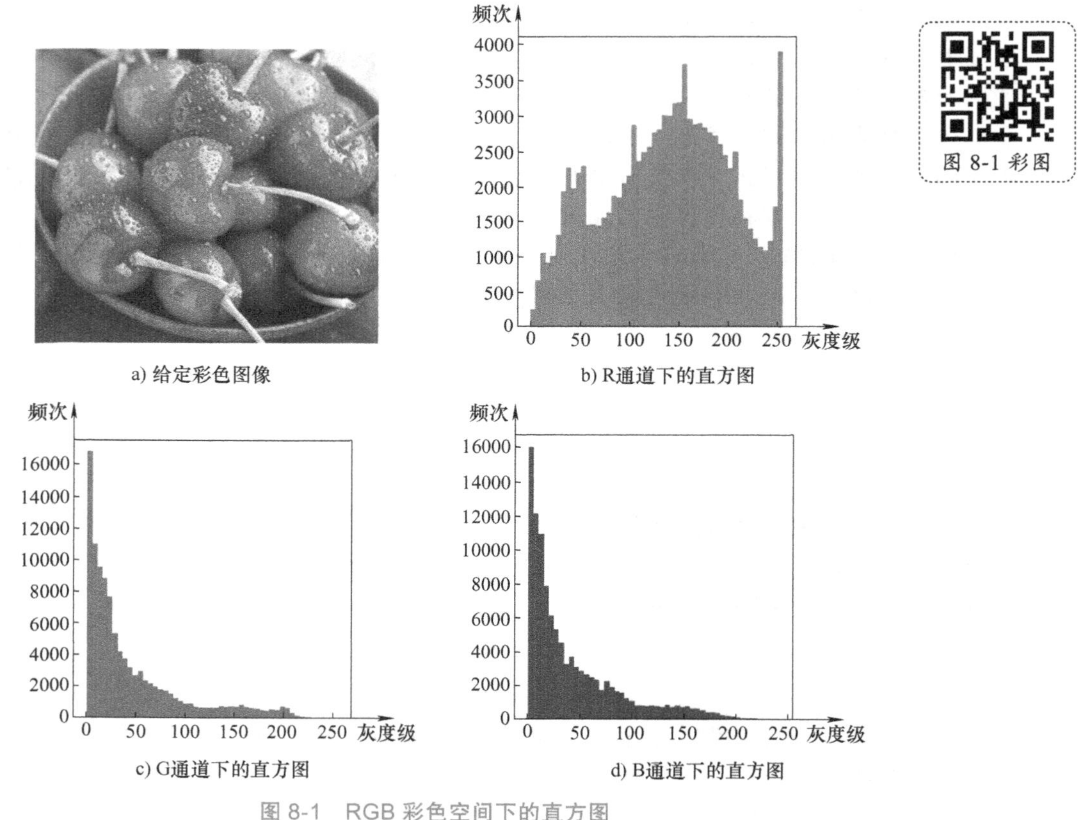

图 8-1　RGB 彩色空间下的直方图

8.1.2　颜色集

颜色集特征是从图像中提取最显著或最频繁出现的颜色，以创建一种代表图像颜色分布的紧凑表示。颜色集又称为颜色索引集，是对图像颜色直方图的一种近似。

最简单的颜色集可以通过在颜色直方图的基础上设置阈值形成。例如，给定某一图像，其中某一颜色值为 m，给定其阈值 τ_m，由颜色直方图生成颜色集 c 的表达式为

$$c(m)=\begin{cases}1 & h(m)\geqslant \tau_m \\ 0 & \text{其他}\end{cases} \tag{8-4}$$

式中，$h(m)$ 是直方图中颜色为 m 处对应分量。

提取颜色集特征的步骤如下：

1）像素向量表示：对于 RGB 空间中的给定图像，它的每个像素均可表示为一个向量 $\boldsymbol{v}_c=(r,g,b)$，其中 r、g、b 分别是红、绿、蓝颜色分量。

2）彩色空间转换：通过变换运算 T 将图像变换到一个与人视觉一致的彩色空间 $\boldsymbol{w}_c$（如 HSV 空间（等同于 HSI 空间）），即 $\boldsymbol{w}_c=T(\boldsymbol{v}_c)$。

3）主要颜色提取：使用聚类算法（如 K–means 算法）对转换后的彩色空间中的像素值进行聚类，从而提取出主要的颜色。在 K–means 算法中，聚类中心点被视为主要的颜色。

4）颜色阈值选择：根据任务需要，为主要颜色设置阈值。

5）颜色集索引：使用量化器对 $\boldsymbol{w}_c$ 进行重新量化，使视觉上明显不同的颜色对应不同的颜色集，并将颜色集映射成索引 m。

6）颜色集表示：将颜色集表示为一个二值向量。在二值空间中，每个轴对应唯一的索引 m，表示颜色的选择。如果该颜色出现时，$c(m)=1$，否则 $c(m)=0$。

如果某颜色集对应一个单位长度的二值向量，则表明重新量化后的图像中只有一个颜色出现；如果该颜色集有多个非零值，则表明重新量化后的图像中有多个颜色出现。

针对图 8-2 中的给定彩色图像，分别对图中两种不同颜色的花朵进行颜色集特征的提取，其 HSV 彩色空间下的颜色集的二进制表示如图 8-2 所示。若要提取彩色图像中偏橙色的颜色，阈值设置为 120，因此大于 120 的索引对应的位置设置为 1，表示该颜色的存在。

图 8-2　给定彩色图像区域的颜色集

8.1.3　颜色相关图

颜色相关图刻画了某一种颜色的像素数量占整个图像的比例，同时反映了不同颜色对之间的空间相关性。在计算颜色相关图时，遍历图像的过程中，图像中每两个颜色之间形

成一组颜色对，颜色相关图利用颜色对间的相对距离分布来描述空间位置信息。

若 I 表示整张图像的全部像素，$I_{c(i)}$ 则表示颜色为 $c(i)$ 的所有像素。颜色相关图计算公式为

$$\gamma_{c(i),c(j)}^{(k)}(I) \triangleq \Pr_{p_1 \in I_{c(i)}, p_2 \in I}\left\{p_2 \in I_{c(j)} \| p_1 - p_2 | = k\right\} \tag{8-5}$$

式中，$i, j \in \{1,2,\cdots,N\}$，$N$ 是颜色对 $\langle i, j\rangle$ 的个数；$k \in \{1,2,\cdots,d\}$ d 是 p_1、p_2 像素间的最远距离；$|p_1 - p_2|$ 表示像素 p_1 和 p_2 之间的距离。颜色相关图可以看作是一张用颜色对 $\langle i, j\rangle$ 索引的表，其中 $\langle i, j\rangle$ 的第 k 个分量表示颜色为 $c(i)$ 的像素和颜色为 $c(j)$ 的像素之间的距离小于 k 的概率。

颜色相关图特征提取流程如下：

1）根据需求选择适当的彩色空间，如 RGB、HSV、Lab 等。如果彩色空间有多个通道，将图像分离成各个颜色通道。

2）创建一个 256×256 的矩阵，初始化所有元素为零。遍历图像像素，在选定彩色空间下获取颜色值，遍历所有颜色对并更新颜色相关图矩阵的相应位置，表示每组颜色对在图像中共同出现的次数。

3）遍历整个图像，得到颜色相关图矩阵。

针对图 8-3 中的两个给定彩色图像将其彩色空间转换为 RGB 格式，创建颜色相关图矩阵，将计算得到的相关图进行可视化展示（见图 8-3）。

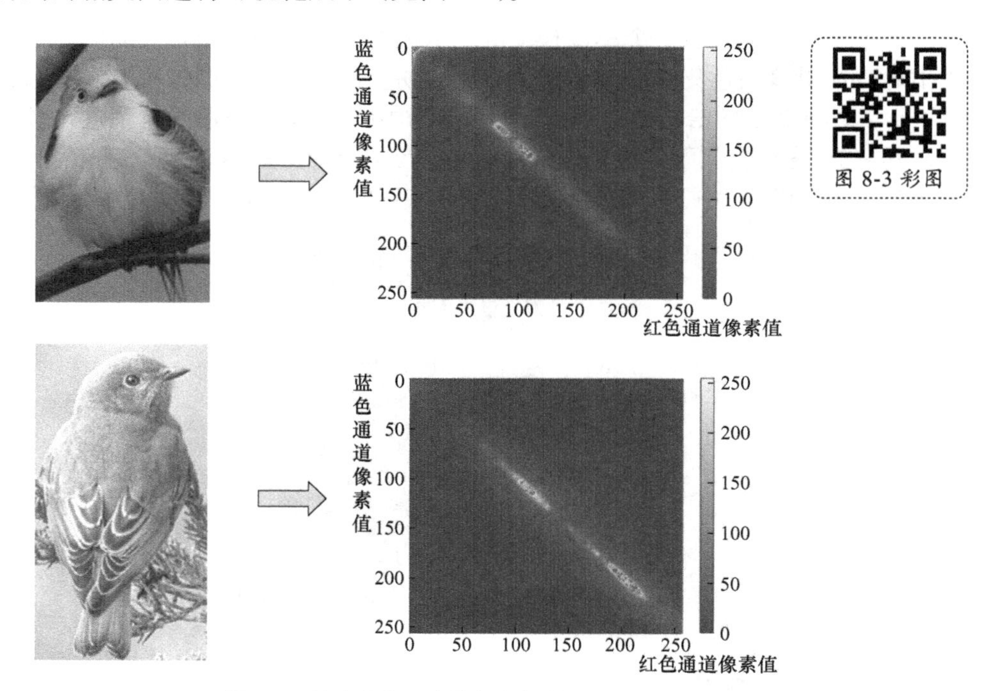

图 8-3　给定彩色图像的颜色相关图

相关图将不同颜色值之间的相关性可视化，横纵轴上的每个点表示一个可能的颜色值，而相关图中的每个点的亮度表示了两个像素具有相应颜色值的相关性，亮度越高，相关性越强，亮度越低，相关性越弱。颜色相关图有助于提取有关图像中不同颜色分布的信息，对于图像分类和识别任务非常有用。

8.1.4　颜色矩

颜色矩是一种简单、有效的图像特征描述符，是一种全局图像特征，它对颜色直方图的均值、方差和偏斜度进行了统计量化，不需要颜色空间量化并具有低维度的特征向量，通过计算颜色矩就可以有效地表达图像的颜色分布情况。

给定彩色数字图像 I，其一阶颜色矩 μ_i 的定义为

$$\mu_i = \frac{1}{N}\sum_{j=1}^{N} P_{ij} \tag{8-6}$$

式中，P_{ij} 是数字图像 I 的第 i 个图像通道的第 j 个像素的像素值；N 是图像中像素的个数。

一阶矩（均值）描述颜色通道的平均响应强度，表示图像中颜色的集中趋势。如果均值较大，表示图像中的颜色相对较亮或浅；如果均值较小，表示图像中的颜色相对较暗或深。不同通道的均值可以得到图像中哪些颜色通道更强烈地出现。

二阶颜色矩 σ_i 的定义为

$$\sigma_i = \left[\frac{1}{N}\sum_{j=1}^{N}(P_{ij} - \mu_i)^2\right]^{\frac{1}{2}} \tag{8-7}$$

二阶矩（标准差）是一种度量颜色分布的离散程度的指标。较大的标准差表示颜色分布较分散，而较小的标准差表示颜色分布较集中。标准差可以得到图像中颜色的变化幅度。

三阶颜色矩 s_i 的定义为

$$s_i = \left[\frac{1}{N}\sum_{j=1}^{N}(P_{ij} - \mu_i)^3\right]^{\frac{1}{3}} \tag{8-8}$$

三阶矩描述了颜色分布的非对称性，表征颜色通道数据分布的偏移度。如果三阶矩为正值，表示颜色分布右偏，即分布的尾部向右延伸；如果三阶矩为负值，表示颜色分布左偏，即分布的尾部向左延伸。三阶矩可以提供颜色分布的偏斜方向信息。

通过这些统计量，可以大致了解图像中颜色的特征，如颜色的明暗、分散程度以及分布的形状。这些信息在图像处理、图像识别、图像分类和相似性比较等任务中都有应用，特别是在需要量化和比较颜色特征的情况下。

针对图 8-4，将图像分解成 R、G、B 三个通道，对于每个通道，分别计算其像素值的平均值、标准差以及三阶矩，计算得到两个区域的颜色矩如下所示。

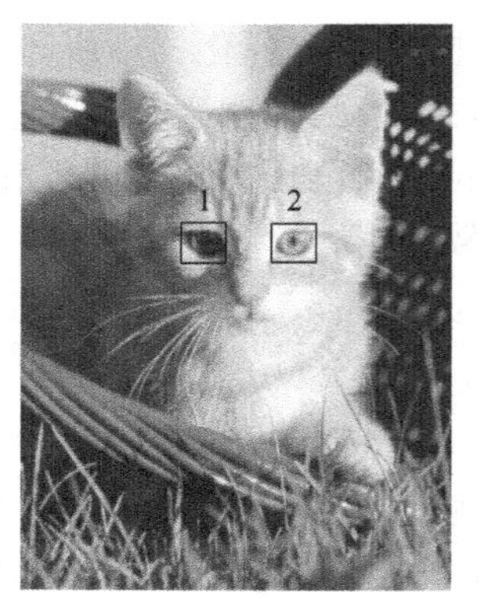

图 8-4　给定彩色图像

区域 1

一阶矩：[61.620770975056686，87.1081179138322，120.01233560090704]

二阶矩：[55.65124104448242，74.76315384060997，92.0245280929788]

三阶矩：[0.28897376780360284，0.2865664361765818，0.0924093327933367]

区域 2

一阶矩：[118.57197278911565，177.88861678004534，230.52943310657596]

二阶矩：[53.36030877294406，53.90019265625576，36.67569301261089]

三阶矩：[−0.2545189390853542，−0.7658406801465157，−2.558900361792029]

根据图 8-5 可以看出，区域 1 的一阶矩较小，代表区域 1 中颜色较深；区域 2 的二阶矩较小，代表该区域颜色分布更为集中；区域 1 的三阶矩为正值，表示区域 1 颜色分布为右偏；区域 2 的三阶矩为负值，表示区域 2 颜色分布为左偏。通过分析颜色矩能够更加直观地了解图 8-4 中给定彩色图像的颜色特征。

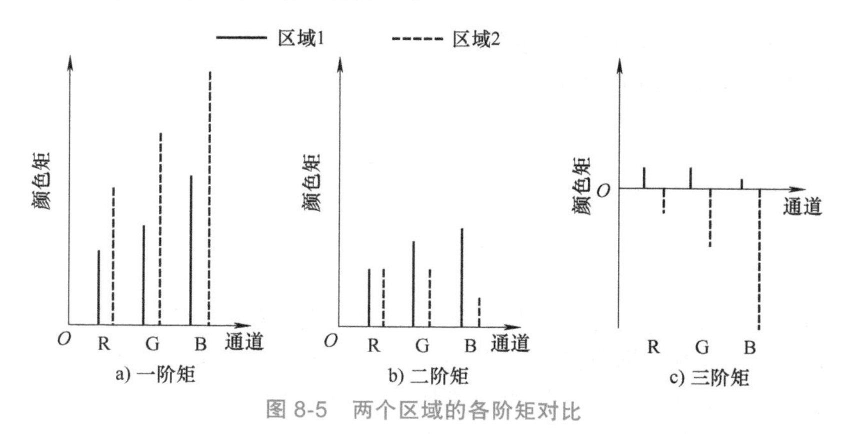

图 8-5　两个区域的各阶矩对比

8.2　形状特征提取

形状特征能够捕捉到物体的整体结构和轮廓，实现对物体的准确识别和分类。同时，形状特征的表达需要依赖于对图像中物体或区域的分割，具有区分度和抽象性。

8.2.1　简单形状特征

简单形状特征是用于描述物体轮廓的基本特征，用于提供物体形状的基本信息。这些特征通常适用于目标检测、轮廓分析和快速形状识别等任务。简单形状特征的优点是计算效率高、易于理解，适用于基本几何形状以及用于快速筛选或定位物体。

1. 矩形度

矩形度（Rectangularity）反映目标物体对其外接矩形的充满程度，用目标物体的面积与其最小外接矩形的面积之比描述：

$$R = \frac{A_0}{A_{\text{MER}}} \tag{8-9}$$

式中，A_0 是目标物体的面积；A_{MER} 是目标物体外接矩形的面积。

与矩形度相似的辅助特征为长宽比 $r = \frac{W_{\text{MER}}}{L_{\text{MER}}}$，$W_{\text{MER}}$ 表示物体外接矩形的宽度，L_{MER} 表示外接矩形的长度。利用长宽比可以将细长的物体与圆形或方形的物体区分开。

2. 圆形性

目标圆形性（Doularity）是指用目标区域 R 的所有边界点定义的特征量，其定义式为 $C = \frac{\mu_R}{\sigma_R}$。

设 (x_i, y_i) 为图像边界点坐标，$(\bar{x}, \bar{y})$ 为图像重心坐标，μ_R 是从区域重心到边界点的平均距离，定义为

$$\mu_R = \frac{1}{K}\sum_{i=0}^{K-1}\left|(x_i, y_i) - (\bar{x}, \bar{y})\right| \tag{8-10}$$

式中，K 是图像边界点总数。而 σ_R 是从区域重心到边界点的距离均方差，定义为

$$\sigma_R = \frac{1}{K}\sum_{i=0}^{K-1}\left[\left|(x_i, y_i) - (\bar{x}, \bar{y})\right| - \mu_R\right]^2 \tag{8-11}$$

针对灰度图像，区域重心可以定义为

$$\bar{x} = \frac{\sum_{i=0}^{M-1}\sum_{j=0}^{N-1} x_i I(x_i, y_j)}{\sum_{i=0}^{M-1}\sum_{j=0}^{N-1} I(x_i, y_j)} \tag{8-12}$$

$$\bar{y} = \frac{\sum_{i=0}^{M-1}\sum_{j=0}^{N-1} y_j I(x_i, y_j)}{\sum_{i=0}^{M-1}\sum_{j=0}^{N-1} I(x_i, y_j)} \tag{8-13}$$

3. 球状性

球状性（Sphericity）既可以描述二维目标，也可以描述三维目标，其定义为 $S=\frac{r_{\mathrm{i}}}{r_{\mathrm{c}}}$。

描述二维目标时，r_{i} 表示目标区域内切圆的半径，r_{c} 表示目标区域外接圆的半径，两个圆的圆心都在区域的重心上，如图 8-6 所示。

可知 S 的取值范围为 $0<S\leqslant 1$。当目标区域为圆形时，目标的球状性值 S 达到最大值 1；当目标区域为其他形状时，$S<1$。显然，S 不受区域平移、旋转和尺度变化的影响。

球状性在描述形状特征时，对于二维目标主要关注平面上的内切圆和外接圆，通过比较面积关系来表达；而对于三维目标，要考虑到空间中的内切球和外接球，计算则涉及体积的比较。

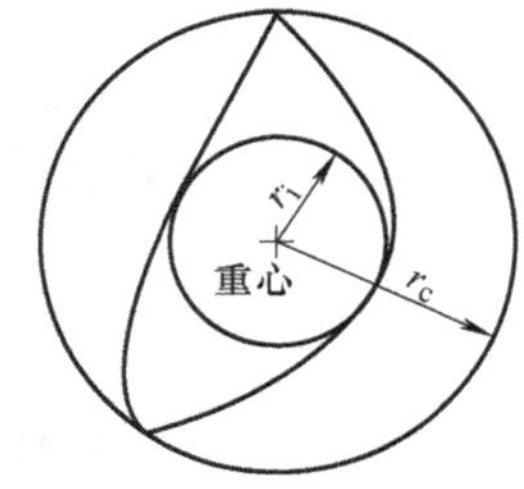

图 8-6　二维目标描述示意图

8.2.2　傅里叶描述符

傅里叶描述符是一种常用于单一闭合曲线形状特征描述的工具。它将待描述的曲线视为一维数值序列，并利用傅里叶变换对该序列进行处理，生成一系列傅里叶系数，以描述曲线的特征。

傅里叶描述符一般分为两步：

1）定义对轮廓线的表示。图 8-7 显示了 xOy 平面内的一个 K 点数字边界。从任意点 (x_0,y_0) 开始，以逆时针方向在该边界上行进时，会遇到坐标 (x_0,y_0)，(x_1,y_1)，…，(x_k,y_k)。这些坐标可以表示为 $x(k)=x_k$，$y(k)=y_k$ 的形式。使用这种表示法，边界本身可以表示为坐标序列 $s(k)=[x(k),y(k)],k=0,1,2,\cdots,K-1$。此外，每个坐标对可当作一个复数来处理：

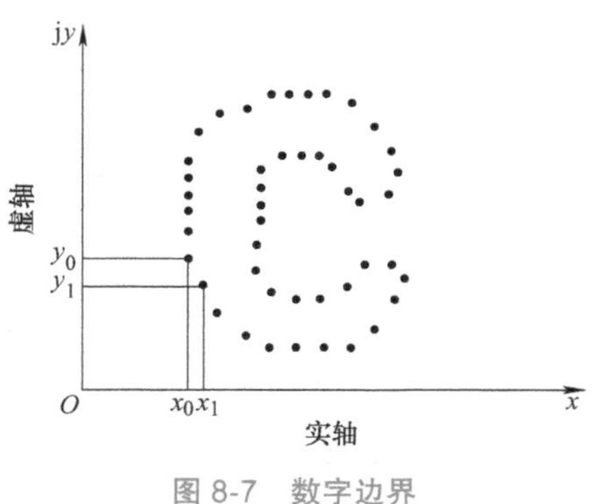

图 8-7　数字边界

$$s(k)=x(k)+\mathrm{j}y(k) \tag{8-14}$$

2）对一维序列 $s(k)$ 进行傅里叶变换，并求得其傅里叶系数：

$$a(u)=\sum_{k=0}^{N-1}s(k)\mathrm{e}^{-\frac{\mathrm{j}2\pi uk}{N}} \tag{8-15}$$

式中，$u=0,1,2,\cdots,K-1$。复系数 $a(u)$ 称为边界傅里叶描绘子。这些系数的傅里叶反变换可恢复 $s(k)$：

$$s(k)=\frac{1}{K}\sum_{u=0}^{K-1}a(u)\mathrm{e}^{\frac{\mathrm{j}2\pi uk}{K}} \tag{8-16}$$

式中，$k=0,1,2,\cdots,K-1$。然而，假设仅使用前P个傅里叶系数而不使用所有的系数。这等同于在式（8-16）中令$a(u)=0,u>P-1$。结果为$s(k)$的近似：

$$\hat{s}(k)=\frac{1}{K}\sum_{u=0}^{P-1}a(u)\mathrm{e}^{\frac{\mathrm{j}2\pi uk}{P}} \tag{8-17}$$

式中，$k=0,1,2,\cdots,K-1$。尽管求$\hat{s}(k)$的每个分量时仅使用了P项，但k的范围仍是从 0 到$K-1$。也就是说，在近似边界中存在同样数量的点，但项数不像在每个点的重建中那样多。

由图 8-8a 作为原始图像，将原图像转化为灰度图像并进行二值化处理得到图 8-8b，通过查找二值化图像中的外轮廓，找到目标轮廓，生成一幅只包含目标轮廓的图像，如图 8-8c 所示；对于旋转后的图 8-8d，进行上述方法，同理可得到二值化处理后的图 8-8e 以及轮廓图 8-8f；最后计算原始图像以及旋转后图像的目标轮廓的傅里叶描述子。

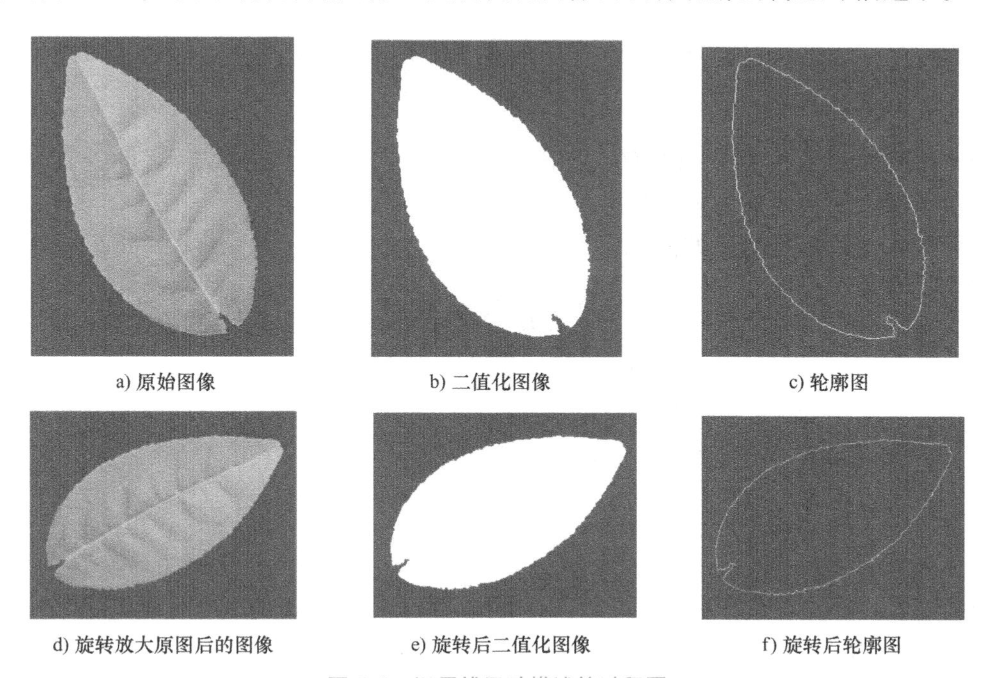
a) 原始图像　b) 二值化图像　c) 轮廓图
d) 旋转放大原图后的图像　e) 旋转后二值化图像　f) 旋转后轮廓图

图 8-8　运用傅里叶描述符过程图

原始图像和旋转后图像得到的傅里叶描述子向量如下：

原始图像傅里叶描述子向量

[0.000000 0.114954 0.126995 0.040387 0.036534 0.018902 0.011435 0.016650 0.002573 0.017281 0.007485 0.015053 0.008343 0.012742 0.010907 0.008600]

旋转后图像傅里叶描述子向量

[0.000000 0.107397 0.113176 0.038360 0.035160 0.020843 0.010913 0.017419 0.005987 0.015872 0.008548 0.013556 0.008615 0.010443 0.010809 0.008233]

通过两次得到的傅里叶描述子可以发现，两次得到的向量的对应元素值基本相近，均方误差为 0.002，这正体现了傅里叶描述符旋转、平移和尺度不变性，即无论对象在图像中的位置如何变化，傅里叶描述符都能够捕捉到相同的形状特征。

8.2.3　形状无关矩

不变矩是图像的一种统计特性，其具有平移、伸缩、旋转不变性。不同于傅里叶描述符方法，形状无关矩是对区域特征描述的方法。

$f(x,y)$ 通常表示图像 $I(x,y)$ 中的像素灰度值，是一个表示图像强度或亮度的函数。参数 $(j+k)$ 称为矩的阶。对于二元有界函数 $f(x,y)$，它的 $j+k$ 阶矩为

$$M_{jk}=\iint x^j y^k f(x,y)\mathrm{d}x\mathrm{d}y \quad j,k=0,1,2,\cdots \tag{8-18}$$

由于 j 和 k 可取所有的非负整数值，因此可以形成一个矩的无限集。集合 $\{M_{jk}\}$ 对于函数 $f(x,y)$ 是唯一的，也只有 $f(x,y)$ 才具有这种特定的矩集。而且，这个集合完全可以确定函数 $f(x,y)$ 本身。

为了描述物体的形状，假设 $f(x,y)$ 的目标物体取值为 1，背景为 0，即函数只反映物体的形状，而忽略其内部灰度级细节。

特别地，零阶矩是物体的面积，即

$$M_{00}=\iint f(x,y)\mathrm{d}x\mathrm{d}y \tag{8-19}$$

对于二维离散函数 $f(x,y)$，零阶矩为

$$M_{00}=\sum_{x=1}^{N}\sum_{y=1}^{M} f(x,y) \tag{8-20}$$

1. 质心坐标与中心距

当 $j=1,k=0$ 时，M_{10} 对二值图像来讲就是物体上所有点的 x 坐标的总和，类似地，M_{01} 就是物体上所有点的 y 坐标的总和。

二值图像中一个物体的质心坐标为

$$\begin{cases}\bar{x}=\dfrac{M_{10}}{M_{00}}\\[2mm] \bar{y}=\dfrac{M_{01}}{M_{00}}\end{cases} \tag{8-21}$$

中心矩 $M'_{jk}=\sum_{x=1}^{N}\sum_{y=1}^{M}(x-\bar{x})^j(y-\bar{y})^k f(x,y)$ 以质心作为原点进行计算，因此它具有位置

无关性。所有的一阶矩和高阶矩除以 M_{00}，即可做到矩的值与物体的大小无关。

2. 不变矩组合

相对于主轴计算并用面积归一化的中心距，在物体放大、平移、旋转时保持不变。三阶或更高阶的矩经过这样的归一化后不能保持不变性。

对于 $j+k=2,3,4,\cdots$ 的高阶矩，可以定义归一化的中心矩为

$$u_{jk}=\frac{M'_{jk}}{M'_{00}} \tag{8-22}$$

利用归一化的中心距，可以获得多个不变矩组合，这些组合对于平移、旋转、尺度等变换都是不变的。但是只有基于二阶矩的不变矩对二维物体的描述才是真正的与旋转、平移和尺度无关的，较高阶的矩对于成像过程中的误差、微小的变形等因素非常敏感，所以相应的不变矩基本上不能用于有效的物体识别。即使是基于二阶矩的不变矩也只能用来识别外形相差特别大的物体，否则它们的不变矩会因为很相似而不能识别。

3. 主轴

使二阶中心距变得最小的旋转角 θ 可以由式（8-22）得出：

$$\tan 2\theta=\frac{2\mu_{11}}{\mu_{20}-\mu_{02}} \tag{8-23}$$

将 x 、y 轴分别旋转 θ 角得坐标轴 x' 和 y' ，x' 、y' 称为该物体的主轴。如果物体在计算矩之前旋转 θ 角，或相对于 x' 、y' 轴计算矩，那么计算后得出的矩具有旋转不变性。

8.3　纹理特征提取

纹理特征提取是将从图像中捕捉到的纹理信息转化为一组可量化的特征向量，通过计算图像的灰度、梯度和方向等统计量来描述图像的纹理特征和空间结构，准确地捕捉并描述图像的纹理特征。

8.3.1　LBP 特征描述子

1. 原始 LBP

LBP（Local Binary Pattern，局部二值模式）的核心思想是使用中心像素的灰度值作为阈值，与其邻域像素的灰度值进行比较，从而生成二进制编码来提取局部纹理特征。LBP 方法对整体灰度线性变化具有很强的鲁棒性，因此在图像整体灰度均匀变化时，LBP 特征保持不变。

基本的 LBP 算子使用一个 3×3 的矩形块，包括一个中心像素和 8 个邻域像素，总共 9 个灰度值。LBP 值的计算方法：以中心像素的灰度值为阈值，将邻域的 8 个灰度值与阈值进行比较，大于中心灰度值的像素被表示为 1，否则为 0。接着，按顺时针方向顺序读

取这 8 个二进制值。通过这个阈值化后的二值矩阵，可以得到一个二值纹理模式，用来描述邻域内像素相对于中心点的灰度变化情况。因为人类的视觉系统对纹理感知不受平均灰度（亮度）影响，而局部二值模式强调像素灰度的变化，所以这种方法符合人类视觉对图像纹理的感知方式。LBP 计算过程如图 8-9 所示。

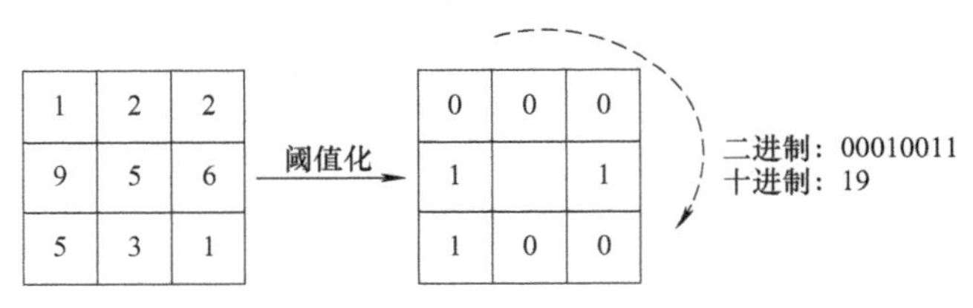

图 8-9　LBP 计算过程

针对图 8-10a 所示原始图像中特定区域使用 LBP 进行特征提取，所得到的特征描述子如图 8-10b 所示。

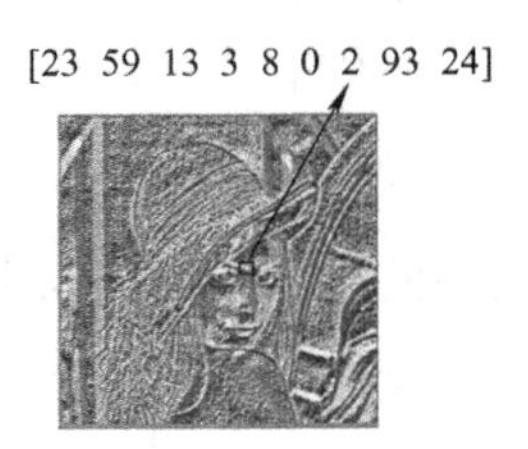

a) 原始图像　　b) LBP特征提取后的可视化图像

图 8-10　基本 LBP 下的纹理图像

2. 圆形 LBP

Ojala 等对 LBP 算子进行了改进，用圆形邻域代替了正方形邻域，改进后的 LBP 算子允许在半径为 R 的圆形邻域内有任意多个像素点，从而得到了诸如半径为 R 的圆形区域内含有 P 个采样点的 LBP 算子，表示为 LBP_P^R，三种常见的圆形 LBP 算子如图 8-11 所示。

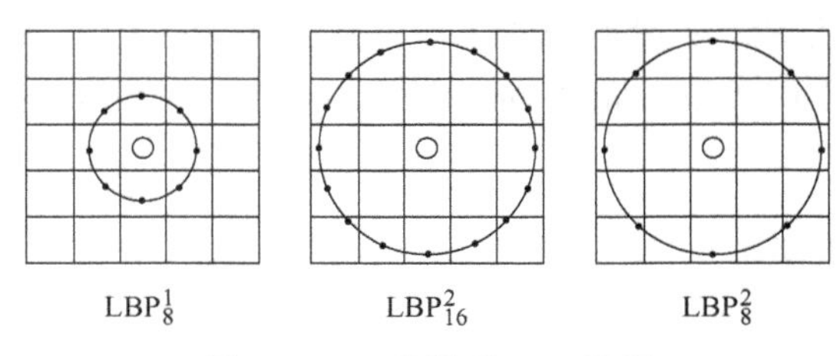

图 8-11　三种圆形 LBP 算子

对于给定中心点 (x_c, y_c)，其邻域像素位置为 $(x_p, y_p), p \leqslant P$，其采样点 (x_p, y_p) 用式（8-24）计算：

$$\begin{cases} x_p = x_c + R \times \cos\left(\dfrac{2\pi p}{P}\right) \\ y_p = y_c + R \times \sin\left(\dfrac{2\pi p}{P}\right) \end{cases} \tag{8-24}$$

式中，R 是采样半径；p 是第 p 个采样点；P 是采样数目。如果近邻点不在整数位置上，就需要进行插值运算，一般可以使用双线性插值法来计算该点的像素值。

针对图 8-12a 所示的原始图像，圆形 LBP 计算向量如图 8-12b 所示。通过与原始 LBP 计算向量对比可以看出，在圆形 LBP 中，由于采样点位于圆形邻域上，导致相邻采样点的灰度值差异较小，因此得到的 LBP 编码值通常较小；而在原始 LBP 中，采样点位于方形邻域上，灰度值差异可能相对更大，因此 LBP 编码值可能相对更大。

a) 原始图像

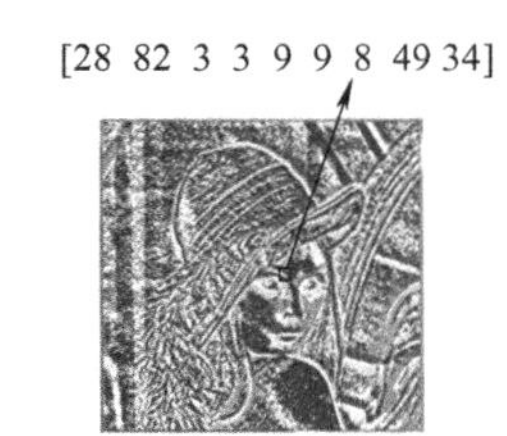

b) 圆形LBP特征提取后的可视化图像(R=3，P=8)

图 8-12　圆形 LBP 下的纹理图像

3. 旋转不变 LBP

旋转不变 LBP 是一种更强调对图像旋转不变性的改进版本，它使用了不同的编码策略和计算方式，以更好地适应旋转变换。图像旋转就会得到不同的 LBP 值。可对原始 LBP 算子进行扩展，不断旋转圆形邻域得到一系列初始定义的 LBP 值，取其最小值作为该邻域的 LBP 值，即具有旋转不变性的 LBP 算子：

$$\mathrm{LBP}_{P,R}^{\mathrm{ROT}} = \min(\mathrm{ROR}(\mathrm{LBP}_{P,R}, i) \mid i = 0,1,\cdots,P-1) \tag{8-25}$$

式中，$\mathrm{LBP}_{P,R}^{\mathrm{ROT}}$ 表示具有旋转不变性的 LBP 特征；$\mathrm{ROR}(x,i)$ 是旋转函数，表示将 x 右循环 i 位。

图 8-13 可以进一步解释，原始 LBP 得到的数值转化为二进制编码，对它进行循环移位操作，有 8 种情况（包括自身）。取其中最小的一个值，如图 8-13 中就对应着 15，这个值是旋转不变的，因为对图像做旋转操作等价于上面 8 种移位的过程，而 8 种情况都对应同一个值，即 8 个值中的最小值 15，即拥有了旋转不变特性。

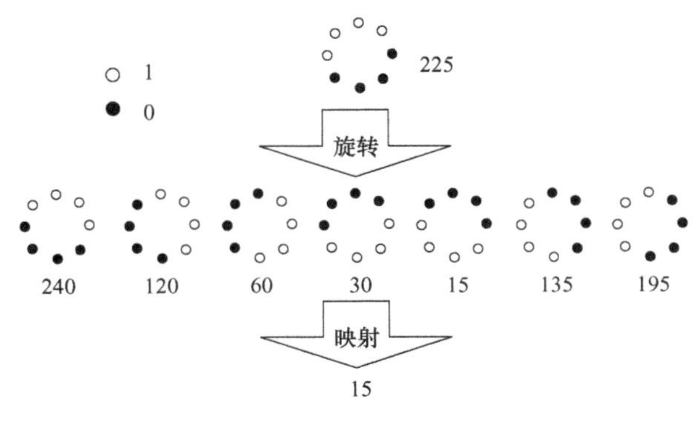

图 8-13　旋转不变的 LBP

对前面两种算法的原始图像进行旋转后得到图 8-14a，对其中特定区域进行旋转 LBP 特征描述子计算得到图 8-14b，通过与原始 LBP 计算得到的特征描述子对比可以发现，旋转 LBP 具有旋转不变性。

a) 原始图像

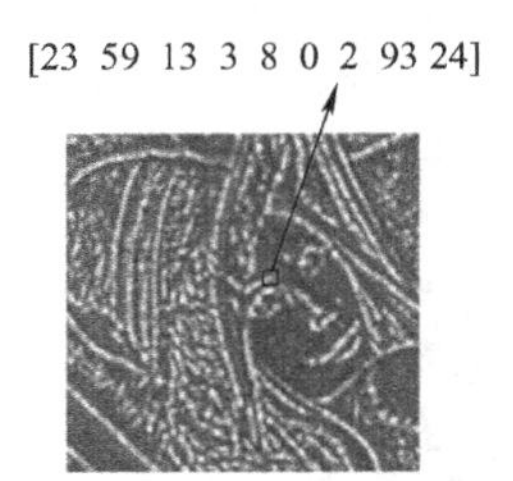

b) 旋转不变LBP特征提取后的可视化图像

图 8-14 旋转不变 LBP 下的纹理图像

8.3.2 SIFT 特征描述子

SIFT 是一种局部特征描述子，具备尺度不变性。SIFT 特征基于物体上的局部外观兴趣点，不受图像大小和旋转的影响。它对光线、噪声和微小视角变化有高兼容性。

1. 关键点方向确定

经过尺度空间极值检测和关键点定位，即可找到全部的图像关键点，这些关键点具有尺度不变性。为了实现旋转不变性，还需要为每个关键点分配一个方向角度，也就是根据检测到的关键点所在高斯尺度图像的邻域结构中求得一个方向基准。

对于任一关键点，采集其所在高斯金字塔图像以 r 为半径的区域内所有像素的梯度特征（幅值和辐角），半径 $r=3\times1.5\sigma$，其中 σ 是关键点所在 octave 的图像的尺度，可以得到对应的尺度图像。

梯度的幅值和方向的计算公式分别为

$$m(x,y)=\sqrt{(L(x+1,y)-L(x-1,y))^2+(L(x,y+1)-L(x,y-1))^2} \tag{8-26}$$

$$\theta(x,y)=\arctan\left(\frac{L(x,y+1)-L(x,y-1)}{L(x+1,y)-L(x-1,y)}\right) \tag{8-27}$$

邻域像素梯度的计算结果如图 8-15 所示。

完成关键点梯度计算后，使用直方图统计关键点邻域内像素的梯度幅值和方向。首先，将 360° 分为 36 柱，每 10° 为一柱；然后，在以 r 为半径的区域内，将梯度方向在某一个柱内的像素找出来；最后，将它们的幅值相加在一起作为柱的高度。由于在 r 为半径的区域内像素的梯度幅值对中心像素的贡献是不同的，因此还需要对幅值进行加权处理，采用高斯加权，方差为 1.5σ，如图 8-16 所示（为简化，图中只画了 8 个方向的直方图）。

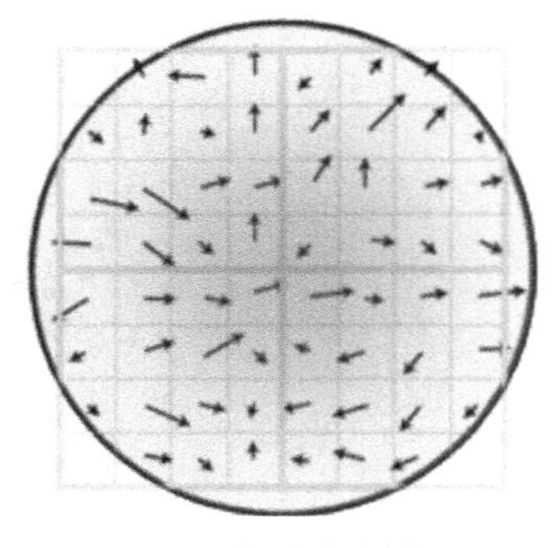

图 8-15 邻域像素梯度图

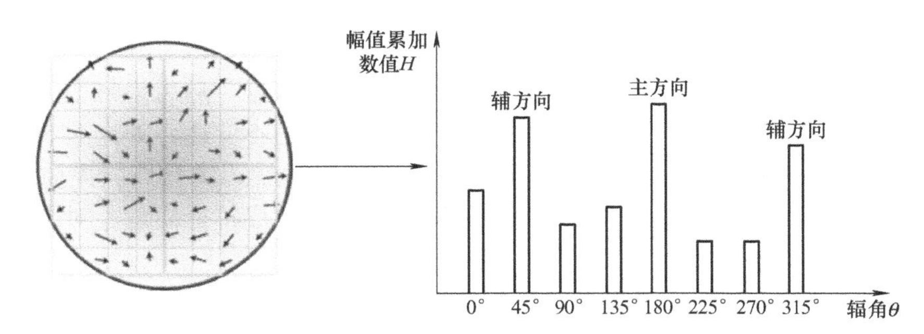

图 8-16　关键点方向直方图

每个特征点必须分配一个主方向的同时，还需要一个或多个辅方向，增加辅方向的目的是为了增强图像匹配的鲁棒性。辅方向的定义是，以主方向柱体高度为基准，高于主方向柱体高度 80% 的柱体对应方向为辅方向。

直方图的峰值，即最高的柱代表的方向是特征点邻域范围内图像梯度的主方向，但该柱体代表的角度是一个范围，所以还要对离散的直方图进行插值拟合，以得到更精确的方向角度值。利用抛物线对离散的直方图进行拟合，如图 8-17 所示。

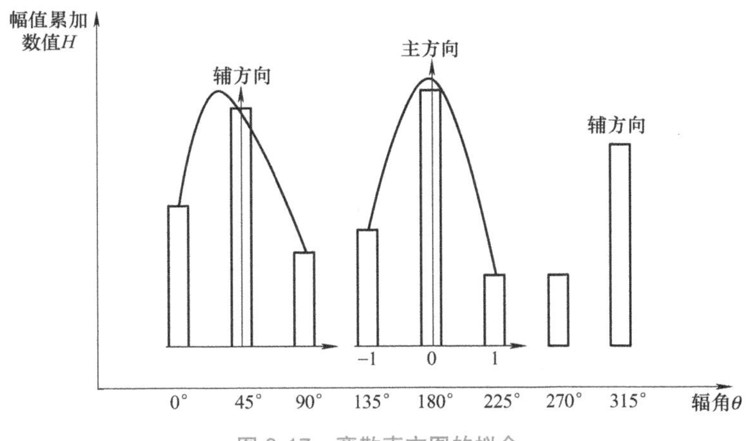

图 8-17　离散直方图的拟合

获得图像关键点主方向后，每个关键点有 3 个信息 (x,y,σ,θ)：位置、尺度、方向，由此可以确定一个 SIFT 特征区域。通常使用一个带箭头的圆或直接使用箭头表示 SIFT 区域的 3 个值，中心表示特征点位置，半径表示关键点尺度，箭头表示方向，如图 8-18 所示。

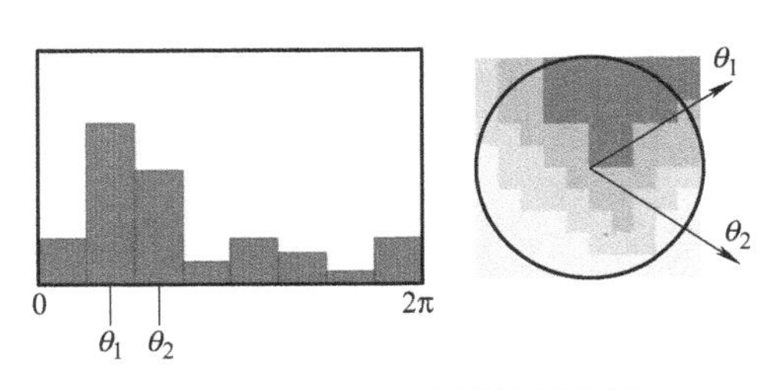

图 8-18　SIFT 特征区域示意图

2. 关键点描述

通过以上步骤，每个关键点被分配位置、尺度和方向信息。然后为每个关键点建立一个描述符，该描述符既具有可区分性，又具有对某些变量的不变性，如光照、视角等。而且描述符不仅仅包含关键点，也包括关键点周围对其有贡献的像素点。主要思路就是通过将关键点周围图像区域分块，计算块内的梯度直方图，生成特征向量，对图像信息进行抽象。

描述符与特征点所在的尺度有关，因此在关键点所在的高斯尺度图像上生成对应的描述符。以特征点为中心，将其附近邻域划分为 $d \times d$（一般取 $d=4$）个子区域，每个子区域都是一个正方形，边长为 3σ，考虑到实际计算时，需进行 3 次线性插值，所以特征点邻域的范围为 $3\sigma(d+1) \times 3\sigma(d+1)$。

为了保证特征点的旋转不变性，以特征点为中心，将坐标轴旋转为关键点的主方向，如图 8-19 所示。

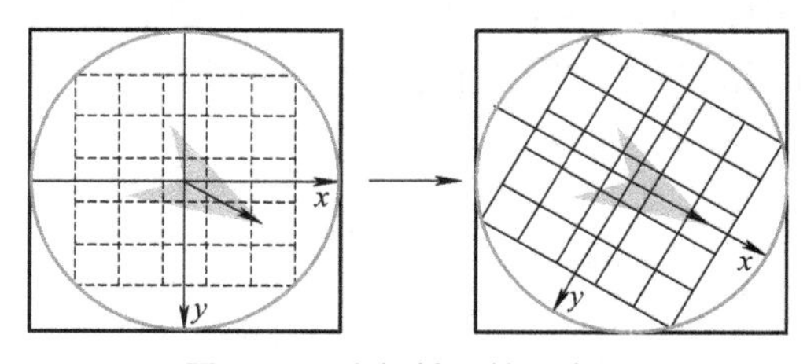

图 8-19　坐标轴旋转示意图

计算子区域内的像素的梯度，并按照 $\sigma = 0.5d$ 进行高斯加权，然后插值计算得到每个种子点的 8 个方向的梯度，插值方法如图 8-20 所示。

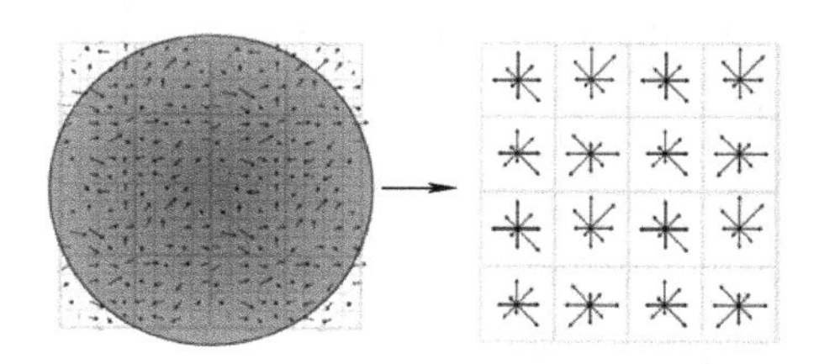

图 8-20　插值方法示意图

左图中央为当前关键点位置，每个小格代表关键点邻域所在尺度空间的一个像素，求取每个像素的梯度幅值和方向，箭头方向代表梯度方向，长度代表梯度幅值，然后利用高斯窗口对其进行加权运算，最后在每个 4×4 的小块上绘制 8 个方向的梯度直方图，计算每个梯度方向的累加值，即可形成一个种子点，每个关键点用 4×4 共 16 个种子点描述，这样每个关键点就会产生 128 维的 SIFT 特征向量。

8.3.3　HOG 特征描述子

HOG（Histogram of Oriented Gradient，方向梯度直方图）特征是一种用于图像处理和物体检测的特征描述方法，通过计算局部区域的梯度方向直方图来生成特征。结合支持向量机（Support Vector Machine，SVM）分类器，HOG 特征在图像识别领域得到广泛应用，特别是在行人检测方面取得了显著成果。

HOG 特征描述方法的关键优势在于它具有对于图像的几何和光学变换的不变性，即使目标在图像中经历旋转、尺度变换或光照变化，HOG 特征仍能保持其描述能力。首先，图像被分割成小的连通区域，通常称为细胞单元；然后，在每个细胞单元内计算梯度或边缘方向；最后，基于每个细胞单元内的梯度或边缘方向，构建一个梯度方向的直方图，记录各个方向上梯度值的分布情况，从而描述了局部区域的特征。为了增加特征的稳定性和鲁棒性，通常对相邻的细胞单元内的直方图进行归一化。这有助于减小光照变化等因素对特征的影响。最后将所有细胞单元内的直方图组合在一起，形成一个大的特征向量。

具体的 HOG 特征提取步骤如下：

1）灰度化（将图像看作一个（x，y，z）（灰度）的三维图像）；

2）采用 Gamma 校正法对输入图像进行颜色空间的标准化（归一化）；

3）计算图像每个像素的梯度（包括大小和方向）；

4）将图像划分成小 Cells；

5）统计每个 Cell 的梯度直方图（不同梯度的个数），即可形成每个 Cell 的特征描述子；

6）将每几个 Cell 组成一个 Block，一个 Block 内所有 Cell 的特征描述子串联起来便得到该 Block 的 HOG 特征描述子；

7）将图像内的所有 Block 的 HOG 特征描述子串联起来，这样就可以得到该图像的 HOG 特征描述子。

基于 HOG 的行人检测是一种常用的计算机视觉技术，适用于检测静止或行进中的行人。该技术的步骤包括数据收集、特征提取、标记数据、训练分类器、测试和评估，以及最终的模型部署。首先，需要收集包含正例（行人）和负例（非行人）的图像数据集，并使用 HOG 算法从正例图像中提取特征，描述局部区域的梯度方向分布。这些特征有助于区分行人和背景。然后，对数据集进行标记，训练一个分类器，如 SVM，用于将图像区分为行人和非行人。测试阶段通过使用测试数据集来评估模型的性能。最后，将训练好的行人检测模型应用于实际图像或视频中，以检测行人，如图 8-21 所示。

a) 行人检测原始图

b) 行人检测结果图

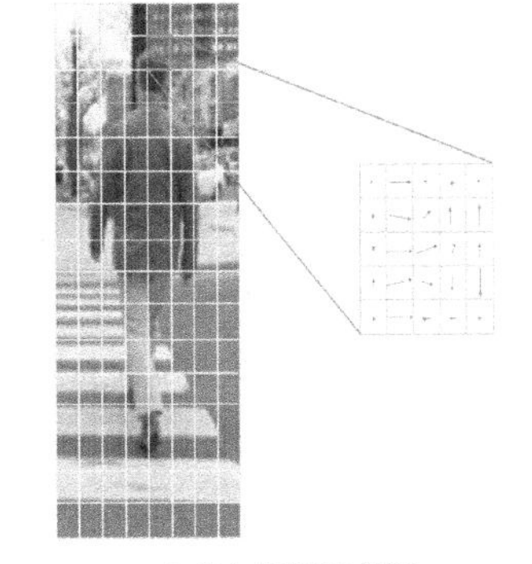
c) 方向梯度示意图

图 8-21　行人检测示意图

8.3.4 SURF 特征描述子

在某种程度上受到了 SIFT 算法的启发，SURF（Speeded Up Robust Features，加速稳健特征）是一种稳健的图像识别和描述算法，它的计算量小且运算速度快，在物体识别和 3D 重构等计算机视觉任务中广泛应用。SURF 通过计算 Hessian 矩阵的行列式值来进行特征点检测，并利用积分图加速计算。其特征描述子基于 2D 离散小波变换响应，并有效地利用了积分图来提高计算效率。

SURF 算法的检测部分主要通过构建高斯差分金字塔和计算 Hessian 矩阵寻找图像中具有高纹理信息和结构的关键点完成。同时，积分图像在 SURF 算法中起着重要作用。通过积分图像，可以将图像与高斯二阶微分模板的滤波操作转化为对积分图像的加减运算，从而在特征点检测阶段显著减少了搜索时间。这种利用积分图像的方法大大提高了算法的效率。和 LoG、DoG 类似，建立尺度空间后，需要搜索定位关键点，经过盒式滤波处理的响应图像会通过比较像素与其邻域内的像素值来检测极值点。对于这些极值点，通过三维线性插值法来获得亚像素级的特征点位置，并通过设置阈值来提高特征点的稳健性。

为了保证特征描述子具有旋转不变性，需要对每个特征点分配一个主方向。即在以特征点为中心，以 $6s$（s 为特征点的尺度，计算过程为 $s=1.2\times\frac{L}{9}$（L 为滤波模板的尺寸））为半径的区域内，计算图像的 Haar 小波响应，实际上就是对图像进行梯度运算，特别地，需要利用积分图提高梯度计算效率。

在 SIFT 中，关键点的描述涉及选择关键点周围的 16×16 像素区域。这个区域会被分割成 4×4 的小区域，每个小区域计算 8 个方向的梯度。最终，通过以上处理得到一个 128 维的描述向量。类似地，在 SURF 中，针对每个关键点会选取一个正方形框，框的方向与关键点的主方向一致，边长为 20 倍的尺度（s）。这个正方形框会被分成 16 个小区域，每个小区域的边长为 5 倍的尺度（s）。在每个区域内，会对 25 个像素的水平和垂直方向上的 Haar 小波特性进行统计，这些特性是相对于关键点周围的正方形框的主方向来确定的。

生成特征点描述子需要在一个矩形区域计算图像的 Haar 小波响应。为了充分利用积分图像进行 Haar 小波的响应计算，并不是直接旋转 Haar 小波模板求得其响应值，而是在积图像上先使用水平和垂直的 Haar 模板求得响应值 d_x 和 d_y，然后根据主方向旋转 d_x 和 d_y 使其与主方向保持一致，同时对 d_x 和 d_y 进行高斯加权处理，并根据主方向的角度对 d_x、d_y 进行旋转变换，从而得到旋转后的 $d_{x'}$ 和 $d_{y'}$。

SURF 在求解描述子特征向量时，是对一个子块的梯度信息进行求和，而 SIFT 是依靠单个像素计算其梯度方向求解的。对于 SURF 描述子可以将其扩展到 128 维，具体方法就是在求 Haar 小波响应值的统计和时，区分 $d_x\geqslant0$ 和 $d_x<0$ 的情况，以及 $d_y\geqslant0$ 和 $d_y<0$ 的情况。同时，在求取 $\sum d_y$ 和 $\sum|d_y|$ 时区分 $d_x<0$ 和 $d_x\geqslant0$ 情况。这样每个子块就产生了 8 个梯度统计值，从而使描述子特征向量增加到 $8\times4\times4=128$ 维。

简单来说，可以根据特征点的响应值正负分成两组：一组是拉普拉斯响应为正的特征点，另一组是拉普拉斯响应为负的特征点。在匹配时，只有来自相同响应值符号组的特征点才会相互匹配，这种方法可以减少特征点匹配的时间。以图像中的黑背景亮斑和白背景黑斑为例，它们因为拉普拉斯响应的符号不同而不会被互相匹配。这种分组可以提高匹配的准确性并降低计算负担。

SURF 特征描述子的计算主要包括以下步骤：

1）尺度空间构建：对图像进行多次高斯模糊，以构建尺度空间，在不同尺度上检测关键点。

2）关键点检测：在尺度空间上，通过检测图像的局部最大值和最小值来找到关键点。使用 Hessian 矩阵的行列式来确定关键点的强度和尺度。

3）方向分配：对于每个关键点，计算其周围区域的梯度方向直方图。确定梯度方向直方图中的主要方向，作为关键点的主方向。

4）关键点描述：将关键点附近的图像区域划分为小的子区域（如 4×4 的子区域）。对每个子区域，计算梯度的幅值和方向。使用这些幅值和方向信息生成描述子，通常是一个包含向量的数组。

5）描述子归一化：对生成的描述子进行归一化，以增强描述子的鲁棒性。对描述子进行修剪，确保其不超过某个阈值。

本章小结

本章探讨了图像特征提取在计算机视觉中的重要性和应用，重点介绍了颜色、形状和纹理这三类主要特征的提取方法，它们共同构成了图像特征提取的基石。颜色特征提取通过解析图像的色彩信息，为场景、对象和环境提供了丰富的视觉描述；形状特征提取则关注图像的轮廓和结构，有效捕捉了目标的几何属性；而纹理特征提取则通过分析像素及邻域的亮度分布，揭示了图像的局部结构和细节。

这些特征提取方法不仅为图像分类、目标检测、物体识别以及图像检索等任务提供了关键信息，而且在计算机视觉应用中发挥着至关重要的作用。它们能够帮助计算机从复杂的图像信息中提炼出关键的特征表示，进而实现对图像内容的准确理解和区分。通过综合运用颜色、形状和纹理这三类特征提取方法，能够更全面地揭示图像的多层次特征，为各种计算机视觉任务提供有力支撑。同时，这些特征的描述方法也在不断发展完善，为计算机视觉领域的进一步探索提供了坚实的基础。

思考题与习题

8-1　比较颜色直方图、颜色集、颜色相关图、颜色矩的优缺点以及其应用场景。

8-2　推导傅里叶描述符具有旋转不变性的证明。

8-3　推导计算平面形状的 Hu 矩形式的形状描述子的公式。

8-4　请按照 8.3.1 节对图 8-14a 进行圆形 LBP 特征描述，改变参数（如 R=1，P=8 和 R=3，P=4），观察改变后的描述子变化。

8-5　请简述 SIFT 原理及应用。是否存在 SIFT 描述符不变或几乎不变的其他任何内容？考虑图像亮度、平移、旋转以及可能的其他变化。如果你认为 SIFT 对这些变化之一是不变的，请解释原因。

8-6 比较 LBP、SIFT、HOG、SURF 主要优缺点及适用场景。

参考文献

[1] 冈萨雷斯 . 数字图像处理 [M]. 北京：电子工业出版社，2003.

[2] 张德丰 . 数字图像处理（MATLAB 版）[M]. 北京：人民邮电出版社，2015.

[3] 张铮，徐超，任淑霞，等 . 数字图像处理与机器视觉 [M]. 北京：人民邮电出版社，2014.

[4] DALAL N，TRIGGS B. Histograms of oriented gradients for human detection[C]//IEEE Conference on Computer Vision and Pattern Recognition. San Diego，CA，USA：IEEE 2005：886–893.

[5] 王军敏 . 纹理图像的特征提取和识别 [M]. 北京：新华出版社，2022.

第 9 章　图像特征匹配

——图像间细节信息的关联

引言

图像特征匹配是指对两幅或多幅图像中的特征进行比较，以寻找它们之间的相似性和对应关系的过程。通过进行特征匹配，可以实现图像的拼接、识别等操作，其在多个领域中扮演着重要的角色。例如，通过描述和匹配图像中的特征点，可以建立起多个图像之间的对应关系，并进而创建三维场景模型，从而应用于虚拟现实、建筑重建等方面。在医学领域，图像特征匹配用于肿瘤检测、血管分析等方面。在交通和安全领域，图像特征匹配可以追踪特定对象的运动，从而监控摄像头中的行人或车辆，也可以通过提取并匹配视频中特定对象的特征点，实现对它们在视频中的运动轨迹跟踪。

应用 SIFT、SURF、HOG 等算法对两幅或多幅图像进行特征提取和描述符生成后，需要对这些特征进行匹配。图像特征匹配通常涉及两个关键方面：匹配策略和搜索策略。常见的匹配策略包括单阈值法、最近邻法和最近邻比值法，用于确定哪些特征的匹配可以传递到下一步处理。然后，采用高效准确的搜索策略完成图像中所有特征的匹配过程，如暴力匹配法和 KD- 树匹配法。然而，基础的匹配方法可能会面临图像中存在的噪声、遮挡、变形和光照变化等挑战，导致匹配变得复杂和具有挑战性。因此，使用随机抽样一致（Random Sample Consensus，RANSAC）算法可以去除错误的匹配点，提高特征匹配的质量。本章将详细介绍上述内容。

9.1　基础匹配

在图像特征匹配的过程中，常常使用特征描述符之间的距离来衡量它们之间的相似度。基于这种度量，可以采用不同的匹配策略来确定是否匹配同一对特征点，常见的方法有单阈值法、最近邻法和最近邻比值法。为了提高所有特征点的匹配速度，还可以采用一些高效的搜索策略，如暴力匹配和 KD- 树匹配，以优化整个匹配过程。当不对匹配结果进行处理时，将上述图像特征匹配过程称为基础匹配。通过将这些匹配结果与真实匹配情况进行对比，可以得出相应的评价指标，从而评估匹配效果的好坏。

9.1.1 特征匹配的策略

特征匹配的基本思路是通过度量特征描述子之间的距离来评估它们之间的相似性，距离越小表示特征之间的相似度越高，匹配程度也就越高。常见的距离度量方法包括欧氏距离、汉明距离和曼哈顿距离等。其中，欧氏距离由于具有便于几何解释且计算简单易行的特点，成为最常用的距离度量方式。欧氏距离的计算公式如下：

$$d = \mathrm{sqrt}\left[\sum(A(i) - B(i))^2\right] \tag{9-1}$$

式中，$A(i)$ 是图像中某一特征描述符的第 i 个元素；$B(i)$ 是另一幅图像中某一特征描述符的第 i 个元素。

在计算特征描述子之间的欧氏距离后，为了判断一组对应的特征是否匹配，可以采用以下几种常见的匹配策略。

1. 基于单阈值法的图像特征匹配

基于单阈值法的图像特征匹配的基本思想是，在待匹配图像中选择一个特征，并在对应图像中找到与之距离小于给定阈值的特征，以确定其与待匹配特征是匹配关系。使用单阈值法对一组特征的匹配情况进行判断的示例如图 9-1 所示，$\boldsymbol{D}_A$ 是图像中的一个待匹配特征，$\boldsymbol{D}_A'$ 与 $\boldsymbol{D}_A''$ 是另一幅图像的两个特征。用图 9-1 中点之间的距离表示特征描述符之间的欧氏距离，设定两个阈值如图中实线和虚线所示。

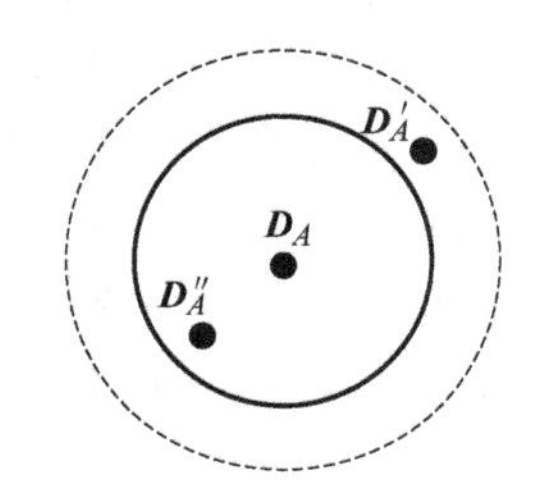

图 9-1 使用单阈值法判断图像特征匹配情况的示例

使用单阈值法进行判断，当阈值为实线圆环时，认定 $\boldsymbol{D}_A''$ 与 $\boldsymbol{D}_A$ 匹配，而 $\boldsymbol{D}_A'$ 与 $\boldsymbol{D}_A$ 不匹配；当将阈值改变为虚线圆环时，$\boldsymbol{D}_A''$ 仍与 $\boldsymbol{D}_A$ 匹配，而 $\boldsymbol{D}_A'$ 变为额外的匹配。单阈值法对于阈值的选取极大地影响了特征匹配结果的质量。若阈值设定过高，可能会产生许多误报，导致出现“一配多”的情况；若阈值设定过低，可能会造成漏报，使得很多正确匹配的情况被忽略。

2. 基于最近邻法的图像特征匹配

基于最近邻法的图像特征匹配的基本思想是，对于待匹配图像中的一个特征，找到与其距离最小的对应特征，以确定其与待匹配特征是匹配关系。在对图像中不同特征进行匹配时，由于它们之间相似性程度可能存在很大差别，因此使用单阈值法容易产生大量误匹配。而使用最近邻法进行匹配，则只取用相似程度最高的特征，可以减少误匹配的数量，提高匹配的准确性。在一些图像匹配过程中，由于某些特征可能没有相应的匹配，这样的特征在使用最近邻法时会产生误匹配。因此，为了减少这类错误的数量，需要对原有的最近邻法进行改进，一种改进方法是设定一个阈值，只返回阈值内距离最小的特征。

使用最近邻法对特征进行匹配的示例如图 9-2 所示，$\boldsymbol{D}_A$ 和 $\boldsymbol{D}_B$ 是一幅图像中的两个待匹配特征，$\boldsymbol{D}'_A$、$\boldsymbol{D}''_A$、$\boldsymbol{D}'_B$、$\boldsymbol{D}''_B$ 是另一幅图像中和 $\boldsymbol{D}_A$、$\boldsymbol{D}_B$ 对应的潜在匹配特征，特征之间连线长度表示特征描述符之间的距离，设置阈值如虚线所示。

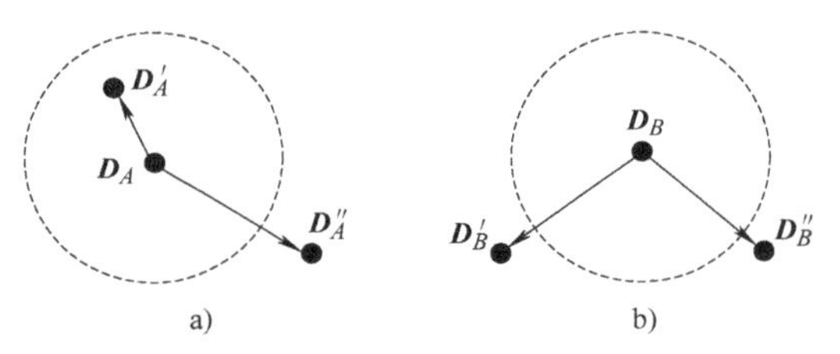

图 9-2　使用最近邻法判断特征匹配情况的示例

使用最近邻法进行匹配判定时，在图 9-2a 中 $\boldsymbol{D}'_A$ 与 $\boldsymbol{D}_A$ 距离最近且小于预设阈值，因此认为 $\boldsymbol{D}'_A$ 与 $\boldsymbol{D}_A$ 匹配，而 $\boldsymbol{D}''_A$ 与 $\boldsymbol{D}_A$ 不匹配；在图 9-2b 中，尽管 $\boldsymbol{D}''_B$ 与 $\boldsymbol{D}_B$ 距离最近，但由于其超过了预设阈值，因此判定 $\boldsymbol{D}''_B$ 与 $\boldsymbol{D}_B$ 不匹配，同时 $\boldsymbol{D}'_B$ 与 $\boldsymbol{D}_B$ 也不匹配。

3. 基于最近邻比值法的图像特征匹配

基于最近邻比值法的图像特征匹配的基本理念是，在距离最近的特征点和距离次近的特征点之间的距离比值小于一定阈值时，选择距离最近的特征点作为匹配点，否则没有匹配点。定义最近邻距离比率（Nearest Neighbor Distance Ratio，NNDR）：

$$\text{NNDR} = \frac{d_1}{d_2} = \frac{\|\boldsymbol{D}_A - \boldsymbol{D}_B\|}{\|\boldsymbol{D}_A - \boldsymbol{D}_C\|} \tag{9-2}$$

式中，d_1 和 d_2 是最近邻的和次近邻的距离；$\boldsymbol{D}_A$ 是目标描述符；$\boldsymbol{D}_B$ 和 $\boldsymbol{D}_C$ 是最近的两个相邻特征描述符。

当图像中存在许多相似程度接近的特征时，使用单阈值法或最近邻法进行图像特征匹配会容易出现误匹配，并且这两种方法对所选阈值的敏感度较高。如果使用最近邻比值法，则可以区分相似程度接近的特征，并减少对固定阈值的依赖。运用最近邻比值法对特征进行匹配的示例如图 9-3 所示，对于一幅图像中的两个待匹配特征 $\boldsymbol{D}_A$ 和 $\boldsymbol{D}_B$，$\boldsymbol{D}'_A$ 和 $\boldsymbol{D}''_A$ 是另一幅图像中对于 $\boldsymbol{D}_A$ 的最近邻和次近邻，$\boldsymbol{D}''_B$ 和 $\boldsymbol{D}'_B$ 是另一幅图像中对于 $\boldsymbol{D}_B$ 的最近邻和次近邻。

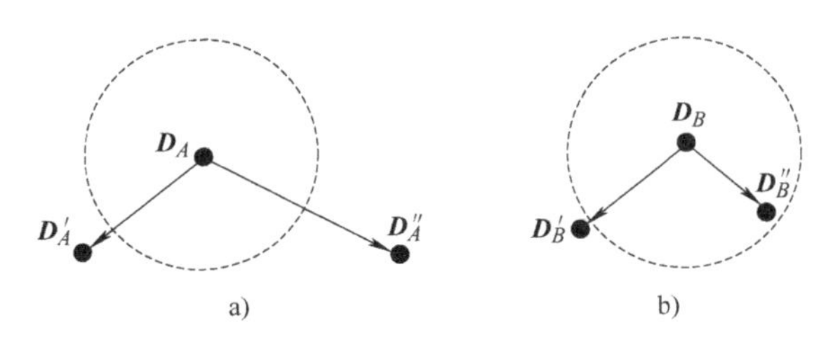

图 9-3　使用最近邻比值法判断特征匹配情况的示例

在使用最近邻比值法进行匹配判定时，根据图 9-3a，$\boldsymbol{D}'_A$ 相对于 $\boldsymbol{D}_A$ 的最近邻距离比率较小，可以推断 $\boldsymbol{D}_A'$ 是 $\boldsymbol{D}_A$ 的匹配特征；而根据图 9-3b，$\boldsymbol{D}_B''$ 相对于 $\boldsymbol{D}_B$ 的最近邻距离比率较大，可以判断 $\boldsymbol{D}_B''$ 不是 $\boldsymbol{D}_B$ 的匹配特征。

9.1.2 特征匹配的评价标准

对于图像特征匹配的结果，可以采用相应的标准进行评估。在对两幅图像进行特征匹配时，确定匹配策略后，可以对任意一对特征进行匹配判定。同一对特征使用不同的匹配策略可能导致匹配和不匹配两种不同的结果。实际上，特征的匹配情况也可分为匹配和不匹配两种。通过将匹配策略得到的结果与实际情况进行对比，可以得出以下 4 种情况：

1）TP：True Positive，被判定为匹配，事实上也是匹配，即正确肯定；

2）FN：False Negative，被判定为不匹配，但事实上匹配，即漏报；

3）FP：False Positive，被判定为匹配，但事实上不匹配，即误报；

4）TN：True Negative，被判定为不匹配，事实上也是不匹配，即正确否定。

根据这 4 种情况之间的数量关系，可以得到评价图像整体匹配质量的指标：

1. 真阳性率

真阳性率（True Positive Rate，TPR）为

$$\mathrm{TPR} = \frac{\mathrm{TP}}{\mathrm{TP} + \mathrm{FN}} \tag{9-3}$$

式中，TP 表示正确肯定的数量；TP + FN 表示事实上匹配的数量。真阳性率是衡量匹配结果的覆盖面的指标。它是指事实上匹配的特征能够被选取的比例。真阳性率越高，说明匹配方法将事实上匹配的特征判定为不匹配的情况越少。

2. 假阳性率

假阳性率（False Positive Rate，FPR）为

$$\mathrm{FPR} = \frac{\mathrm{FP}}{\mathrm{FP} + \mathrm{TN}} \tag{9-4}$$

式中，FP 表示误报的数量；FP+TN 表示事实上不匹配的数量。假阳性率与真阳性率相反，表示事实上不匹配的特征能够被选取的比例。假阳性率越高，说明匹配方法将事实上匹配的特征判定为不匹配的情况越多。

3. 阳性预测值

阳性预测值（Positive Predictive Value，PPV）为

$$\mathrm{PPV} = \frac{\mathrm{TP}}{\mathrm{TP} + \mathrm{FP}} \tag{9-5}$$

式中，TP+FP 表示参与了匹配的特征数量。阳性预测值表示所有匹配结果中正确肯定所占的比例。阳性预测值越高，说明匹配结果的准确性越高。

在特定的阈值和参数设置下，任何一种匹配策略都可以通过真阳性率和假阳性率来评估。理想情况下，真阳性率应该接近 1，而假阳性率应该接近 0。随着匹配阈值的变化，可以在二维坐标系上得到一系列点，这些点代表着“接收器操作特性”，连接这些点可以得到受试者工作特征（Receiver Operating Characteristic，ROC）曲线。ROC 曲线以假阳性率为横轴，真阳性率为纵轴，理想的 ROC 曲线如图 9-4 是一条凹向左上角的曲线，即在所有可能的假阳性率下获得最大的真阳性率。

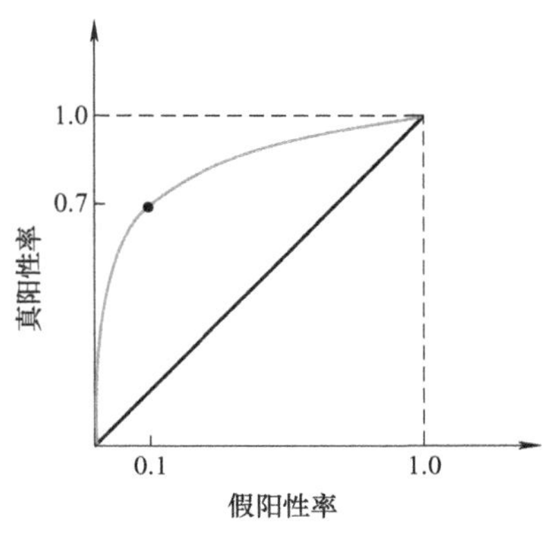

图 9-4　理想的 ROC 曲线

9.1.3　暴力匹配

在进行图像的特征匹配时，一旦确定了匹配策略，就可以确定某一对特征的匹配结果。然而，要获取整幅图像中所有特征的匹配结果，还需要选择适当的搜索策略来对所有潜在的匹配对进行搜索。其中一种最简单直观的算法是暴力匹配法（Brute-Force Matching）。该算法的基本思想是，首先从两幅图像中提取出所有的特征描述符，并将它们分别归类到两个集合中；然后，对于第一幅图像集合中的每个特征描述符，通过遍历第二个集合，找到与其距离最小的特征作为匹配特征。

暴力匹配法的主要优点是易于理解和实施。当特征描述符具有高度区分性时，它可以提供非常精确的匹配结果。然而，在区分度较低的情况下，匹配结果可能会产生大量错误的匹配和一对多的情况。因此，可以通过引入交叉匹配来改进暴力匹配方法。即在暴力匹配的基础上，对第二个集合的每个描述符与第一个集合进行遍历，取两类匹配的交集，以提高匹配的准确性。暴力匹配的复杂度是根据特征点数目的二次方级别，而交叉匹配的复杂度至少是暴力匹配的两倍。因此，在处理大规模特征集合时，效率相对较低。

取自 HPatches 数据集中的一组视角变换前后的图像，如图 9-5a、b 所示。这些图像在经过视角变换的同时还添加了额外的图像信息。通过使用暴力匹配法对这两幅图像进行特征匹配，并将匹配结果与标准结果进行比较，可以得到各组特征的匹配情况。在统计整组图像中所有特征的匹配情况后，计算相应的评价指标，从而得到暴力匹配的特点。

图 9-5a、b 经过暴力匹配后，得到的结果如图 9-5c 所示。图 9-5c 中以圆圈标记了特征点，并使用直线将匹配的特征点连接起来。暴力匹配的结果显示存在许多交叉的匹配线，同时在新增的图像部分也存在一些特征与原图像匹配的情况。整个图像组中只有很少一部分特征没有相应的匹配。

对于所得到的匹配结果，和标准结果进行了对比并进行了数据统计。根据图 9-5c 中标注的匹配特征点的数量，共有 712 个匹配特征。将其与数据集中给定的真实匹配特征进行比对后，正确匹配的数量为 315，错误匹配的数量为 397，错误否定的数量为 85，正确否定的匹配对数为 43。真阳性率为 78.8%，假阳性率为 90.2%。暴力匹配虽然在获得较多的正确匹配时表现不错，但存在大量的错误匹配，准确度不高。因此，需要使用更高效可靠的算法进行匹配。

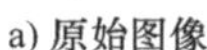

a) 原始图像　　b) 原始图像视角变换后的图像

c) 图像进行暴力匹配后的结果

图 9-5　进行暴力匹配前后的图像

9.1.4　KD-树匹配

为了解决暴力匹配准确度低且匹配速度较慢的问题，可以考虑引入一种索引结构，以便能够快速准确地找到具有给定特征的匹配特征。其中，KD-树（K-Dimensional Tree）是一种用于高维索引的树形数据结构，常用于在大规模高维数据空间中进行最近邻查找。利用 KD-树进行特征匹配需要分两步进行，即构建 KD-树和查询 KD-树。

在利用特征提取算法提取图像描述符后，使用这些描述符来构造 KD-树，方法如下：首先，选择一个特征维度（通常是描述符的某一维度），用于将数据点进行切分。可以通过循环选取或基于方差等统计信息的方法来选择维度。然后，在选定的维度上选择一个值，将数据点分为两个子集，一个子集包含小于或等于划分值的数据点，另一个子集包含大于划分值的数据点。最后，将小于划分值的数据点作为左子树构建，大于划分值的数据点作为右子树构建。对于每个子树，重复选择划分维度和划分值的步骤，直到达到终止条件，如深度达到预定值或结点包含的数据点数量小于某个阈值。

每次进行查询时，使用 KD-树来搜索与查询点最相似的特征点，具体步骤如下：首先，从根结点开始，递归地向下遍历 KD-树，在当前维度上选择与查询点值最接近的子树；然后，在每次访问的结点上计算查询点与该结点之间的距离（通常是欧氏距离）。在遍历过程中，会维护一个当前最近邻点的列表，并不断更新最近邻点。当完成对一个子树的遍历后，会回溯到父结点，并检查另一个子树是否可能包含更近的点。这一判断是基于查询点与分割超平面的距离来进行的。

KD-树是一种高效的数据结构，可用于快速查找最相似的特征点，以加快特征匹配的速度。同时，它减少了需要计算距离的特征点对的数量，从而降低了计算复杂度。以图 9-5a、b 所示的视角变换前后的图像为例，利用 KD-树匹配法进行特征匹配，结果如图 9-6 所示，与暴力匹配的结果图 9-5c 相比，可以观察到匹配线总数减少，匹配线交叉情况也减少了。此外，有更多的特征没有对应的匹配，并且在新增的图像部分中不再存在与原图像匹配的特征。图 9-6 中标注的匹配对数量为 423，与给定的标准匹配对进行比对后，正确匹配的数量为 347，错误匹配的数量为 76。此外，还有 53 个错误的否定匹配对和 364 个正确的否定匹配对。真阳性率为 86.8%，假阳性率为 17.3%。与暴力匹配相比，真阳性率有所提升，假阳性率大幅度降低，但仍存在一些错误匹配。可以得出 KD-树匹配相较于暴力匹配具有更好的准确度，但仍需要剔除误匹配点。

图 9-6 KD-树匹配结果

9.2 RANSAC 算法

在基础的图像特征匹配中，可能会出现大量错误匹配的情况。为了优化匹配结果，可以采用一定的算法。RANSAC 算法是一种迭代优化算法，能够从包含噪声（外点）的数据中准确估计数学模型参数。它也可以处理数据中的噪声，如匹配误差或曲线估计中的离群点。使用 RANSAC 算法可以剔除基础图像特征匹配结果中的错误匹配点，提高匹配的质量。

9.2.1 RANSAC 算法的基本原理

RANSAC 算法的基本前提是数据集由“内点”和“外点”组成。该算法旨在通过从包含少量“内点”的数据中估计符合“内点”的模型来解决问题。

RANSAC 是一种通过反复选择数据集并迭代估计出较好模型的算法。在图像匹配中，需要寻找一个最优的 3×3 大小的单应性矩阵 $\boldsymbol{H}$。利用 RANSAC 算法找到的最优单应性矩阵 $\boldsymbol{H}$ 需要满足该矩阵的特征匹配点最多。由于常常将矩阵归一化，所以单应性矩阵 $\boldsymbol{H}$ 只有 8 个未知参数，因此至少需要 8 个线性方程才能进行求解。在特征匹配点对应的位置信息上，一组特征匹配点可以得到两个线性方程，因此至少需要 4 组特征匹配点对才能求解单应性矩阵 $\boldsymbol{H}$：

$$s\begin{bmatrix} x' \\ y' \\ 1 \end{bmatrix} = \begin{bmatrix} h_{11} & h_{12} & h_{13} \\ h_{21} & h_{22} & h_{23} \\ h_{31} & h_{32} & h_{33} \end{bmatrix}\begin{bmatrix} x \\ y \\ 1 \end{bmatrix}(x',y') \tag{9-6}$$

式中，(x,y)是目标图像角点位置；(x',y')是场景图像角点位置；s是尺度参数。

RANSAC 算法从匹配数据集中采用随机抽样的方法，确保所选取的 4 个样本不共线。然后通过计算这 4 个样本的单应性矩阵，利用该模型对所有数据进行测试，并计算满足该模型的数据点数量以及它们的投影误差（即代价函数）。如果该模型被认为是最优模型，则相应的代价函数将是最小的，计算代价函数的公式如下：

$$\mathcal{L} = \sum_{i=1}^{n}\left(x_i' - \frac{h_{11}x_i + h_{12}y_i + h_{13}}{h_{31}x_i + h_{32}y_i + h_{33}}\right)^2 + \left(y_i' - \frac{h_{21}x_i + h_{22}y_i + h_{23}}{h_{31}x_i + h_{32}y_i + h_{33}}\right)^2 \tag{9-7}$$

以下是用 RANSAC 算法进行图像匹配的步骤：

1）从特征点匹配的数据集中随机抽出 4 个样本数据（此 4 个样本之间不能共线），然后计算出变换矩阵 $\boldsymbol{H}$，记为模型 M。

2）计算数据集（所有特征匹配点）中所有数据与模型 M 的投影误差。若数据的投影误差小于设定的阈值，则将该数据加入内点集 I。

3）如果当前内点集 I 元素的个数大于最优内点集 I_{best}，则更新 $I_{\text{best}}=I$，同时更新迭代次数 k（最优内点集不一样，对应的更新迭代次数 k 也就不同，下面会有 k 的计算公式）。

4）如果计算的迭代次数大于 k（由 I_{best} 计算得到），则退出，否则迭代次数加 1，并重复上述步骤。

迭代次数在不大于最大迭代次数 k 的情况下，迭代次数加 1。一旦大于最大迭代次数 k，计算停止，迭代结束。其中需要说明的是，最大迭代次数 k 是由最优内点集 I_{best} 所决定的，一旦最优内点集发生改变，最大迭代次数 k 就会发生改变。其计算公式如下：

$$k = \frac{\log(1-p)}{\log(1-w^m)} \tag{9-8}$$

式中，p是置信度，一般取 0.995；w是内点的比例；m是计算模型所需要的最少样本数。

在对图 9-5a、b 所示图像进行 KD-树匹配的基础上，引入 RANSAC 算法对 KD-树匹配的结果进行优化，剔除 KD-树匹配中的错误匹配点。其匹配结果如图 9-7 所示，与 KD-树匹配的结果图 9-6 相比，交叉匹配线的数量进一步减少，新增图像部分同样不存在与原图像匹配的特征。

经过对比匹配结果和标准结果，发现图 9-7 中有 351 个匹配对。将其与标准匹配对进行比对后，正确匹配的数量为 343，错误匹配的数量为 8，错误否定的数量为 57，而正确否定的匹配对数为 432。真阳性率为 85.8%，假阳性率为 1.8%。与 KD-树匹配的结果相比，RANSAC 算法在真阳性率基本不变的情况下，进一步降低了假阳性率。RANSAC 算法能够很好地处理异常数据，可以从图像中剔除错误匹配，提高图像特征匹配的准确性。

图 9-7　应用 RANSAC 匹配的结果

9.2.2　RANSAC 算法的优点和局限性

在特征匹配领域，运用 RANSAC 算法有多项优势：首先，RANSAC 对于包含噪声和异常值的数据表现出很强的鲁棒性。通过随机选择一小部分数据进行模型估计，RANSAC 能够有效地抵御噪声和离群值的干扰。其次，RANSAC 能够自动选择数据拟合的参数，无需用户提供精确的参数估计，因此适用于各种应用领域。最后，RANSAC 算法可以轻松地应用于处理大规模数据集。由于每次迭代只需随机选择一个子集，因此它适合处理大型数据集。

同时，RANSAC 算法也存在一定的局限性：一方面，RANSAC 的性能直接受到模型估计的准确性影响，由于 RANSAC 需要进行大量迭代，寻找合适的模型参数可能需要很长时间，这在大规模数据集上可能不够高效；另一方面，虽然 RANSAC 可以自动选择参数，但用户仍需指定一些参数，如采样次数和拟合阈值等，这些参数的选择可能会对结果产生影响，并且不同的数据集可能需要不同的参数设置。此外，RANSAC 的性能还依赖于随机采样的质量，不同的随机采样可能导致不同的结果，因此它的输出可能不够稳定。

目前，RANSAC 算法可以通过采用更复杂的模型或改进参数估计方法来提高准确性。例如，可以使用鲁棒的优化算法（如 Levenberg-Marquardt 算法）来获取更精确的模型参数。与传统的 RANSAC 不同，它使用固定阈值来判断哪些点符合模型，这种做法对于不同的数据集可能不够敏感。为了更好地适应不同的场景，可以采用动态阈值的方式，根据当前模型的性能和数据的分布来调整阈值。此外，还可以利用深度学习的嵌入能力，在 RANSAC 的过程中提供更好的初始估计，从而加速收敛速度并提高算法的稳健性。

9.3　典型应用及相关程序

9.3.1　暴力匹配示例

下述以数据集 HPatches 中的图像为示例，该数据集中包含 116 组图像，每组包含同一图像在不同光照或视角下的 16 张图像。选取一组图像如图 9-5a、b 所示，对其进行图像特征的暴力匹配的步骤如下：

1）提取特征描述符，代码如下：

```
# 创建SIFT
sift = cv2.xfeatures2d.SIFT_create()
# 得出特征和描述点
kp1, des1 = sift.detectAndCompute(gray1, None)
kp2, des2 = sift.detectAndCompute(gray2, None)
```

引用 xfeatures2d 模块中的 SIFT 算法，利用 SIFT 函数找到输入图像的特征并计算描述符，然后用 kp 和 des 表示这两个变量。程序中 None 是传递给函数的参数，用于表示不使用任何特定的掩码图像，即不限制 SIFT 算法的工作区域。

2）创建暴力匹配器并匹配，代码如下：

```
# 创建匹配器
bf = cv2.BFMatcher(cv2.NORM_L2, crossCheck=True)
# 特征匹配
matches = bf.match(des1, des2)
```

引用暴力匹配函数来创建暴力匹配器，其中第一个参数 normType 用来指定要使用的距离度量类型，默认值为 cv2.NORM_L2，表示欧氏距离，其他方式还包括曼哈顿距离 cv2.NORM_L1、汉明距离 cv2.NORM_HAMMING；第二个参数是布尔变量 crossCheck，默认值为 False，如果设置为 True，则会进行交叉匹配。只有两个特征相互都是对方的最近特征时，才判定两个特征匹配。

3）输出匹配图像，代码如下：

```
# 绘制匹配特征点
destination = cv2.drawMatches(img1=img1, keypoints1=kp1, img2=img2, keypoints2=kp2,
                              matches1to2=matches, outImg=None, matchColor=(0,255,0),
                              singlePointColor=None, matchesMask=None)
cv2.imshow('destination', destination)
cv2.waitKey(0)
cv2.destroyAllWindows()
```

采用 cv2.drawMatches() 函数在最佳匹配的特征之间绘制直线，并输出匹配后图像，如图 9-5c 所示。

9.3.2 KD-树匹配示例

此处同样使用图 9-5a、b 所示的两张图像进行特征的 KD-树匹配。OpenCV 的 FLANN（Fast Library for Approximate Nearest Neighbors）是一个用于高效近似最近邻搜索的库，其主要目标是在大规模数据集中高效地找到近似的最近邻。FLANN 采用了一些高效的数据结构和算法，其中就包含 KD-树、Ball-树、LSH（Locality Sensitive Hashing，局部敏感散列）等，以提高最近邻搜索的效率，大大加速匹配过程。进行 KD-树匹配的步骤如下：

1）构建 FLANN 匹配器，代码如下：

```
# 使用KD-TREE算法，树的层级使用5
index_params = dict(algorithm=1, trees=5)
search_params = dict(checks=50)
# 创建匹配器
flann = cv2.FlannBasedMatcher(index_params, search_params)
```

在利用特征提取和描述的程序得到图像特征点的描述符后，要构建 FLANN 匹配器。其中，index_params 用于设置 FLANN 匹配器的索引参数，algorithm=1 表示使用 KD-树算法构建索引，trees=5 表示 KD-树索引的树的数量；search_params 用于设置 FLANN 匹配器的搜索参数，checks=50 表示在搜索期间进行的检查次数，检查次数影响匹配器在查找最近邻点时的速度和准确性，较大的 checks 值可以提高搜索的准确性，但也会增加计算时间。

2）确定匹配策略，选用最近邻比值法作为判定策略，代码如下：

```
good = []
for i, (m, n) in enumerate(matches):
    if m.distance < 0.75*n.distance:
        good.append(m)
```

3）输出匹配图像，代码如下：

```
destination = cv2.drawMatchesKnn(img1=img1, keypoints1=kp1, img2=img2, keypoints2=kp2,
                                  matches1to2=[good], outImg=None,)
cv2.imshow('destination', destination)
cv2.waitKey(0)
cv2.destroyAllWindows()
```


采用 cv2.drawMatchesKnn() 函数绘制匹配点间的直线，并输出匹配后的图像，如图 9-6 所示。

9.3.3　基于 RANSAC 算法的匹配示例

在 KD-树图像特征匹配的基础上，运用 RANSAC 算法对错误匹配进行剔除。进行 RANSAC 算法匹配的步骤如下：

1）定义匹配函数，代码如下：

```
def get_good_match(des1, des2):
    bf = cv2.BFMatcher()
    matches = bf.knnMatch(des1, des2, k=2)
    matches = sorted(matches, key=lambda x: x[0].distance / x[1].distance)
    good = []
    for m, n in matches:
        if m.distance < 0.75 * n.distance:
            good.append(m)
    return good
```

2）构建变换矩阵 $\boldsymbol{H}$，代码如下：

```
if len(goodMatch) > 4:
    ptsA = np.float32([kp1[m.queryIdx].pt for m in goodMatch]).reshape(-1, 1, 2)
    ptsB = np.float32([kp2[m.trainIdx].pt for m in goodMatch]).reshape(-1, 1, 2)
    ransac_Threshold = 4
```

首先，通过一个条件语句，检查是否有足够多的好的匹配点，通常至少需要 4 个匹配点来估计透视变换矩阵 $\boldsymbol{H}$；然后，将好的匹配点从 kp1 和 kp2 中提取出来，分别存储在 ptsA 和 ptsB 中，这些点将用于矩阵 $\boldsymbol{H}$；最后，定义 RANSAC 算法的阈值，从而剔除离群点。

3）进行透视变换，代码如下：

```
H, status = cv2.findHomography(ptsA, ptsB, cv2.RANSAC, ransac_Threshold);
imgOut = cv2.warpPerspective(img2, H, (img1.shape[1], img1.shape[0]),
                             flags=cv2.INTER_LINEAR + cv2.WARP_INVERSE_MAP)
```

使用 cv2.findHomography() 函数估计透视变换矩阵并将匹配图像 img2 进行透视变换，以使其对齐到模板图像的坐标空间，其中 img1.shape[1] 和 img1.shape[0] 表示输出图像的宽度和高度，确保输出图像的大小与模板图像相同。

4）输出匹配图像，代码如下：

```
img5 = cv2.drawMatches(img3, kp3, img4, kp4, goodMatch[:5], None, flags=2)
cv2.imshow('img', img5)
cv2.waitKey(0)
cv2.destroyAllWindows()
```


同样使用 cv2.drawMatches() 函数输出结果，如图 9-7 所示。

本章小结

在进行图像特征匹配的过程中，选定了相似性度量方法之后，有三种匹配策略可以判断一组特征的匹配情况，这三种策略是基于单阈值法的图像特征匹配、基于最近邻法的图像特征匹配、基于最近邻比值法的图像特征匹配。要获取整幅图像中所有特征的匹配结果，还需要选择适当的搜索策略来对所有潜在的匹配对进行搜索，常见的搜索策略包括暴力匹配和 KD–树匹配。匹配结果的质量可以通过真阳性率、假阳性率和 ROC 曲线来评价。在得到基础匹配的结果后，还可以通过 RANSAC 算法剔除结果中的噪声，从而提高匹配质量。

思考题与习题

9-1　最近邻法相比于单阈值法在进行图像匹配时有何优势？

9-2　应用单阈值法、最近邻法、最近邻比值法判断图 9-8 中的匹配情况。

9-3　在进行暴力匹配时，会存在大量的误匹配，怎样在其基础上进行改进，从而减少误匹配的数量?

9-4　简述用 RANSAC 算法在图 9-9 中的数据点中拟合直线的过程。

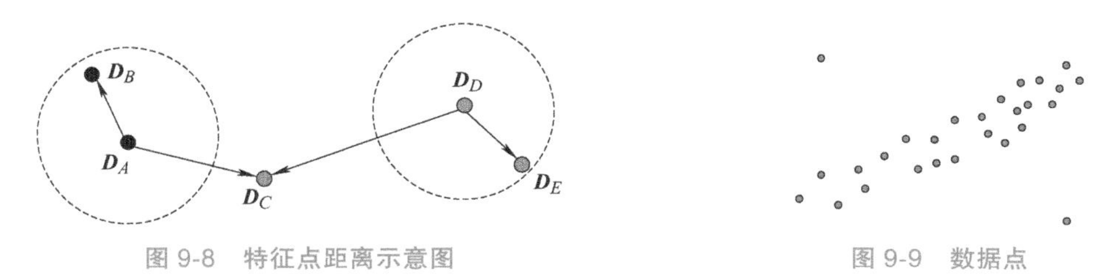

图 9-8　特征点距离示意图　　　图 9-9　数据点

9-5　假设有以下数据点集合，构建一个 KD- 树：(2，3)，(5，4)，(9，6)，(4，7)，(8，1)，(7，2)。简述其步骤。

9-6　给定题 9-5 中的 KD- 树和一个查询点（6，3），请描述如何在 KD- 树中搜索最近邻的数据点。

参考文献

[1] 王珂，邓安健，臧文乾．基于改进 ORB 和匹配策略融合的图像配准方法 [J]. 测绘与空间地理信息，2023，46（2）：43-47.

[2] 冈萨雷斯．数字图像处理 [M]. 4 版．北京：电子工业出版社，2020.

[3] 张铮．数字图像处理与机器视觉 [M]. 2 版．北京：人民邮电出版社，2014.

[4] FISCHLER M A，BOLLES R C. Random sample consensus：A paradigm for model fitting with applications to image analysis and automated cartography[J]. Communications of the ACM，1981，24（6）：381-395.

[5] LEPETIT V，FUA P. Keypoint recognition using randomized trees[J]. IEEE Transactions on Pattern Analysis and Machine Intelligence，2006，28（9）：1465-1476.

第 3 篇

高层视觉：
立体视觉与图像理解

第 10 章　视觉系统构建
——三维场景与二维图像的联系

引言

视觉系统在现代科技和工程领域中扮演着至关重要的角色。它是一种模仿人类视觉系统的技术，能够通过感知环境中可见的光信号，进行图像捕捉、处理和理解。视觉系统的搭建涉及多个关键技术，其中包括视觉成像模型和视觉系统标定。

视觉成像模型是描述光学成像过程的数学模型，它通过建立相机和场景之间的关系，将三维世界中的物体映射为二维图像。这些模型基于光的物理性质和相机的内部参数，能够帮助人们理解图像形成的原理和规律。通过对视觉成像模型的研究和分析，能够准确地推测出在特定条件下图像的质量、畸变、透视和尺寸等特征。

然而，要使视觉系统能够准确地捕捉和处理图像，还需要进行视觉系统的标定。视觉系统标定是指确定相机的内外参数，以及其他相关参数的校准过程。通过标定，可以获取相机的畸变参数、相机和世界坐标系之间的转换关系，从而确定视觉系统中图像数据与三维空间的映射关系。准确的系统标定对于视觉导航、目标跟踪、立体视觉等应用都至关重要。

10.1　视觉成像模型

在计算机视觉领域中，相机作为最基本的工具之一，扮演着至关重要的角色。它能够捕捉并记录周围环境的图像，将其转化为数字形式的照片，并且这些照片可以应用于各种不同的场景中。

因此，相机建模成为一个备受关注的重要问题。相机建模主要关注如何准确地模拟相机的操作和功能，以便能够更好地理解和推测摄像过程中的各种变量和参数。

通过对相机进行建模，可以更好地理解相机在不同条件下的表现，并能更精确地建立三维场景与二维图像的对应关系。这对于许多计算机视觉任务来说都是至关重要的，如图像处理、目标检测、图像识别和增强现实等。

10.1.1 针孔模型

如图 10-1 所示，如果在胶片前放置一个物体，一般情况下是无法得到该物体的像的。当在焦平面前放置一个物体时，该物体各个点的光线会同时传播到胶片上，从而导致胶片无法呈现出该物体的像。但是可以通过增加一个带有开孔的障碍物来阻挡一部分光线，以实现在胶片上观察到物体的像。小孔成像是一种特殊的成像原理，通过一个小孔只允许部分光线通过并将其投射到像平面上形成图像。这个小孔称为光心或针孔。在小孔成像中，形成的图像是倒置的，与实际物体的方向是相反的，如图 10-2 所示。

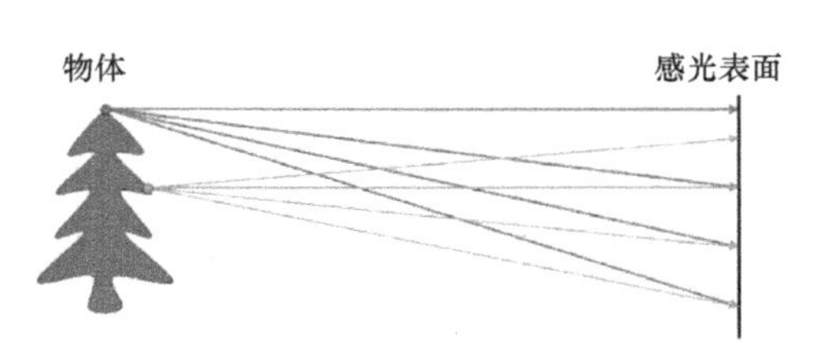

图 10-1 针孔相机初级模型

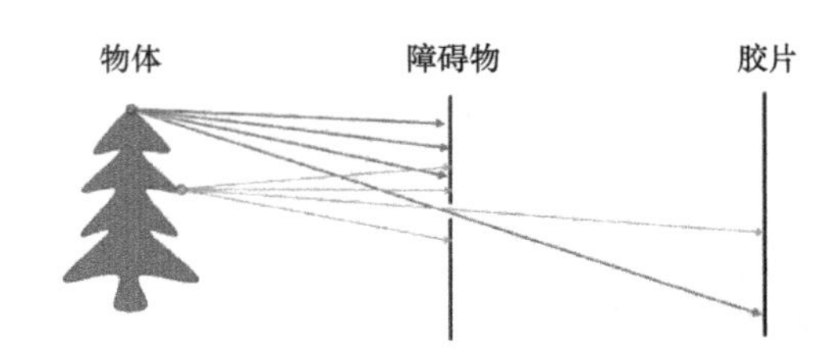

图 10-2 针孔相机简易模型

大约两千四五百年以前，我国的学者墨翟（墨子）和他的学生做了世界上第一个小孔成倒像的实验。《墨经》中这样纪录了小孔成像："景到，在午有端，与景长。说在端。""景。光之人，煦若射，下者之人也高；高者之人也下。足蔽下光，故成景于上；首蔽上光，故成景于下。在远近有端，与于光，故景库内也。"

这里的"到"古文通"倒"，即倒立的意思。"午"指两束光线正中交叉的意思。"端"在古汉语中有"终极""微点"的意思。"在午有端"指光线的交叉点，即针孔。物体的投影之所以会出现倒像，是因为光线为直线传播，在针孔的地方，不同方向射来的光束互相交叉而形成倒影。"与"指针孔的位置与投影大小的关系而言。"光之人，煦若射 "是一句很形象的比喻，"煦"即照射，照射在人身上的光线，就像射箭一样。"下者之人也高；高者之人也下"是说照射在人上部的光线，则成像于下部；而照射在人下部的光线，则成像于上部。于是，直立的人通过针孔成像，投影便成为倒立的。"库"指暗盒内部而言。"在远近有端，与于光"指出物体反射的光与影像的大小同针孔距离的关系。物距越远，像越小；物距越近，像越大。针孔成像公式为

$$\frac{h}{u}=\frac{h_i}{v} \tag{10-1}$$

式中，u 是物距；v 是像距；h 是物体的高度，h_i 是像的高度。

对于理想的针孔成像，只有一束光线能够通过小孔并投射到胶片上。由于光线的传播是沿着直线进行的，理想的针孔成像会产生非常锐利的图像，不会出现像平面上的模糊现象。

然而，由于针孔的尺寸非常小，光线通过针孔时会发生衍射效应。衍射是光线通过小孔后在胶片上成像的过程中发生的一种现象。衍射会导致光线在胶片上形成干涉和交织的模式，从而使图像产生衍射效应。这种效应会导致图像边缘产生轻微的扩散和模糊，使整个图像看起来稍微暗淡。

衍射效应的具体表现取决于针孔的尺寸和光线的波长。较小的针孔会产生更明显的衍射效应，而较长波长的光线也会增强衍射效应。因此，理想的针孔成像下，图像会呈现出衍射效应所带来的某种程度的暗淡和轻微模糊。

在这个针孔模型中，要注意的是，假设孔径是一个单点。然而，在现实世界的大多数情况下，不能假设孔径是无限小的。当孔径尺寸增大时，穿过屏障的光线数量也会增多。随着更多的光线通过，胶片上的每个点都可能受到来自三维空间中多个点的光线的影响，从而使图像变得模糊。尽管尝试将孔径尽可能缩小，但较小的孔径会导致通过的光线减少，从而产生清晰但较暗的图像。如图 10-3 所示，可以清楚地看到，随着孔径从 2mm 缩小到 0.35mm，图像的清晰度逐渐提高。这是因为较大的孔径意味着胶片上的一个点会接收到来自物体上多个不同位置的光线，导致成像模糊；而较小的孔径则使得胶片上的一个点主要接收来自物体上更小区域的光线，从而提高成像的清晰度。

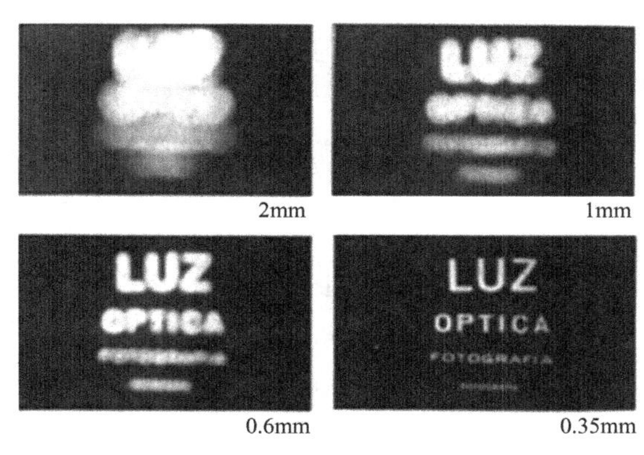

图 10-3 针孔大小对图像的影响

10.1.2 薄透镜模型

与针孔相比，透镜可以更好地控制光线的折射和聚焦，因此可以在成像过程中解决清晰度和亮度之间的冲突。相机中的透镜系统根据需要使用不同的镜片来控制光线，以使其在胶片上形成清晰、明亮的图像。

当使用合适大小的透镜来取代针孔进行成像时，光线从物体发出时会被透镜折射并聚焦到胶片上的一个点上。这是因为透镜能够根据其形状和折射率的不同，使光线的传播路径发生弯曲和折射。

透镜的大小和形状会影响成像的效果。对于理想的透镜模型来说，光线从物体不同的部分发出时，会经过透镜的不同区域，并根据透镜的形状和物体的位置进行折射。这一过程使得来自物体各个部分的光线都能在胶片上聚焦到一点上，形成清晰的图像，如图 10-4 所示。

在透镜模型中，平行于光轴的光线会被透镜聚焦在焦点处。因此，焦点是指距离透镜最近的一个点，它能够将平行于光轴的光线聚集在一起。同时，如果光线垂直于光轴，那么它将会直接通过透镜，不会被折射或偏转。

在透镜的物理模型中，通常会用到两个关键概念：焦距 f 和成像公式。焦距是指透镜将光线聚焦到该透镜的一点处所需要的距离。成像公式则是描述物体距离透镜、像距离透镜和透镜的焦距之间的关系。当光线传播方向穿过光学中心后，它们的传播路径可以近似为一条直线，这意味着只需要在光线传播路线上确定两个点，即可使用成像公式计算出物体的位置和大小，如图 10-5 所示。

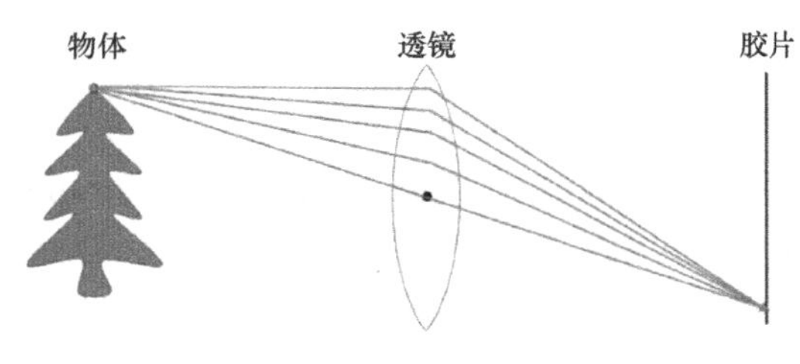

图 10-4　透镜折射模型

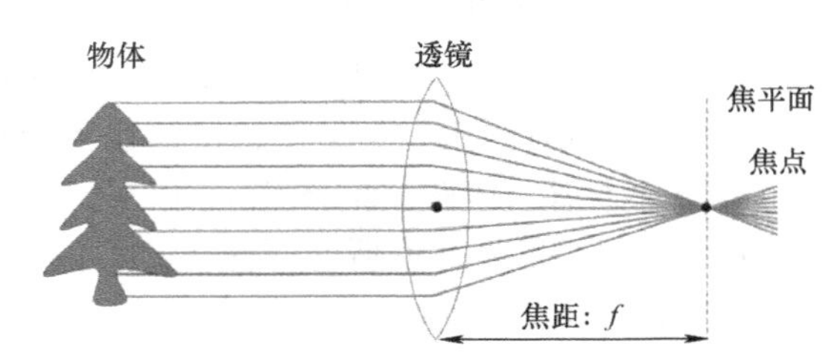

图 10-5　透镜折射光线演示

薄透镜成像公式是用来描述薄透镜成像性质的一个基本公式。薄透镜成像模型如图 10-6 所示。它是基于几何光学的近似，适用于薄透镜、光线近轴传播以及物体透镜远大于焦距的情况。薄透镜成像公式可以表示为

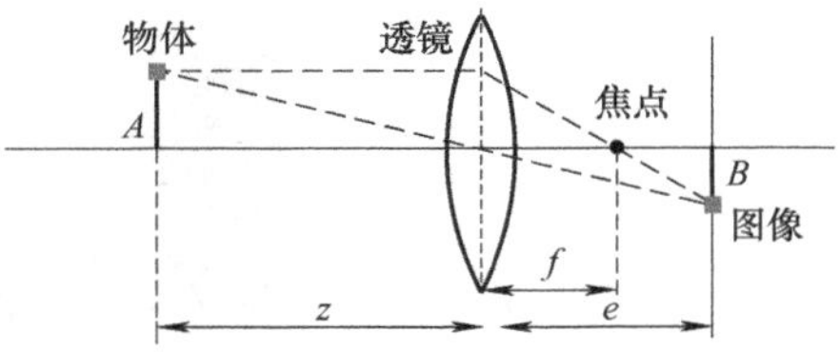

图 10-6　薄透镜成像模型

$$\frac{1}{z}+\frac{1}{e}=\frac{1}{f} \tag{10-2}$$

式中，f是透镜的焦距；e 是图像距离透镜的距离（像距）；z 是物体距离透镜的距离（物距）。这个公式表明了物体和图像距离透镜的关系。当已知其中两个参数时，可以使用薄透镜公式来计算第三个参数。具体来说，如果物体距离透镜很远（z 趋近于无穷大），这意味着焦距等于像距。这种情况下，焦点在透镜的另一侧，图像也会在这一侧。薄透镜成像公式可以简化为

$$\frac{1}{e}=\frac{1}{f} \tag{10-3}$$

薄透镜成像模型是一种简化的光学系统模型，它提供了一种基于几何光学近似的方便计算薄透镜成像的方法。通过掌握薄透镜成像模型，可以更好地理解现代相机、显微镜和其他光学系统的成像原理，进而对影响成像效果的参数进行优化。

10.1.3　透视投影模型

下面将详细讨论从三维世界到已知的数字图像投影建模所涉及的参数细节。虽然使用针孔模型进行结果导出，但同样适用于近轴折射模型。如前所述，三维空间中的点 P 可以投影到图像平面上的二维点 P'，这个映射称为投影变换。然而，三维点在图像平面上的投影并不直接对应其在实际三维空间中的位置。这是因为数字图像中的像素点通常与图像平面中的点处于不同的坐标系中。此外，数字图像被分为离散的像素，而图像平面中的点是连续的。还有一些非线性因素，如失真等，被图像传感器引入。为了解释这些差别，将引入一些变换，以便将三维世界中的任意点映射到像素坐标平面上。

小孔成像模型是相机成像中最常用的模型之一。在这个模型中，物体的空间坐标和图像坐标之间存在线性关系，因此相机参数的求解可以简化为解线性方程组的问题。图 10-7 展示了世界坐标系、相机坐标系、图像坐标系和像素坐标系之间的关系。

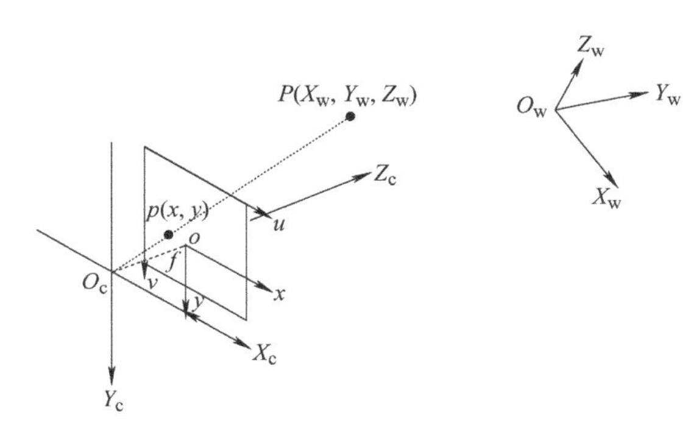

图 10-7　不同坐标系对应位置联系

图像处理中涉及以下 4 个坐标系：

$O_wX_wY_wZ_w$：世界坐标系，是用来描述相机位置的坐标系，单位为 m（米）。它是客观三维世界的绝对坐标系，也称为客观坐标系。由于数码相机位于三维空间中，所以需要世界坐标系作为参考，来描述相机的位置，以及描述其他物体在这个三维环境中的位置，用（X_w，Y_w，Z_w）来表示它们的坐标值。

$O_cX_cY_cZ_c$：相机坐标系，以相机光心为原点（在针孔模型中也即针孔为光心），Z_c 轴与光轴重合，指向相机的前方（与成像平面垂直），X_c 轴与 Y_c 轴的正方向与物体坐标系平行。

oxy：图像坐标系，以相机光轴与像素坐标系的交点位置为坐标原点，单位为 mm（毫米）。

uv：像素坐标系，以图像左上角为原点，单位为像素。u 轴和 v 轴分别与图像坐标系的 x 轴和 y 轴平行，并用（u，v）表示其坐标值。相机采集到的图像一开始是以标准电信号的形式存在，然后通过模数转换转变为数字图像。每幅图像以一个 $M\times N$ 的数组的形式进行存储，其中 M 行 N 列的图像中的每个元素代表该图像点的灰度值。这样的每个元素称为像素，像素坐标系则是基于像素单位的图像坐标系。

在图 10-7 中，P 代表世界坐标系中的一个点，即真实三维世界中的点；p 代表点 P 在图像中的成像点，在图像坐标系中的坐标表示为（x，y），在像素坐标系中的坐标表示为（u，v）；f 代表相机焦距，即 o 和 O_c 之间的距离。

世界坐标系到相机坐标系的转化：从世界坐标系变化到相机坐标系属于刚体变换，即物体不会发生形变，只需要进行旋转和平移。如图 10-8 所示，$\boldsymbol{R}$ 是一个 3×3 的旋转矩阵，$\boldsymbol{T}$ 是 3×1 的平移向量。

由图 10-8 可以得到 P 点在相机坐标系中的坐标为

$$\begin{bmatrix} X_c \\ Y_c \\ Z_c \end{bmatrix} = \boldsymbol{R}\begin{bmatrix} X_w \\ Y_w \\ Z_w \end{bmatrix} + \boldsymbol{T} \tag{10-4}$$

$$\begin{bmatrix} X_c \\ Y_c \\ Z_c \\ 1 \end{bmatrix} = \begin{bmatrix} \boldsymbol{R} & \boldsymbol{T} \\ 0 & 1 \end{bmatrix} \begin{bmatrix} X_w \\ Y_w \\ Z_w \\ 1 \end{bmatrix} \tag{10-5}$$

相机坐标系是指相机内部的坐标系，它是三维的，可以表示相机内的位置、方向和姿态等信息。图像坐标系是指相机传感器上的坐标系，它是二维的，表示相机所拍摄图像的位置和分辨率等信息。为了实现从三维的相机坐标系到二维的图像坐标系的转化，需要进行坐标系变换。

相机坐标系到图像坐标系的转化：两坐标系属于投射投影关系，从三维转化成二维，如图 10-9 所示。

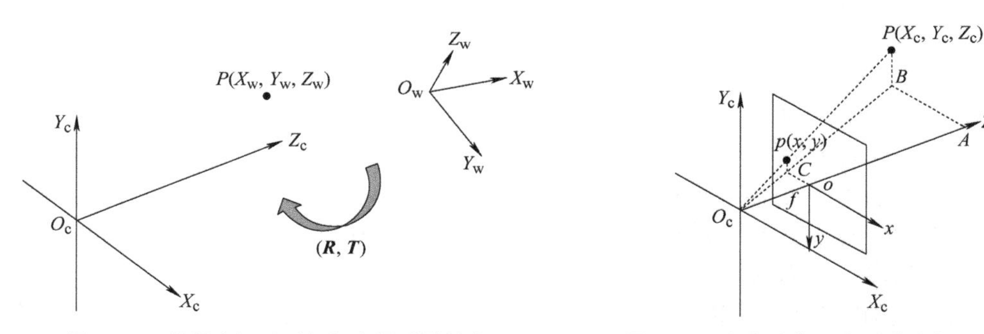

图 10-8 世界坐标系到相机坐标系的转化

图 10-9 相机坐标系与图像坐标系的转化

由于 $\triangle ABO_c \sim \triangle oCO_c$ 与 $\triangle PBO_c \sim \triangle pCO_c$ 可得

$$\frac{AB}{oC} = \frac{AO_c}{oO_c} = \frac{PB}{pC} = \frac{X_c}{x} = \frac{Z_c}{f} = \frac{Y_c}{y} \tag{10-6}$$

由上式可得

$$\begin{cases} x = f\dfrac{X_c}{Z_c} \\ y = f\dfrac{Y_c}{Z_c} \end{cases} \tag{10-7}$$

进行形式变换可得

$$Z_c \begin{bmatrix} x \\ y \\ 1 \end{bmatrix} = \begin{bmatrix} f & 0 & 0 & 0 \\ 0 & f & 0 & 0 \\ 0 & 0 & 1 & 0 \end{bmatrix} \begin{bmatrix} X_c \\ Y_c \\ Z_c \\ 1 \end{bmatrix} \tag{10-8}$$

图像坐标系与像素坐标系的转化：在进行两者关系确定之前，假设每个像素在 u 轴和 v 轴方向上的物理尺寸分别为 dx 和 dy。值得注意的是，像素坐标系和图像坐标系都位于成像平面上，它们的原点和度量单位不同。图像坐标系的原点通常位于相机光轴与成像平面的交点，一般情况下该点位于成像平面的中心位置。图像坐标系的度量单位是毫米，属于物理尺寸单位，而像素坐标系的度量单位是像素，通常描述一个像素点的位置是通过行数和列数来表示的，如图 10-10 所示。

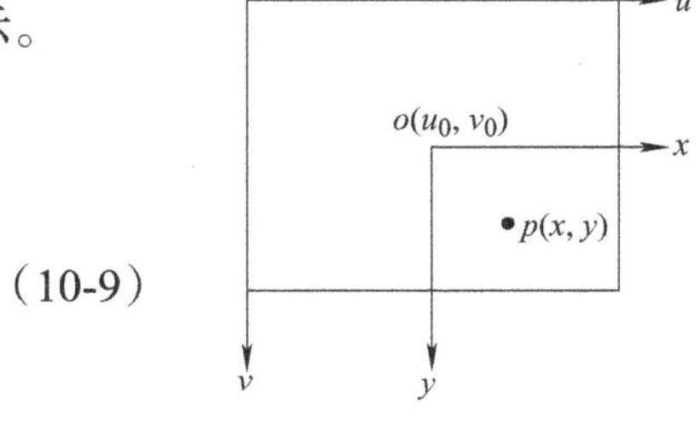

图 10-10　图像坐标系与像素坐标系的转化

由图 10-10 可得

$$\begin{cases} u = \dfrac{x}{\mathrm{d}x} + u_0 \\ v = \dfrac{y}{\mathrm{d}y} + v_0 \end{cases} \tag{10-9}$$

进行形式变换可得

$$\begin{bmatrix} u \\ v \\ 1 \end{bmatrix} = \begin{bmatrix} \dfrac{1}{\mathrm{d}x} & 0 & u_0 \\ 0 & \dfrac{1}{\mathrm{d}y} & v_0 \\ 0 & 0 & 1 \end{bmatrix} \begin{bmatrix} x \\ y \\ 1 \end{bmatrix} \tag{10-10}$$

同时可以用另一种矩阵表示方式：

$$\begin{bmatrix} x \\ y \\ 1 \end{bmatrix} = \begin{bmatrix} \mathrm{d}x & 0 & -u_0\mathrm{d}x \\ 0 & \mathrm{d}y & -v_0\mathrm{d}y \\ 0 & 0 & 1 \end{bmatrix} \begin{bmatrix} u \\ v \\ 1 \end{bmatrix} \tag{10-11}$$

式中，(u_0, v_0) 是图像坐标系原点在像素坐标系中的坐标；$\mathrm{d}x$ 和 $\mathrm{d}y$ 分别是每个像素在图像平面 x 和 y 方向上的物理尺寸。

通过以上 4 个坐标系的转换可以得到一个点从世界坐标系转换到像素坐标系的公式：

$$\begin{aligned} Z_{\mathrm{c}} \begin{bmatrix} u \\ v \\ 1 \end{bmatrix} &= \begin{bmatrix} \dfrac{1}{\mathrm{d}x} & 0 & u_0 \\ 0 & \dfrac{1}{\mathrm{d}y} & v_0 \\ 0 & 0 & 1 \end{bmatrix} \begin{bmatrix} f & 0 & 0 & 0 \\ 0 & f & 0 & 0 \\ 0 & 0 & 1 & 0 \end{bmatrix} \begin{bmatrix} \boldsymbol{R} & \boldsymbol{T} \\ 0 & 1 \end{bmatrix} \begin{bmatrix} X_{\mathrm{w}} \\ Y_{\mathrm{w}} \\ Z_{\mathrm{w}} \\ 1 \end{bmatrix} \\ &= \begin{bmatrix} f_x & 0 & u_0 & 0 \\ 0 & f_y & v_0 & 0 \\ 0 & 0 & 1 & 0 \end{bmatrix} \begin{bmatrix} \boldsymbol{R} & \boldsymbol{T} \\ 0 & 1 \end{bmatrix} \begin{bmatrix} X_{\mathrm{w}} \\ Y_{\mathrm{w}} \\ Z_{\mathrm{w}} \\ 1 \end{bmatrix} \\ &= \boldsymbol{K}\boldsymbol{M}_1 \begin{pmatrix} X_{\mathrm{w}} \\ Y_{\mathrm{w}} \\ Z_{\mathrm{w}} \\ 1 \end{pmatrix} = \boldsymbol{M} \begin{pmatrix} X_{\mathrm{w}} \\ Y_{\mathrm{w}} \\ Z_{\mathrm{w}} \\ 1 \end{pmatrix} \end{aligned} \tag{10-12}$$

其中：

$$
\begin{cases}
f_x = \dfrac{f}{\mathrm{d}x} \\
f_y = \dfrac{f}{\mathrm{d}y} \\
\boldsymbol{K} = \begin{bmatrix} f_x & 0 & u_0 & 0 \\ 0 & f_y & v_0 & 0 \\ 0 & 0 & 1 & 0 \end{bmatrix} \\
\boldsymbol{M}_1 = \begin{bmatrix} \boldsymbol{R} & \boldsymbol{T} \\ 0 & 1 \end{bmatrix}
\end{cases}
\tag{10-13}
$$

式中，$\boldsymbol{K}$ 是相机的内参数矩阵；$\boldsymbol{M}_1$ 是相机的外参数矩阵。

相机的内参数是与相机自身特性相关的参数，如焦距、像素大小等。而相机的外参数描述了世界坐标系相对于相机坐标系的旋转、平移等刚性变换关系。

相机畸变是指相机成像时产生的系统性失真，包括径向畸变和切向畸变。径向畸变是由透镜非理想形状或透镜光学性能不均匀引起的一种畸变。在径向畸变中，光线在透镜表面附近的区域会更加弯曲，而远离透镜中心的区域相对较直。这会导致图像中心和边缘的比例变化，出现桶形畸变或枕形畸变，如图 10-11 所示。

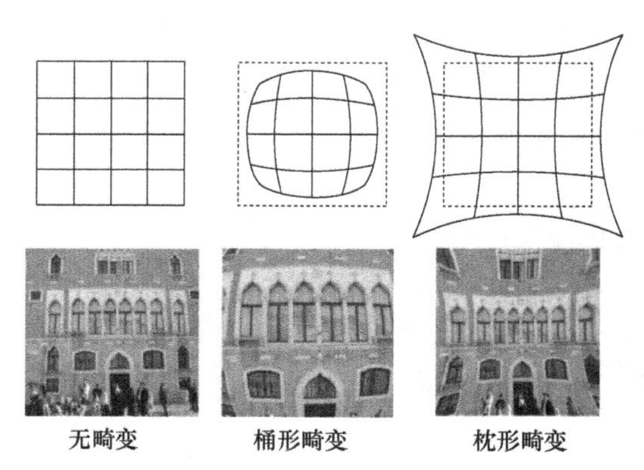

图 10-11　径向畸变

切向畸变是由相机镜头装配时不平行于图像平面引起的一种畸变。当相机镜头与图像平面不完全平行时，会导致图像中的直线出现弯曲或倾斜的现象。

畸变可以用数学形式进行描述。在平面上，任意点 p 可以用笛卡儿坐标表示为（x，y），也可以用极坐标表示为（r，θ），其中 r 表示点 p 离坐标系原点的距离，θ 表示坐标系原点与 p 点的连线与水平轴的夹角。径向畸变可以看作是坐标点沿着长度方向发生的变化 $\mathrm{d}r$，也就是其距离原点的长度发生变化。切向畸变可以看作是坐标点沿着切线方向发生的变化，也就是水平夹角发生变化 $\mathrm{d}\theta$。

对于径向畸变，不论是桶形畸变还是枕形畸变，它们都随着离中心的距离增加而增加。可以使用多项式函数来描述畸变前后的坐标变化。这类畸变可以通过与距中心距离 r 相关的二次及更高次多项式函数进行纠正：（x，y）是未纠正的点，（x_1，y_1）是纠正后的点。

$$\begin{cases} x_1 = x(1+k_1r^2+k_2r^4+k_3r^6) \\ y_1 = y(1+k_1r^2+k_2r^4+k_3r^6) \end{cases} \tag{10-14}$$

式中，k_1，k_2，k_3 为畸变系数。在式（10-14）描述的径向畸变纠正模型中，畸变程度较小的图像中心区域，主要由畸变系数 k_1 来进行纠正。而对于畸变程度较大的边缘区域，主要由畸变系数 k_2，k_3 来进行纠正。需要说明的是，这种简单的纠正方法对于一些复杂的畸变情况可能效果不佳，需要使用更高级别的畸变校正算法或更多的校正系数来纠正畸变。

切向畸变中使用 m_1 和 m_2 来进行纠正：

$$\begin{cases} x_1 = x+2m_1xy+m_2(r^2+2x^2) \\ y_1 = y+m_1(r^2+2y^2)+2m_2xy \end{cases} \tag{10-15}$$

对于相机坐标系中的一点 P（X_c，Y_c，Z_c），能够通过 5 个畸变系数找到这个点在像素平面上的正确位置：

1）将三维空间点投影到归一化图像平面。设它的归一化坐标为（x，y）。

2）对归一化平面上的点进行径向畸变和切向畸变纠正：

$$\begin{cases} x_1 = x(1+k_1r^2+k_2r^4+k_3r^6)+2m_1xy+m_2(r^2+2x^2) \\ y_1 = y(1+k_1r^2+k_2r^4+k_3r^6)+m_1(r^2+2y^2)+2m_2xy \end{cases} \tag{10-16}$$

3）将纠正后的点通过内参数矩阵投影到像素平面，得到该点在图像上的正确位置：

$$\begin{cases} u = x_1/\mathrm{d}x+u_0 \\ v = y_1/\mathrm{d}y+v_0 \end{cases} \tag{10-17}$$

10.2　视觉系统硬件选型

机器视觉系统是综合现代计算机、光学、电子技术的高科技系统。机器视觉技术通过计算机对系统摄取的图像进行处理，分析其中的信息，并做出相应的判断，进而发出对设备的控制指令。机器视觉系统的具体应用千差万别，视觉系统本身也可能有多种不同的形式，但都包括以下流程：

1）图像采集：利用光源照射被观察的物体或环境，通过光学成像系统采集图像，并通过相机和图像传感器将光学图像转换为数字图像。这是机器视觉系统的前端和信息来源。

2）图像处理和分析：计算机通过图像处理软件对图像进行处理，分析获取其中的有用信息。例如，印制电路板图像中是否存在线路断路、纺织品图像中是否存在疵点、文档图像中存在哪些文字等。这是整个机器视觉系统的核心。

3）判断和控制：图像处理获得的信息最终用于对对象（被测物体、环境）的判断，并形成对应的控制指令，发送给相应的机构。例如，在摄取的零件图像中，计算零件的尺寸是否与标准一致，不一致则发出报警，做出标记或进行剔除。

在整个过程中，被测对象的信息反映为图像信息，进而经过分析，从中得到特征描述信息，最后根据获得的特征进行判断和动作。最典型的机器视觉系统一般包括光源、镜头、光学成像系统、相机、图像采集卡、机器视觉软件、通信协议，如图 10-12 所示。

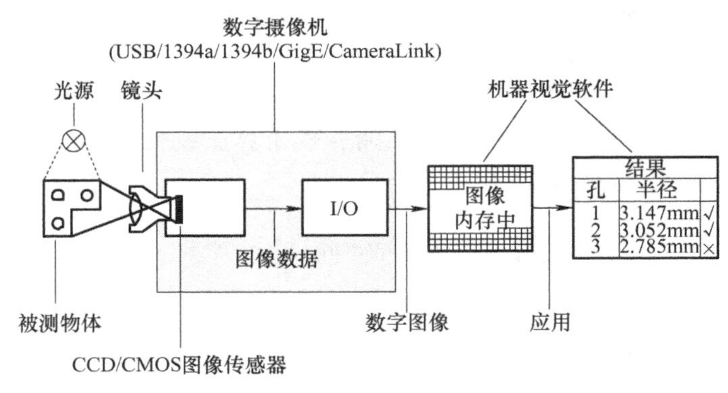

图 10-12　视觉系统组成图

10.2.1　视觉系统的硬件构成

1. 光源

视觉系统中光源是决定成像系统成像质量的主要因素之一，它对于图像质量的影响是直接的。光源提供的光照强度、光照方式、光照角度等因素都会影响获得的图像的清晰程度、对比度和亮度等视觉特性，进而影响系统的性能及实时性。各种光源如图 10-13 所示。

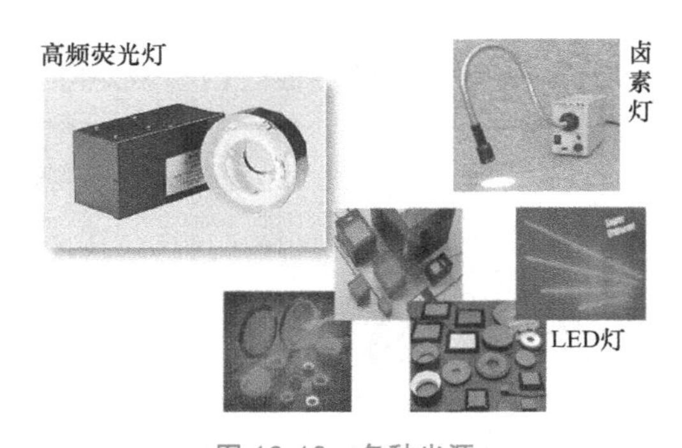

图 10-13　各种光源

不同照明光源有其各自的优点和缺点：

1）白炽灯：一种常见的光源，它的价格低廉，可以提供温暖舒适的光照。但它的寿命短，能效低，也容易产生热量和紫外线。

2）荧光灯：比白炽灯更节能，且寿命更长。但它的颜色较为单调，不能很好地还原物体的真实颜色，也存在闪烁的问题。

3）LED 灯：具有高能效、长寿命、多样化的颜色和渐变效果等优点，可制成各种形状、尺寸及各种照射角度。与其他光源相比，它的成本和初始投资较高，但随着技术的发展和普及，其成本也在逐渐降低。

针对不同的应用场景和需求，选择合适的照明光源至关重要。在实际应用中，通常需要根据实际情况综合考虑其成本、能效、寿命、颜色还原效果和光污染等因素来选择适合的照明光源。

光源的光照方式也会影响图像的质量。例如，在图像采集中，均匀光照可有效减少图像中的噪点和阴影，从而提高图像的清晰度和质量。此外，根据具体应用场景的不同，所需的光照方式也会有所不同。因此，在选择合适的光源时需要考虑到应用场景，选择适合的光照方式。当涉及照明技术时，有几种常见的光照方式：

1）前向光漫射照明。前向光漫射照明是将光源聚焦在被观察物体的前方，并以一个特定的角度照射到物体表面上，如图 10-14 所示。部分入射光被物体表面散射或反射，从而使物体的表面特征，如凹凸、纹理等更加清晰可见。这种方式常用于强调物体的表面形状和纹理。

2）背光照明。背光照明是将光源放置在被观察物体的背后，以透过物体并照亮物体，如图 10-15 所示。它在物体与背景之间产生对比度，显示出物体的边缘和轮廓。背光照明常用于检测物体的不透明度、轮廓和透光性等特征。

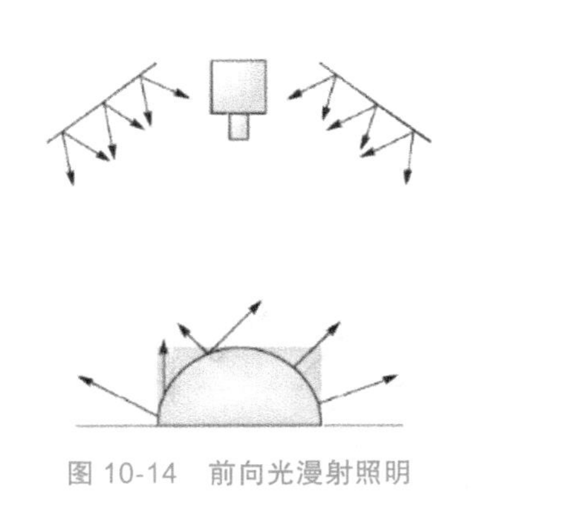

图 10-14　前向光漫射照明

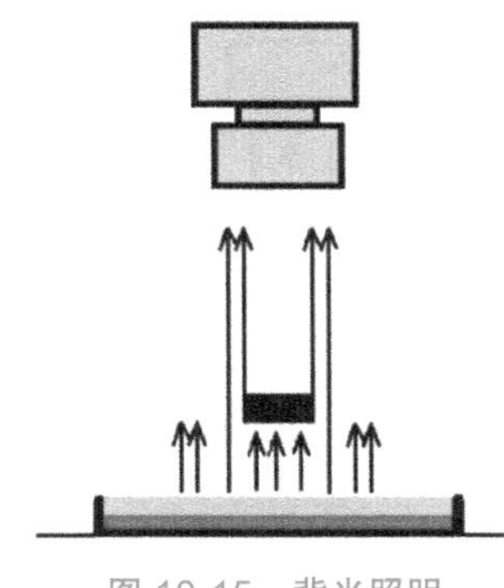

图 10-15　背光照明

3）同轴光照明。同轴光照明是将光源放置在镜头的正后方，以与被观察物体的视线方向一致，如图 10-16 所示。这种方式可以消除或减轻物体表面的反射，并提供均匀的光照，以显示物体的表面细节。同轴光照明常用于检测光滑表面或需要消除反射的应用。

2. 镜头

如果将机器视觉系统与人类视觉系统进行类比，那么相机的传感器芯片就如同人的视网膜，而镜头则相当于眼睛内的晶状体。各种现实世界中的图像都通过这个“晶状体”对光线进行变换（会聚）后，投射在“视网膜”上。在机器视觉系统中，镜头常和相机作为一个整体出现，它的质量和技术指标直接影响成像子系统的性能，合理地选择和安装镜头是决定机器视觉成像子系统成败的关键。

机器视觉成像系统使用的镜头通常由凸透镜和凹透镜结合设计而成。单个凸透镜或凹透镜是进行光束变换的基本单元。凸透镜可对光线进行会聚，也称为会聚透镜或正透镜。凹透镜对光线具有发散作用，也称为发散透镜或负透镜。两种透镜成像均遵循高斯成像公式，通过把它们结合使用，在校正各种像差和失真后，设计出具有不同结构和技术指标的复合镜头系统。与镜头相关的主要技术参数有镜头分辨率、焦距、最小工作距离、最大像面、视场 / 视场角、景深、光圈和相对孔径及其安装接口类型等。

在机器视觉系统中，镜头的主要作用是将目标成像在图像传感器的光敏面上。镜头的质量直接影响到机器视觉系统的整体性能，合理地选择和安装镜头，是机器视觉系统设计的重要环节。

镜头分辨率是指镜头在空间上能够分辨的最小细节，常使用正弦光栅来测试。从信号处理的角度来看，任何非周期图像信号都可以看作周期图像的叠加，而周期图像则可以分解为亮度按正弦变化的图形的叠加。因此，通过研究镜头对亮度按正弦变化图形的反应，可以研究镜头的性能和分辨率。正弦光栅是一种亮度按正弦变化的图像，如图 10-17 所示，其中黑白相间的栅格定义为一个线对（lp），它所占据的长度是正弦光栅的空间周期，单位是毫米。正弦光栅空间周期的倒数就是空间频率，表示每毫米内的线对数，单位是线对 / 毫米（lp/mm）。通过拍摄正弦光栅并研究每毫米内可分辨的线对数，可以了解镜头的分辨率。镜头的分辨率越高，它每毫米内能够分辨的线对数就越多。机器视觉系统设计时，只需查询镜头参数表即可获得其分辨率信息。

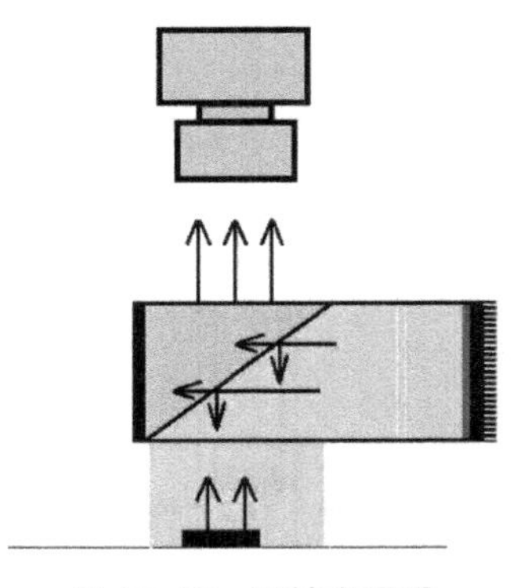

图 10-16　同轴光照明

图 10-17　正弦光栅

焦距是指无限远处目标在镜头像方成像位置到像方主面的距离。焦距决定了不同物距上目标的成像位置和成像大小。常见的镜头焦距包括 6mm、8mm、12.5mm、25mm 和 50mm 等。对机器视觉成像系统来说，工作距离就是物距。视觉系统模型假设工作距离相对于焦距为无限远。因此，镜头的产品参数中通常会说明最小工作距离。当相机在小于最小工作距离的环境下运作时，会出现图像失真，影响机器视觉系统的可靠性。

最大像面、视场 / 视场角都是用来衡量镜头成像范围的关键参数。最大像面是指镜头能支持的最大清晰成像范围（常用可观测范围的直径表示），超出这个范围所成的像对比度会降低而且会变得模糊不清。最大像面是由镜头本身的特性决定的，它的大小也限定了镜头可支持的视场的大小，如图 10-18 所示。

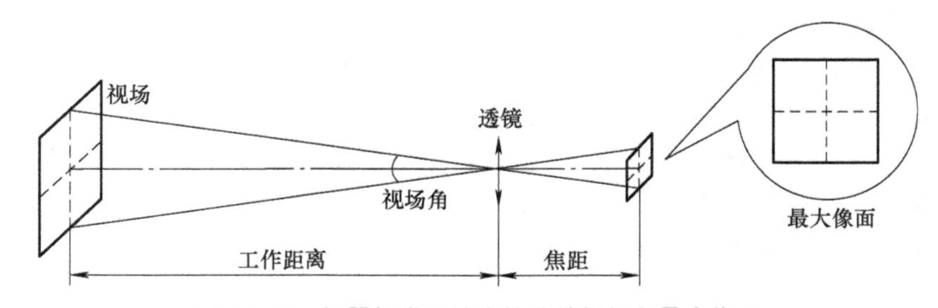

图 10-18　机器视觉系统中镜头的视场和最大像面

景深（Depth of Field，DOF）也是一个与镜头和成像系统关系十分密切的参数，它是指在镜头前沿着光轴所测定的能够清晰成像的范围。在成像系统的焦点前后，物点光线呈锥状开始聚集和扩散，点的影像沿光轴在焦点前后逐渐变得模糊，形成一个扩大的圆，这个圆称为弥散圆。若这个圆形影像的直径足够小（离焦点较近），成像会足够清晰；如果圆形再大些（远离焦点），成像就会显得模糊。当在某个临界位置所成的像不能被辨认时，则该圆就称为容许弥散圆。焦点前后两个容许弥散圆之间的距离称为焦深。在目标物一侧，焦深对应的范围就是景深，如图 10-19 所示。

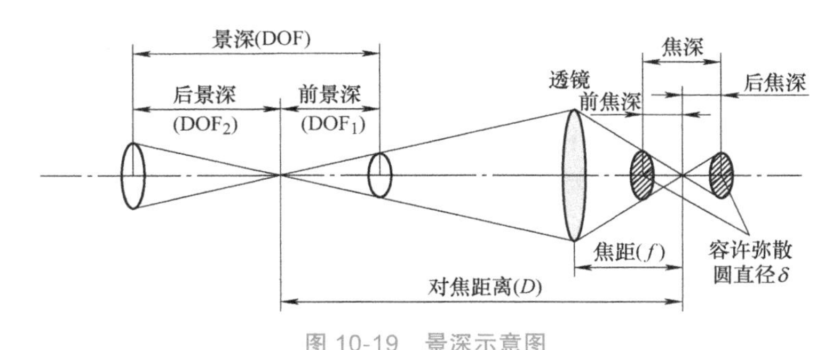

图 10-19　景深示意图

如果把观测物平面和光轴看作是三维坐标系（x，y，z），则视场在（x，y）平面上限定了观测范围，而景深则从 z 方向上确定了可清晰观测的范围。与景深相关的计算公式如下：

$$\mathrm{DOF}_1=\frac{F\delta D^2}{f^2+F\delta D}\tag{10-18}$$

$$\mathrm{DOF}_2=\frac{F\delta D^2}{f^2-F\delta D}\tag{10-19}$$

$$\mathrm{DOF}=\frac{2f^2F\delta D^2}{f^4-F^2\delta^2D^2}\tag{10-20}$$

式中，δ 是容许弥散圆的直径；f 是镜头焦距；D 是对焦距离；F 是镜头的拍摄光圈值。

光圈值 F 常用镜头焦距和镜头入瞳的有效直径 D_{in} 的比值来表示，它是镜头相对孔径 D_{r} 的倒数，即

$$D_{\mathrm{r}}=\frac{D_{\mathrm{in}}}{f}\tag{10-21}$$

$$F=\frac{1}{D_{\mathrm{r}}}=\frac{f}{D_{\mathrm{in}}}\tag{10-22}$$

从景深公式可以看出，后景深要大于前景深，而且景深一般随着镜头的焦距、光圈值、对焦距离（可近似于拍摄距离）的变化而变化。在其他条件不变时：

1）光圈越大（光圈值 F 越小），景深越小；光圈越小（光圈值 F 越大），景深越大。

2）镜头焦距越长，景深越小；焦距越短，景深越大。

3）距离越远，景深越大；距离越近，景深越小。

镜头与相机之间的物理接口必须匹配才能安装在一起搭配使用。常见的接口标准有 C 接口（C-mount）、CS 接口（CS-mount）和 F 接口（F-mount）。在机器视觉领域，目前 C 和 CS 接口的镜头及相机占主导地位，它们的唯一区别是背焦距不同，如图 10-20 所示。F 接口常用于高像素数（2048 像素以上）的线扫描相机，获取比 C 和 CS 接口镜头更大的图像。C 接口镜头的背焦距是 17.526mm，CS 接口镜头背焦距则为 12.5mm，因此，只要为 C 接口镜头配备一个 5mm 的扩展管（转换器），就可以得到 CS 接口的镜头，但 CS 镜头却不能与 C 接口的相机搭配使用。C 接口是镜头的国际标准，因此有很多 C 接口的镜头可供选择。关于 C 接口镜头和相机，有一个重要例外，就是 C 接口的 3CCD 相机不能和 C 接口镜头协同工作，因此需要查阅相机供应商提供的镜头兼容性列表。

3. 成像芯片

视觉系统的成像芯片通常指的是图像传感器，它是摄像机、智能手机、监控摄像头等电子设备中的核心部件之一。常用的 CCD（Charge-Coupled Device）芯片和 CMOS（Complementary Metal-Oxide-Semiconductor）芯片都是数字图像传感器（Image Sensor）的类型，用于捕捉光学图像并转换为电信号。

CCD 是较早的技术，它使用一系列光电二极管和电荷耦合器件来收集和传输光信号。CCD 图像传感器的工作原理是将光子转化为电子，并将电荷耦合器件中的电荷顺序传送到芯片的边缘，然后进行转换和放大以形成数字图像。CCD 实际上可以看作由多个 MOS（Metal Oxide Semiconductor）电容组成。在 P 型单晶硅的衬底上通过氧化形成一层厚度为 100 ～ 150nm 的 SiO_2 绝缘层，再在 SiO_2 表面按一定层次蒸镀一层金属或多晶硅层作为电极，最后在衬底和电极间加上一个偏置电压（栅极电压），即可形成一个 MOS 电容器，如图 10-21 所示。

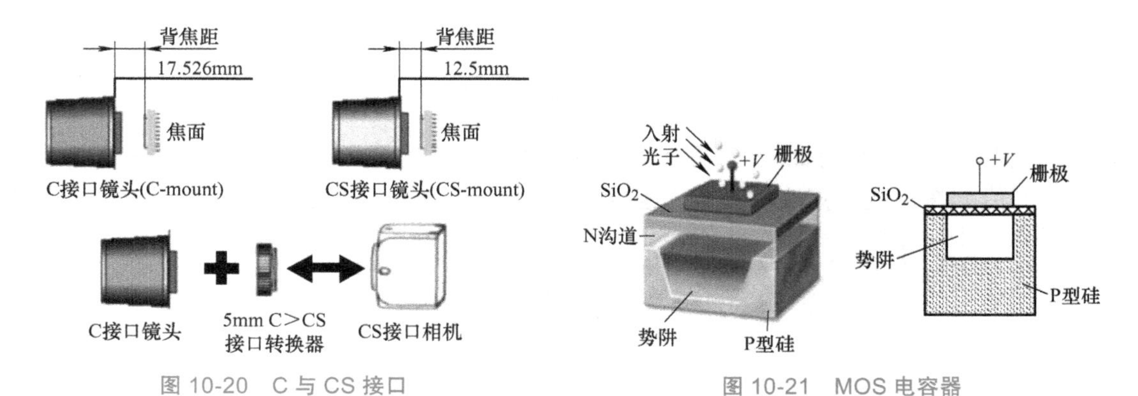

图 10-20　C 与 CS 接口　　图 10-21　MOS 电容器

当光线投射到 MOS 电容上时，光子穿过多晶硅电极及 SiO_2 层，进入 P 型硅衬底，光子的能量被半导体吸收，产生电子空穴对，产生的电子立即被吸引并储存在势阱中。由于势阱中电子的数量随入射光子数量（即光强度或亮度）增加而增加，而且即使停止光照，势阱中的电子当栅极电压未产生变化时在一定时间内也不会损失，这就实现了光电转换和对光照的记忆存储功能。由此，在 P 型硅衬底上生成多个 MOS 电容，来制作以其为基本单元的图像传感器。例如，可以将多个 MOS 电容排列成一行或点阵来扫描或抓取外部图像。考虑到集成芯片尺寸较小，因此可以结合透镜成像的特点，对场景所成的实像进行采集，这就是 CCD 相机的雏形，如图 10-22 所示。

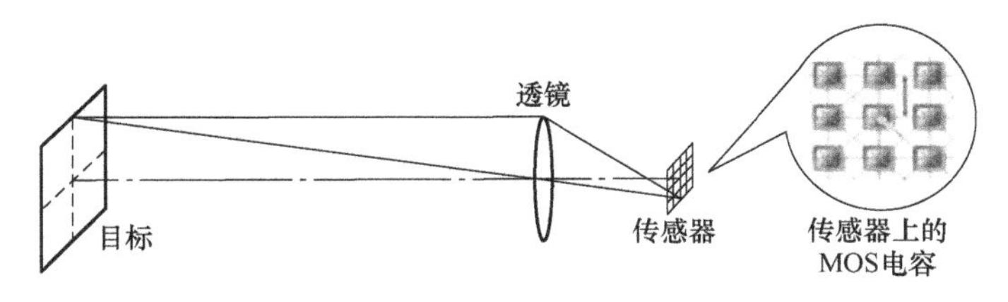

图 10-22 CCD 相机雏形

CMOS 的开发最早出现在 20 世纪 70 年代初。20 世纪 90 年代初期，随着超大规模集成电路制造工艺技术的发展，CMOS 得到迅速发展。CMOS 的光电转换原理与 CCD 相同，二者的主要差异在于电荷的转移方式上，如图 10-23 所示。CCD 中的电荷会被逐行转移到水平移位寄存器，经放大器放大后输出。由于电荷是从寄存器中逐位连续输出的，因此放大后输出的信号为模拟信号。在 CMOS 传感器中，每个光敏元的电荷都会立即被与之邻接的一个放大器放大，再以类似内存寻址的方式输出，因此 CMOS 芯片输出的是离散的数字信号。之所以采用两种不同的电荷传递方式，是因为 CCD 是在半导体单晶硅材料上集成的，而 CMOS 则是在金属氧化物半导体材料上集成的，工艺上的不同使得 CCD 能保证电荷在转移时不会失真，而 CMOS 则会使电荷在传送距离较长时产生噪声，因此使用 CMOS 时，必须先对信号放大再整合输出。CCD 传感器芯片将电荷转换为模拟信号，再经放大、A/D 转换后才以数字信号形式输出。

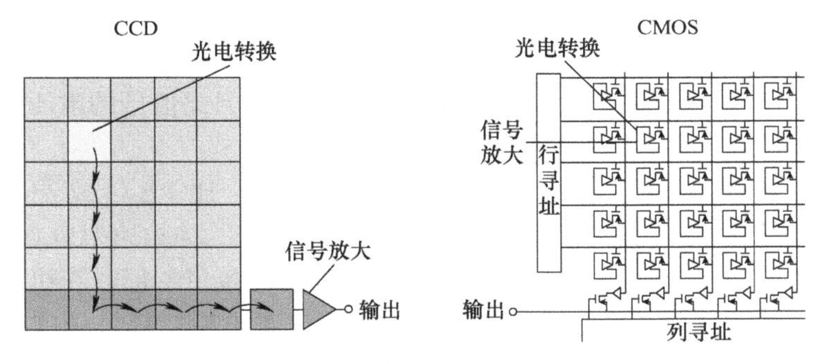

图 10-23 CCD 与 CMOS 传感器的信号转移方式

三个关键的要素决定了成像芯片的选择：动态范围、速度和响应度。动态范围决定系统能够抓取的图像的质量，也称作对细节的体现能力。芯片的速度指的是每秒芯片能够产生多少张图像和系统能够接收到的图像的输出量。响应度指的是芯片将光子转换为电子的效率，它决定系统需要抓取有用的图像的亮度水平。芯片的技术和设计共同决定上述特征，因此系统开发人员在选择传感器时必须有自己的衡量标准，详细地研究这些特征，将有助于做出正确的判断。CCD 和 CMOS 的比较如表 10-1 所示。

1）CMOS 传感器芯片直接将每个电荷放大后转换为数字信号输出，往往成像一致性差。

2）CCD 在电荷转移过程中设计得尽可能减少信号失真，并且由于信号在统一放大后才输出，因此成像质量和一致性高。

3）CCD 传感器有更大的填充因子和更高的信噪比，对光更加敏感，更适应低对比度的场合。

4）CMOS 传感器可以获得比 CCD 传感器高很多的图像传输速度，更适用于高速场合。

5）CMOS 传感器的信号经过放大后才进行转移，所以它的功耗要比 CCD 低，更适用于便携设备。

表 10-1　CCD 和 CMOS 的比较

项目	CCD	CMOS	项目	CCD	CMOS
像素输出信号	电荷	电压	制造工艺	复杂	简单
芯片输出信号	模拟	数字	动态范围	高	中
填充因子	高	中	像素一致性	高	低
噪声	低	中高	光灵敏度	高	中
分辨率	低	高	低对比度适应性	强	弱
功耗	中高	低	传输速度	中高	高
成本	中	中低			

4. 通信协议

在机器视觉中，常用的通信协议包括以下几种：

1）RS-422：属于低压差分信号（Low Voltage Differential Signaling，LVDS），它用两根电压相反的线同时传输信号，在接收端通过两根线上的信号强度差来得到最终的数据。信道中同时出现在两根线上的噪声因相减后被去除，因此信号的电压要求低，抗噪声能力强，传输距离远。RS-422 的最远传输距离可达 1200m。

2）RS-644（常称为 LVDS）：信号电压为 350mV，比 RS-422 更低（RS-422 为 2.4V）。它进一步降低了功耗（仅为 RS-422 的 1/8）和噪声，传输速率最高可达 400Mbit/s。RS-422 及 RS-644 通常使用 68 针或 100 针的高密度物理接口，但各相机厂家的引脚定义不尽相同（对应采集卡引脚定义也不完全一样），如果要更换相机，必须确认接口各引脚信号的定义与更换之前的定义相同，必要时还要做信号转换板。

3）Camera Link：提供了高带宽和低延迟的数据传输，适用于高速图像采集和处理。Channel Link 是 Camera Link 的前身，它在 LVDS 基础上对并行数据传输进行了串行化，降低了传输电缆的数量。虽然 Channel Link 接口的引脚较 LVDS 少了很多，但是由于它没有对接头形式做统一约定，因此各厂家的产品之间依然有差异。Camera Link 接口允许用户通过图像采集卡发送控制指令，以编程的方式控制摄像机，实现更灵活的图像采集控制。

4）USB 2.0：一种基于 USB 接口的通信协议，用于连接相机和计算机。它提供了简单、便捷的连接方式，并支持高速数据传输和图像采集。USB 总线连接的系统是一种用于点对点通信的主 / 从系统，其目的是作为一种通用标准来取代现有的各种串行或并行的计算机 I/O 协议。USB 接口可热拔插，连接方便，可以连接设备数多达 127 个，两个设备之间最长通信距离为 5m。USB 2.0 向下兼容 USB 1.1、USB 1.0，数据的传输速率达到 120 ～ 480Mbit/s，可完全满足工业图像传输的速度需求。

这些通信协议在机器视觉领域中广泛应用，可以满足不同应用场景下的需求，实现图像采集、传输和处理的高效率和稳定性，如表 10-2 所示。

表 10-2　通信协议的比较

接口标准	RS-422	LVDS（RS-644）	Camera-Link	USB 2.0
连接器	68/100 针	68/100 针	26 针	USB
传输速率	10Mbit/s	400Mbit/s	最高 3.6Gbit/s	480Mbit/s
传输距离	1200m	最大 35m	7 ～ 10m	3 ～ 7m
设备数	10	1	1	最多 127
拓扑结构	到采集卡	到采集卡	点对点	主 / 从

10.2.2　视觉系统的选型过程

工业或研究领域的成像系统多种多样，常见的有工业 CCD/CMOS 相机、工业显微镜、生物显微镜、X 射线成像仪、红外成像仪、热成像仪等。无论这些成像系统的原理有多复杂，都可抽象为图 10-24 所示的简化模型。

图 10-24　成像系统简化模型

千差万别的成像系统对现实世界中的可见光、红外、X 射线等实施某种转换，将物理量转换为电信号，再经图像采集设备采样、量化后生成数字图像。

影响机器视觉成像系统成像质量的因素主要包括光源、系统分辨率、像素分辨率、对比度、景深、投影误差和镜头畸变。而这些因素（参数）却直接或间接地由硬件选型和安装方式决定。

图像分辨率、系统分辨率和像素分辨率是机器视觉系统设计时常见的参数，它们通常与客户对机器视觉系统的需求关系最为密切，是选择相机和镜头的重要依据。

图像分辨率指图像中存储的信息量，是每英寸图像内有多少个像素点，分辨率的单位为 PPI，通常叫作像素每英寸。图像分辨率一般用于 PS 中，用来改变图像的清晰度。

系统分辨率指成像系统可以识别出检测目标的最小细节或最小特征。诸如“要求系统能检测 0.1mm 的目标”“要求系统测量精度达到 0.01mm”之类的要求一般都和系统分辨率相关。

像素分辨率指为了表示检测目标所需要的像素数。一般情况下，可以根据客户对检测目标中最小特征的要求来确定最小像素分辨率。如果将整个图像看作周期为最小特征大小的周期信号，则根据奈奎斯特采样定律，必须对信号每个周期采样两个点以上，才能完整恢复该信号。因此，如果客户没有特别要求，常用至少两个像素来代表检测目标中的最小特征，这可看作是图像传感器的奈奎斯特定律。

图像传感器应具备的最小像素分辨率常通过下面的公式计算：

$$R_{\min} = \frac{L_{\max}}{l_{\min}} \times p_{\min} \tag{10-23}$$

式中，$R_{\min}$ 是最小像素分辨率；$L_{\max}$ 是检测目标的最大长度；$l_{\min}$ 是检测目标的最小特征长度（视觉系统的分辨率）；$p_{\min}$ 是表示最小特征的像素数。在无特别要求时，$p_{\min}=2$，如果客户要求使用多于 2 像素来表示最小特征，则最小分辨率将适当增加。

视场（Field of View，FOV）指成像系统中图像传感器可以监测到的最大区域。在机器视觉系统设计时，考虑到一般都会使被检测目标尽量填满整视场，因此常用视场大小代替目标的最大长度 $L_{\max}$ 来计算视觉系统的像素分辨率。

如果横纵方向上视场大小为 [FOV_h，FOV_v]，检测目标的最小特征的大小为 [l_h，l_v]，则图像传感器应具有的最小像素分辨率为

$$R_{\min} = \left[\frac{FOV_h}{l_h} \times p_{\min}, \frac{FOV_v}{l_v} \times p_{\min} \right] \tag{10-24}$$

成像系统视场的大小可以通过研究其成像规律得知。目前，机器视觉系统常用配备各种镜头系统的工业 CCD/CMOS 相机作为成像系统，镜头系统一般使用透镜系统，其成像遵循高斯成像公式：

$$\frac{1}{f} = \frac{1}{z} + \frac{1}{e} \tag{10-25}$$

通常将像的高度与物的高度的比值定义为透镜的放大率 M：

$$M \approx \frac{f}{z} \tag{10-26}$$

数字图像是对成像系统输出的信号进行数字化后的结果，成像系统反映真实场景的性能和质量直接决定整个机器视觉系统的性能。

对机器视觉成像系统来说，相机镜头到所检测目标的距离（称为工作距离（Work Distance，WD），相当于物距）相对于相机焦距可近似认为是无穷远，若将其带入高斯成像公式，可得出此时相机像距近似等于其焦距，也就是说相机成像在焦平面上。据此，可以将镜头系统抽象为类似小孔成像的简化模型，如图 10-25 所示。

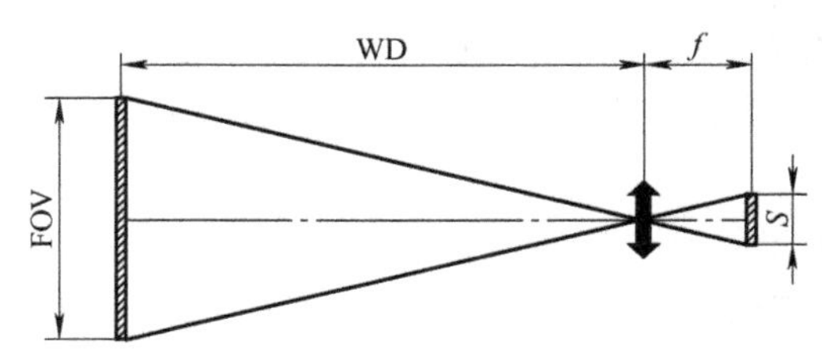

图 10-25　镜头系统的简化模型

根据该简化模型，可以得出机器视觉系统图像传感器尺寸 S（传感器平面某个方向上的长度）、视场 FOV、工作距离 WD 及镜头焦距 f 之间的约束关系：

$$\frac{S}{\mathrm{FOV}}=\frac{f}{\mathrm{WD}} \tag{10-27}$$

此时，透镜的放大率 M 则可以等效为

$$M=\frac{S}{f} \tag{10-28}$$

如果进一步将前述最小像素分辨率的计算公式与该约束关系结合（用视场 FOV 代替目标的最大长度 $L_{\max}$），则可以得出以下成像系统简化模型的参数约束关系：

$$\frac{S}{f}\times \mathrm{WD}=M\times \mathrm{WD}=\mathrm{FOV}=\frac{R_{\min}\times l_{\min}}{p_{\min}} \tag{10-29}$$

式（10-29）所显示的参数间的相互约束关系是机器视觉系统设计和搭建部署时设备选型的基础。

实际中传感器尺寸 S 可以通过查询相机的技术规范获知，焦距 f、工作距离 WD 直接由所选择的镜头决定。在已知这些参数时，可以很容易地计算出视场 FOV。相机的像素分辨率由其有效像素区域（即传感器尺寸）决定，通常用横向和纵向有效像素数来表示（如 768 × 576）。为机器视觉系统所选择的相机像素分辨率，必须大于或等于按照项目需求（包括对最小特征尺寸 $l_{\min}$ 和用于表示最小特征的像素数 $p_{\min}$ 的要求）计算出的最小像素分辨率 $R_{\min}$。

工业机器视觉系统中，镜头与相机的选型非常重要。如果事先既未确定相机又未确定镜头，则需要先了解项目工作环境对相机安装（工作距离）、要检测的最大范围（视场）、最小特征的尺寸和代表它的像素数的要求，然后根据这些条件来计算应使用何种镜头或相机。图 10-26 所示为机器视觉项目选择镜头和相机的简化流程。

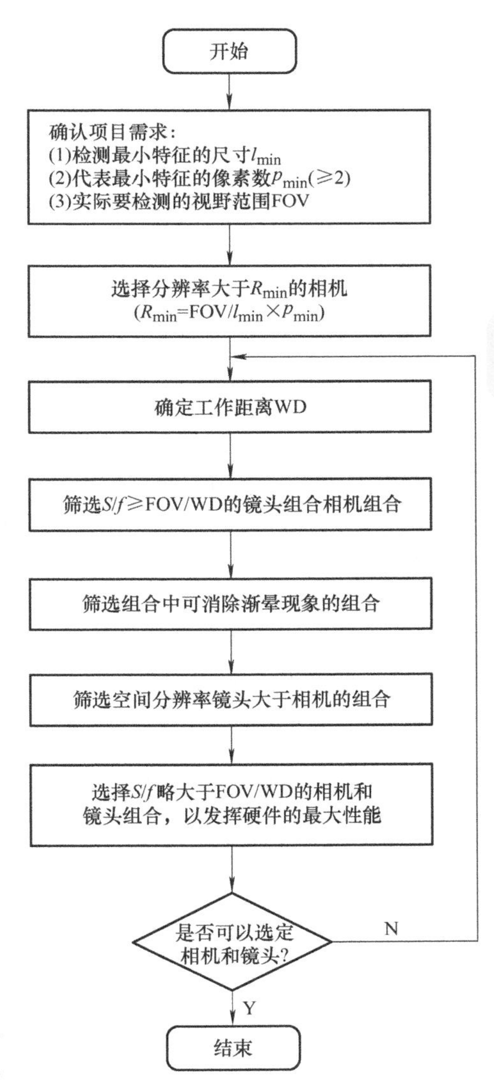

图 10-26　选择镜头和相机的简化流程

10.3　视觉系统标定

视觉系统搭建完毕后，视觉系统标定是确保视觉系统能够准确测量和识别对象的关键步骤。相机标定指建立相机图像像素位置与场景点位置之间的

关系，根据相机成像模型，由特征点在图像中坐标与世界坐标的对应关系，求解相机模型的参数。相机需要标定的模型参数包括内部参数和外部参数。相机标定方法有传统相机标定法、相机自标定法、主动视觉相机标定法，如图 10-27 所示。

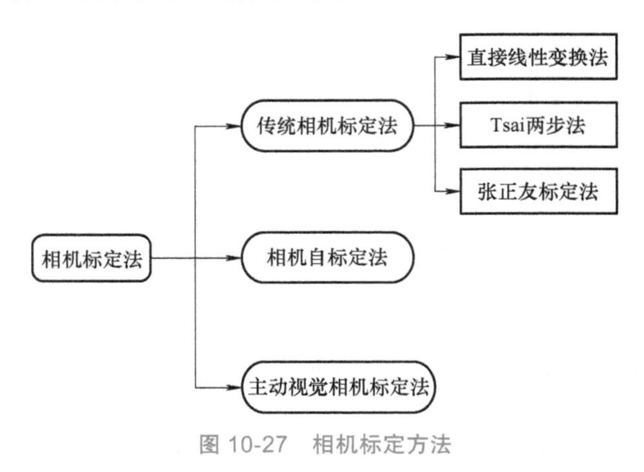

图 10-27　相机标定方法

10.3.1　常用的标定方法

1. 传统相机标定法

传统相机标定法需要使用尺寸已知的标定物，通过建立标定物上坐标已知的点与其图像点之间的对应，利用一定的算法获得相机模型的内外参数。根据标定物的不同可分为三维标定物和平面型标定物。三维标定物可由单幅图像进行标定，标定精度较高，但高精密三维标定物的加工和维护较困难。平面型标定物比三维标定物制作简单，精度易保证，但定标时必须采用两幅或两幅以上的图像。Tsai 于 1987 年首先提出利用共面点的两步标定算法，为平面型标定物的应用奠定了基础。张正友教授也对基于网格的平面型标定物的标定方法进行了研究。张正友教授假设平面型标定物在世界坐标系中 $Z_w=0$，通过线性模型分析计算得出相机参数的优化解，然后基于最大似然法进行非线性求精。传统相机标定法在标定过程中始终需要标定物，且标定物的制作精度会影响标定结果。同时，有些应用场合不适合放置标定物也限制了传统相机标定法的应用。

2. 相机自标定法

目前出现的自标定算法中主要是利用场景约束或者利用相机运动约束。相机的运动约束条件太强，因此使得其在实际中并不实用。利用场景约束主要是利用场景中的一些平行或者正交的信息。其中空间平行线在相机图像平面上的交点称为消失点，它是射影几何中一个非常重要的特征，所以很多学者研究了基于消失点的相机自标定方法。自标定方法灵活性强，可对相机进行在线定标。但由于它是基于绝对二次曲线或曲面的方法，其算法鲁棒性差。

3. 主动视觉相机标定法

主动视觉相机标定法是指已知相机的某些运动信息对相机进行标定。该方法不需要标定物，但需要控制相机做某些特殊运动，利用这种运动的特殊性可以计算出相机的内部参数。例如，Hartley 提出了一种使相机做纯旋转运动来对相机进行标定的方法。主动视觉相机标定法的优点是算法简单，往往能够获得线性解，故鲁棒性较高；缺点是系统的成本高，实验设备昂贵，实验条件要求高，而且不适合于运动参数未知或无法控制的场合。

10.3.2　张正友标定方法

张正友相机标定法是一种常用的单目视觉标定方法。为了克服传统方法的局限性，张正友相机标定法是张正友博士提出的一种基于二维平面靶标的相机标定方法。该方法使用单平面棋盘格作为标定板，在拍摄多张标定板的图片后，通过将实际世界中的点（世界坐标）和图像上的点（像素坐标）进行一一对应，可以求解出世界坐标和像素坐标之间的对应关系。传统的相机标定方法通常使用三维标定板，需要非常精确的制作且难度较大。而张正友相机标定方法则介于传统标定法和自标定法之间，克服了传统标定法对高精度标定物的要求。它只需要使用一个打印出来的棋盘格作为标定板，而且该棋盘格的角点坐标是已知的，如图 10-28 所示。相比于自标定法，张正友相机标定法提高了精度并且更易操作。因此，张正友相机标定法广泛应用于计算机视觉领域。

图 10-28　标定板

张正友相机标定法中确定相机内参矩阵和外参矩阵的思路：先求解内参矩阵与外参矩阵的乘积，再求解内参矩阵，最后求外参矩阵。求解内参矩阵与外参矩阵的积，将世界坐标系固定在棋盘格上，则棋盘格上任一点的世界坐标中 $Z_{\mathrm{w}}=0$，因此，原单点无畸变的成像模型可以化为：

$$Z\begin{bmatrix}u\\v\\1\end{bmatrix}=\begin{bmatrix}f_x & -f_x\cot\theta & u_0\\0 & \dfrac{f_y}{\sin\theta} & v_0\\0 & 0 & 1\end{bmatrix}[\boldsymbol{R}_1\quad \boldsymbol{R}_2\quad \boldsymbol{T}]\begin{bmatrix}X_{\mathrm{w}}\\Y_{\mathrm{w}}\\1\end{bmatrix}=\boldsymbol{A}[\boldsymbol{R}_1\quad \boldsymbol{R}_2\quad \boldsymbol{T}]\begin{bmatrix}X_{\mathrm{w}}\\Y_{\mathrm{w}}\\1\end{bmatrix} \tag{10-30}$$

式中，$\boldsymbol{R}_1$、$\boldsymbol{R}_2$ 是旋转矩阵的前两列；$\boldsymbol{A}$ 是内参矩阵；Z 是尺度因子；θ 是像素单元横向与纵向的夹角。

对于不同的图片，内参矩阵 $\boldsymbol{A}$ 为定值；对于同一张图片，内参矩阵 $\boldsymbol{A}$，外参矩阵 $[\boldsymbol{R}_1\ \ \boldsymbol{R}_2\ \ \boldsymbol{T}]$ 为定值；对于同一张图片上的单点，内参矩阵 $\boldsymbol{A}$，外参矩阵 $[\boldsymbol{R}_1\ \ \boldsymbol{R}_2\ \ \boldsymbol{T}]$，尺度因子 Z 为定值。将 $\boldsymbol{A}[\boldsymbol{R}_1\ \ \boldsymbol{R}_2\ \ \boldsymbol{T}]$ 记为矩阵 $\boldsymbol{H}$，$\boldsymbol{H}$ 即为内参矩阵和外参矩阵的积，记矩阵 $\boldsymbol{H}$ 的三列分别为 $\boldsymbol{H}_1$、$\boldsymbol{H}_2$、$\boldsymbol{H}_3$，则有

$$\begin{bmatrix}u\\v\\1\end{bmatrix}=\frac{1}{Z}\boldsymbol{H}\begin{bmatrix}X_{\mathrm{w}}\\Y_{\mathrm{w}}\\1\end{bmatrix}=\frac{1}{Z}\begin{bmatrix}H_{11} & H_{12} & H_{13}\\H_{21} & H_{22} & H_{23}\\H_{31} & H_{32} & H_{33}\end{bmatrix}\begin{bmatrix}X_{\mathrm{w}}\\Y_{\mathrm{w}}\\1\end{bmatrix} \tag{10-31}$$

利用上式，消去尺度因子 Z，可得到

$$\begin{cases} u = \dfrac{H_{11}X_{\mathrm{w}} + H_{12}Y_{\mathrm{w}} + H_{13}}{H_{31}X_{\mathrm{w}} + H_{32}Y_{\mathrm{w}} + H_{33}} \\ v = \dfrac{H_{21}X_{\mathrm{w}} + H_{22}Y_{\mathrm{w}} + H_{23}}{H_{31}X_{\mathrm{w}} + H_{32}Y_{\mathrm{w}} + H_{33}} \end{cases} \tag{10-32}$$

此时，由于尺度因子 Z 已经被消除，因此上述方程适用于同一张图像上的所有标定板角点。（u，v）表示像素坐标系下的标定板角点坐标，（X_{w}，Y_{w}）表示世界坐标系下的标定板角点坐标。通过图像识别算法，可以获取标定板角点的像素坐标（u，v）。由于标定板的世界坐标系是已知的，标定板上每个格子的大小也已知，可以计算出世界坐标系下的（X_{w}，Y_{w}）。通过观察方程，可以看出矩阵 $\boldsymbol{H}$ 是一个齐次矩阵，具有 8 个独立未知元素。每个标定板角点可以提供两个约束方程，即（u，v）和（X_{w}，Y_{w}）之间的对应关系提供了两个约束方程。因此，当一张图像中的标定板角点数量达到 4 个时，就可以计算出该图像对应的矩阵 $\boldsymbol{H}$。

此时已知矩阵 $\boldsymbol{H}=\boldsymbol{A}[\boldsymbol{R}_1\ \ \boldsymbol{R}_2\ \ \boldsymbol{T}]$，接下来将要求解相机的内参矩阵 $\boldsymbol{A}$。此处利用 $\boldsymbol{R}_1$、$\boldsymbol{R}_2$ 作为旋转矩阵 $\boldsymbol{R}$ 的两列，很明显它们存在单位正交的关系，即

$$\begin{cases} \boldsymbol{R}_1^{\mathrm{T}}\boldsymbol{R}_2 = 0 \\ \boldsymbol{R}_1^{\mathrm{T}}\boldsymbol{R}_1 = \boldsymbol{R}_2^{\mathrm{T}}\boldsymbol{R}_2 = 1 \end{cases} \tag{10-33}$$

且由 $\boldsymbol{H}$ 和 $\boldsymbol{R}_1$、$\boldsymbol{R}_2$ 的关系可得

$$\begin{cases} \boldsymbol{R}_1 = \boldsymbol{A}^{-1}\boldsymbol{H}_1 \\ \boldsymbol{R}_2 = \boldsymbol{A}^{-1}\boldsymbol{H}_2 \end{cases} \tag{10-34}$$

代入式（10-33）可得两个约束条件为

$$\begin{cases} \boldsymbol{H}_1^{\mathrm{T}}\boldsymbol{A}^{-\mathrm{T}}\boldsymbol{A}^{-1}\boldsymbol{H}_2 = 0 \\ \boldsymbol{H}_1^{\mathrm{T}}\boldsymbol{A}^{-\mathrm{T}}\boldsymbol{A}^{-1}\boldsymbol{H}_1 = \boldsymbol{H}_2^{\mathrm{T}}\boldsymbol{A}^{-\mathrm{T}}\boldsymbol{A}^{-1}\boldsymbol{H}_2 = 1 \end{cases} \tag{10-35}$$

很容易发现，上述两个约束方程中均存在矩阵 $\boldsymbol{A}^{-\mathrm{T}}\boldsymbol{A}^{-1}$。因此，记 $\boldsymbol{B}=\boldsymbol{A}^{-\mathrm{T}}\boldsymbol{A}^{-1}$。接下来将先求解出矩阵 $\boldsymbol{B}$，再通过矩阵 $\boldsymbol{B}$ 求解相机的内参矩阵 $\boldsymbol{A}$。同样地，为了简便将相机内参矩阵 $\boldsymbol{A}$ 记作：

$$\boldsymbol{A} = \begin{bmatrix} f_x & -f_x\cot\theta & u_0 \\ 0 & \dfrac{f_y}{\sin\theta} & v_0 \\ 0 & 0 & 1 \end{bmatrix} = \begin{bmatrix} \alpha & \gamma & u_0 \\ 0 & \beta & v_0 \\ 0 & 0 & 1 \end{bmatrix} \tag{10-36}$$

则 $\boldsymbol{A}$ 的逆矩阵为

$$\boldsymbol{A}^{-1} = \begin{bmatrix} \dfrac{1}{\alpha} & -\dfrac{\gamma}{\alpha\beta} & \dfrac{\gamma v_0 - \beta u_0}{\alpha\beta} \\ 0 & \dfrac{1}{\beta} & -\dfrac{v_0}{\beta} \\ 0 & 0 & 1 \end{bmatrix} \tag{10-37}$$

则用矩阵 $\boldsymbol{A}$ 表示矩阵 $\boldsymbol{B}$ 得

$$\boldsymbol{B}=\boldsymbol{A}^{-\mathrm{T}}\boldsymbol{A}^{-1}=\begin{bmatrix}\dfrac{1}{\alpha^2} & -\dfrac{\gamma}{\alpha^2\beta} & \dfrac{\gamma v_0-\beta u_0}{\alpha^2\beta}\\ -\dfrac{\gamma}{\alpha^2\beta} & \dfrac{1}{\beta^2}+\dfrac{\gamma^2}{\alpha^2\beta^2} & \dfrac{\gamma(\beta u_0-\gamma v_0)}{\alpha^2\beta^2}-\dfrac{v_0}{\beta^2}\\ \dfrac{\gamma v_0-\beta u_0}{\alpha^2\beta} & \dfrac{\gamma(\beta u_0-\gamma v_0)}{\alpha^2\beta^2}-\dfrac{v_0}{\beta^2} & \dfrac{(\beta u_0-\gamma v_0)^2}{\alpha^2\beta^2}+\dfrac{v_0}{\beta^2}+1\end{bmatrix}=\begin{bmatrix}B_{11} & B_{12} & B_{13}\\ B_{21} & B_{22} & B_{23}\\ B_{31} & B_{32} & B_{33}\end{bmatrix} \tag{10-38}$$

由式（10-38）很容易发现 $\boldsymbol{B}$ 是一个对称阵，所以 $\boldsymbol{B}$ 的有效元素就剩下 6 个。同时，可以使用 $\boldsymbol{B}=\boldsymbol{A}^{-\mathrm{T}}\boldsymbol{A}^{-1}$ 将前面通过 $\boldsymbol{R}_1$、$\boldsymbol{R}_2$ 单位正交得到的约束方程化为

$$\begin{cases}\boldsymbol{H}_1^{\mathrm{T}}\boldsymbol{B}\boldsymbol{H}_2=0\\ \boldsymbol{H}_1^{\mathrm{T}}\boldsymbol{B}\boldsymbol{H}_1=\boldsymbol{H}_2^{\mathrm{T}}\boldsymbol{B}\boldsymbol{H}_2=1\end{cases} \tag{10-39}$$

因此，为了求解矩阵 $\boldsymbol{B}$，必须计算 $\boldsymbol{H}_i^{\mathrm{T}}\boldsymbol{B}\boldsymbol{H}_j=0$。则

$$\boldsymbol{H}_i^{\mathrm{T}}\boldsymbol{B}\boldsymbol{H}_j=\begin{bmatrix}H_{1i} & H_{2i} & H_{3i}\end{bmatrix}\begin{bmatrix}B_{11} & B_{12} & B_{13}\\ B_{12} & B_{22} & B_{23}\\ B_{13} & B_{23} & B_{33}\end{bmatrix}\begin{bmatrix}H_{1j}\\ H_{2j}\\ H_{3j}\end{bmatrix} \tag{10-40}$$

上述方程看起来有些复杂，所以记作：

$$\begin{cases}\boldsymbol{v}_{ij}=\begin{bmatrix}H_{1i}H_{1j} & H_{1i}H_{2j}+H_{2i}H_{1j} & H_{2i}H_{2j} & H_{1i}H_{3j}+H_{3i}H_{1j} & H_{2i}H_{3j}+H_{3i}H_{2j} & H_{3i}H_{3j}\end{bmatrix}^{\mathrm{T}}\\ \boldsymbol{b}=\begin{bmatrix}B_{11} & B_{12} & B_{22} & B_{13} & B_{23} & B_{33}\end{bmatrix}^{\mathrm{T}}\end{cases} \tag{10-41}$$

则式（10-40）化为

$$\boldsymbol{H}_i^{\mathrm{T}}\boldsymbol{B}\boldsymbol{H}_j=\boldsymbol{v}_{ij}\boldsymbol{b}$$

此时，通过 $\boldsymbol{R}_1$、$\boldsymbol{R}_2$ 单位正交得到的约束方程可以化为

$$\begin{cases}\boldsymbol{v}_{12}^{\mathrm{T}}\boldsymbol{b}=0\\ \boldsymbol{v}_{11}^{\mathrm{T}}\boldsymbol{b}=\boldsymbol{v}_{22}^{\mathrm{T}}\boldsymbol{b}=1\end{cases} \tag{10-42}$$

式中，$\boldsymbol{v}=\begin{bmatrix}\boldsymbol{v}_{12}^{\mathrm{T}}\\ \boldsymbol{v}_{11}^{\mathrm{T}}-\boldsymbol{v}_{22}^{\mathrm{T}}\end{bmatrix}$。

已知矩阵 $\boldsymbol{H}$，而且矩阵 $\boldsymbol{v}$ 是由矩阵 $\boldsymbol{H}$ 的元素组成的，因此矩阵 $\boldsymbol{v}$ 是已知的。在这种

情况下，只需要求解向量 $\boldsymbol{b}$，就可以得到矩阵 $\boldsymbol{B}$。每张标定板图片提供了一个 $\boldsymbol{vb}=0$ 的约束关系，该约束关系包含两个约束方程。然而，向量 $\boldsymbol{b}$ 包含 6 个未知元素。因此，单张图像提供的两个约束方程不足以求解出向量 $\boldsymbol{b}$。为了解决这个问题，需要使用 3 张标定板照片，以得到 3 个 $\boldsymbol{vb}=0$ 的约束关系，即 6 个约束方程，从而可以求解向量 $\boldsymbol{b}$。

根据矩阵 $\boldsymbol{B}$ 的元素和相机内参的对应关系式（10-38），可得到

$$v_0=\frac{B_{12}B_{13}-B_{11}B_{23}}{B_{11}B_{22}-B_{12}^2} \tag{10-43}$$

$$\alpha=\sqrt{\frac{1}{B_{11}}} \tag{10-44}$$

$$\beta=\sqrt{\frac{B_{11}}{B_{11}B_{22}-B_{12}^2}} \tag{10-45}$$

$$\gamma=-B_{12}\alpha^2\beta \tag{10-46}$$

$$u_0=\frac{\gamma v_0}{\beta}-B_{13}\alpha^2 \tag{10-47}$$

即可求得相机的内参矩阵：

$$\boldsymbol{A}=\begin{bmatrix} f_x & -f_x\cot\theta & u_0 \\ 0 & \dfrac{f_y}{\sin\theta} & v_0 \\ 0 & 0 & 1 \end{bmatrix}=\begin{bmatrix} \alpha & \gamma & u_0 \\ 0 & \beta & v_0 \\ 0 & 0 & 1 \end{bmatrix}$$

对于同一相机而言，相机的内参矩阵是由相机的内部参数决定的，与标定板和相机的位置关系无关。这就是为什么在第二阶段的“求解内参矩阵”中，利用不同图像（标定板和相机位置之间存在变化）得到的矩阵 $\boldsymbol{H}$ 来共同求解相机的内参矩阵 $\boldsymbol{A}$。然而，外参矩阵反映了标定板和相机之间的位置关系。对于不同的图像，标定板和相机的位置关系是不同的，因此每张图片对应的外参矩阵都是不同的。

在等式 $\boldsymbol{A}[\boldsymbol{R}_1\ \ \boldsymbol{R}_2\ \ \boldsymbol{T}]=\boldsymbol{H}$ 中，已经求解得到矩阵 $\boldsymbol{H}$（对于同一张图像是相同的，而对于不同的图像是不同的）和矩阵 $\boldsymbol{A}$（对于不同的图片是相同的），通过 $[\boldsymbol{R}_1\ \ \boldsymbol{R}_2\ \ \boldsymbol{T}]=\boldsymbol{A}^{-1}\boldsymbol{H}$，即可求得每一张图像对应的外参矩阵 $[\boldsymbol{R}_1\ \ \boldsymbol{R}_2\ \ \boldsymbol{T}]$。

在这里需要注意，完整的外参矩阵应该为 $\begin{bmatrix} \boldsymbol{R} & \boldsymbol{T} \\ 0 & 1 \end{bmatrix}$。然而，由于张正友标定板将世界坐标系的原点选在棋盘格上，因此棋盘格上任意点的物理坐标 $Z_w=0$。这意味着旋转矩阵 $\boldsymbol{R}$ 的第三列 $\boldsymbol{R}_3$ 可以被消除，因此在坐标转换中 $\boldsymbol{R}_3$ 并不起作用。然而，为了使 $\boldsymbol{R}$ 满足旋转矩阵的性质（即列与列之间单位正交），因此可以通过向量 $\boldsymbol{R}_1$、$\boldsymbol{R}_2$ 的叉乘，即 $\boldsymbol{R}_3=\boldsymbol{R}_1\times\boldsymbol{R}_2$，获得 $\boldsymbol{R}_3$。此时，可以得到相机的内参矩阵和外参矩阵。

综上所述，将张正友标定法具体归纳为以下步骤：

1）打印一张棋盘格，把它贴在一个平面上，作为标定物，通过调整标定物或摄像机的方向，为标定物拍摄一些不同方向的图像。

2）从图像中提取棋盘格角点。

3）估算理想无畸变的情况下，5 个内参和 6 个外参。

4）应用最小二乘法估算实际存在径向畸变下的畸变系数。

5）用极大似然法优化估计，提升估计精度。

本章小结

本章介绍了构建视觉系统所需的核心组成和功能。首先，对视觉成像模型进行了详细的分析和解释。这些模型是光学成像过程的数学描述，通过建立相机与场景之间的联系，将三维空间中的物体映射到二维图像上。特别是针孔模型和薄透镜模型，作为基础和进阶模型，阐明了光线如何在成像过程中被控制和处理，以产生清晰、准确的图像。通过这些模型，读者可以深入理解图像形成的基本原理，为后续的视觉系统设计和优化提供了重要参考。

接着，本章重点探讨了视觉系统标定的重要性和方法。视觉系统的准确性和稳定性取决于系统标定的精度，即确定相机的内部参数和外部参数的过程。其中，张正友标定法作为一种常用的标定技术，对其进行了详细介绍。该方法利用平面棋盘格作为标定板，通过拍摄多张不同角度的棋盘格图像，结合图像识别算法和数学推导，精确获取相机的内外参数，以实现对图像数据的精确还原和处理。通过系统标定，视觉系统可以更准确地还原三维空间结构，为诸如视觉导航、目标追踪和立体视觉等应用提供可靠支持。

思考题与习题

10-1　简述为机器视觉项目选择镜头和相机的流程。

10-2　已知视觉测量系统中被测物体大小为 150mm × 150mm，测量精度要求为 0.3mm/pixel，相机距离被测物体约 500mm，图像传感器芯片的大小为 11mm × 8mm，试确定相机的分辨率及镜头的焦距各是多少。

10-3　机器视觉系统一般由哪几部分组成？系统应用的核心目标是什么？

10-4　简述张正友相机标定法的原理。

参考文献

[1]　冈萨雷斯 . 数字图像处理 [M]. 北京：电子工业出版社，2003.

[2]　BROWN M，SZELISKI R，WINDER S. Multi-image matching using multi-scale oriented patches[C]// 2005 IEEE Computer Society Conference on Computer Vision and Pattern Recognition（CVPR'05）. San Diego，CA，USA：IEEE，2005，1：510-517.

[3]　张德丰 . 数字图像处理（MATLAB 版）[M]. 北京：人民邮电出版社，2015.

[4]　李俊山 . 数字图像处理 [M]. 北京：清华大学出版社，2021.

[5]　张铮，徐超，任淑霞，等 . 数字图像处理与机器视觉 [M]. 北京：人民邮电出版社，2014.

第 11 章　立体视觉与三维重建

——将二维图像映射到三维空间

引言

立体视觉系统模仿生物视觉系统，采用多个相机从不同视角获取同一场景的图像数据，进而重建该场景的三维结构。其中，由二维图像重建出场景三维结构信息的过程，称为三维重建，一直被认为是计算机视觉的核心任务之一。三维重建对于获取场景的空间位置、形状乃至运动信息都至关重要，因此广泛应用于空间测量、建筑构造、文物保护、电影特效等各种任务中，同时三维重建也是当今受到日益广泛关注的增强现实和虚拟现实技术的重要组成部分。

经过三维重建得到的场景的三维结构往往以点云的形式进行表示和存储，所谓点云可以视作同一场景中三维坐标点的集合。点云处理技术即是通过对点云数据进行分析处理，从而提取点云数据中有用信息的技术，通常包含点云去噪、点云配准、点云分割、形状重建等具体的技术环节。经过点云处理后，可以在场景三维重建的基础上建立起同一场景中各个三维坐标点之间的空间几何形状关系以及拓扑关系，因此点云处理技术在三维数据分析及其可视化方面发挥了重要的作用。

11.1　立体视觉系统

立体视觉系统专指利用两个或者两个以上相机构建的视觉系统。在该系统中，各个相机之间的相对位置关系可以通过离线标定的方式事先获得。在此基础上，通过分析系统中不同位置相机采集的不同视角图像中同一场景的成像差异和几何关系，就能够计算出场景的深度信息，进而实现对于场景结构的三维感知。因此，在立体视觉系统中，通常需要对来自不同视角的图像进行图像匹配、视差计算、深度恢复，进而实现三维重建。

11.1.1　平视双目视觉系统

双目视觉系统，顾名思义，是由处于不同位置的两个相机构成的立体视觉系统，是一种结构最简单的立体视觉系统，但是其恢复场景三维结构的原理和方法与一般的立体视觉系统相比并无二致。由于双目视觉系统所使用的相机数量是立体视觉系统中最少的，因此具有结构简单、成本低廉的特点，目前已经广泛应用于自动驾驶、机器人、安防、医疗等领域，并且伴随着其中关键技术方法的迭代升级，整个系统的性能和应用场景也在不断提升和扩展。

双目视觉系统类似于动物的眼睛，不仅可以获取场景的平面图像信息，还能计算被测目标的距离和相对深度信息。如图 11-1 所示，双目视觉系统由左右两个相机组成，这时场景中的任一点在世界坐标系中可以描述为 P_w（X_w，Y_w，Z_w），其左相机图像平面上的投影点为 p_L（u_L，v_L），在右相机图像平面上的投影点为 p_R（u_R，v_R）。当使用单目视觉系统观察时，只能知道点 P_w（X_w，Y_w，Z_w）可能位于左相机光心 O_L 与点 p_L（u_L，v_L）构成的直线上，或者位于右相机光心 O_R 与点 p_R（u_R，v_R）构成的直线上。但如果同时使用双目视觉系统观察，并且如果能够确定像点（u_L，v_L）和（u_R，v_R）对应于同一空间特征点 P_w（X_w，Y_w，Z_w），那么就可以通过计算两个像点与相机光心所构成的两条直线的交点来确定点 P_w（X_w，Y_w，Z_w）的精确位置，如图 11-1 所示。

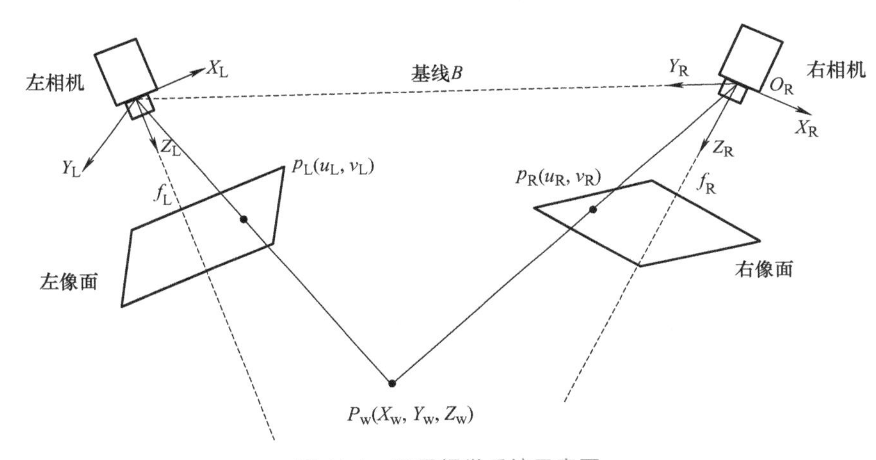

图 11-1　双目视觉系统示意图

双目视觉系统可以利用两个相机采集的图像中的两个同源点（Homologous Points）之间的距离来重建空间中的三维信息，这是通过三角几何法实现的。同源点指的是空间中的某个点在不同图像中的成像点，也称为共轭点（Conjugate Points）。它们在图像中的距离差异称为视差（Disparity）。

研究双目视觉系统时一般先要明确研究过程所涉及的以下几种类型的坐标系（见图 11-2）：

1）世界坐标系：预先在环境中选择的基准三维坐标系，用来描述相机和环境中物体的坐标位置。在双目视觉系统中，一般将左相机坐标系定义为世界坐标系。

2）相机坐标系：以相机光心为原点，光轴为 Z 轴的三维坐标系。在双目视觉系统中，左右两个相机坐标系可通过旋转和平移进行转换。

3）图像坐标系：相机所成图像的二维坐标系，可以用像素数量描述，也可以用物理尺寸描述。对于相机坐标系中的某个三维空间点，可通过三角投影变换计算得到其在图像坐标系中像点的位置。

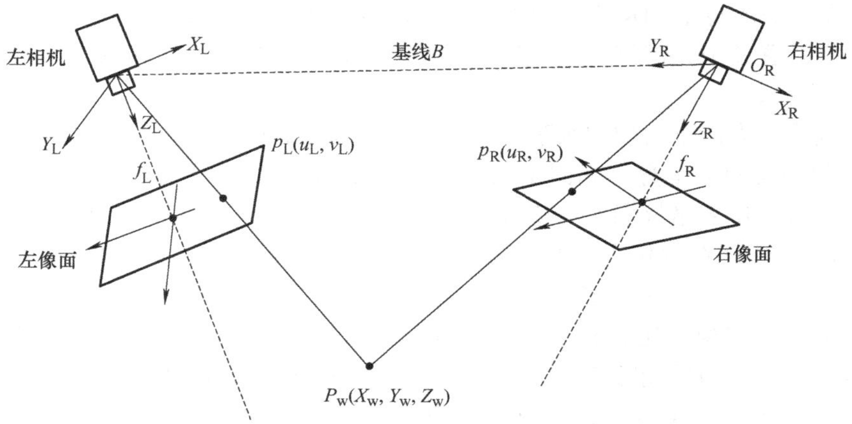

图 11-2　双目视觉系统中的坐标系

根据前述讨论，若定义左相机坐标系就是世界坐标系，那么世界坐标系中的点 P_w（X_w，Y_w，Z_w）到左相机的图像坐标系中的位置可直接通过三角投影关系计算得到：

$$Z_w\begin{bmatrix}u_L\\v_L\\1\end{bmatrix}=\begin{bmatrix}f_L&0&0&0\\0&f_L&0&0\\0&0&1&0\end{bmatrix}\begin{bmatrix}X_w\\Y_w\\Z_w\\1\end{bmatrix}\tag{11-1}$$

下标 L 表示与左相机相关的值。该点在右相机图像坐标系中的位置同样可以通过投影变换计算得到。然而，由于投影变换必须在相应的相机坐标系中进行，因此必须先将空间点的世界坐标 P_w（X_w，Y_w，Z_w）通过旋转平移变换为右相机坐标系中的坐标 P_R（X_R，Y_R，Z_R），然后才能正确计算，即

$$Z_R\begin{bmatrix}u_R\\v_R\\1\end{bmatrix}=\begin{bmatrix}f_R&0&0&0\\0&f_R&0&0\\0&0&1&0\end{bmatrix}\begin{bmatrix}\boldsymbol{R}&\boldsymbol{B}\\0&1\end{bmatrix}\begin{bmatrix}X_w\\Y_w\\Z_w\\1\end{bmatrix}\tag{11-2}$$

式中，$\boldsymbol{R}$ 是 3×3 的旋转矩阵，表示左相机坐标系相对于右相机坐标系的旋转；$\boldsymbol{B}$ 是左相机坐标系相对于右相机坐标系的平移向量，$\|\boldsymbol{B}\|$ 即为左右相机基线的长度。

因此，如果已经知道左右相机的坐标系、焦距以及空间中某一点在两个相机图像坐标中的位置，就可以通过两个相机的投影变换关系得到 4 个方程。根据这 4 个方程，可以求解出空间点的世界坐标 P_w（X_w，Y_w，Z_w）。在实际应用中，常常使用简化问题的平视双目视觉系统模型。图 11-3 展示了平视双目视觉系统的结构和特点。通常情况下，系统中的两个相机类型相同（至少焦距相同）并且平行安装。左相机坐标系被定义为世界坐标系，而左右相机坐标系的 X 轴是共线的，并且与基线平行。平视双目视觉系统也可以通过移动单个相机来实现，但在这种情况下，相机的运动轨迹必须是直线。

假定图 11-3 中平行安装的两个相机中心连线的距离为 B（称为基线），空间点 P_w（X_w，Y_w，Z_w）在左右两个相机所成图像的坐标系中的位置分别为 p_L（u_L，v_L）和 p_R（u_R，v_R）。

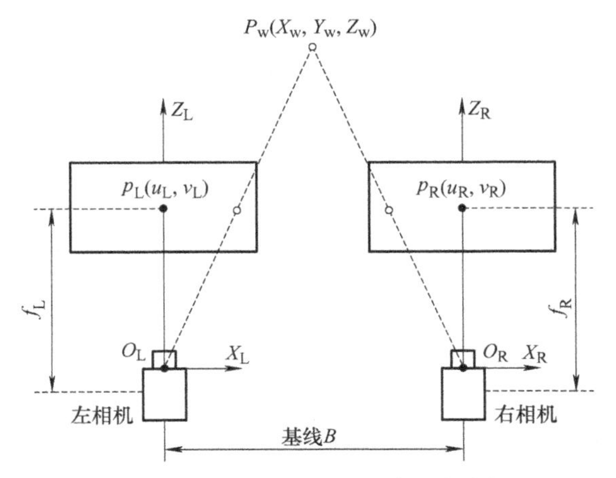

图 11-3　平视双目视觉系统及其特点

由于两个相机类型相同，因此所成图像在同一个平面上，从而空间点在两个图像坐标系中纵轴方向的坐标相同，即 $v_L=v_R$。进一步根据几何关系可得到

$$\begin{cases} u_L = f\dfrac{X_w}{Z_w} \\ u_R = f\dfrac{X_w - B}{Z_w} \\ v_L = v_R = f\dfrac{Y_w}{Z_w} \end{cases} \tag{11-3}$$

式中，f 是相机焦距（左右相机焦距相同）。需要注意的是，在计算像点在右相机图像上的位置时，需要先通过坐标平移将空间点 P_w（X_w，Y_w，Z_w）变换到右相机坐标系中，然后再进行计算。如果定义视差 d 为 p_L（u_L，v_L）和 p_R（u_R，v_R）两点在图像中的距离差异，则有以下关系式：

$$d = u_L - u_R = f\frac{B}{Z_w} \tag{11-4}$$

$$Z_w = f\frac{B}{d} = f\frac{B}{u_L - u_R} \tag{11-5}$$

因此，只要左相机像面上的任意一点能够在右相机像面上找到对应的匹配点，就可以根据视差确定该点的三维坐标。更进一步地，只要被测目标像面上的任意点可以在另一相机中找到对应的匹配点，就可以确定被测目标的三维坐标。

11.1.2　一般立体视觉系统

一般立体视觉主要分为三种：基于视差的立体匹配模型、基于结构光的立体视觉模型和基于多视角的立体视觉模型。

基于视差的立体匹配模型：通过计算两个视角的图像之间的像素差异，来获取场景中每个像素的深度信息。例如，当将一个物体从左眼的视野中移动到右眼的视野中时，会观察到物体在两个眼睛之间的视差变化。通过计算这个视差，可以估计物体的深度信息。基于视差的立体匹配模型通过计算每个像素的视差来实现这一目标。常用的匹配算法包括基于块匹配的算法（如均值差异和绝对差异）和基于图优化的算法。

基于结构光的立体视觉模型：使用结构光投射器和相机来获取场景的深度信息。结构光投射器会通过投射编码的光图案来改变场景的纹理，相机则用于捕捉投射后的图像。通过分析图像中的纹理变化，可以反推场景中物体的深度。基于结构光的立体视觉模型通常需要使用高质量、高精度的结构光投射器和相机来实现比较准确的深度测量。

基于多视角的立体视觉模型：利用多个相机同时捕捉不同角度的图像，然后通过三角测量等技术来恢复场景的三维结构。多视角的信息可以提供更多的深度信息，从而提高立体视觉的准确性和稳定性。多视角的立体视觉模型通常需要对系统进行校准，以确保多个相机之间的几何关系和图像对齐。在实际应用中，基于多视角的立体视觉模型可以通过多个相机组成的阵列来实现。

11.1.3 立体视觉系统标定

通过标定过程，立体视觉系统可以得到准确的摄像头参数和图像校正参数，从而提高系统的匹配精度和深度估计准确性。立体视觉系统标定是一个复杂且精细的过程，需要使用专门的标定工具和方法，并且要确保标定过程中的环境和条件与实际使用场景尽可能地相近，以获得更好的结果。

为了使用立体视觉系统进行视差计算和获取三维深度信息，首先需要获取以下信息：

相机的内部参数：每个相机的焦距、光心以及畸变模型等。

相机的外部参数：每个相机坐标系与世界坐标系之间的旋转和平移关系。

相机间的相对位置关系：不同相机坐标系之间的旋转和平移关系，以及多个图像中同一空间点对应的同名像素点的坐标。

在实际工程中，获取相机内外参数和相机间的相对位置关系称为对立体视觉系统的标定过程。为了完成立体视觉系统的标定，通常会让系统的不同相机对同一个标定点阵进行图像采集，然后根据点阵的信息来计算各种参数。图 11-4 展示了双目视觉系统的标定过程。

双目立体视觉系统的标定过程可以分为相机标定和立体视觉系统标定两个阶段。在相机标定阶段，会计算出系统中每个相机的焦距、光心位置、相机的畸变模型，并确定每个相机坐标系与世界坐标系之间的关系。

如前述单目视觉标定，表示三维空间点与其图像点变换关系的投影矩阵 $\boldsymbol{M}$ 可通过 6 个以上的标定点计算得到。而基于它和相机内外参数矩阵的关系，能计算得到相机的内外参数。此后，就可以继续对整个立体视觉系统进行标定，来确定系统中各个相机的坐标系与其他相机坐标系之间的旋转和平移关系，以及多幅图像中同源像点所对应空间点的坐标等。

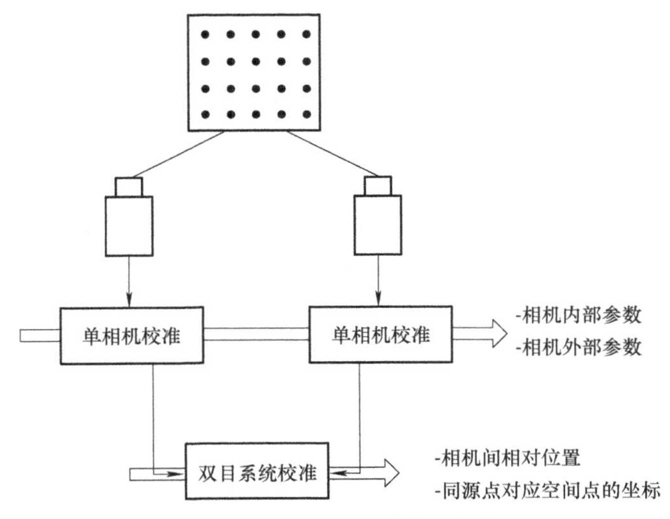

图 11-4　双目视觉系统的标定过程

设双目立体视觉系统中左右相机坐标系相对世界坐标系的旋转和平移矩阵分为（$\boldsymbol{R}_L$，$\boldsymbol{B}_L$）和（$\boldsymbol{R}_R$，$\boldsymbol{B}_R$），则三维世界坐标系中的点 P_W（X_w，Y_w，Z_w）在两个相机坐标系中的坐标 P_L（X_L，Y_L，Z_L）和 P_R（X_R，Y_R，Z_R）可通过坐标旋转和平移得到，用矩阵表示为

$$\begin{cases} \boldsymbol{P}_L = \bar{\boldsymbol{R}}_L \bar{\boldsymbol{P}} + \bar{\boldsymbol{B}}_L \\ \boldsymbol{P}_R = \boldsymbol{R}_R \bar{\boldsymbol{P}} + \bar{\boldsymbol{B}}_R \end{cases} \tag{11-6}$$

消去 $\boldsymbol{P}$ 可得到以下 $\boldsymbol{P}_L$ 和 $\boldsymbol{P}_R$ 之间的关系式：

$$\boldsymbol{P}_L = \boldsymbol{R}\boldsymbol{P}_R + \boldsymbol{B} \tag{11-7}$$

$$\boldsymbol{R} = \boldsymbol{R}_L \boldsymbol{R}_R^{-1} \tag{11-8}$$

$$\boldsymbol{B} = \boldsymbol{B}_L - \boldsymbol{R}_L \boldsymbol{R}_R^{-1} \boldsymbol{B}_R \tag{11-9}$$

由上式可知，若对双目立体视觉系统中的左右相机分别完成标定得到（$\boldsymbol{R}_L$，$\boldsymbol{B}_L$）和（$\boldsymbol{R}_R$，$\boldsymbol{B}_R$），则左相机坐标系到右相机坐标系的转换关系就能通过 $\boldsymbol{R}=\boldsymbol{R}_L\ \boldsymbol{R}_R^{-1}$ 和 $\boldsymbol{B}=\boldsymbol{B}_L-\boldsymbol{R}_L\ \boldsymbol{R}_R^{-1}\ \boldsymbol{B}_R$ 来确定。然而，在实际应用中，通常并不会通过空间点和各成像点之间的关系来间接计算立体视觉系统中相机之间的相对位置关系。相反，会基于极线几何理论直接获取两个相机图像中对应点之间的极线约束，然后才完成后续的立体视觉图像调整、图像对应点匹配和目标的深度信息计算等过程。

11.2　极线几何与立体匹配

11.2.1　极线几何理论

极线几何理论可用于研究立体视觉系统中各个相机图像同源像点之间的关系，它不仅在双目立体视觉图像的对应点匹配中有着重要作用，而且在三维重建和运动分析中也具有广泛应用。

图 11-5 所示为极线几何的典型设置。在这个设置中，灰色区域表示对极平面，橙色线表示基线，而蓝色线表示对极线。在多视图几何中，多个相机、三维点以及它们在每个相机图像平面上的投影之间存在着紧密的关联。这种几何结构，将相机、三维点和相应的观测值联系在一起，称为对极几何结构。标准对极几何设置两个相机，观察同一三维点 P，其在每个图像平面中的投影分别位于 p 和 p'。相机中心位于 O_1 和 O_2，它们之间的线称为基线。由两个相机中心和 P 定义的平面称为对极平面。基线与两个图像平面的交点称为对极 e 和 e'。由对极平面和两个图像平面的交点定义的线称为对极线。

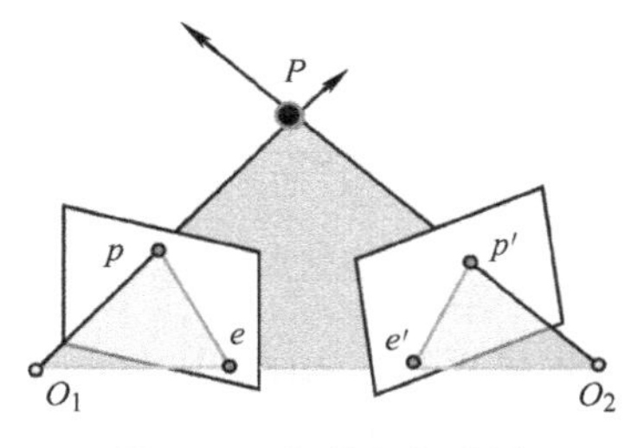

图 11-5 极线几何设置

一个特殊的对极几何的例子如图 11-6 所示，图像平面彼此平行。当图像平面彼此平行时，由于连接中心 O_1 和 O_2 的基线平行于图像平面，因此对极 e 和 e' 将位于无穷远处。请注意，此时对极线平行于每个图像平面的 u 轴。

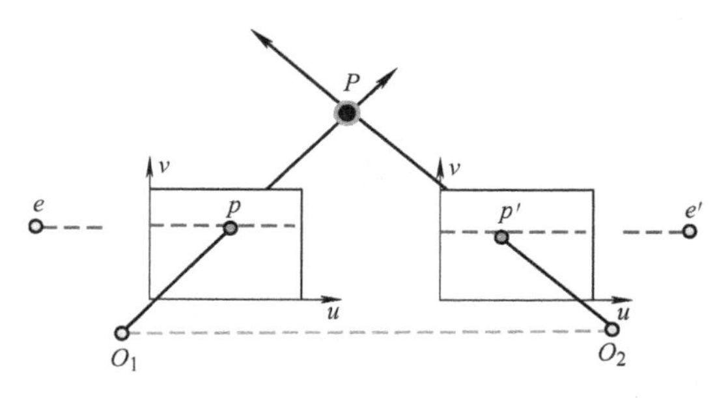

图 11-6 两图像平面平行时极线设置

然而，在现实世界中，一般没有三维点 P 的确切位置，但可以确定其在图像平面上的投影点 p，还能够确定相机的位置、方向和相机矩阵。已知这些条件，根据相机位置 O_1、O_2 和图像点 p，同样可以定义对极平面。利用对极平面，可以确定对极线。根据定义，点 P 在第二个图像平面上的投影 p，必须位于第二个图像平面的对极线上。因此，通过对对极几何的基本了解，可以在不了解场景的三维点的情况下在图像对之间创建强约束。所以，在不了解三维场景结构的情况下，可通过对极几何的基本知识对图像创建强约束。

同时定义 $\boldsymbol{M}$ 和 $\boldsymbol{M}'$ 为将三维点映射到各自的二维图像平面位置的相机投影矩阵。假设世界坐标系与第一相机相关联，再旋转 $\boldsymbol{R}$，然后平移 $\boldsymbol{T}$，得到第二相机，如图 11-7 所示。那么，两个相机的投影矩阵分别为 $\boldsymbol{M}=\boldsymbol{K}[\boldsymbol{I}, \boldsymbol{0}]$ 和 $\boldsymbol{M}'=\boldsymbol{K}'[\boldsymbol{R}, \boldsymbol{T}]$。

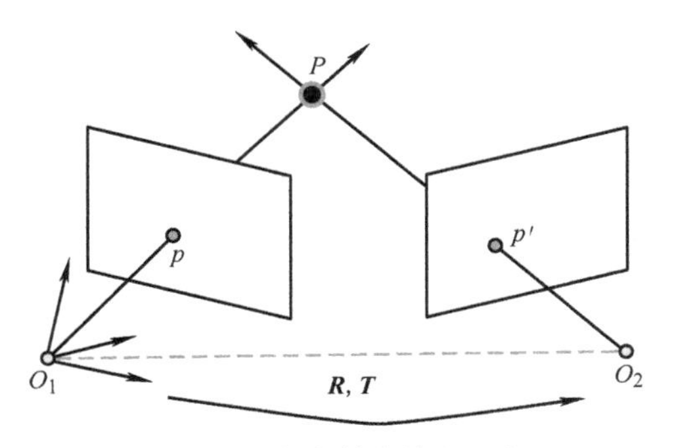

图 11-7　相机的旋转和平移

在最简单的情况下，假设此处是标准相机，即 $\boldsymbol{K}=\boldsymbol{K}'=\boldsymbol{I}$，则 $\boldsymbol{M}$ 和 $\boldsymbol{M}'$ 可以化简为

$$\begin{cases}\boldsymbol{M}=[\boldsymbol{I},\ \boldsymbol{0}]\\ \boldsymbol{M}'=[\boldsymbol{R},\boldsymbol{T}]\end{cases} \tag{11-10}$$

这表示，点 p' 在第一相机参考系中的位置是 $\boldsymbol{R}^{\mathrm{T}}\boldsymbol{p}'-\boldsymbol{R}^{\mathrm{T}}\boldsymbol{T}$。因为向量 $\boldsymbol{R}^{\mathrm{T}}\boldsymbol{p}'-\boldsymbol{R}^{\mathrm{T}}\boldsymbol{T}$ 和 $\boldsymbol{R}^{\mathrm{T}}\boldsymbol{T}$ 位于对极平面，所以可以得到 $\boldsymbol{R}^{\mathrm{T}}\boldsymbol{T}\times(\boldsymbol{R}^{\mathrm{T}}\boldsymbol{p}'-\boldsymbol{R}^{\mathrm{T}}\boldsymbol{T})=\boldsymbol{R}^{\mathrm{T}}\boldsymbol{T}\times\boldsymbol{R}^{\mathrm{T}}\boldsymbol{p}'=\boldsymbol{R}^{\mathrm{T}}(\boldsymbol{T}\times\boldsymbol{p}')$，这样就可以获得一个垂直于对极平面的向量。同时也证明，位于对极平面的 $\boldsymbol{p}$ 垂直于 $\boldsymbol{R}^{\mathrm{T}}(\boldsymbol{T}\times\boldsymbol{p}')$。综上所述列出点积为零的约束条件：

$$(\boldsymbol{R}^{\mathrm{T}}(\boldsymbol{T}\times\boldsymbol{p}'))\cdot\boldsymbol{p}=0 \tag{11-11}$$

$$(\boldsymbol{T}\times\boldsymbol{p}')^{\mathrm{T}}\boldsymbol{R}\boldsymbol{p}=0 \tag{11-12}$$

利用线性代数的知识，可以为叉积引入一个不同的矩阵表达式，即将任意两个向量 $\boldsymbol{a}$ 和 $\boldsymbol{b}$ 之间的叉积表示为矩阵向量乘法：

$$\boldsymbol{a}\times\boldsymbol{b}=\begin{bmatrix}0 & -a_z & a_y\\ a_z & 0 & -a_x\\ -a_y & a_x & 0\end{bmatrix}\begin{bmatrix}b_x\\ b_y\\ b_z\end{bmatrix}=[\boldsymbol{a}_{\times}]\boldsymbol{b} \tag{11-13}$$

将上述矩阵和约束条件结合，就可以将叉积项转换为矩阵向量乘法，得到如下等式：

$$([\boldsymbol{T}_{\times}]\boldsymbol{p}')^{\mathrm{T}}\boldsymbol{R}\boldsymbol{p}=0 \tag{11-14}$$

$$\boldsymbol{p}'^{\mathrm{T}}[\boldsymbol{T}_{\times}]^{\mathrm{T}}\boldsymbol{R}\boldsymbol{p}=0 \tag{11-15}$$

$$\boldsymbol{p}'^{\mathrm{T}}[\boldsymbol{T}_{\times}]\boldsymbol{R}\boldsymbol{p}=0 \tag{11-16}$$

将矩阵 $\boldsymbol{E}=[\boldsymbol{T}_{\times}]\boldsymbol{R}$ 称作本质矩阵，通过此矩阵为极线约束创建了更为精炼的表达式：

$$\boldsymbol{p}'^{\mathrm{T}}\boldsymbol{E}\boldsymbol{p}=0 \tag{11-17}$$

上述本质矩阵 $\boldsymbol{E}$ 是包含 5 个自由度的 3×3 矩阵，此矩阵的秩为 2。本质矩阵有助于

计算与 p 和 p' 相关的对极线。例如，$\boldsymbol{l}'=\boldsymbol{E}\boldsymbol{p}$ 给出了相机 2 的图像平面中的对极线。同样，$\boldsymbol{l}=\boldsymbol{E}^{\mathrm{T}}\boldsymbol{p}'$ 给出了相机 1 的图像平面上的对极线。本质矩阵一个特殊的性质是，它与对极线的点积等于零，即 $\boldsymbol{E}\boldsymbol{e}=\boldsymbol{E}^{\mathrm{T}}\boldsymbol{e}'=0$。因为对于相机 1 图像平面中的任何点 x（e 除外），相机 2 图像平面中的对应对极线 $\boldsymbol{l}'=\boldsymbol{E}\boldsymbol{x}$ 包含对极点 e'。因此，对于所有点 x，e' 满足等式 $\boldsymbol{e}'^{\mathrm{T}}(\boldsymbol{E}\boldsymbol{x})=(\boldsymbol{e}'^{\mathrm{T}}\boldsymbol{E})\boldsymbol{x}=0$，所以 $\boldsymbol{e}'^{\mathrm{T}}\boldsymbol{E}=0$，同样 $\boldsymbol{E}\boldsymbol{e}=0$。虽然当有正则化相机时，导出了 p 和 p' 之间的关系，但当相机不再是正则相机时，则应该推导出更一般的表达式。根据上述内容，已经得到了投影矩阵：

$$\begin{cases}\boldsymbol{M}=\boldsymbol{K}[\boldsymbol{I},\boldsymbol{0}]\\ \boldsymbol{M}'=\boldsymbol{K}'[\boldsymbol{R},\boldsymbol{T}]\end{cases} \tag{11-18}$$

首先，此处定义 $\boldsymbol{p}_{\mathrm{c}}=\boldsymbol{K}^{-1}\boldsymbol{p}$ 和 $\boldsymbol{p}_{\mathrm{c}}'=\boldsymbol{K}'^{-1}\boldsymbol{p}'$ 是点 P 到相应相机图像的投影，在典型标准的相机下，满足：

$$\boldsymbol{p}_{\mathrm{c}}'^{\mathrm{T}}[\boldsymbol{T}_{\times}]\boldsymbol{R}\boldsymbol{p}_{\mathrm{c}}=0 \tag{11-19}$$

将 $\boldsymbol{p}_{\mathrm{c}}$ 和 $\boldsymbol{p}_{\mathrm{c}}'$ 的值代入上式，那么可以得到

$$\boldsymbol{p}'^{\mathrm{T}}\boldsymbol{K}'^{-\mathrm{T}}[\boldsymbol{T}_{\times}]\boldsymbol{R}\boldsymbol{K}^{-1}\boldsymbol{p}=0 \tag{11-20}$$

将矩阵 $\boldsymbol{F}=\boldsymbol{K}'^{-\mathrm{T}}[\boldsymbol{T}_{\times}]\boldsymbol{R}\boldsymbol{K}^{-1}$ 称为基础矩阵，其作用类似上述描述的本质矩阵，其编码相机矩阵 $\boldsymbol{K}$、$\boldsymbol{K}'$ 以及相机之间的相对平移 $\boldsymbol{T}$ 和旋转 $\boldsymbol{R}$ 的信息。因此，即使相机矩阵 $\boldsymbol{K}$、$\boldsymbol{K}'$ 和变换 $\boldsymbol{R}$、$\boldsymbol{T}$ 未知，$\boldsymbol{F}$ 也有助于计算与 p 和 p' 相关的对极线。与本质矩阵类似，可以只用基础矩阵和对应点来计算对极线 $\boldsymbol{l}'=\boldsymbol{F}\boldsymbol{p}$ 和 $\boldsymbol{l}=\boldsymbol{F}^{\mathrm{T}}\boldsymbol{p}'$。基础矩阵和本质矩阵之间的一个主要区别是，与本质矩阵的 5 个自由度相比，基础矩阵包含 7 个自由度。

基础矩阵有什么用处呢？就像本质矩阵一样，如果已经知道了基础矩阵，那么只需要简单地知道图像平面上的一个点，就可以轻松地约束另一个图像平面上的对应点（即对极线）。因此，即使在不知道 P 在三维空间中的实际位置，或相机的任何外在或内在特征的情况下，就可以建立任何 P 和 P' 之间的关系。

从上述几何和数学分析中可以得出，极线约束是描述像点与其极线之间的关系的。通过这种约束，可以确定一个相机图像中的某个像点在另一个相机图像中对应位置所在的直线，但无法知道同源像点在该直线上的具体位置。极线约束将图像中对应点的匹配范围限定在一条直线上，即使考虑噪声，如果将搜索范围扩大到该直线附近的邻域内，也极大地减少了图像对应点匹配过程的计算量。因此，极线约束对图像对应点的匹配过程具有指导作用。

11.2.2 立体匹配过程

通过进行单相机和立体视觉系统的标定过程，可以确定同源像点在不同相机坐标系或图像坐标系中的坐标关系。然而，要使用视差来计算空间点的深度信息，还需要对图像进行进一步的调整，使两个相机的图像共面且“行对齐”，以简化计算过程。

如图 11-8 所示，当立体视觉系统可被配置或抽象为平视双目系统模型时，空间点的深度信息计算就会被简化。平视双目系统模型具有以下主要特点：

1）左右相机类型相同，或至少焦距相同。

2）左右相机且平行安装，即光轴平行。

3）左右相机坐标系的 X 轴共线，并与基线平行。

这意味着两相机的图像共面，光轴与图像的交点（投影中心）在左右图像中的坐标相同。若不考虑畸变，则两图像中各行像素不仅水平方向相同，且具有相同的空间 Y 坐标，即图像“行对齐”。

平视双目系统模型对深度信息的计算提供了很大的简化，但它却是一个非常理想化的模型。在现实世界中，几乎无法使两个相机的像平面完全共面，因此物理上实现完全平视双目系统是不可行的，只能尽可能地根据其特点进行近似配置。然而，通过对图像进行畸变校正、旋转平移和行对齐等矫正过程，可以将这种“近似的平视双目系统”转换为理想的平视双目系统。以图 11-8 为例，通过应用旋转矩阵 $\boldsymbol{R}$，可以使两个图像共面。然后，通过平移和行对齐操作，可以使两个相机的图像具备平视双目视觉系统的特点。

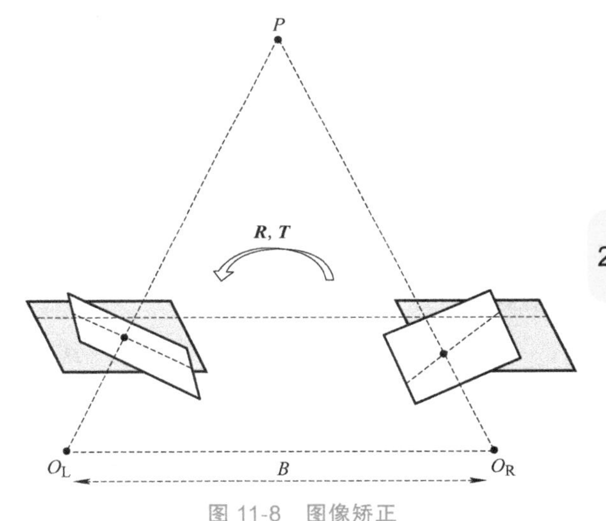

图 11-8　图像矫正

假设左右相机图像之间的位置关系可以用旋转矩阵 $\boldsymbol{R}$ 和平移向量 $\boldsymbol{T}$ 表示。可以首先通过旋转其中一个图像坐标系，使左右图像共面。为了减小仅旋转其中一个图像坐标系对整个系统的影响，可以分别对左右图像坐标进行旋转 $\boldsymbol{r}_{\mathrm{L}}$ 和 $\boldsymbol{r}_{\mathrm{R}}$，使它们均与两相机光心和投影中心所构成向量的和（亦为向量）平行。虽然分别旋转左右相机坐标可使两图像共面，但两共面图像中的像素行却并不一定对齐。这对实现后续的图像对准过程不利，因此还需要对两图像进行调整。图像的行对齐可通过矩阵 $\boldsymbol{R}_{\text{rectify}}$ 来实现：

$$\boldsymbol{R}_{\text{rectify}}=\begin{bmatrix}\boldsymbol{e}_1^{\mathrm{T}}\\ \boldsymbol{e}_2^{\mathrm{T}}\\ \boldsymbol{e}_3^{\mathrm{T}}\end{bmatrix}=\begin{bmatrix}\left(\dfrac{\boldsymbol{T}}{\|\boldsymbol{T}\|}\right)^{\mathrm{T}}\\ \left(\dfrac{\begin{bmatrix}-T_x & T_y & 0\end{bmatrix}}{\sqrt{T_x^{\ 2}+T_y^{\ 2}}}\right)^{\mathrm{T}}\\ (\boldsymbol{e}_1\times\boldsymbol{e}_2)^{\mathrm{T}}\end{bmatrix}\tag{11-21}$$

式中，$\boldsymbol{T}$ 是两图像投影中心之间的平移向量；$\boldsymbol{e}_1$、$\boldsymbol{e}_2$ 和 $\boldsymbol{e}_3$ 是 3 个正交向量，用于将共面

的两个图像调整为行对齐。$e_1=\frac{T}{\|T\|}$是当左图像中以投影中心为图像坐标原点时左极点的单位方向矢量。若使该单位矢量与两图像投影中心所构成向量的方向相同，就能使左极点在右图像中对应的极线为水平方向（极点位于无穷远处）。$e_2=\frac{[-T_x\ T_y\ 0]}{\sqrt{T_x^2+T_y^2}}$是$e_1$与光轴方向的单位向量的叉积，也就是说$e_2$与$e_1$和光轴均正交（垂直于$e_1$与光轴构成的平面）。$e_3=e_1\times e_2$，即$e_3$是$e_1$和$e_2$的叉积，它与$e_1$和$e_2$均正交。获得矩阵$R_{\text{rectify}}$后，就可以利用它继续对左右图像旋转后所得图像进行变换，使它们对齐。图 11-9 显示了图像矫正过程中左右图像的旋转和行对齐步骤。

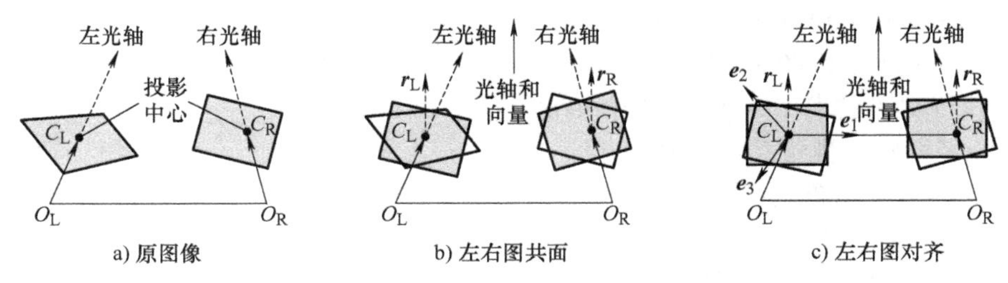

图 11-9 图像矫正过程的主要步骤

若将左右图像的旋转和行对齐过程综合，就可得到下面两个分别施加到左右图像的变换矩阵：

$$\begin{cases}R_L=R_{\text{rectify}}r_L\\R_R=R_{\text{rectify}}r_R\end{cases}\tag{11-22}$$

对左右相机图像分别应用R_L和R_R，可以获得对齐的图像。然而，在实际应用中，还需要确保左右相机图像的同步采集。如果左右相机不能同步采集图像，那么对于场景中的移动目标，将会导致错误的深度信息。这种情况下，系统的应用将受限于只能观测静止目标。

图 11-10 显示了图像矫正过程。当被测目标的原始图像被左右相机采集后，会先对各种畸变进行矫正，然后调整左右图像使它们共面并且行对齐。在实际中，对于每个调整后的图像中的整数坐标，都会从矫正图像中找到对应坐标，然后映射到原始图像中的浮点数坐标；接着再用其周围的整数坐标像素值通过插值算法（0 阶插值或双线性插值）得到浮点坐标处的像素值，而该像素值就作为调整后的图像中整数坐标处的像素灰度；最后通常需要对调整后的左右图像进行剪裁，以提取用于计算深度信息的交集区域。因此，可以将实际中的图像矫正过程看作是一个从原始图像到调整后图像的插值过程。为了提高速度，可以为左右图像的插值过程分别创建查找表。这也意味着需要占用更多的内存空间。图 11-11 展示了图像矫正过程前后左右图像的实例。

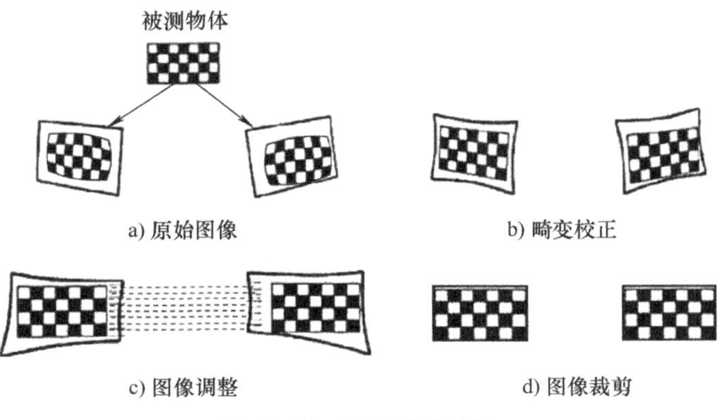

图 11-10 图像矫正过程

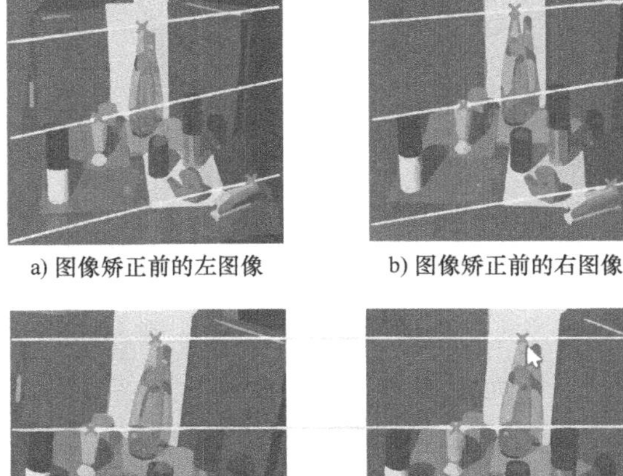

a) 图像矫正前的左图像　b) 图像矫正前的右图像

c) 图像矫正后的左图像　d) 图像矫正后的右图像

图 11-11 图像矫正实例

经过图像矫正后，立体视觉系统的左右图像不仅共面，而且在每一行上都能对齐。但是，在计算视差时，两幅图像中同源点位置的对应关系仍然无法直接确定。因此还要基于矫正后的左右图像进行图像对应点匹配才能得到视差，并最终实现被测目标的深度信息计算或进行三维重建。

对应点匹配过程通常输出左右图像的视差图。视差图以立体视觉系统左右图像中任一幅图像为参考（通常取左图），其大小与参考图像大小相同，但各元素值为左右图像同源点视差值。例如，图 11-12a、b 所示为立体视觉系统的左右图像，x_L 为左视图横坐标，x_R 为右视图横坐标。图 11-13 是以左侧图像为参考的二维视差图，其中每个像素的灰度代表了左图中像素与其在右图中同源点间的图像坐标之差（即视差 d），即 $d=x_L-x_R$。图 11-14 所示是以三维显示来观察该视差图。考虑到两幅图像的同源点之间的视差值通常较小，一般会通过乘以一个因子（如 16）来放大视差值，以便更好地显示视差图。在平面双目视觉系统中，空间点到相机的距离与视差呈反比关系。因此，视差图中像素的亮度（灰度值）越高，表示对应的空间点离相机越近；相反，较暗的像素表示空间点离相机较远。

a) 左图像(参考图像)

b) 右图像

图 11-12　同一场景的左右视图

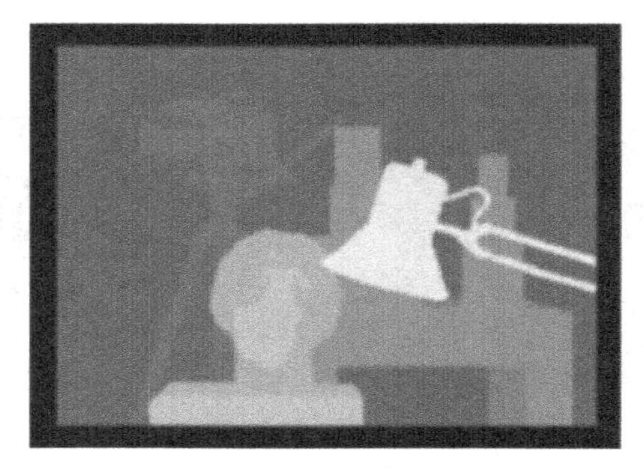

图 11-13　二维视差图显示

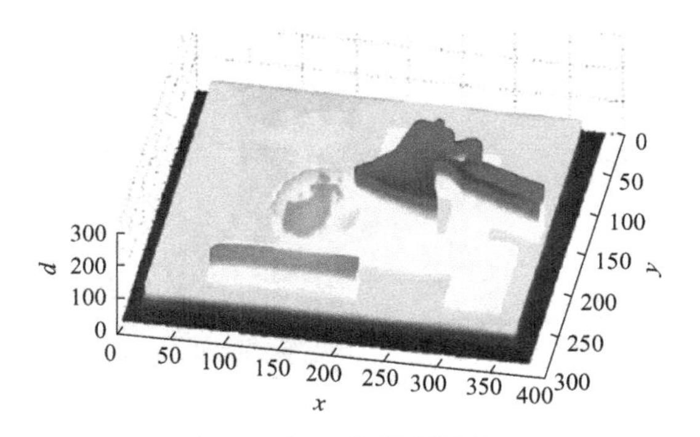

图 11-14　三维视差图显示

目前存在两种常见的对应点匹配算法：块匹配算法和半全局匹配算法。块匹配算法具有较快的执行速度，而半全局匹配算法则可以提供更细腻的视差图，并适应纹理较少或几乎无纹理的图像。

块匹配算法可以分为前置滤波、匹配和后置滤波三个阶段。前置滤波的主要目的是减小图像中的亮度差异，增强图像的高频细节，常用的方法是应用 Sobel 滤波器或归一化响应滤波器。为了避免水平线误导匹配过程，通常只使用以下 Sobel 滤波器内核：

$$\begin{bmatrix} -1 & 0 & 1 \\ -2 & 0 & 2 \\ -1 & 0 & 1 \end{bmatrix}$$

而使用该滤波器内核对图像增强时，采用以下方法取值：

$$I = \min\left[\max(I_{\text{Sobel}}, -I_{\text{cap}}), I_{\text{cap}}\right] \tag{11-23}$$

式中，I 是图像增强后的像素值，也是应用 Sobel 滤波器内核时的中心像素；I_{Sobel} 是对图像应用 Sobel 滤波器内核后得到的值（窗口内像素的加权和）；I_{cap} 是用来限定像素最大值的正参数。

归一化响应滤波器通过在图像中滑动尺寸为 5×5、7×7 或其他奇数大小的窗口（最大为 21×21），并通过以下方法来计算窗口中心位置的新像素值：

$$I = \min\left[\max(I_{Center} - I_{avg}, -I_{cap}), I_{cap}\right] \tag{11-24}$$

式中，I 是图像增强后的像素值，也是窗口中心像素的新值；I_{Center} 是原窗口中心像素的值；I_{avg} 是窗口中像素值的平均值。

经过前置滤波以增强图像细节并减少亮度差异后，就可以进行左右图像的对应点匹配。由于在对左右图像进行调整后，左右图像中的同一行像素互为极线，因此对于左图像中的任意一个特征点，只需要在右图像的相同行（即 y 坐标相同）进行搜索，即可找到对应的匹配点。为降低噪声和其他因素的影响，在搜索匹配点时可在右图像中沿极线滑动一个小窗口，并计算左图像中同样大小的窗口内各特征像素点与右侧滑动窗口内各像素之间的绝对差值之和（Sum of Absolute Differences，SAD），最后从中选出 SAD 最小的窗口作为匹配窗口。该过程可通过下述步骤描述：

1）构造一个小窗口（类似卷积核）。

2）用窗口覆盖左边的图像，选择出窗口覆盖区域内的所有像素，包括特征像素。

3）同样用窗口覆盖右边的图像并选择出覆盖区域的像素点。

4）左边覆盖区域减去右边覆盖区域，并求出所有像素点差的绝对值之和（SAD）。

5）移动右边图像的窗口，重复步骤 3）和 4)。

6）找到这个范围内 SAD 值最小的窗口，即找到了左边图像的最佳匹配的像素块。

可以进一步基于极线约束对搜索范围进行限定。假定左图中特征像素的坐标为（x_0，y_0），则对于平视双目视觉系统来说，该特征点在右相机图像中只能出现在（x_0，y_0）坐标的左侧（同一行）。只有当立体视觉系统的两相机之间有一定夹角时（非平视双目视觉系统），匹配点才可能出现在坐标（x_0，y_0）的右侧。若将（x_0，y_0）坐标处的匹配点视差为 0，则其左侧匹配点的视差为正，右侧匹配点的视差为负。由此，可以通过最小视差和视差像素数两个参数来控制搜索范围。最小视差规定了在右图像中极线上搜索匹配点的起始位置（默认值为 0），而视差像素数则规定了搜索的最大区域（默认值为 64 个像素）。这样就可以将搜索范围限定在极线上 x_0–MinDisparity 到 x_0–MinDisparity–NumDisparities 范围内，如图 11-15 所示。

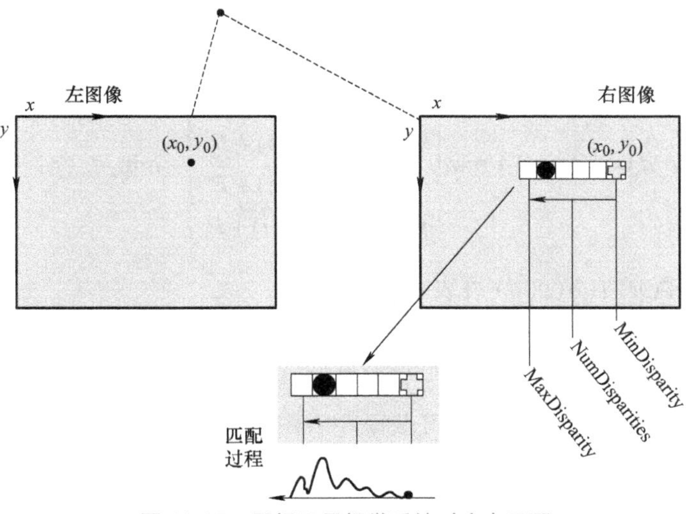

图 11-15　平视双目视觉系统对应点匹配

在从右图像中搜索到与左图像中特征点匹配的像素点后，由于噪声等因素的影响，需要对这些像素点进行后置滤波，以消除错误的匹配结果。后置滤波包括两个步骤：首先，根据用户设定的视差独特性比例参数和纹理阈值参数，滤除不符合条件的像素点；然后，使用斑点滤波器对剩余的像素点进行过滤。视差独特性比例参数用于描述有效匹配点的视差相对于其他像素点的独特性，其取值范围为 0 ～ 100，数值越小表示匹配点相对于其他像素点的独特性越低。纹理阈值参数规定了某一像素对应的有效匹配点处的 SAD 应达到的最小值。通过设置视差独特性比例参数和纹理阈值参数，可以对搜索得到的潜在匹配像素进行过滤，排除不合格的部分。斑点滤波器检查每个像素周围用户指定的窗口范围内的像素，并去除超出用户设定的斑点范围或窗口视差范围阈值参数的像素。

半全局匹配算法会先计算每个像素点的视差，组成视差图，然后再设置和视差图相关的全局能量函数 [见式（11-25）]，并使这个能量函数最小，以求解每个像素的最优视差。

$$E(D)=\sum_{p}\left(C(p,D_p)+\sum_{q\in N_p}P_1 I\left[\left|D_p-D_q\right|=1\right]+\sum_{q\in N_p}P_2 I\left[\left|D_p-D_q\right|>1\right]\right) \tag{11-25}$$

式中，D 是视差图；$E(D)$ 是视差图对应的能量函数；p、q 是像素的坐标；N_p 是像素在 p 处的邻域大小，一般为 8 连通邻域；$C(p, D_p)$ 是视差为 D_p 时像素匹配过程的成本；P_1 是用户指定的惩罚系数，用于更改相邻像素中视差值为 1 的像素；P_2 也是一个用户指定的惩罚系数，用于更改相邻像素中视差值大于 1 的像素；$I[\cdot]$ 是一个函数，它在中括号内的参数非 0 时返回 1，否则返回 0。

通过调整惩罚系数 P_1 和 P_2，并最小化上述能量函数，可以得到理想的视差图。然而，利用该能量函数在二维图像中寻找最优解是一个极其复杂和耗时的问题。因此，需要将函数的求解近似分解为多个一维的线性问题，并使用动态规划来解决每个一维问题。由于一个像素存在着 8 个相邻像素，因此通常将问题分解为 8 个独立的一维问题。

若 $L_r(p, d)$ 为从当前像素沿 r 方向的路径上像素匹配的最小成本，则有

$$L_r(p,d)=C(p,d)+\min\begin{bmatrix}L_r(p-r,d)\\L_r(p-r,d-1)+P_1\\L_r(p-r,d+1)+P_1\\\min_i L_r(p-r,i)+P_2\end{bmatrix}-\min_k L_r(p-r,k) \tag{11-26}$$

则 8 个方向上的匹配成本 $S(p, d)$ 可表示为

$$S(p,d)=\sum_{r}L_r(p,d) \tag{11-27}$$

完成整个对应点匹配过程后，即可获得左右图像之间的视差图。而基于这些对应点之间的视差值，就能进一步计算得到被测目标的三维信息。若用 d 表示左图像中（x，y）点处的视差，则有

$$\begin{bmatrix} X \\ Y \\ Z \\ W \end{bmatrix} = \begin{bmatrix} 1 & 0 & 0 & -c_x \\ 0 & 1 & 0 & -c_y \\ 0 & 0 & 0 & f \\ 0 & 0 & \dfrac{-1}{T_x} & \dfrac{(c_x - c_x')}{T_x} \end{bmatrix} \begin{bmatrix} x \\ y \\ d \\ 1 \end{bmatrix} \tag{11-28}$$

式中，f 是左图像对应的焦距；(c_x, c_y) 是光心在左图像中的对应坐标；c_x' 是光心在右图像中的对应 x 坐标；T_x 是平移向量的 x 分量。

计算得到 $(X, Y, Z, W)^{\mathrm{T}}$ 后，就可以计算得到目标点的三维坐标 $(X_{\mathrm{w}}, Y_{\mathrm{w}}, Z_{\mathrm{w}})$：

$$\begin{cases} X_{\mathrm{w}} = \dfrac{X}{W} \\ Y_{\mathrm{w}} = \dfrac{Y}{W} \\ Z_{\mathrm{w}} = \dfrac{Z}{W} \end{cases} \tag{11-29}$$

11.3　点云处理基础

基于立体视觉的三维重建可以实现从双目视觉图像中恢复三维点云。在三维重建过程中，需要对双目视觉图像进行图像匹配、深度估计和三维坐标计算等处理，以获取场景中每个像素点对应的三维坐标信息，从而生成点云数据。点云处理是三维重建技术的重要组成部分，可以有效地提取有用的信息，去除不必要的噪声和误差，提高点云数据的准确性和可用性。

点云（Point Cloud）是由一组三维坐标表示的离散点集合，通常用于描述三维空间中物体的形状、表面和结构。点云数据可以通过各种传感器（如激光雷达、深度相机）或算法生成，具有广泛的应用领域，包括计算机图形学、机器人感知、三维重建、虚拟现实等。

点云数据可以包含各种信息，主要包括点的三维坐标和可能的其他属性，如法线、颜色、强度等。这些附加属性可以提供关于点的更多信息，如点的法线可以用于表面重建、点的颜色可以用于渲染和可视化。

对于点云数据的处理，常见的任务包括点云滤波、点云配准、点云分割、点云特征提取等。点云滤波可以用于去除噪声或稀疏化点云数据；点云配准可以将多个点云对齐到同一个坐标系；点云分割可以将点云分割为不同的部分或对象；点云特征提取可以提取点云的描述性特征，如表面曲率、法线方向等。

点云处理的算法和工具有很多，如 PCL（Point Cloud Library）、Open3D 等，这些工具提供了方便的接口和算法库，可以帮助开发者进行点云相关的处理和分析。

11.3.1　点云数据表示与结构

点云的无序性、非结构化使其与二维图像卷积存在差异，因此二维检测中研究成熟的网络不能直接用于处理点云数据，并且点云的表示形式对模型的性能有着直接影响，所以了解点云数据的表示形式是很有必要的。

点云是指获取物体表面每个采样点的空间坐标形成的点的集合。用于三维目标检测的点云通常由激光雷达扫描得来，包含点的三维坐标、强度等信息。点云的表示形式一般有点表示形式、体素表示形式和图表示形式。

点表示形式直接对点云进行处理，即采用最原始的点作为输入。这种表示形式通常基于 PointNet 网络，骨架网由点编码层和点解码层构成，编码层经过下采样提取语义信息，解码层将采集的语义信息传递给未采样的点，使其具备特征信息，从而保证全部的点都包含特征信息，最后基于这些点得到候选框。典型方法如 F–PointNet（Frustum–PointNet）、PointRCNN 等。

点表示方法因为使用最原始的点云数据，保留最丰富细致的信息，在所有方法中输入信息损失最小。但是，点表示方法需要处理的数据量较大，运行速度较慢，并且一般使用多层感知器，感知能力较差。点表示形式示意图如图 11-16 所示。

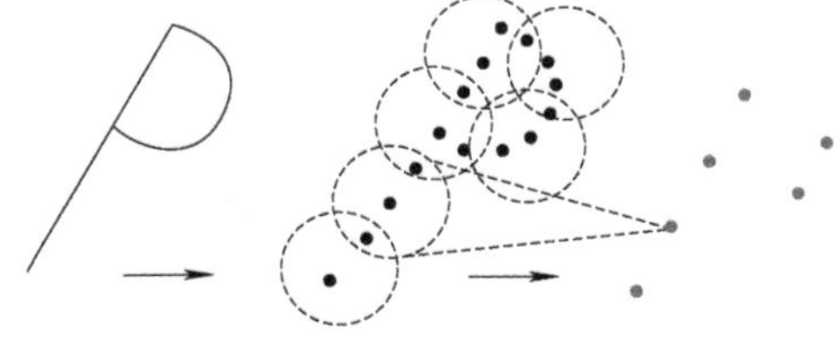
图 11-16　点表示形式示意图

体素是体积元素的简称，是数字数据在三维空间分割上的最小单位，类似于二维空间的最小单位像素，数据表示形式如图 11-17 所示。体素表示形式将点云转化为规则的体素形式，对点云进行处理。点云体素化，首先需要设置参数，包括体素大小及每个体素可容纳的点云数量；然后依次根据坐标得到每点在体素的索引，并根据索引判断此体素种类是否已达到设置的最大值（若达到，丢弃此点；未达到，保留）；最后提取体素特征，进行回归预测。基于体素的典型方法包括 VoxelNet（Voxel Network）、Voxel–FPN（Voxel–Feature Pyramid Network）等。

基于体素的方法不仅性能较优，计算速度也较可观，尤其是稀疏卷积的发展，促进体素方法的应用。但是，基于体素的方法受设置参数的影响，不可避免地丢失一部分点云信息。

Shi 等提出图表示形式，如图 11-18 所示，核心在于构建图神经网络，再通过图卷积进行特征提取。图神经网络的计算费时，对于应用是一个严重限制。但是图表示方法能较好地适应点云的不规则性，并且可得到更多局部信息，因此是一种有发展潜力的点云数据表示形式。

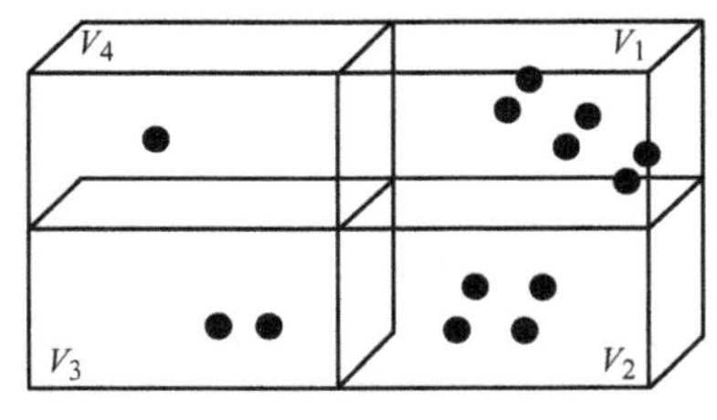

图 11-17　体素表示形式示意图

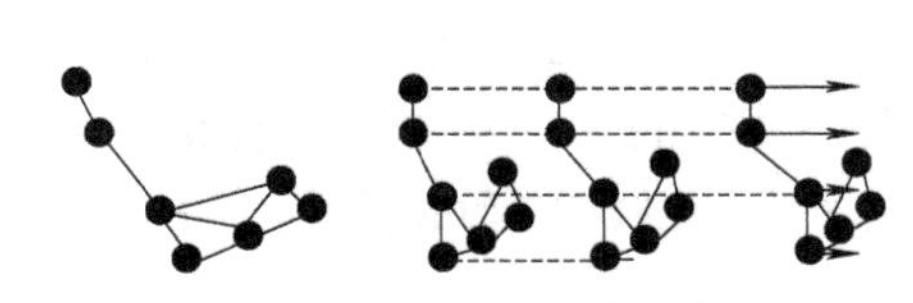
图 11-18　图表示形式示意图

除上述 3 种表示形式以外，还有将点云投影为二维鸟瞰图、点云与体素混合等方式。

与点云不同，图像的表示形式较单一。图像和点云作为两种常见的数据模态，各有优缺点：图像可提供丰富的纹理，但缺乏深度信息，对光照要求较高；点云可提供深度信息，但较稀疏。两者的具体差异如表 11-1 所示。

表 11-1　图像和点云的差异性

表示形式	图像	点云
数据结构	规则	不规则
数据类型	离散	离散
维度	二维	三维
分辨率	高	低

大体上，基于点云的三维检测方法精度高于基于图像的三维检测方法。在造价方面，激光雷达价格远高于摄像机，这是研究基于图像的三维检测方法的一个重要原因。学者们关注图像和点云融合方法，以期达到更好的检测效果。

点云数据的结构会根据不同的采集设备、应用场景和数据处理任务而有所差异。在处理点云数据时，了解数据的结构有助于选择合适的算法和工具，并进行有效的数据操作和分析。

点云的数据结构可以采用多种方式来表示，其中常见的有以下几种：

XYZ 表示法是点云数据最简单的表示形式，每个点由其三维坐标值（x，y，z）唯一确定。这种表示法适用于无需额外属性或特征的简单场景。

XYZRGB 表示法是在 XYZ 表示法的基础上，为每个点添加了 RGB 颜色信息，每个点的属性由其三维坐标和对应的 RGB 颜色值（x，y，z，r，g，b）组成。该表示法广泛应用于计算机图形学领域。

XYZN 表示法是在 XYZ 表示法的基础上，为每个点添加了法线向量信息（法线向量描述了点在曲面上的方向，常用于表征点云的表面几何特征），每个点的属性由其三维坐标和对应的法线向量（x，y，z，n_x，n_y，n_z）组成。

11.3.2　点云数据预处理

在实际的点云数据模型获取中，由于物体本身的遮挡、光照不均匀等原因，三维激光扫描设备对复杂形状物体的某些区域容易扫描为视觉盲点，因此容易造成扫描“盲区”，形成孔洞。同时，由于扫描设备测量范围有限，对于大尺寸物体或者大范围场景，不能一次性进行完整测量，必须多次扫描测量，因此扫描结果往往是多块具有不同坐标系统且存在噪声的点云数据，不能够完全满足人们对数字化模型真实度和实时性的要求，所以需要对三维点云数据进行去噪、简化、配准以及补洞等预处理。

点云数据预处理中涉及的几个主要研究内容，即点云去噪声、点云简化、点云配准以及点云补洞等。通过数据预处理，可以有效剔除点云中的噪声和外点，在保持几何特征的基础上实现点云数据简化，并将不同角度扫描的点云统一到同一坐标系下，为后续的曲面构建及三维实体模型生成提供稳健的数据基础。

11.3.3 点云配准与坐标变换

点云配准（Point Cloud Registration）指的是输入两个点云 P_s（源点云）和 P_t（目标点云），输出一个变换关系 F：$P_s \rightarrow P_t$，使得 F（P_s）和 P_t 的重合程度尽可能高。在只考虑刚性变换的前提下，对于两个不同视角下的坐标系，如世界坐标系和相机坐标系，这一变换关系 F 表现为旋转矩阵 $\boldsymbol{R}$ 和平移向量 $\boldsymbol{T}$，使得两个坐标系统一到同一视角下。这里只考虑刚性变换，即变换只包括旋转、平移。

点云配准早先主要应用于建筑行业中的建筑信息模型、采矿行业中的矿区开采等，而在自动驾驶领域内的作用主要有三类，分别为三维地图构建、高精地图定位、姿态估计。

第一，三维地图构建。在建高精地图时，自动驾驶系统通过激光雷达采集回来的相邻帧点云进行点云配准后，将不同位置采集回来的点云统一到一个坐标系下，然后构建出一个三维的高精度地图。

第二，高精地图定位。在自动驾驶车辆行驶时，车辆需要做到厘米级的精准定位。例如，自动驾驶车辆需要估计其在地图上的精确位置及车与道路路沿的距离。自动驾驶系统通过点云配准技术，将实时采集到的点云数据与高精地图的数据做匹配，为自动驾驶车辆给出精确的定位。

第三，姿态估计。自动驾驶系统通过点云配准技术来估计车辆的相对姿态信息，并根据该信息对车辆的运行状态进行决策规划。

如何使点云配准方法更加快速准确已成为点云研究的热点和难点。点云配准要应对点云数据的无序性、非结构化、不均匀和噪声等干扰。如何有效地利用已有的信息实现精确、鲁棒的点云配准算法具有重要的研究意义和价值。

点云配准分为粗配准（Coarse Registration）和精配准（Fine Registration）两个阶段。点云配准的过程就是矩阵变换的过程。

1. 粗配准

粗配准是在源点云与目标点云完全不知道任何初始相对位置的情况下，所进行的配准。该阶段的主要目的是在初始条件未知的情况下，快速估算一个大致的点云配准矩阵。对于任意初始状态的两个点云，使得两个点云大致对齐，给旋转矩阵 $\boldsymbol{R}$ 和平移向量 $\boldsymbol{T}$ 提供初值。整个计算过程要求比较高的计算速度，对于计算结果的精确度则不做过高的要求。常见的粗配准算法有基于全局搜索思想的配准方法（如 RANSAC 算法）和基于几何特征描述的配准方法（如 4PCS 算法）。

（1）RANSAC 算法

RANSAC 算法从给定的样本集中随机选取一些样本并估计一个数学模型，将样本集中的其余样本带入该数学模型中验证，如果有足够多的样本误差在给定范围内，则该数学模型最优，否则继续循环该步骤。

RANSAC 算法被引入三维点云配准领域，其本质就是不断地对源点云进行随机样本采样并求出对应的变换模型，接着对每一次随机变换模型进行测试，并不断循环该过程直到选出最优的变换模型作为最终结果。

具体步骤：

1）对点云进行降采样和滤波处理，减少点云的计算量。

2）基于降采样和滤波处理后的点云数据，进行特征提取。

3）使用 RANSAC 算法进行迭代采样，获取较为理想的变换矩阵。

4）使用所获得的变换矩阵进行点云变换操作。

优点：适用于较大点云数据量的情况，可以在不考虑点云间距离大小的情况下，实现点云的粗配准；缺点：存在配准精度不稳定的问题。

（2）4PCS 算法

4PCS（4-Points Congruent Sets）算法根据刚性变换后交点所占线段比例不变以及点之间的欧氏距离不变的特性，在目标点云中尽可能寻找 4 个近似共面点（近似全等四点集，如图 11-19 所示）与之对应，从而利用最小二乘法计算得到变换矩阵，基于 RANSAC 算法框架迭代选取多组基，根据最大公共点集的评价准则进行比较得到最优变换。

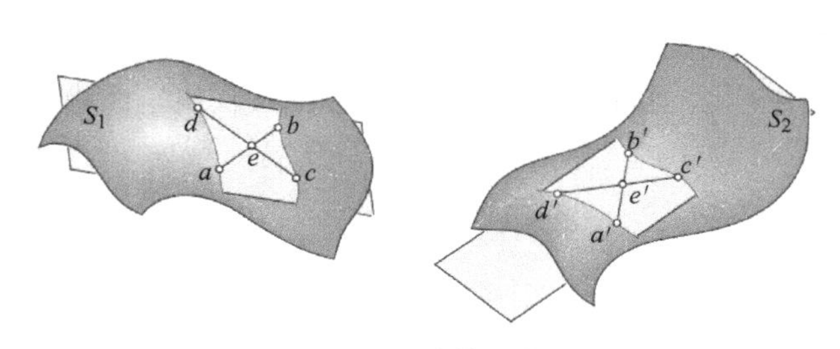

图 11-19　全等四点集

具体步骤：

1）在目标点云集合中寻找满足长基线要求的共面四点基（基线的确定与输入参数中重叠区域有很大关系，重叠区域越大，基线选择越长，长基线能够保证匹配的鲁棒性，且匹配数量较少）。

2）提取共面四点基的拓扑信息，计算四点基间的两个比例因子。

3）计算四种可能存在的交点位置，进而计算所有中长基线点对的交点坐标，比较交点坐标并确定匹配集合，寻找到对应的一致全等四点。

4）寻找点云中所有的共面四点集合，重复上述步骤可得到全等四点集合，并寻找最优全等四点对。

优点：适用于重叠区域较小或者重叠区域发生较大变化场景的点云配准，无需对输入数据进行预滤波和去噪；缺点：不适合工程化应用。

2. 精配准

精配准是在粗配准的基础上，进行更精确、更细化的配准，进一步计算两个点云近似的旋转平移矩阵。精配准的主流方法包括最近点迭代（Iterative Closest Point，ICP）算法、正态分布变换算法、深度学习等。

点云配准就是求解两个点云之间的变换关系，也就是旋转关系 $\boldsymbol{R}$ 和平移关系 $\boldsymbol{T}$。ICP 算法的思路就是找到两组点云集合中距离最近的点对，根据估计的变换关系（$\boldsymbol{R}$ 和 $\boldsymbol{T}$）来计算距离最近点对经过变换之后的误差，经过不断的迭代直至误差小于某一阈值或者达到迭代次数来确定最终的变换关系。

点到点 ICP 方法实现过程用数学语言可以描述为：给定待配准点云 P_s，也就是当前传感器扫描到的点云，里面由 n 个三维点 p_i 组成；同时，目标点云 P_t 可以是预先建好的高精点云地图，也可以是其他位置传感器采集的但有重叠区域的点云，里面同样包含 n 个三维点 q_i。即

$$\begin{cases} P_{\mathrm{s}} = \{\boldsymbol{p}_i = (x_i, y_i, z_i)\} \\ P_{\mathrm{t}} = \{\boldsymbol{q}_i = (x_i', y_i', z_i')\} \end{cases} \tag{11-30}$$

而要做的就是寻找一个 3 × 3 旋转矩阵 $\boldsymbol{R}$ 和 3 × 1 平移向量 $\boldsymbol{T}$，使得下式取值最小。

$$\boldsymbol{R}^*, \boldsymbol{T}^* = \arg\min_{\boldsymbol{R},\boldsymbol{T}} \frac{1}{n}\sum_{i=1}^{n} \| \boldsymbol{q}_i - (\boldsymbol{R}\boldsymbol{p}_i + \boldsymbol{T}) \|^2 \tag{11-31}$$

ICP 算法求解可以分为两种情况：已知对应点的情况和未知对应点的情况。

如果已知两个点云中点的对应关系，那么 ICP 算法的求解过程将非常简单，这个在视觉 SLAM 中较为常用，因为可以根据特征匹配的方式找出空间点的对应关系。
具体方法如下：

1）计算两组点云的质心：

$$\begin{cases} \boldsymbol{u}_{\mathrm{s}} = \dfrac{1}{n}\displaystyle\sum_{i=1}^{n} \boldsymbol{p}_i \\ \boldsymbol{u}_{\mathrm{t}} = \dfrac{1}{n}\displaystyle\sum_{i=1}^{n} \boldsymbol{q}_i \end{cases} \tag{11-32}$$

2）计算两组点云中的点以质心为原点的坐标：

$$\begin{cases} \boldsymbol{p}_i' = \boldsymbol{p}_i - \boldsymbol{u}_{\mathrm{s}} \\ \boldsymbol{q}_i' = \boldsymbol{q}_i - \boldsymbol{u}_{\mathrm{t}} \end{cases} \tag{11-33}$$

3）计算 $\boldsymbol{w}$ 并对其进行奇异值分解：

$$\boldsymbol{w} = \frac{1}{n}\sum_{i=1}^{n} \boldsymbol{p}_i'\boldsymbol{q}_i'^{\mathrm{T}} = \boldsymbol{U}\begin{pmatrix} \delta_1 & 0 & 0 \\ 0 & \delta_2 & 0 \\ 0 & 0 & \delta_3 \end{pmatrix}\boldsymbol{V}^{\mathrm{T}} \tag{11-34}$$

4）两组点云之间的变换关系（即 ICP 算法的解）：

$$\begin{cases} \boldsymbol{R} = \boldsymbol{V}\boldsymbol{U}^{\mathrm{T}} \\ \boldsymbol{T} = \boldsymbol{u}_{\mathrm{s}} - \boldsymbol{R}\boldsymbol{u}_{\mathrm{t}} \end{cases} \tag{11-35}$$

已知对应点的情况下，可以一次性计算出点云之间的变换关系。但是在激光 SLAM 中，并不知道两组点云之间的对应关系，因此也就不能通过一次计算就求解出点云之间的变换关系。这时的策略就是使用迭代的方式，具体方法如下：

1）寻找两组点云中距离最近的点对。

2）根据找到的距离最近点对，来求解两组点云之间的位姿关系。

3）根据求解的位姿关系对点云进行变换，并计算误差。

4）若误差没有达到要求，则重复 1）、2）、3）步直至误差满足要求或达到最大迭代次数。

一般点云生成过程所涉及的坐标系统主要包括激光扫描仪坐标系、惯导坐标系、当地水平坐标系、地心地固坐标系。

扫描仪坐标系：原点 O 为激光发射点，X 轴指向载体前进方向，Y 轴垂直向上，Z 轴垂直于 X 轴，构成右手坐标系。

惯导坐标系：原点 O 为惯性平台参考中心，坐标系按惯性平台内部参考标架定义，Y 轴指向载体纵轴向前，载体前进方向向右为 X 轴，Z 轴垂直向上，构成右手坐标系。

当地水平坐标系：原点位于卫星导航系统的相位中心，X 轴指向东，Y 轴指向正北，Z 轴沿椭球法线方向，构成右手坐标系。根据坐标轴方向不同，当地水平坐标系可选为东北天、北东地和北西天等右手坐标系，不同的选择方式主要和应用场景有关。

地心地固坐标系：简称地心坐标系，是一种以地心为原点的地固坐标系。原点 O 为地球质心，Z 轴与地轴平行指向北极点，X 轴指向本初子午线与赤道的交点，Y 轴垂直于 XOZ 平面，构成右手坐标系。

三维激光扫描仪通过非接触式测量方式获得扫描仪中心点到目标点的距离 ρ 以及角度值 θ、φ，根据转换公式即可求得目标点在扫描仪坐标系下的坐标：

$$\boldsymbol{P}_{\text{socs}} = \begin{pmatrix} \rho\sin\theta\cos\varphi \\ \rho\sin\theta\sin\varphi \\ \rho\cos\theta \end{pmatrix} \tag{11-36}$$

扫描仪坐标系与惯导坐标系之间的转换参数包括三个旋转角 α、β、γ，以及三个平移量 ΔX、ΔY、ΔZ。扫描点坐标为（X，Y，Z）$_P$，在惯导坐标系下的坐标为（X，Y，Z）$_{\text{IMU}}$，通过平移和旋转，得到惯导坐标系下激光点坐标：

$$\begin{pmatrix} X \\ Y \\ Z \end{pmatrix}_{\text{IMU}} = \boldsymbol{R}_X\boldsymbol{R}_Y\boldsymbol{R}_Z \begin{pmatrix} X \\ Y \\ Z \end{pmatrix}_P + \begin{pmatrix} \Delta X \\ \Delta Y \\ \Delta Z \end{pmatrix} = \boldsymbol{R}_{\text{SOCS}}^{\text{EFS}} \begin{pmatrix} X \\ Y \\ Z \end{pmatrix}_P + \begin{pmatrix} \Delta X \\ \Delta Y \\ \Delta Z \end{pmatrix} \tag{11-37}$$

式中：

$$\boldsymbol{R}_{\text{SOCS}}^{\text{BFS}} = \begin{pmatrix} \cos\alpha\cos\gamma - \sin\alpha\sin\beta\sin\gamma & -\cos\alpha\sin\gamma - \sin\alpha\sin\beta\sin\gamma & -\sin\alpha\cos\beta \\ \cos\beta\sin\gamma & \cos\beta\cos\gamma & -\sin\beta \\ \sin\alpha\cos\gamma + \cos\alpha\sin\beta\sin\gamma & -\sin\alpha\sin\gamma + \cos\alpha\sin\beta\cos\gamma & \cos\alpha\cos\beta \end{pmatrix}$$

惯导记录实时姿态角：横滚角 r、俯仰角 p、偏航角 h。扫描点在当地水平坐标系下的坐标为（X，Y，Z）$_{\text{Local}}$，则惯导坐标系下的坐标可转换为当地水平坐标系下的坐标：

$$\begin{pmatrix} X \\ Y \\ Z \end{pmatrix}_{\text{Local}} = \boldsymbol{R}_Y\boldsymbol{R}_X\boldsymbol{R}_Z \begin{pmatrix} X \\ Y \\ Z \end{pmatrix}_{\text{IMU}} = \boldsymbol{R}_{\text{BFS}}^{\text{ENU}} \begin{pmatrix} X \\ Y \\ Z \end{pmatrix}_{\text{IMU}} \tag{11-38}$$

式中：

$$R_{\mathrm{BFS}}^{\mathrm{ENU}}=\begin{pmatrix}\cos r\cos h+\sin r\sin p\sin h & -\cos r\sin h+\sin r\sin p\cos h & -\sin r\cos p\\ \cos p\sin h & \cos p\cos h & \sin p\\ \sin r\cos h-\cos r\sin p\sin h & -\sin r\sin h-\cos r\sin p\cos h & \cos r\cos p\end{pmatrix}$$

当地水平坐标系原点 O 在地心地固坐标系下的大地坐标为（B，L，H）。设扫描点在地心地固坐标系下的坐标为（X，Y，Z）$_{\mathrm{ECEF}}$，当地水平坐标下的坐标可转换为地心地固坐标系下的坐标：

$$\begin{pmatrix}X\\Y\\Z\end{pmatrix}_{\mathrm{ECEF}}=R_XR_Z\begin{pmatrix}X\\Y\\Z\end{pmatrix}_{\mathrm{Local}}+\begin{pmatrix}X\\Y\\Z\end{pmatrix}_O=R_{\mathrm{ENU}}^{\mathrm{ECEF}}\begin{pmatrix}X\\Y\\Z\end{pmatrix}_{\mathrm{Local}}+\begin{pmatrix}X\\Y\\Z\end{pmatrix}_O \tag{11-39}$$

式中：

$$R_{\mathrm{ENU}}^{\mathrm{ECEF}}=\begin{pmatrix}-\sin L & \cos L & 0\\ -\sin B\cos L & -\sin B\sin L & \cos B\\ \cos B\cos L & \cos B\sin L & \sin B\end{pmatrix} \tag{11-40}$$

（X，Y，Z）$_O$ 是当地水平坐标系原点在地心地固坐标系下的空间直角坐标。

综上所述，最终扫描点定位方程可为

$$P_{\mathrm{ECEF}}=R_{\mathrm{ENU}}^{\mathrm{ECEF}}(B,L)R_{\mathrm{BFS}}^{\mathrm{ENU}}(r,p,h)(R_{\mathrm{SOCS}}^{\mathrm{BFS}}(\alpha,\beta,\gamma)P_{\mathrm{SOCS}}+T_{\mathrm{SOCS}}^{\mathrm{BFS}})+T_{\mathrm{ECEF}}(B,L,H) \tag{11-41}$$

式中，P_{SOCS} 是扫描仪坐标系下扫描点三维坐标系；$R_{\mathrm{SOCS}}^{\mathrm{BFS}}$ 是扫描仪坐标系到载体坐标系的旋转矩阵；α、β、γ 是视准轴角度；$T_{\mathrm{SOCS}}^{\mathrm{BFS}}$ 是扫描仪坐标系与载体坐标系原点之间的杆臂值；$R_{\mathrm{BFS}}^{\mathrm{ENU}}$ 是载体坐标系到当地水平坐标系之间的旋转矩阵；$R_{\mathrm{ENU}}^{\mathrm{ECEF}}$ 是当地水平坐标系到地心地固坐标系之间的旋转矩阵；T_{ECEF} 是组合导航系统中心在地心地固参考框架下的三维坐标；P_{ECEF} 是激光扫描点 P 在地心地固参考框架下的三维坐标；B、L、H 是纬度、经度、椭球高；r、p、h 是滚动角、俯仰角、航向角，均由组合导航系统提供。

11.4 平视双目视觉系统典型应用

1. 构建基于透视投影模型的相机类

本节利用透视投影模型构建一个相机类，然后实例化两个内参数完全一致的相机对象，并将这两个相机对象平行摆放，形成一个标准的平视双目视觉系统。再利用这个平视双目视觉系统对三维点云进行拍照，形成左右视图，这样就可以根据前文介绍的三维重建方法进行三维重建。构建相机类的代码如下：

```
1.  import numpy as np
2.  import cv2 as cv
3.  import skimage
4.
5.  class CameraModel():
6.      def __init__(self,focus,pixelSize,imageSize):
7.          self.focus=focus    # 相机焦距
8.          self.pixelSize=pixelSize    # 单位像素的尺寸
9.          self.imageSize=imageSize     # 图像尺寸
10.         self.distCoeffs=np.array([0,0,0,0])    # 畸变系数
11.
12.         du=self.pixelSize[0];
13.         dv=self.pixelSize[1];
14.         fu=self.focus/du;
15.         fv=self.focus/dv;
16.         u0=self.imageSize[0]/2;
17.         v0=self.imageSize[1]/2;
18.
19.         self.K=np.array([
20.             [fu, 0, u0],
21.             [0,fv,v0],
22.             [0,0,1]
23.         ])
24.         self.K.astype(np.float32)
25.
26.     def projectPts(self,Pw,R,t):
27.         ptNum=len(Pw[1,:])
28.         projMatrix=np.hstack((self.K@R,self.K@t))
29.         Pw_homo=np.vstack((Pw, np.ones((1, ptNum))))
30.         m_homo=projMatrix@Pw_homo
31.         m=np.round(m_homo[:2,:]/m_homo[2,:])   # 由齐次像素坐标转换为欧氏坐标
32.         m=m.astype(np.float32)
33.         return m
34.
35.     def drawImage(self,m,color=(255,255,255)):
36.         image=np.zeros(self.imageSize)
37.         image=skimage.color.gray2rgb(image)
38.         image=image.astype(int)
39.         ptNum=len(m[1,:])
40.         for idx in range(ptNum):
41.             imgX=m[0,idx].astype(int)
42.             imgY=m[1,idx].astype(int)
43.             image=cv.circle(image,(imgX,imgY),2,color,-1)
44.         return image
45.
```

```
46.     def adjustCameraPose(self,thetaX,thetaY,thetaZ,tx,ty,tz):
47.         Rx=np.array([
48.             [1, 0, 0],
49.             [0,np.cos(thetaX),-np.sin(thetaX)],
50.             [0,np.sin(thetaX),np.cos(thetaX)]
51.         ],dtype=np.float64)
52.         Ry=np.array([
53.             [np.cos(thetaY), 0, np.sin(thetaY)],
54.             [0,1,0],
55.             [-np.sin(thetaY),0,np.cos(thetaY)]
56.         ],dtype=np.float64)
57.         Rz=np.array([
58.             [np.cos(thetaZ),-np.sin(thetaZ), 0],
59.             [np.sin(thetaZ),np.cos(thetaZ), 0],
60.             [0,0,1]
61.         ],dtype=np.float64)
62.         R=np.matmul(np.matmul(Rx,Ry),Rz)
63.         t=np.array([tx,ty,tz])
64.         t=t.T
65.         return R,t
```

2. 加载三维点云并调节其位姿

从斯坦福大学三维扫描库（The Stanford 3D Scanning Repository）中获取点云文件，并将其转换为 txt 文件进行加载。具体代码如下：

```
1.  from mpl_toolkits.mplot3d import Axes3D
2.  # 载入三维物体点云模型
3.  Pw=np.loadtxt(r'horse.txt')
4.  Pw=Pw.T
5.  Pw=Pw[:,0:-1:20]
6.  Pw=Pw.astype('float32')
```

3. 构建平视双目视觉系统

下面构建平视双目视觉系统。利用前面的相机类，首先实例化左相机对象，具体代码如下：

```
1.  f=8e-3;pixelSize=[6e-6,6e-6];imageSize=[1024,1024]
2.  cameraLeft=CameraModel(f,pixelSize,imageSize)
```

接着，将左相机放置于距离拍摄对象 0.5m 的位置，具体代码如下：

```
3.  # 定义世界坐标系与相机坐标系间的旋转与平移
4.  tx=0;ty=0;tz=0.5
5.  Rw2c=np.eye(3,3)
6.  tw2c=np.array([[tx],[ty],[tz]])
```

放置好左相机以后即可使用左相机对三维点云进行拍照，具体代码如下：

```
7.  mLeft=cameraLeft.projectPts(Pw,Rw2c,tw2c)
8.  imageLeft=cameraLeft.drawImage(mLeft)
```

左相机拍照后形成的像点坐标被记录于 mLeft 中，同时还根据 mLeft 中记录的像点位置绘制了对应的左视图图像 imageLeft。然后，使用右相机对三维点云进行拍照，具体代码如下：

```
9.   cameraRight=CameraModel(f,pixelSize,imageSize)
10.  baseline=0.05
11.  tRight=tw2c
12.  tRight[0]=tRight[0]+baseline
13.
14.  mRight=cameraRight.projectPts(Pw,Rw2c,tRight)
15.  imageRight=cameraRight.drawImage(mRight)
```

代码中，右相机的内参数与左相机完全一致，同时两个相机平行放置，因此没有产生任何旋转。设定左右相机间的基线长度为 5cm，即形成了一个平视双目视觉系统。右相机拍照后形成的像点坐标被记录于 mRight 中，同时还根据 mRight 中记录的像点位置绘制了对应的右视图图像 imageRight。

4. 基于同源点进行三维重建

由于 mLeft 与 mRight 中的像点记录的索引值与三维点云中各个三维点的索引值是一一对应的，这使得在该应用寻找同源点的过程变简单了，即如果像点在 mLeft 与 mRight 中的索引值一致，则为同源点。于是，基于同源点的三维重建过程代码就可以写为：


```
1.  ptNum=mRight.shape[1]
2.  Pw_est=np.zeros(Pw.shape)
3.  for idx in range(ptNum):
4.      xLeft=(mLeft[0,idx]-imageSize[0]/2)*pixelSize[0]
5.      yLeft=(mLeft[1,idx]-imageSize[1]/2)*pixelSize[1]
6.      xRight=(mRight[0,idx]-imageSize[0]/2)*pixelSize[0]
7.      yRight=(mRight[1,idx]-imageSize[1]/2)*pixelSize[1]
8.      disparity=np.abs(xLeft-xRight)
9.      Zw=f*np.abs(baseline)/disparity
10.     Xw=xLeft*Zw/f
11.     Yw=yLeft*Zw/f
12.     Pw_est[0, idx]=Xw
13.     Pw_est[1, idx]=Yw
```

本章小结

本章介绍了立体视觉系统、三维重建以及点云处理的基础知识。首先，探讨了立体视觉系统的原理和应用。立体视觉系统模仿人类视觉系统的工作原理，通过多个视角捕获同一场景的图像，并从中获取物体的三维信息。平视双目视觉系统是其中常见的形式之一，通过比较两个摄像头拍摄的图像之间的差异来计算深度信息。

其次，讨论了三维重建的理论和方法。三维重建是通过多个二维图像或其他传感器数据，推导出场景的三维结构和几何形状的过程。极线几何理论是实现三维重建的重要理论基础，它描述了两个视图之间的对应关系，通过匹配这些对应关系可以确定场景中物体的位置和形状。三维重建的主要步骤包括图像拍摄、特征提取、匹配、三角测量等，其中匹配是一个关键的环节，决定了最终重建结果的准确性和稳定性。

最后，讨论了点云处理的基础知识。点云是一种描述物体表面形状和几何结构的数据形式，由大量的点组成，每个点都有自己的位置坐标和属性信息。点云数据的表示与结构是点云处理的基础，包括点云的存储格式、坐标系等。点云数据预处理是点云处理的重要步骤，包括去噪、滤波、分割等，以提高点云数据的质量和准确性。点云配准与坐标变换则是将多个点云数据进行对齐和统一坐标系，为后续的点云处理和分析提供了基础。

思考题与习题

11-1　已知一个平视双目视觉系统中，同源像素点的坐标为（130，120）和（65，120），相机的焦距为 15mm，基线长度为 0.3m，尺寸为 $dx \times dy$=5μm × 5μm，图像分辨率为 1200pixel × 1200pixel，主点位于图像中心，请计算同源点所对应三维点的世界坐标系坐标。

11-2　在一个双目视觉相机系统中，左右相机具有相同的焦距 f=25mm，且具有相同的图像分辨率 1000pixel × 1000pixel 和相同的像元尺寸 du=dv=6μm，并且右相机相对于左相机的姿态变化以卡尔丹角的方式表示为 θ_x =1°，θ_y =0.1°，θ_z =0.03°，且右相机相对于左相机的平移变换表示为 $\boldsymbol{T}$=（0.65，0.13，0.11），在左相机图像坐标系中，某点的坐标为（u_i，v_i）=（0.11，0.05）。求该点在右相机图像坐标系中的极线方程，并写出该立体视觉系统的本质矩阵和基础矩阵。

11-3　给出 ICP 算法的具体步骤。

11-4　为什么要进行点云数据预处理?

参考文献

[1] 冈萨雷斯 . 数字图像处理 [M]. 4 版 . 北京：电子工业出版社，2020.

[2] 高翔，张涛，刘毅，等 . 视觉 SLAM 十四讲 [M]. 北京：电子工业出版社，2017.

[3] 胡立华 . 单目立体三维重建技术及应用 [M]. 电子工业出版社，2021.

[4] 李俊山 . 数字图像处理 [M]. 4 版 . 北京：清华大学出版社，2021.

[5] SUN J M，XIE Y M，CHEN L H，et al. NeuralRecon：Real-Time coherent 3D reconstruction from monocular video[C]// IEEE Conference on Computer Vision and Pattern Recognition，Nashville TN：IEEE，2021：15593-15602.

[6] Wu L，Zhu B. Binocular stereovision camera calibration[C]// IEEE International Conference on Mechatronics and Automation，Beijing：IEEE，2015：2638-2642.

[7] BOLLE R M，VEMURI B C. On three-dimensional surface reconstruction methods[J]. IEEE Transactions on Pattern Analysis and Machine Intelligence，1991，13（1）：1-13.

第 12 章　图像分类、检测与分割
——对真实世界的认知与理解

引言

在数字时代的浪潮中，图像处理技术以其强大的应用潜力和广阔的市场前景，正逐渐成为科技领域的研究热点。图像分类、检测与分割作为图像处理技术的三大核心支柱，不仅在学术研究领域引起广泛关注，也在实际应用中展现出巨大的价值。图像分类技术通过对图像内容的识别与区分，实现了对海量图像数据的自动化管理。无论是医学图像的诊断分析，还是自然图像的场景识别，图像分类技术都以其精准度和高效性，为人们的生活和工作带来了极大的便利。图像检测技术则是对图像中的特定目标进行定位和识别，为许多应用场景提供了重要的技术支持。无论是安防监控中的人脸检测，还是自动驾驶中的车辆检测，图像检测技术都发挥着至关重要的作用。而图像分割技术，更是将图像处理推向了一个新的高度。它通过对图像中的不同区域进行划分，为图像内容的进一步分析和理解提供了可能。在医学影像分析、卫星遥感图像解析等领域，图像分割技术都展现出了其独特的优势和价值。因此，本章将重点介绍图像分类、检测与分割的基本原理、关键技术以及最新研究进展。

12.1　图像分类

图像分类是计算机视觉领域的一个重要任务，它涉及将输入的图像分为不同的类别或标签。这是一个广泛应用于各种应用程序的问题，包括人脸识别、物体识别、医学图像分析、自动驾驶和安全监控等。在计算机视觉分类算法的发展中，MNIST 数据集是首个大规模手写数字识别数据集，它包含 60000 个训练数据，10000 个测试数据，图像均为灰度图。MNIST 和 CIFAR 数据集都只有 60000 张图，这对于 10 分类这样的简单任务来说足够，但是如果想在自然场景实现更加复杂的图像分类任务仍然远远不够。后来在李飞飞等数年时间的整理下，ImageNet 数据集在 2009 年发布，并且从 2010 年开始每年举办一次 ImageNet 大规模视觉识别挑战赛（ImageNet Large Scale Visual Recognition Challenge，ILSVRC）。ImageNet 数据集总共有 1400 多万幅图像，涵盖 2 万多个类别，在论文方法的比较中常用的是 1000 类的基准。ILSVRC 的历届冠军如图 12-1 所示，也代表了计算机视觉图像分类的近代发展历程。

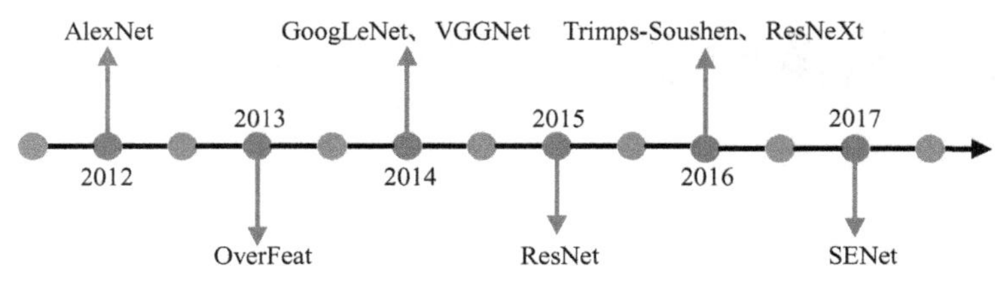

图 12-1 ILSVRC 的历届冠军

深度学习在大规模图像分类领域的发展始于 2012 年，当时 Alex Krizhevsky 提出的 AlexNet 获得了 ILSVRC2012 冠军，成为学术界焦点。这一突破引起了学术界广泛关注，随后深度学习在图像分类领域持续发展。在 AlexNet 之后，一系列卷积神经网络模型不断涌现，不断刷新 ImageNet 上的性能。2014 年，GoogLeNet 和 VGGNet 分别获得 ILSVRC 冠军和亚军。VGGNet 通过简单地增加网络层数和深度展示了如何提高性能，至今仍然广泛用作基准模型。GoogLeNet 则以 22 层网络结构和 Inception Module 为特点，采用并行卷积核提取不同尺度信息，使图像表征更为丰富，将深度学习模型的分类准确率提升至人类水平。2015 年，ResNet 获得 ILSVRC 冠军，以 3.57% 的错误率超越了人类识别水平，并引入了跨层连接的方式，成功解决深层网络的梯度消失问题，创造了 152 层的网络架构，为上千层网络训练提供了可能。2016 年，经典模型 ResNeXt 问世，其核心思想是分组卷积，将输入通道分组后进行并行非线性变换，最后合并，使得 101 层的 ResNeXt 能够达到 ResNet152 的性能，而复杂度只有后者的一半。同年，DenseNet 出现，采用密集连接，每一层都与其他层连接，强化了特征传播和复用，同时减少了参数数量，相较于 ResNet 需要更少内存和计算资源，并取得更好的性能。2017 年，SENet 获得 ILSVRC 冠军，通过“特征重标定”策略对特征进行处理，学习每个特征通道的重要程度，进而提升分类性能。

尽管图像分类比赛已接近算法极限，但在实际应用中仍面临更复杂和现实的问题，需要不断积累经验。目前，卷积神经网络主要用于监督式学习，但半监督和非监督学习的图像分类算法仍待完善。

12.1.1 卷积神经网络

卷积神经网络（Convolutional Neural Network，CNN）是图像分类任务中常用的深度学习算法之一。卷积神经网络通过多层卷积、池化等处理来模仿大脑皮层中视觉神经元感受的层级结构。卷积神经网络主要由输入层、卷积层、池化层、全连接层、输出层等结构组成，如图 12-2 所示。卷积神经网络在卷积层中通过滑动窗口方式提取图像中的特征，而在池化层中对特征进行抽样，从而减少了特征的数量，这使得其能够在训练过程中学习到数据的关键特征，提高了分类或识别的准确度。由于卷积神经网络优良的特性，其已经广泛应用于图像分类、物体检测、语音识别、自然语言处理等领域。在未来，随着深度学习技术的不断发展和优化，卷积神经网络也将继续发挥重要作用。

卷积神经网络的工作流程：首先将输入数据送入卷积神经网络中，对输入数据进行卷积操作，提取特征信息；其次对卷积后的特征图进行非线性变换，增强网络的表达能力；再次对特征图进行下采样，减小特征图的尺寸，同时保留最重要的特征；然后将池化层的输出展开成一维向量，送入全连接层进行分类或回归；最后根据要求选择合适的激活函数对检测结果进行输出。

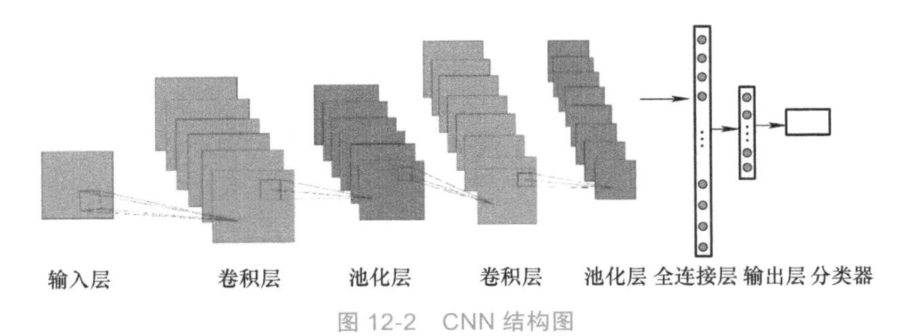

图 12-2　CNN 结构图

1. 卷积层

卷积层是卷积神经网络中最重要的层之一，它使用卷积操作来提取输入图像的特征，卷积操作过程如图 12-3 所示。在卷积层中，输入数据通过卷积核进行卷积运算，产生输出特征图，每个卷积核都是一组可学习的参数，用于提取输入数据的不同特征，如边缘、纹理等。通过在整个输入图像上滑动卷积核，可以生成特征图。卷积操作的主要优势在于它可以共享参数，这意味着同一个卷积核可以在整个输入数据中重复使用，从而大大减少了需要学习的参数数量。

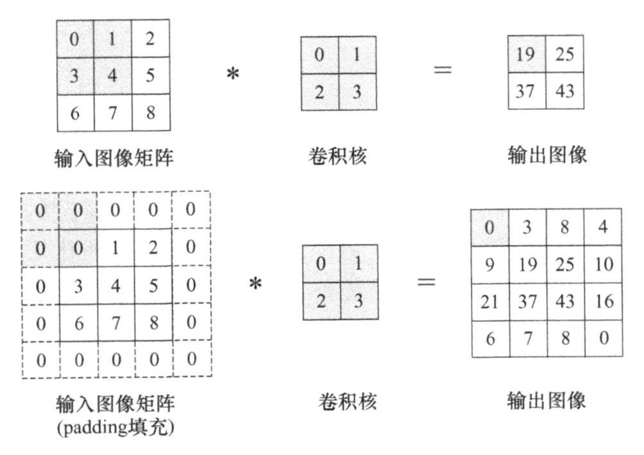

图 12-3　卷积操作过程

2. 激活函数

激活函数是神经网络中的一个重要组成部分，在每一层神经网络的后面都会跟有一个激活函数，其作用是帮助网络学习数据中的复杂模式，使神经网络可以逼近更复杂的函数。如果没有激活函数，多层神经网络就会变成线性模型，无法捕捉非线性数据关系。激活函数通常是连续并可导的非线性函数。

对于不同的场景需要使用不同的激活函数，目前深度学习中常见的激活函数有 ReLU 函数、Sigmoid 函数、Tanh 函数。ReLU 函数简单、高效，引入非线性，可以避免梯度消失问题，在很多深度学习任务中表现良好。大多数情况下都可以尝试用 ReLU，尤其是在深度神经网络中。但是可能存在 " 死亡 ReLU" 问题，即当输入为负数时，梯度为零，可以尝试用 Leaky ReLU、PReLU 或 Swish 来解决这个问题。Sigmoid 函数主要用于二分类问题的输出层，将输出映射到（0，1）之间，并且在二分类问题中有明确的概率解释。但是 Sigmoid 函数容易出现梯度消失问题，不适合深层网络的隐藏层。Tanh 函数用于需要输出范围在（-1，1）之间的问题，也可用于隐藏层，它引入了非线性特性，有助于记忆性任务，但是与 Sigmoid 一样，也容易出现梯度消失问题。

3. 池化层

池化层是卷积神经网络中的一种基本层，它通过将卷积层的特征图进行下采样，减小特征图的维度，从而降低模型的复杂度，减少参数数量和计算量，同时还可以增强特征的鲁棒性，提高模型的泛化能力。池化层一般分为最大池化和平均池化两种类型。最大池化是指在一个池化区域内，选取最大值作为池化结果；平均池化是指在一个池化区域内，选取平均值作为池化结果。最大池化与平均池化原理图如图 12-4 所示。最大池化能够保留特征图中最显著的特征，同时对噪声和图像变形具有一定的抗干扰能力。在某些情况下，最大池化还能够起到一定的特征选择作用。平均池化能够在一定程度上保留特征图的平均特征，适用于某些需要考虑整体像素信息的情况。

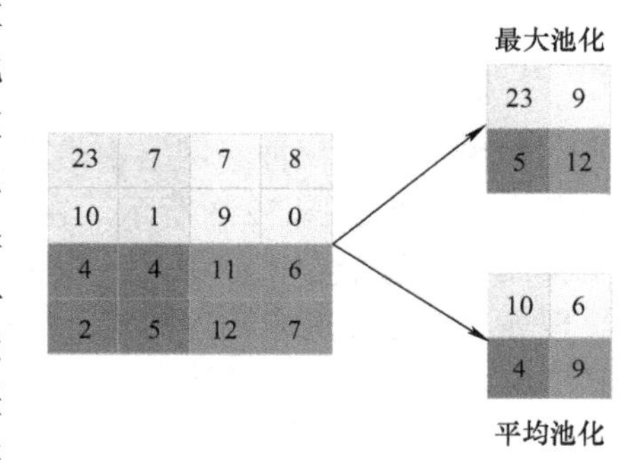

图 12-4　最大池化与平均池化原理图

4. 全连接层

全连接层是神经网络的一种基本层，也称为密集连接层（Dense Layer）。该层中的每个神经元都与前一层的每个神经元相连，因此称为“全连接”。全连接层通常位于卷积神经网络的最后一层，用于将卷积层和池化层的输出结果映射到特定的输出空间。全连接层的主要作用是学习特定任务的映射函数，将前层（如卷积层和池化层）计算得到的特征空间映射到样本标记空间。例如，对于分类任务，全连接层的输出通常是一个大小为类别数的向量，每个元素表示输入属于该类别的概率，该层的参数（即权重矩阵和偏置向量）会在训练过程中被优化，以最小化损失函数并提高模型的分类准确率。

12.1.2　深度卷积神经网络（AlexNet）

在 AlexNet 问世之前，大量的学者在进行图像分类、分割、识别等工作时，主要是通过对图像进行特征提取或是特征 + 机器学习的方法。AlexNet 于 2012 年在 ILSVRC 中首次亮相，并获得了惊人的性能提升，大幅度改善了图像分类任务的准确性。AlexNet 的成功标志着深度学习的复兴，其在 ILSVRC 中显著击败传统的计算机视觉方法。AlexNet 的这一架构在深度学习的发展历程中具有里程碑意义，为后续深度卷积神经网络的发展铺平了道路。

1. AlexNet 的结构

AlexNet 是一种经典的深度卷积神经网络，由 5 个卷积层和 3 个全连接层组成，它在图像分类任务中具有重要地位。AlexNet 的输入层接受彩色图像数据，通常为 224 × 224 像素大小的图像，具有 3 个通道（红、绿、蓝）。如图 12-5 所示，AlexNet 包含 5 个卷积层，这些卷积层负责提取图像的特征。卷积核的尺寸是 11 × 11、5 × 5、3 × 3 等，通过滑动卷积核在图像上进行卷积操作，提取不同层次的特征。在卷积层之间，AlexNet 使用池化层来减小特征图的尺寸，通常使用最大池化（Max Pooling）来保留主要特征，减少计算量。在卷积层和池化层之后，AlexNet 包含 3 个全连接层，每个全连接层包含 4096 个神经元。这些全连接层将卷积层和池化层提取的特征映射连接在一起，形成最终的分类决策。输出层通常是一个具有 1000 个神经元的全连接层，对应于 ImageNet 数据集中的 1000 个类别。softmax 函数用于将输出转化为类别概率分布。

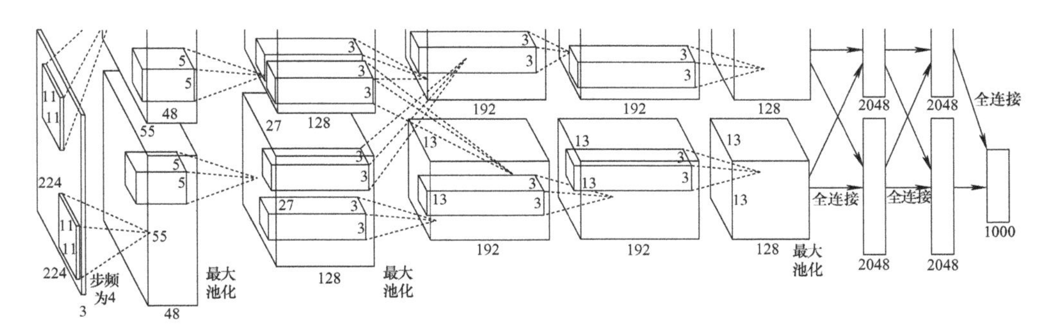

图 12-5　AlexNet 网络结构

此外，在每个卷积层和全连接层之后，AlexNet 使用 ReLU 激活函数来引入非线性特性，这有助于网络更好地拟合复杂的数据模式。AlexNet 在卷积层之间进行局部响应归一化，这有助于抑制特征图的竞争，提高网络的鲁棒性。AlexNet 在全连接层中引入了 Dropout 正则化，以减少过拟合。Dropout 在训练时随机关闭一部分神经元，有助于提高模型的泛化能力。AlexNet 在训练时使用两个图形处理器（Graphics Processing Unit，GPU），这是当时的一项创新，加速了训练过程。

2. AlexNet 的训练过程

1）数据准备：需要准备训练数据集和验证数据集。训练数据集包含带有标签的图像样本，用于网络的参数更新和训练。验证数据集用于评估网络的性能和调整超参数。

2）模型初始化：在训练过程中，需要对 AlexNet 的权重和偏置进行初始化。为了避免梯度消失或梯度爆炸的问题，可以使用一些随机初始化方法，如高斯分布、均匀分布等。

3）定义损失函数：选择适合任务的损失函数。对于分类任务，常用的损失函数是交叉熵损失函数，可以衡量分类结果的差异性。

4）定义优化器：选择合适的优化算法来更新网络参数。常用的优化算法包括随机梯度下降法和其变种，如动量优化、Adam 等。

5）前向传播和反向传播：对每个训练样本，通过前向传播计算网络的输出，并计算损失函数的值；然后，通过反向传播计算每个参数对损失函数的梯度，利用梯度和选择的优化器，更新网络的参数。

6）迭代训练：重复执行步骤5)，直到达到预先设定的迭代次数或达到停止条件。每次迭代都会更新网络的参数，使其逐步优化。

7）验证和调优：定期使用验证数据集评估网络的性能。根据验证结果，可以调整超参数，如学习率、正则化参数等，以改善网络的表现。

8）测试：训练完成后，使用测试数据集评估网络在未见过的数据上的性能。可以计算各种指标，如准确率、精确率、召回率等。

通过以上步骤，可以完成AlexNet的训练过程。需要注意的是，训练深层网络可能需要较长的时间和大量的计算资源，因此通常使用GPU进行加速。此外，还可以采用一些训练技巧，如学习率衰减、批量归一化等，以提高训练的效果和速度。

12.1.3 残差网络（ResNet）

ResNet（Residual Network）是一种深度卷积神经网络架构，由Kaiming He等于2015年提出。ResNet的提出在深度学习领域产生了巨大的影响，其通过引入跳跃连接（或残差连接）的方式，允许梯度直接通过层传递，有效地解决了梯度消失问题。ResNet的设计思想使得人们可以构建比以前更深的神经网络，这对于复杂的计算机视觉任务和特征学习至关重要。

1. ResNet的结构

ResNet的关键创新是引入了残差块（Residual Block）或残差连接（Residual Connection），可以有效地解决深度神经网络中的梯度消失问题。34层ResNet如图12-6所示。ResNet以一系列卷积层开始，用于提取图像的低级和中级特征。在卷积层之间通常会插入池化层，以减小特征图的尺寸。ResNet的核心结构是残差块，每个残差块包含两个卷积层。在残差块内，卷积操作的输出被添加到输入（跳跃连接或残差连接），而不是像传统的卷积层那样覆盖输入。这允许网络学习残差函数，即网络不仅仅学习如何映射输入到输出，还学习如何映射输入到输入加上残差。ResNet的网络结构允许非常深的网络，包括50层、101层甚至更深的变体。在网络的最后，ResNet通常使用全局平均池化来将最终的特征图变换成一个固定长度的向量，这个向量用于连接到全连接层以进行分类。在全局平均池化后，通常连接全连接层以生成最终的分类输出。输出层通常使用Softmax激活函数，将模型的输出映射到类别的概率分布。

ResNet团队分别构建了带有“直连边（Shortcut Connection）”的ResNet残差块和降采样的ResNet残差块，区别是降采样残差块的直连边增加了一个1×1的卷积操作。对于直连边，当输入和输出维度一致时，可以直接将输入加到输出上，这相当于简单执行了同等映射，不会产生额外的参数，也不会增加计算复杂度。但是当维度不一致时，就不能直接相加，通过添加1×1卷积调整通道数。这种残差学习结构可以通过前向神经网络+直连边实现，而且整个网络依旧可以通过端到端的反向传播训练，如图12-7所示。

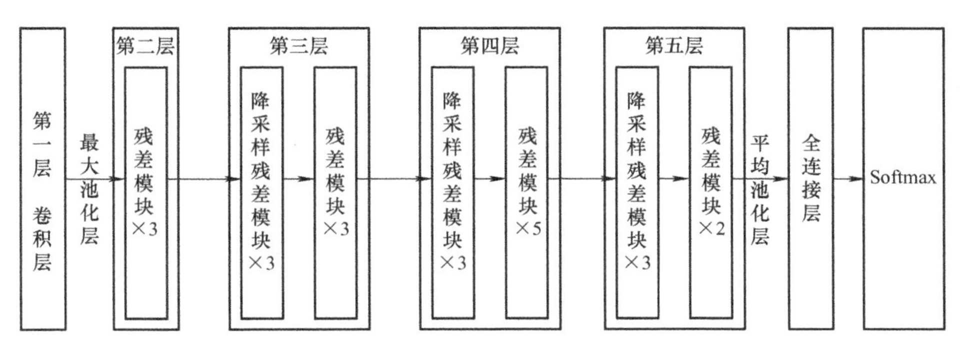

图 12-6 ResNet-34 网络结构

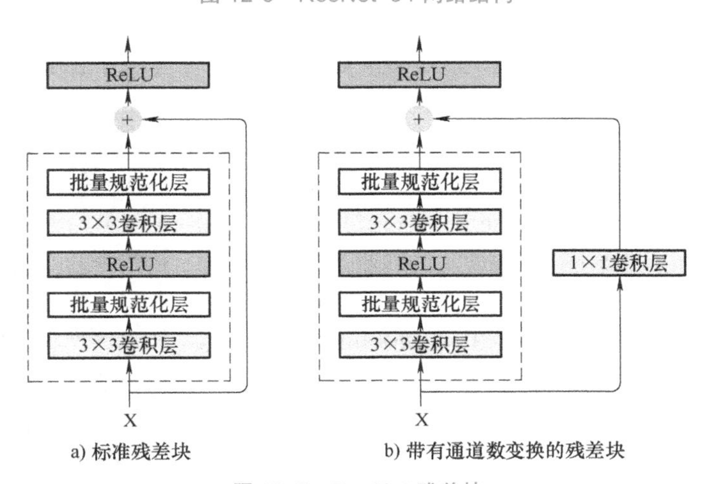

图 12-7 ResNet 残差块

2. ResNet 的训练过程

ResNet 的训练过程与 AlexNet 的训练过程大致相同，主要区别体现在网络结构和训练技巧上。

（1）残差连接

ResNet 引入了残差连接，使得网络能够更容易地学习到恒等映射。这种连接方式允许信息直接跳过一些层，从而减轻了梯度消失问题。相比之下，AlexNet 没有使用残差连接。

（2）深层网络的训练

由于 ResNet 具有更深的网络结构，相对于 AlexNet 更复杂。训练深层网络往往更具挑战性，因为较深的网络在反向传播时会遇到梯度消失或梯度爆炸的问题。为了解决这个问题，ResNet 使用了残差连接和批量归一化（Batch Normalization）等技巧，有助于更稳定地训练深度网络。

（3）训练技巧

除了基本的数据准备、初始化和优化器选择之外，ResNet 的训练过程还可能包括以下附加技巧：

1）批量归一化：在每一层的激活值上进行归一化，加速收敛并增加泛化能力。

2）学习率预热：训练初期使用较小的学习率，逐渐增加到设定的初始学习率，以平稳训练过程。

3）学习率策略：使用学习率调度方法，如学习率衰减或动态调整学习率，提高模型的性能。

4）正则化：对权重进行正则化，如 L2 正则化，防止过拟合。

5）数据增强：对训练数据进行随机变换，如翻转、旋转、裁剪等，增加数据的多样性，提高模型的泛化能力。

12.1.4 图像分类算法应用场景举例

基于 CNN 的手写数字识别

数字识别是计算机从纸质文档、照片或其他来源接收、理解并识别可读的数字的能力。手写数字识别是一个典型的图像分类问题，已经广泛应用于汇款单号识别、手写邮政编码识别等领域，大大缩短了业务处理时间，提升了工作效率和质量。本案例中所用的数据集为 MNIST 数据集。MNIST 数据集（Mixed National Institute of Standards and Technology Database）是一个用来训练各种图像处理系统的二进制图像数据集，广泛应用于机器学习中的训练和测试。MNIST 数据集是从 NIST 的两个手写数字数据集 Special Database 3 和 Special Database 1 中分别取出部分图像，并经过一些图像处理后得到的。MNIST 数据集共有 70000 张图像，其中训练集 60000 张，测试集 10000 张，所有图像都是 28 × 28 的灰度图像，每张图像包含一个手写数字，如图 12-8 所示。

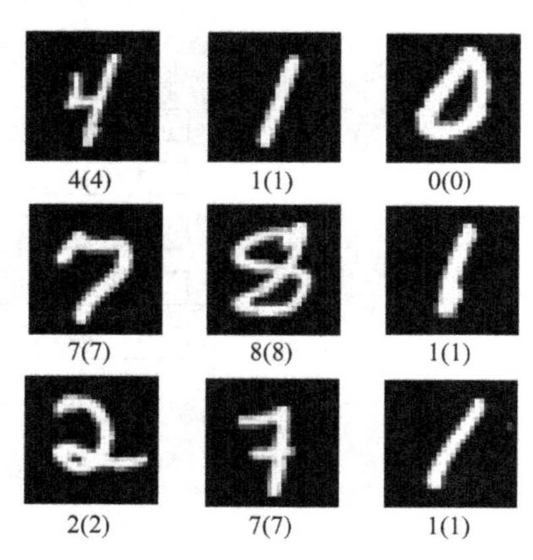

图 12-8 MNIST 数据集示例

1）数据准备：通过 torchvision.datasets.MNIST 加载 MNIST 数据集，包括训练数据和测试数据。对训练数据进行预处理，将图像转换为 PyTorch 的 Tensor 对象并进行归一化处理。创建训练数据的 DataLoader，以便在训练过程中批处理数据。数据准备代码如下：

```
DOWNLOAD_MNIST = False
if not (os.path.exists('E:/Desktop/条形码/chap5_CNN/mnist/MNIST')) or not os.listdir('E:/Desktop/条形码/chap5_CNN/mn
    # not mnist dir or mnist is empyt dir
    DOWNLOAD_MNIST = True

train_data = torchvision.datasets.MNIST(root='E:/Desktop/条形码/chap5_CNN/mnist/MNIST', train=True, transform=torch
                                        download=DOWNLOAD_MNIST, )
train_loader = Data.DataLoader(dataset=train_data, batch_size=BATCH_SIZE, shuffle=True)

test_data = torchvision.datasets.MNIST(root='E:/Desktop/条形码/chap5_CNN/mnist/MNIST', train=False)
test_x = Variable(torch.unsqueeze(test_data.test_data, dim=1), volatile=True).type(torch.FloatTensor)[:500] / 255.
test_y = test_data.test_labels[:500].numpy()
```

2）模型定义：定义一个名为 CNN 的自定义卷积神经网络模型。模型包括两个卷积层（conv1 和 conv2）、两个全连接层（out1 和 out2），以及一个 dropout 层。在每个卷积层之后都使用 ReLU 激活函数，在全连接层之间也使用 ReLU 激活函数。模型的最后一层是一个具有 10 个输出的全连接层，对应于 0 ～ 9 的数字类别。模型定义代码如下：

```
    def forward(self, x):
        x = self.conv1(x) #32 filter
        x = self.conv2(x) #64 filter
        x = x.view(x.shape[0], 7*7*64)  # flatten the output of coonv2 to (batch_size ,32 * 7 * 7)
        out1 = self.out1(x)
        out1 = F.relu(out1)
        out1 = self.dropout(out1)
        out2 = self.out2(out1)
        output = F.softmax(out2)
        return output
```

3）train() 函数用于训练模型：train() 函数定义了优化器（Adam）和损失函数（交叉熵损失）。在每个训练轮次内，train() 函数遍历训练数据集的批次，计算损失，进行反向传播，更新模型参数。每 20 个批次，train() 函数打印测试准确率以跟踪训练进展。train() 函数代码如下：

```
def train(cnn):
    optimizer = torch.optim.Adam(cnn.parameters(), lr=learning_rate)
    loss_func = nn.CrossEntropyLoss()
    for epoch in range(max_epoch):  #把整个数据集过一边相当于一个epoch  60000/50
        for step, (x_, y_) in enumerate(train_loader):
            x, y = Variable(x_), Variable(y_)
            #X : torch-> batch,channel, height,width , keras/tensorflow:batch, h/w,w/h,channel;
            output = cnn(x)
            loss = loss_func(output, y)
            optimizer.zero_grad()
            loss.backward()
            optimizer.step()
```


4）test() 函数用于评估模型性能：使用训练好的模型进行预测，并返回分类准确率、查准率、召回率。test() 函数代码如下：

```
def test(cnn):
    global prediction
    y_pre = cnn(test_x)
    _, pre_index = torch.max(y_pre, 1)
    pre_index = pre_index.view(-1)
    prediction = pre_index.data.numpy()
    correct = np.sum(prediction == test_y)
    accuracy = correct / 500.0
    # Calculate precision and recall
    precision = precision_score(test_y, prediction, average='macro')
    recall = recall_score(test_y, prediction, average='macro')
    return accuracy, precision, recall
```

基于 CNN 的手写数字识别的评价指标如表 12-1 所示。训练参数批量大小为 20，训练共迭代 100 次。其中，准确率（Accuracy）、查准率（Precision）和召回率（Recall）分别为 97.40%、97.32%、97.33%。

表 12-1　基于 CNN 的手写数字识别的评价指标

Accuracy	Precision	Recall
97.40%	97.32%	97.33%

12.2 目标检测

目标检测和图像分类是计算机视觉领域的两个相关但不同的任务。目标检测旨在图像中检测并定位一个或多个感兴趣的物体，然后为每个检测到的物体分配一个类别标签。它不仅关心物体的种类，还关心物体的位置和数量。早期基于手工提取特征的传统目标检测算法进展缓慢，性能低下，直到 2012 年卷积神经网络的兴起将目标检测领域推向了新的台阶。基于 CNN 的目标检测算法主要有两条技术发展路线：Anchor-Based 和 Anchor-Free 方法，而 Anchor-Based 方法则包括一阶段和二阶段检测算法（二阶段目标检测算法一般比一阶段精度要高，但一阶段检测算法速度会更快）。二阶段检测算法主要分为两个阶段：①从图像中生成候选区域；②从候选区域生成最终的物体边框。图 12-9 展示了从 2001 年至 2021 年的目标检测发展路线。

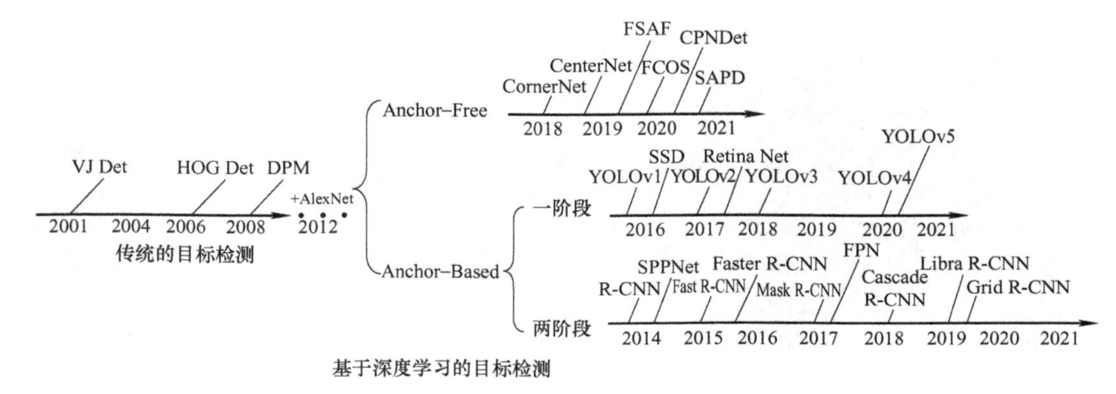

图 12-9 目标检测发展路线

Pascal VOC、ILSVRC、MS-COCO、KITTI 数据集是目标检测使用最多的四大公共数据集。Pascal VOC 挑战赛是早期计算机视觉社区的重要竞赛之一，包括多个任务，如图像分类、目标检测、语义分割和行为检测。随着一些大型数据集，如 ILSVRC 和 MS-COCO 的发布，VOC 也逐渐失去了影响力，目前主要用作新目标检测算法的测试基准。ILSVRC 包含大量图像和目标类别，具有多年的竞赛历史。它是 ImageNet 数据集的一部分，后来用于预训练深度学习模型，如 AlexNet 和 ResNet。它的规模比 Pascal VOC 大得多，包含更多的图像和目标实例。例如，ILSVRC-14 就包含了 517000 张图像和 534000 个被标注的目标。MS-COCO 是一个多任务数据集，包括目标检测、目标分割和关键点检测。它包含了更多的目标实例和更复杂的场景，还包括单个实例分割的标注。KITTI 数据集是专门用于自动驾驶领域的数据集，但它也包括目标检测任务。该数据集包含城市街道场景中的图像，涵盖了不同的目标类别，如汽车、行人和自行车。KITTI 数据集的标注包括目标的二维边界框和三维边界框。

12.2.1 两阶段目标检测算法

两阶段目标检测算法标志着深度学习方法在目标检测任务中的成功应用。传统的目标检测方法主要依赖于手工设计的特征提取器和机器学习算法，而深度学习方法可以自动学习特征表示，从而提高了目标检测的准确性和鲁棒性。这两个阶段通常包括候选区域生成和目标分类与边界框回归。这类算法的代表包括 R-CNN、Faster R-CNN 和 Mask R-CNN 等。

1. R-CNN

R-CNN（Region-based Convolutional Neural Network）是一种两阶段目标检测算法，由 Ross Girshick 等在 2014 年提出。R-CNN 的提出标志着深度学习方法开始在目标检测领域取得成功，它引入了 CNN 来自动学习图像特征，从而显著提高了目标检测的准确性和鲁棒性。R-CNN 开创了深度学习在目标检测领域的应用先河。R-CNN 模型的核心思想是将目标检测任务分为两个阶段：候选区域生成和目标分类。其进行目标检测的主要思想就是生成可能存在目标的候选区域（Region Proposal），然后通过 CNN、分类器等手段判断区域中是否存在检测目标，并进行分类，最后再对识别出目标的区域范围进行精细的调整。

R-CNN 结构是典型的两阶段目标检测框架，包括候选区域生成（第一阶段）和目标分类与边界框回归（第二阶段），如图 12-10 所示。

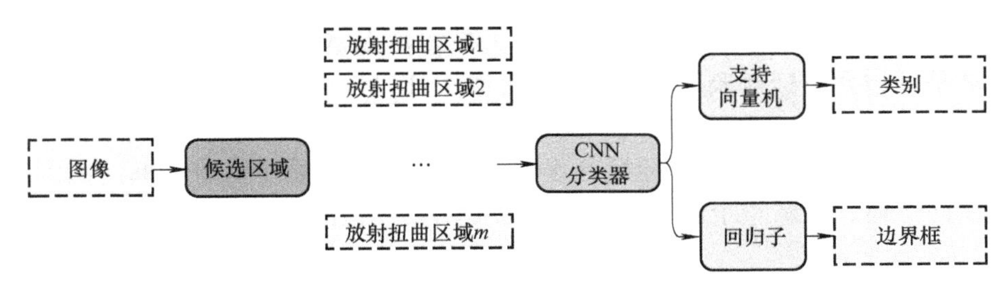

图 12-10　R-CNN 网络结构

（1）第一阶段：候选区域生成

1）候选区域提取：R-CNN 使用一种候选区域生成方法（如选择性搜索算法）来从输入图像中提取可能包含目标的候选区域。这个步骤产生数百到数千个候选区域。

2）图像裁剪和调整：每个候选区域从原始图像中被裁剪出来，并调整为固定的大小，以便进行后续的处理。这些调整后的候选区域会作为第二阶段的输入。

（2）第二阶段：目标分类与边界框回归

1）特征提取：对于每个调整后的候选区域，R-CNN 使用一个预训练的深度卷积神经网络来提取特征表示。通常，这个 CNN 模型在大规模图像数据集（如 ImageNet）上进行预训练，然后在目标检测任务中微调。

2）区域兴趣池化（Region of Interest Pooling，RoI Pooling）：为了将不同大小的候选区域映射到固定大小的特征图，R-CNN 引入了 RoI Pooling 层。RoI 池化将每个候选区域内的特征映射到固定大小的特征图，以便后续的处理。

3）目标分类和边界框回归：RoI 池化后每个候选区域的特征被送入两个子网络，即目标分类子网络和边界框回归子网络。目标分类子网络用于确定候选区域中是否包含目标以及目标的类别。通常，这是一个多类别分类任务，使用 softmax 激活函数输出每个类别的概率。边界框回归子网络用于精确定位目标的边界框。这个子网络学习如何调整 RoI 的边界框以更好地匹配目标的真实位置。

4）非极大值抑制（Non-Maximum Suppression，NMS）：为了消除重叠的候选框，通常会应用 NMS 等后处理技术。NMS 会选择具有最高分类得分的框，并将与其 IoU（交并比）大于某个阈值的其他框删除，从而得到最终的检测结果。

R-CNN 的训练过程可以分为两个主要阶段：预训练和微调。

在预训练阶段，通常使用大规模图像数据集（如 ImageNet）对 CNN 进行有监督的训练，旨在训练 CNN 模型的初始特征表示能力。预训练的 CNN 模型可以是经典的网络结构，如 AlexNet、VGGNet 或 ResNet 等。在预训练过程中，对 CNN 模型的参数进行随机初始化，然后将训练数据（图像）输入网络，通过前向传播和反向传播来更新模型参数，以最小化预定义的损失函数（如交叉熵损失）。预训练的目的是通过大规模数据集的训练，使 CNN 模型能够学习到通用的图像特征，如边缘、纹理、形状等。这些预训练的特征可以在目标检测任务中起到良好的初始化作用。

在微调阶段，R-CNN 使用带有标注的候选区域的图像数据集进行进一步的训练，以调整网络参数适应目标检测任务。首先，将预训练的 CNN 模型作为特征提取器，将每个候选区域提取为固定大小的特征图。然后，这些特征图经过全连接层，输出用于分类的特征向量。在微调过程中，将这些特征向量输入到支持向量机（SVM）进行目标分类，根据候选区域是否包含目标对象进行二分类。此外，还可以应用边界框回归算法，进一步调整候选框的位置和大小。微调阶段的训练是通过最小化目标分类误差和边界框回归误差来进行的。具体地，利用标注的目标框和候选框之间的 IoU 来计算边界框回归的损失。然后，通过反向传播，更新整个网络的参数，以提高目标检测的准确性。

2. Faster R-CNN

Faster R-CNN 算法是 R-CNN 系列的目标检测算法，它是 Ren 等在 Fast R-CNN 算法的基础上对其进行改进后得到的。其改进之处主要包括两个方面：用区域生成网络（Region Proposal Network，RPN）取代了原先的选择性搜索方法，从而将候选框的数目从最初的大约 2000 个降低到 300 个，并且候选框的质量也有了显著的改善，可以有效地提升训练和测试时的速度；另一方面，Faster R-CNN 中，RPN 和 Fast R-CNN 使用共享的卷积层，即在同一个卷积特征图上进行操作，这样不仅减少了计算量，还提高了检测速度和精度。

Faster R-CNN 的模型结构可以分成四个模块：卷积层、RPN、RoI Pooling、分类和回归层，如图 12-11 所示。

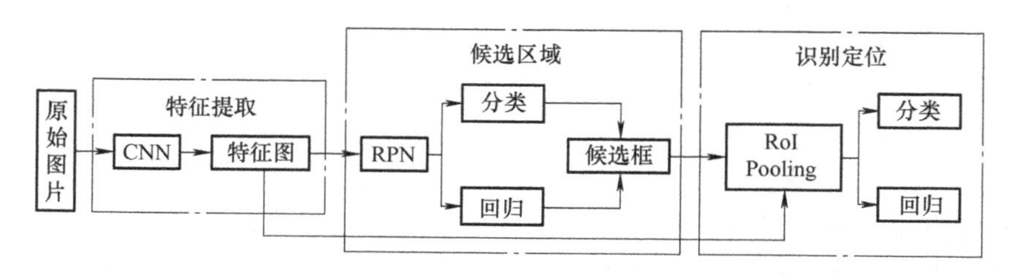

图 12-11　Faster R-CNN 模型结构

（1）RPN

RPN 用于生成目标候选区域，取代原来的选择性搜索方法。RPN 的输入为在卷积层中生成的特征图，输出为多个目标候选区域。RPN 将输入样本映射成一个概率值和四个坐标值，概率值用来表示候选框中存在目标对象的概率，坐标值用于回归目标对象位置。RPN 将二分类和坐标回归的损失统一起来进行训练，以获得更加精确的目标候选区域。

（2）ROI Pooling

ROI Pooling 综合输入的特征图和目标候选框等信息后，提取候选区域特征图，得到固定尺寸的特征图，然后送入后续全连接层判定目标类别。

（3）分类和回归层

分类和回归层的输出是最终目的，输出候选区域所属的类和候选区域在图像中的精确位置。利用 Softmax Loss（探测分类概率）和 Smooth L1 Loss（探测边界框回归）对分类概率和边界框回归进行联合训练，从而得到候选区域的类别，同时获得检测框最终的精确位置。

12.2.2　单阶段目标检测算法

1. SSD

SSD（Single Shot Multibox Detector）是一种单阶多层的目标检测模型，其将目标检测任务和目标识别任务集成到一起，运算一次即可获取目标对象的位置和类别。SSD 从多个角度对目标检测做出了创新，结合了 Faster R-CNN 和 YOLO 各自的优点，使得目标检测的速度相比 Faster R-CNN 有了很大的提升，同时检测精度也与 Faster R-CNN 不相上下。

SSD 网络结构最早由 Wei Liu 提出，由深度卷积神经网络和特定的检测层组成。首先，SSD 采用预训练的深度卷积神经网络作为基础网络，如 VGGNet 或 ResNet，以便从图像中提取高级语义特征。然后，SSD 添加了一系列的特征提取层，通过逐渐减小特征图的尺寸，使网络能够检测不同尺度的目标。这些特征提取层通常由卷积层和池化层组成，可以提取图像的低级和中级特征。为了获取多尺度的特征信息，SSD 使用金字塔结构生成不同尺度的特征图。这些特征图具有不同的分辨率，从而能够检测不同尺度的目标。在每个特征图上，SSD 使用卷积预测层进行目标分类和位置回归的预测。预测层为每个位置输出一组目标类别的置信度以及与先验框（预定义的固定大小和宽高比的框）的位置偏移量。预测层通常包括一些卷积和全连接层，最后输出的结果是一个包含所有预测的特征图。SSD 网络结构图如图 12-12 所示。

2. YOLO

YOLO 系列是单阶段目标检测中较为主流的算法，目前 YOLO 系列仍在迭代，最新的是 2023 年开源的 YOLOv8 算法。YOLOv8 是 Ultralytics 公司在 YOLOv5 基础上推出的更新版本，其在 Backbone、Neck、Head 等部分均有改动和创新，提高了检测速度和精度。YOLOv8 的发布版本有五种，其模型从小到大分别为 YOLOv8-n、YOLOv8-s、YOLOv8-m、YOLOv8-l、YOLOv8-x。YOLOv8 的网络结构可以分为输入端、Backbone、Neck、Head 四部分。

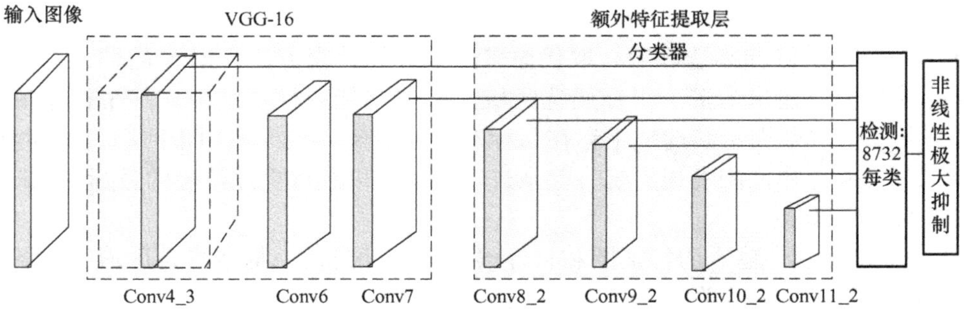

图 12-12　SSD 网络结构

YOLOv8 的数据预处理沿袭了 YOLOv5 的策略，主要使用了 Masion 数据增强技术，通过将四张图片进行拼接，提高了网络的检测速度。但与 YOLOv5 不同的是，YOLOv8 取消了自适应描框技术，这进一步加快了 YOLOv8 对数据的处理速度。

Backbone：YOLOv8 的主干网络是 CSPDarknet53Neck，包含多个 CSP（Cross-Stage Partial）模块和其他卷积层，具有非常深的层数。每个 CSP 模块由两部分组成：主干路径和支路路径。主干路径中的卷积层会产生一个特征图，而支路路径中的卷积层会产生一个小的特征图，该特征图与主干路径的特征图进行拼接。这种方式可以在减少计算量的同时增强特征的表达能力，从而提高模型的准确性。

Neck：主要包含两部分，即 PANet 和 BottleneckCSP。PANet 是一种金字塔式特征网络，它将不同分辨率的特征图融合在一起，以实现多尺度物体检测。它的基本思想是将具有不同空间分辨率的特征图通过上下采样，使它们具有相同的尺寸，然后将它们级联起来，以产生具有丰富上下文信息的特征图。BottleneckCSP 是一种基于 CSP 结构的特征提取模块，它可以加强特征的传递和特征图的表达能力。

Head：模型的最后一层网络，用于生成检测框、种类和种类概率。相比于 YOLOv5，YOLOv8 换成了目前主流的解耦头结构，将分类和检测头分离，同时也从 Anchor-Based 换成了 Anchor-Free。

YOLOv8 在进行深度学习训练时，首先将输入的图片进行预处理，送进 YOLOv8 的网络；然后对输入图片进行前向传播，得到每个 Anchor 框在不同类别上的得分和边界框回归信息；接着对每个 Anchor 框进行 NMS 操作，去除得分较低或与高得分框重叠较大的框，得到剩余的较为准确的检测框；继而对剩余的检测框进行筛选，根据置信度得分和类别概率得分进行过滤，只保留置信度得分和类别概率得分均较高的框，最终得到的检测框即为识别出的物体框，其位置信息和类别信息都已经确定；最后将得到的物体框进行后处理，如绘制矩形框、标注类别信息等，输出最终的检测结果。

12.2.3　目标检测算法应用场景举例

1. 基于 Faster R-CNN 算法的目标检测

目标检测的任务是找出图像中所有感兴趣的目标（物体），确定它们的类别和位置，是计算机视觉领域的核心问题之一。由于各类物体有不同的外观、形状和姿态，加上成像时光照、遮挡等因素的干扰，目标检测一直是计算机视觉领域最具有挑战性的问题。

PASCAL VOC（The PASCAL Visual Object Classes）挑战赛是一个世界级的计算机视觉挑战赛，2005 年还只有 4 个类别：Bicycles、Cars、Motorbikes、People，Train/validation/test 共有图片 1578 张，包含 2209 个已标注的目标。2007 年 PASCAL VOC 初步建立成一个完善的数据集，类别扩充到 20 类，Train/validation/test 共有 9963 张图片，包含 24640 个已标注的目标。2009 年开始，通过在前一年的数据集基础上增加新数据的方式来扩充数据集。2011 年到 2012 年，用于分类、检测和 Person Layout 任务的数据量没有改变，主要是针对分割和动作识别，完善相应的数据子集以及标注信息。对检测任务而言，完成 2007+2012 数据集合并后，共得到如图 12-13 所示的数据。训练数据：16551 张图像，共 40058 个目标；测试数据：4952 张图像，共 12032 个目标。

图 12-13 VOC2007+2012 部分数据集示例

（1）参数文件下载

需要的权重包括 voc_weights_resnet.pth 或者 voc_weights_vgg.pth 以及主干的网络权重（已经上传了百度云，可以自行下载）。第一个权重文件 voc_weights_resnet.pth，是 ResNet 为主干特征提取网络用到的。第二个权重文件 voc_weights_vgg.pth，是 VGG 为主干特征提取网络用到的。

voc_weights_resnet.pth	2023/10/31 20:59	PTH 文件	111,479 KB
voc_weights_vgg.pth	2023/10/31 21:05	PTH 文件	535,470 KB

链接：https://pan.baidu.com/s/1IiBMIyw8bF132FQGz79Q6Q。

提取码：dpje。

（2）数据集下载

所用数据集为 VOC2007+2012 数据集，包括了训练与测试用的数据集。为了训练方便，该数据集中 val.txt 与 test.txt 相同。

链接：https://pan.baidu.com/s/1STBDRK2MpZfJJ–jRzL6iuA。

提取码：vh7m。

（3）模型训练

1）数据集的准备：使用 VOC 格式进行训练，训练前需要下载好 VOC2007+2012 数据集，解压后放在根目录就是第一级目录下，会自动填到 VOCdevkit 文件下面。

2）数据集的处理：修改 voc_annotation.py 里面的 annotation_mode=2，运行 voc_annotation.py 生成根目录下的 2007_train.txt 和 2007_val.txt，代码如下：

```
#   annotation_mode为0代表整个标签处理过程，包括获得VOCdevkit/VOC2007/ImageSets里面的txt以及训练用的2007_train.txt、2007
#   annotation_mode为1代表获得VOCdevkit/VOC2007/ImageSets里面的txt
#   annotation_mode为2代表获得训练用的2007_train.txt、2007_val.txt
#--------------------------------------------------------------------------------------------------
annotation_mode     = 2
```

3）开始网络训练：train.py 的默认参数用于训练 VOC 数据集，直接运行 train.py 即可开始训练。

（4）使用预训练权重进行预测

训练结果预测需要用到两个文件，分别是 frcnn.py 和 predict.py。首先需要去 frcnn.py 里面修改 model_path 和 classes_path，这两个参数必须要修改。model_path 指向训练好的权值文件，在 logs 文件夹里。classes_path 指向检测类别所对应的 txt 文件。完成修改后就可以运行 predict.py 进行检测了。运行后输入图片路径即可检测，代码如下：

```
'model_path"    : 'F:/python/Faster-RCNN-Pytorch-master/faster-rcnn-pytorch-master/model_data/voc_
'classes_path"  : 'F:/python/Faster-RCNN-Pytorch-master/faster-rcnn-pytorch-master/model_data/voc_
```

（5）评估 VOC2007+2012 的测试集

VOC2007+2012 已经划分好了测试集，无需利用 voc_annotation.py 生成 ImageSets 文件夹下的 txt 文件。在 frcnn.py 里面修改 model_path 和 classes_path。model_path 指向训练好的权值文件，在 logs 文件夹里。classes_path 指向检测类别所对应的 txt 文件。运行 get_map.py 即可获得评估结果，评估结果会保存在 map_out 文件夹中。

基于 Faster R-CNN 算法对 VOC2007+2012 数据集进行目标检测的部分结果如图 12-14 所示，其中检测的边界框上方显示了目标的类别和检测结果的准确率。

图 12-14　基于 Faster R-CNN 算法对 VOC2007+2012 数据集进行目标检测的部分结果

基于 Faster R-CNN 算法对 VOC2007+2012 数据集进行目标检测的部分类别性能如表 12-2 所示。

表 12-2　基于 Faster R-CNN 算法对 VOC2007+2012 数据集进行目标检测的性能评价

目标	AP	score_threhold	F1	Recall	Precision
aeroplane	81.47%	0.5	0.69	82.46%	58.60%
bicycle	88.13%	0.5	0.76	88.43%	67.27%
bus	86.95%	0.5	0.71	89.20%	59.19%
car	88.58%	0.5	0.70	89.51%	56.97%
dog	89.70%	0.5	0.76	90.39%	65.87%
horse	90.23%	0.5	0.76	89.94%	65.76%
⋮					
mAP	80.27%				

2. 基于 YOLOv8 的目标检测

COCO128 数据集如图 12-15 所示，该数据集是一个小型教程数据集，由 COCOtrain2017 中的前 128 个图像组成，这些图像覆盖了 COCO 数据集的常见类别，提供了多样化的目标类型。COCO128 的主要用途是快速验证和调试训练管道。

图 12-15　COCO128 数据集示例

（1）下载预训练模型

在 YOLOv8 的 GitHub 开源网址 https://github.com/ultralytics/assets/releases 上下载对应版本的模型。

（2）项目测试

测试推理功能（以检测为例）：进入 ultralytics/models/yolo/detect/runs/detect 路径下的 predict.py 文件并运行。

测试训练功能（以检测为例）：进入 ultralytics/models/yolo/detect/runs/detect 路径下的 train.py 文件并运行。

（3）训练

训练模型命令如下：

yolo task=detect mode=train model=yolov8x.yaml data=mydata.yaml epochs=300 batch=1

训练过程如下：

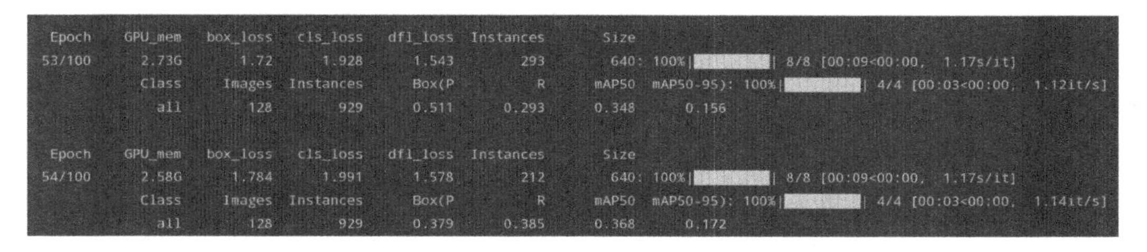

（4）验证

输入下面的命令进行模型的验证，这里的 models 为训练的最好的那一组权重：

Yolo detect val data=datasets/Apple/apple.yaml model=runs/detect/train/weights/best.pt batch=4

基于 YOLOv8 对 COCO128 数据集目标检测部分结果如图 12-16 所示。训练的批量大小为 1，训练共迭代 300 次。

a) 真实值　　b) 预测值

图 12-16　基于 YOLOv8 对 COCO128 数据集目标检测结果

基于 YOLOv8 对 COCO128 数据集目标检测性能如图 12-17 所示，可以看到训练集与测试集的损失函数、精准率、召回率等评价指标随训练迭代次数的变化情况。

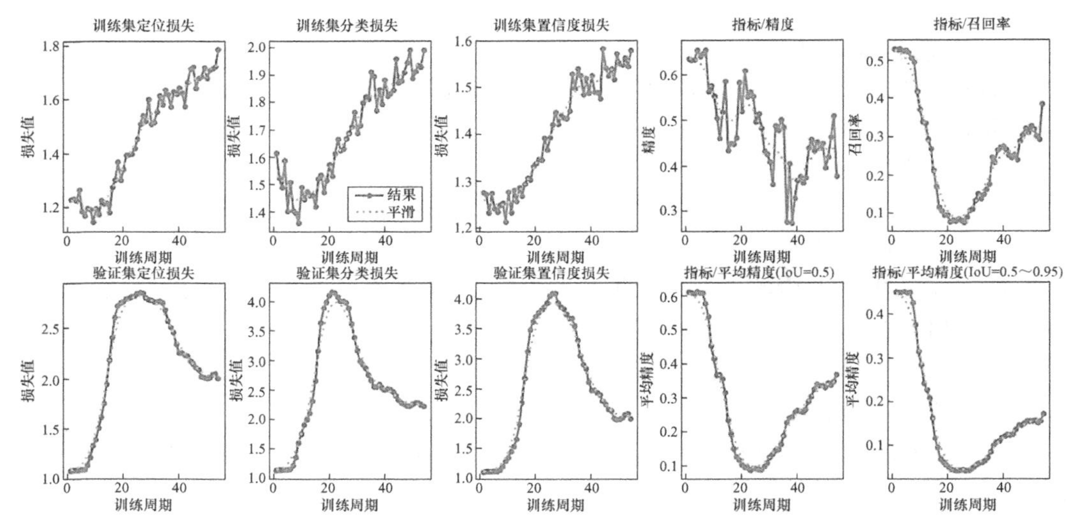

图 12-17　基于 YOLOv8 对 COCO128 数据集目标检测性能

12.3　图像分割

图像分割是计算机视觉领域的一个重要任务，其目标是将图像分成多个子区域，每个子区域通常具有相似的语义或特征。与目标检测不同，分割结果通常是像素级别的标记，可以表示图像中不同对象的轮廓和区域。基于深度学习的图像分割技术主要分为语义分割、实例分割、全景分割。这三种分割任务的区别在于它们处理的图像分割粒度不同，语义分割关注类别级别的分割，实例分割关注物体实例级别的分割，而全景分割旨在同时提供语义和实例信息的详细分割结果。

1. 语义分割

全卷积网络（Fully Convolutional Network，FCN）是 CVPR2015 的最佳论文，是基于深度学习的语义分割技术的开山之作。FCN 将 CNN（AlexNet、VGGNet 等）中的全连接层换成全卷积层，构建了端到端、像素到像素的语义分割网络，实现逐像素分类，奠定了使用深度网络解决图像语义分割问题的基础框架。2017 年 PSPNet 对 FCN 存在的分割问题进行了改进，其主要创新点是提出了空间金字塔模块，图像的上下文信息和多尺度信息会被提取，分割层就有了更多的全局信息，降低了 FCN 中会使得图像类别误分割的概率。PSPNet 在网络层添加空洞卷积（Dilated Convolution），全局均池化操作将图像感受野（Receptive Field）增大，包含了图像的浅层深层特征。U-Net 网络是 2015 年发表在 MICCAI 上的文章，是基于 FCN 架构的改进，此网络结构因其采用了编码器和解码器的 U 型结构及跳跃连接，结合了图像的底层和高层信息，广泛应用在解决医学领域的图像处理问题中。DeepLab 是谷歌团队基于 CNN 开发的语义分割模型，目前有四个算法，最新算法是 DeepLabv3+。DeepLab-v1 在 FCN 框架的末端增加了全连接条件随机场，使得分割更精确。DeepLab 模型首先使用双线性插值法对 FCN 的输出结果上采样得到粗糙分割结果，然后以该结果图中每个像素为一个节点构造条件随机场提高模型捕获细节的能力。该系列的网络中采用了空洞卷积的方式扩展感受野，获取更多的上下文信息，避免了深度卷积神经网络中重复最大池化和下采样带来的分辨率下降问题，分辨率的下降会丢失细节。DeepLab-v2 提出了一个类似的结构，在给定的输入上以不同采样率的空洞卷积并行采样，相当于以多个比例捕捉图像的上下文，称为 ASPP（Atrous Spatial Pyramid Pooling）模块，同时采用深度残差网络替换掉了 VGG16，增加了模型的拟合能力。DeepLab-v3 重点探讨了空洞卷积的使用，同时改进了 ASPP 模块，便于更好地捕捉多尺度上下文，在实际应用中获得了非常好的效果。

2. 实例分割

实例分割的研究长期以来都有着两条线，分别是自上而下的基于检测的方法和自下而上的基于语义分割的方法，这两种方法都属于两阶段的方法。自上而下的实例分割方法的思路：首先通过目标检测的方法找出实例所在的区域（边界框），再在检测框内进行语义分割，每个分割结果都作为一个不同的实例输出。通常先检测后分割，如 FCIS、Mask R-CNN、PANet、Mask Scoring R-CNN。自上而下的密集实例分割的开山鼻祖是 DeepMask，它通过滑动窗口的方法，在每个空间区域上都预测一个掩码提议。自下而上的实例分割方法将每个实例看成一个类别，然后按照聚类的思路，最大类间距，最小类内距，对每个像素做嵌入，最后做分组分出不同的实例。分组的方法：一般自下而上方法效果差于自上而下方法。其思路：首先进行像素级别的语义分割，再通过聚类、度量学习等手段区分不同的实例。这种方法虽然保持了更好的底层特征（细节信息和位置信息），但通常在处理复杂场景和实例之间的边界时可能会遇到困难。实例分割方法的发展历程如图 12-18 所示。

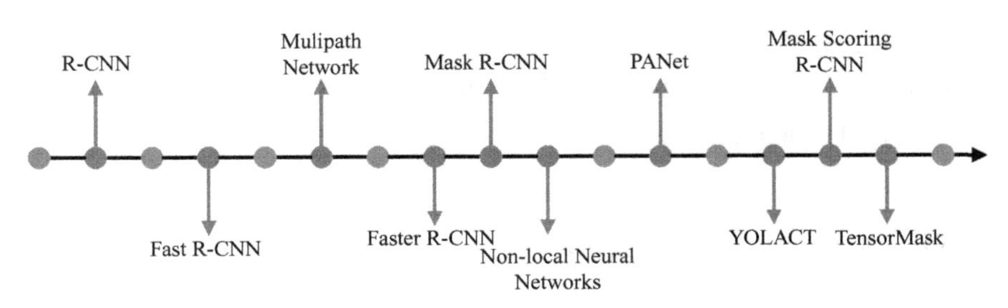

图 12-18　实例分割方法的发展历程

3. 全景分割

全景分割从任务目标上可以分为物体实例分割子任务与背景区域分割子任务。全景分割方法通常包含三个独立的部分：物体实例分割部分、背景区域分割部分、两子分支结果融合部分。全景分割的模型根据步骤可以分为两类：单阶段和两阶段。单阶段模型计算速度快，能够满足智能终端和边缘设备实时响应的需求，但是精度比两阶段模型稍低。通常物体实例分割网络和背景区域分割网络相互独立，网络之间不会共享参数或者图像特征，这种方式不仅会导致计算开销较大，也迫使算法需要使用独立的后处理程序融合两支预测结果，并导致全景分割无法应用在工业中。图 12-19 展示了全景分割的发展路线。

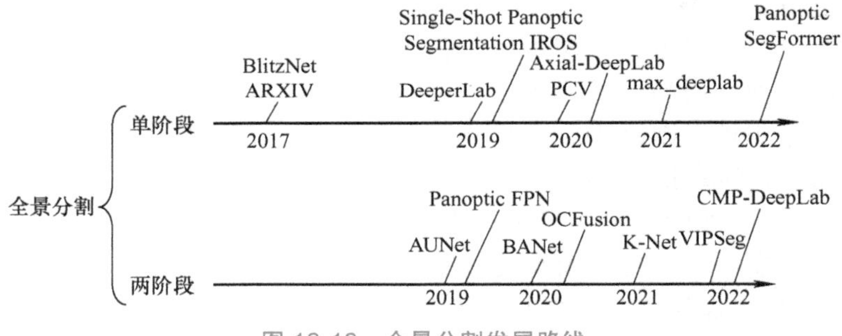

图 12-19　全景分割发展路线

常用的分割数据集有 IRSTD-1k（Infrared Small Target Detection，最大的真实红外弱小目标单帧检测数据集，支持二分类语义分割）、PASCAL VOC2012（The Pattern Analysis，Statical Modeling and Computational Learning Visual Object Classes 2012，一个世界级的计算机视觉挑战赛数据集，支持多分类语义分割和多分类实例分割）、iSAID（A Large-scale Dataset for Instance Segmentation in Aerial Images，航空图像分割的第一个基准数据集）。此外，有三个公共数据集同时具有密集的语义和实例分割注释：Cityscapes、ADE20k 和 Mapillary Vistas。CityScapes 具有以自我为中心的驾驶场景的 5000 张图像（2975 张训练图像、500 张验证图像和 1525 张测试图像），具有 19 类的密集像素注释（覆盖率达到 97%），其中 8 种具有实例级分割。ADE20k 具有超过 25000 张图像（20000 张训练、2000 张验证、3000 张测试），并使用开放词典标签集进行了密集注释。Mapillary Vistas 拥有 25000 张的街道视图图像（18000 张训练、2000 张验证、5000 张测试），其研究版被密集注释（98% 像素覆盖率），包含 28 种物质类（包括道路、建筑物、草地等背景元素）和 37 种物体类（包括车辆、行人、交通标志等具体的可识别对象）。

12.3.1　U–Net 模型

U–Net 模型通过使用拼接层来将对应位置上的特征图融合，以帮助解码器在上采样时获取更多高分辨率信息，以此提高图像分割的准确性。但由于分割任务需要考虑空间域信息，编码器部分中的池化层会导致分辨率过低，从而对精确分割产生不利影响。跳跃连接允许模型引入浅层卷积层特征，这些特征包含丰富的低尺度信息，更有利于生成分割结果。通过跳跃连接，模型能够在每个级别的上采样过程中对编码器对应位置的特征图进行通道上的融合，从而保留高层特征图的高分辨率细节信息，提高图像分割的准确性。

U–Net 网络结构最早由 Ronneberger 提出，是一个用于医学图像分割的全卷积神经网络，形似英文字母 U，所以称为 U–Net。U–Net 网络结构如图 12-20 所示，深蓝色箭头表示利用 3 × 3 的卷积核对图像进行卷积后，通过 ReLU 激活函数输出特征通道；灰色箭头表示对左边下采样过程中的图像进行裁剪复制；红色箭头表示通过最大池化对图像进行下采样，池化核大小为 2 × 2；绿色箭头表示反卷积，对图像进行上采样，卷积核大小为 2 × 2；浅蓝色箭头表示使用 1 × 1 的卷积核对图像进行卷积。

图 12-20 彩图

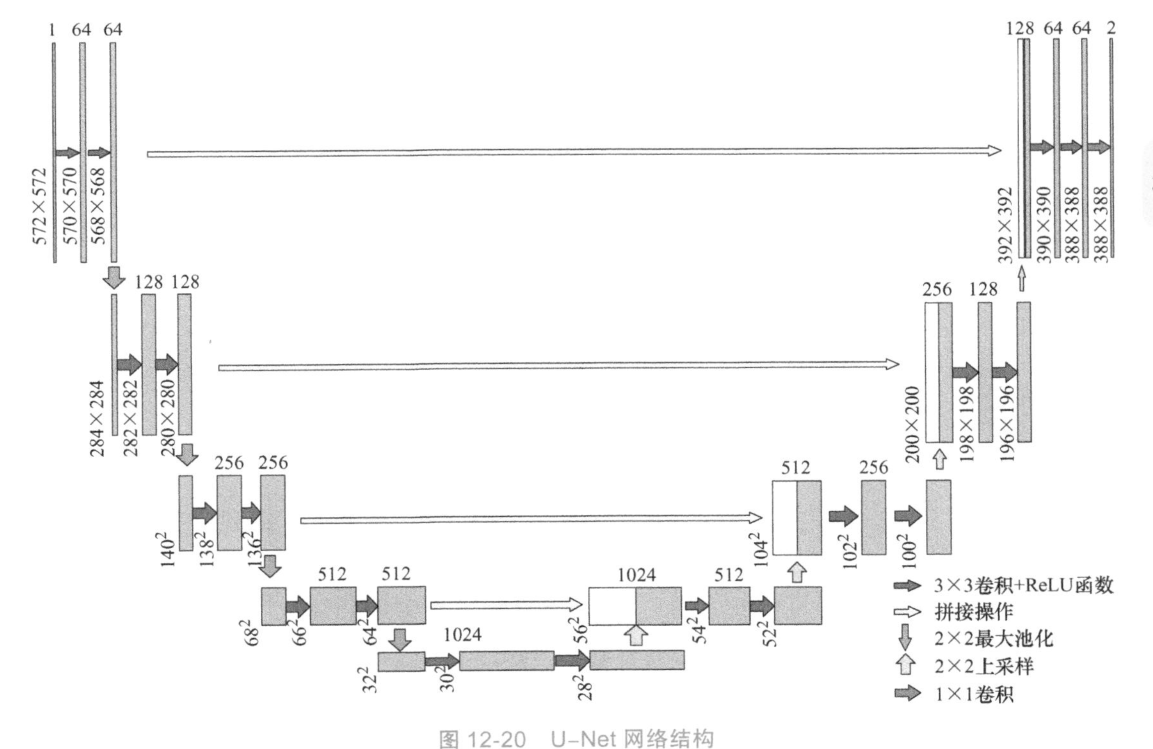

图 12-20　U–Net 网络结构

12.3.2　U–Net++ 模型

U–Net++ 是 U–Net 的改进版本，其在原始 U–Net 模型的基础上重新设计了跳跃路径，以弥补编码器和解码器子路径之间的语义差别。在 U–Net 中，编码器的特征图直接传递给解码器，但在 U–Net++ 中，它们经历了密集的卷积块，其卷积层数取决于金字塔级别。通过使用密集卷积块，编码器的特征图与解码器所需要的特征图的语义级别更相近，从而使得模型具有更好的性能表现。假设当接收到的编码器特征图和对应的解码器特征图在语义上相似时，优化器将面临更容易的优化问题。

U–Net++ 结构如图 12-21 所示，对比 U–Net 的网络结构，可以发现它在跳跃路径上增加了一系列的稠密卷积块，而每两个卷积块之间都进行了特征图拼接。多尺度跳跃连接可以获取不同层次的特征，并将它们通过叠加方式整合。不同层次的特征对于目标对象的大小敏感度是不同的。感受野大的特征可以很容易识别大对象，但在实际分割中，大对象的边缘信息和小对象本身很容易在深层网络的降采样和升采样过程中消失，因此需要保留感受野较小的特征来解决大对象边缘信息和小对象细节丢失的问题。通过整合不同层次的特征，该方法可以提高分割模型的性能和鲁棒性，从而更好地适应各种不同的任务和场景。因此，U–Net++ 通过整合不同大小的感受野来提高模型的性能，从而实现更好的分割效果。

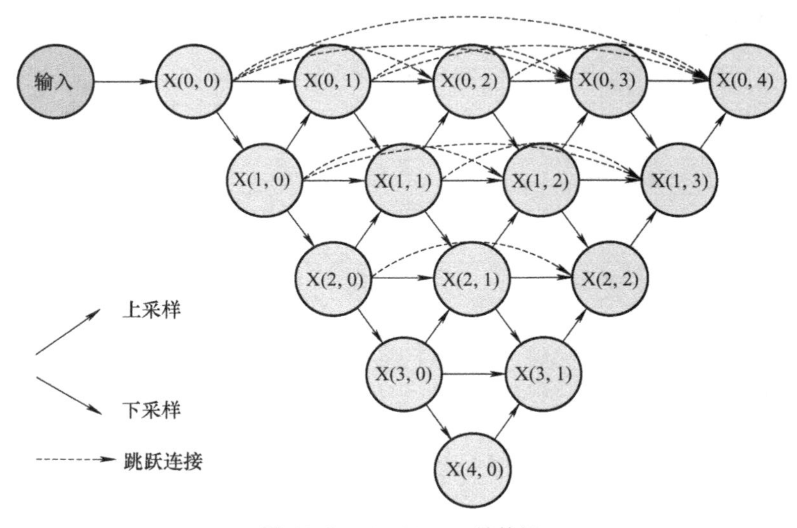

图 12-21　U–Net++ 结构图

12.3.3　图像分割算法应用场景举例

基于 U–Net 的新冠肺炎 CT 影像病灶分割

医学领域中，为了满足病情诊断、治疗方案制定等需求，常常需要对病人进行扫描，从而确定各内部器官的情况。现阶段的医学图像分析中经常会借助深度学习的方法。医学图像分割主要处理的是医学领域所涉及的各种图像的分割问题，如常见的核磁共振（MRI）扫描图像，其主要任务是从这些医学图像中分割出兴趣区域，如特定器官部位、兴趣目标（如肿瘤）等。

COVID–19 Segmentation 部分数据集如图 12-22 所示，包含由意大利医学和介入放射学协会收集的 100 张来自不同新冠肺炎患者的轴向二维 CT 图像。

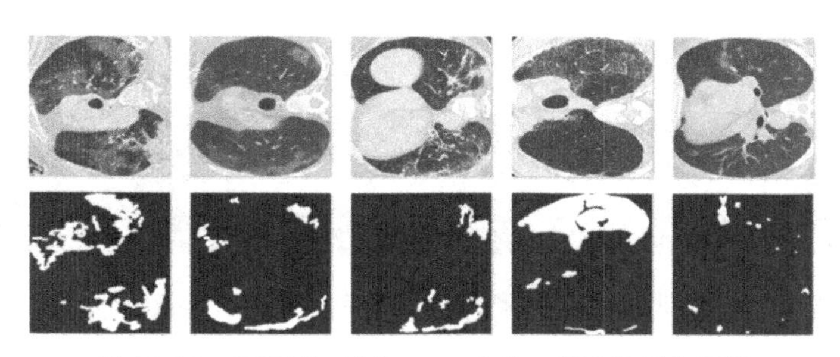

图 12-22　COVID-19 Segmentation 部分数据集示例

1）定义 parse_args() 函数，通过解析命令行参数，获取模型训练所需的配置参数，包括模型名称、数据集、损失函数、优化器、学习率、批量大小、训练轮数等，代码如下：

```
def parse_args():
    parser = argparse.ArgumentParser()

    parser.add_argument('--name', default=None,
                        help='model name: (default: arch+timestamp)')
    parser.add_argument('--epochs', default=50, type=int, metavar='N',
                        help='number of total epochs to run')
    parser.add_argument('-b', '--batch_size', default=1, type=int,
                        metavar='N', help='mini-batch size (default: 16)')

    # model
    parser.add_argument('--arch', '-a', metavar='ARCH', default='UNet',
                        choices=ARCH_NAMES,
                        help='model architecture: ' +
                        ' | '.join(ARCH_NAMES) +
                        ' (default: NestedUNet)')
    parser.add_argument('--deep_supervision', default=False, type=str2bool)
    parser.add_argument('--input_channels', default=3, type=int,
                        help='input channels')
```

2）构建 U-Net 模型，代码如下：

```
        self.pool = nn.MaxPool2d(2, 2)
        self.up = nn.Upsample(scale_factor=2, mode='bilinear', align_corners=True)
        self.conv0_0 = VGGBlock(input_channels, nb_filter[0], nb_filter[0])
        self.conv1_0 = VGGBlock(nb_filter[0], nb_filter[1], nb_filter[1])
        self.conv2_0 = VGGBlock(nb_filter[1], nb_filter[2], nb_filter[2])
        self.conv3_0 = VGGBlock(nb_filter[2], nb_filter[3], nb_filter[3])
        self.conv4_0 = VGGBlock(nb_filter[3], nb_filter[4], nb_filter[4])

        self.conv3_1 = VGGBlock(nb_filter[3]+nb_filter[4], nb_filter[3], nb_filter[3])
        self.conv2_2 = VGGBlock(nb_filter[2]+nb_filter[3], nb_filter[2], nb_filter[2])
        self.conv1_3 = VGGBlock(nb_filter[1]+nb_filter[2], nb_filter[1], nb_filter[1])
        self.conv0_4 = VGGBlock(nb_filter[0]+nb_filter[1], nb_filter[0], nb_filter[0])

        self.final = nn.Conv2d(nb_filter[0], num_classes, kernel_size=1)
```

3）使用数据加载器加载训练集和验证集数据，代码如下：

```
# Data loading code

train_img_ids=loadDatadet(r'E:/Desktop/unet\inputs\COVID\train\train.txt')
val_img_ids =loadDatadet(r'E:/Desktop/unet\inputs\COVID\test\test.txt')
```

4）根据配置参数中的训练轮数执行模型训练。在每个训练周期内，首先调用 train() 函数执行训练，然后调用 validate() 函数执行验证，代码如下。训练和验证过程会记录损失、IoU（交并比）、Dice 系数等性能指标。根据配置参数中指定的学习率调整策略（config['scheduler']），在训练中动态调整学习率，以帮助模型更好地收敛。在验证过程中，如果模型在 IoU 性能上获得了更好的结果，将保存模型的权重到 models/%s/model.pth 所指的文件，以便后续的推理和使用。如果配置参数中启用了早停策略（config['early_stopping']），则会在性能没有改善的情况下提前终止训练，以防止过拟合。

```
for epoch in range(config['epochs']):
    print('Epoch [%d/%d]' % (epoch, config['epochs']))

    # train for one epoch
    train_log = train(config, train_loader, model, criterion, optimizer)
    # evaluate on validation set
    val_log = validate(config, val_loader, model, criterion)

    if config['scheduler'] == 'CosineAnnealingLR':
        scheduler.step()
    elif config['scheduler'] == 'ReduceLROnPlateau':
        scheduler.step(val_log['loss'])
```

```
if val_log['iou'] > best_iou:
    torch.save(model.state_dict(), 'models/%s/model.pth' %
               config['name'])
    best_iou = val_log['iou']
    print("=> saved best model")
    trigger = 0

# early stopping
if config['early_stopping'] >= 0 and trigger >= config['early_stopping']:
    print("=> early stopping")
    break

torch.cuda.empty_cache()
```


5）使用与之前训练时相同的模型架构（config['arch']），创建图像分割模型。加载验证集的图像数据（loadDatadet），然后加载之前训练好的模型权重（model.load_state_dict）以进行推理。在这里，模型被设置为推理模式（model.eval()）。”

6）加载验证集的图像数据，准备进行分割，代码如下。同样，需要根据之前训练时的数据预处理进行相应的预处理。

```
# create model
print("=> creating model %s" % config['arch'])
model = archs.__dict__[config['arch']](config['num_classes'],
                                        )
model = nn.DataParallel(model)
model = model.cuda()

# Data loading code

val_img_ids = loadDatadet("E:/Desktop/unet/inputs/COVID/test/test.txt")
model.load_state_dict(torch.load('models/%s/model.pth' %
                                 config['name']), strict=False)
model.eval()
```

7）使用加载的模型对验证集图像进行分割，代码如下。如果模型支持深度监督（config['deep_supervision'] 为真），则选择模型输出的最后一层作为分割结果；否则，直接使用模型的输出。分割结果将保存到指定的文件夹中。

```
with torch.no_grad():
    for input, target, meta in tqdm(val_loader, total=len(val_loader)):
        input = input.cuda()
        # compute output
        if config['deep_supervision']:
            output = model(input)[-1]
        else:
            output = model(input)
        output = torch.sigmoid(output).cpu().numpy()


        for i in range(len(output)):
            for c in range(config['num_classes']):
                cv2.imwrite(os.path.join('outputs', config['name'], str(c), meta['img_id'][i] + '.png'),
                            (output[i, c] * 255).astype('uint8'))
```

基于 U-Net 模型对 COVID-19 Segmentation 数据集进行病灶分割的部分分割结果如图 12-23 所示（学习率为 0.001，批量大小为 3，训练共迭代 300 次），第一行为新冠肺炎原始 CT 影像，第二行为人工标注的真实病灶，第三行为 U-Net 模型分割结果。

基于 U-Net 模型对 COVID-19 Segmentation 数据集进行病灶分割的部分分割结果如表 12-3 所示。采用精度（Precision，Pre）、召回率（Recall，Rec）、平均交并比（Mean Intersection over Union，MIoU）和 Dice 相似系数（Dice Similarity Coefficient，DSC）评估 U-Net 模型在 COVID-19 Segmentation 数据集上的有效性。

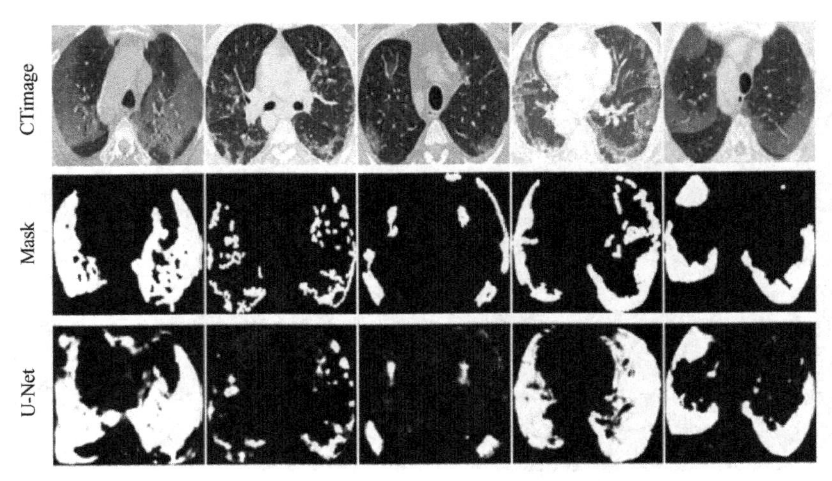

图 12-23　U-Net 模型分割部分结果

表 12-3　基于 U-Net 模型对 COVID-19 Segmentation 数据集进行病灶分割的性能评价

网络模型	Pre	Rec	MIoU	DSC
U-Net	70.19（%）	71.68（%）	53.41（%）	61.93（%）

本章小结

本章介绍了图像分类、检测与分割任务中的深度学习方法，着重探讨了图像分类、检测与分割的基础知识、典型神经网络以及实际场景中的应用。

在图像分类任务中，首先介绍了 CNN 的基本结构，包括卷积层、池化层、全连接层等关键组件；然后介绍了深度卷积神经网络（AlexNet）和残差网络（ResNet）的基本结构和训练流程；最后实现了基于 CNN 的手写数字识别。

在图像检测任务中，首先介绍了目标检测的基本原理和方法。目标检测旨在从图像中定位并识别出感兴趣的目标对象。然后详细介绍了两阶段目标检测算法（如 R-CNN 系列）和单阶段目标检测算法（如 SSD、YOLO），并探讨了 Faster R-CNN 和 YOLOv8 在实际场景下的应用。

在图像分割任务中，主要探讨了语义分割、实例分割和全景分割三种任务。语义分割旨在对图像中的每个像素进行分类，而实例分割则需要在语义分割的基础上进一步区分不同的实例。全景分割旨在实现对图像中每个像素的精细分类，同时区分同一类别内的不同实例，以提供更丰富、更准确的场景理解信息。最后介绍了用于图像分割的深度学习模型（U-Net 系列），并实现了基于 U-Net 的新冠肺炎 CT 影像病灶分割任务。

通过本章的学习，读者可以深入了解图像分类、检测与分割任务中的深度学习方法，掌握相关基础知识、典型神经网络以及实际场景中的应用技巧。这将有助于读者更好地利用深度学习技术解决图像处理领域的实际问题，推动相关领域的发展和进步。

参考文献

[1] HE K，ZHANG X，REN S，et al. Deep residual learning for image recognition[C]//Proceedings of the IEEE Conference on Computer Vision and Pattern Recognition. Piscataway，NJ：IEEE，2016：770–778.

[2] GIRSHICK R，DONAHUE J，DARRELL T，et al. Rich feature hierarchies for accurate object detection and semantic segmentation[C]//Proceedings of the IEEE Conference on Computer Vision and Pattern Recognition. Piscataway，NJ：IEEE，2014：580–587.

[3] REN S，HE K，GIRSHICK R，et al. Faster R–CNN：Towards real–time object deiection with region proposal networks[J]. IEEE Transactions on Pattern Analysis & Machine Intelligence，2017，39（6）：1137–1149.

[4] LIU W，ANGUELOV D，ERHAN D，et al. SSD：Single shot multibox detector[C]//Computer Vision–ECCV 2016：14th European Conference. Amsterdam：Springer International Publishing，2016：21–37.

[5] DOSOVITSKIY A，BEYER L. KOLESNIKOV A，et al. An image is worth 16 × 16 words：Transformers for image recognition at scale[C]//International Conference on Learning Representations. Vienna：ICLR，2021：1–21.

[6] LIU Z，LIN Y，CAO Y，et al. Swin transformer：Hierarchical vision transformer using shifted windows[C]//Proceedings of the IEEE/CVF International Conference on Computer Vision. Piscataway，NJ：IEEE，2021：10012–10022.

[7] RONNEBERGER O，FISCHER P，BROX T. U–net：Convolutional networks for biomedical image segmentation[C]//Medical Image Computing and Computer–assisted Intervention–MICCAI 2015：18th International Conference，Munich，Germany，October 5–9，2015，proceedings，part Ⅲ 18. Springer International Publishing，2015：234–241.

[8] Zhou Z，Rahman Siddiquee M M，Tajbakhsh N，et al. Unet++：A nested u–net architecture for medical image segmentation[C]//Deep Learning in Medical Image Analysis and Multimodal Learning for Clinical Decision Support：4th International Workshop，DLMIA 2018，and 8th International Workshop，ML–CDS 2018，Held in Conjunction with MICCAI 2018，Granada，Spain，September 20，2018，Proceedings 4. Springer International Publishing，2018：3–11.